優化 SQL

語法與資料庫的最佳化應用

```
        select r.name owner,

    equijoin_preds, ----等值 JOIN 比如 where o.id=b

        i_pred, ----非等值

        _____, ----范围过滤条数 x <= c <= betwee

        ----LIKE 内涵

    null_preds, ----NULL 判断

        timestamp

    from sys.col_usage$ u, sys.obj$ o, sys.col$ c, sy
    where o.obj# = u.obj#
        and o.obj# = b#go.obj#
        and c.col# = u.intcol#
        and r.name = 'SCOTT'
        and o.name = 'TEST';
    SQL> select object_id, owner, object_type
        2    from test
        3    where owner = 'SYS'
        4      and object_id < 100
```

前　　言

近年來，隨著系統的資料量逐年增加，平行處理的量也成倍增長，SQL 效能越來越成為 IT 系統設計和開發時首要考慮的問題之一。SQL 效能問題已經逐步發展成為資料庫效能的首要問題，80%的資料庫效能問題都是因 SQL 而導致。面對日益增多的 SQL 效能問題，如何下手以及如何提前審核已經成為越來越多的 IT 從業者必須要考慮的問題。

現在將 8 年專職 SQL 最佳化的經驗和心得與大家一起分享，以揭開 SQL 最佳化的神秘面紗，讓一線工程師在實際開發中不再寢食難安、聞聲色變，最終能夠對 SQL 最佳化技能駕輕就熟。

編寫本書也是對多年學習累積的一個總結，鞭策自己再接再厲。如果能夠給各位讀者在 SQL 最佳化上提供一點幫助，也不枉個中辛苦。

2014 年，作者羅炳森與有教無類（網名）聯合編寫了《Oracle 查詢優化改寫技巧與案例》一書，該書主要側重於 SQL 最佳化改寫技巧。到目前為止，該書仍然是市面上唯一一本專門講解 SQL 改寫技巧的圖書。

因為《Oracle 查詢優化改寫技巧與案例》只專注於 SQL 改寫技巧，並沒有談到 SQL 最佳化的具體思維、方法和步驟，所以可以將本書視為對《Oracle 查詢優化改寫技巧與案例》一書的進一步補充。

本書共 10 章，各章的主要內容如下：

第 1 章詳細介紹了 SQL 最佳化的基礎知識以及初學者切實需要掌握的基本內容，本章可以幫助初學者快速入門。

第 2 章詳細講解統計資訊定義、統計資訊的重要性、統計資訊相關參數設定方案以及統計資訊收集策略。

第 3 章詳細講解執行計畫、各種執行計畫的使用場景以及執行計畫的閱讀方法，透過制定執行計畫，讀者可以快速找出 SQL 效能瓶頸。

第 4 章詳細講解常見的存取路徑，這是閱讀執行計畫中比較重要的環節，需要掌握各種常見的存取路徑。

第 5 章詳細講解表的各種連接方式、各種表連接方式的等價改寫以及相互轉換，這也是本書的核心章節。

第 6 章介紹單表存取以及索引掃描的成本計算方法，並由此引出 SQL 最佳化的核心思維。

第 7 章講解常見的查詢變換，分別是子查詢非巢狀嵌套、檢視合併和謂詞推入。如果要對複雜的 SQL（包含各種子查詢的 SQL）進行最佳化，讀者就必須掌握查詢變換技巧。

第 8 章講解各種最佳化技巧，其中涵蓋分頁語句最佳化思維、分析函數減少資料表掃描次數、超大表與超大表關聯最佳化方法、dblink 最佳化思考方式，以及大表的 rowid 切片最佳化技巧。掌握這些調校技巧往往能夠事半功倍。

第 9 章分享在 SQL 最佳化實戰中遇到的經典案例，讀者可以在欣賞 SQL 最佳化案例的同時學習羅老師多年專職 SQL 最佳化的經驗，同時學到很多具有實戰意義的最佳化思維以及最佳化方法與技巧。

第 10 章講解全自動 SQL 審核，將有效能問題的 SQL 扼殺在「搖籃」裡，確保系統上線之後，不會因為 SQL 寫法導致效能問題，並且還能找出不符合 SQL 編碼規範但是已經上線的 SQL。

本書對系統面臨效能壓力挑戰的一線工程師、營運與維護工程師、資料庫管理員（DBA）、系統設計與開發人員具有極大的參考價值。

為了滿足不同層次的讀者需求，本書在寫作的內容上儘量由淺入深，前 5 章比較淺顯易懂，適合 SQL 最佳化初學者閱讀。通讀完前 5 章之後，初學者能夠對 SQL 最佳化有一定認識。後 5 章屬於進階和高級內容，適合有一定基礎的人閱讀。通讀完後 5 章的內容之後，無論是初學者或是有一定基礎的讀者都能從中獲益良多。

本書專注於 SQL 最佳化技巧，因此書中不會談太多資料庫系統最佳化的內容。

雖然本書是以 Oracle 為基礎來編寫的，但是關聯式資料庫的最佳化方法都殊途同歸，因此無論是 DB2 從業者、SQL SERVER 從業者、MYSQL 從業者，亦或是 PostGre SQL 從業者等，都能從本書中學到所需要的 SQL 最佳化知識。

因筆者能力有限，本書在編寫過程中難免有錯漏之處，懇請讀者批評、指正。聯繫我們的方式如下：692162374@qq.com（QQ 好友數已達上限）或者 327165427@qq.com（新開 QQ 帳號）。

如果有讀者想進一步學習 SQL 最佳化技能或者一些公司或機構需要開展 SQL 最佳化方面的教育訓練，都可以聯絡作者。另外，作者還開設了實體教育訓練課程，可零基礎學習，結業後可以順利就業，歡迎與羅老師聯繫。

本 書 約 定

在閱讀本書之前請讀者安裝好 Oracle 資料庫並且配置設定好範例帳戶 Scott，因為本書均以 Scott 帳戶進行講解。推薦讀者安裝與本書相同版本的資料庫進行測試，具有專研精神的讀者可安裝好 Oracle12c 進行對比實驗，這樣一來，你將發現 Oracle12c CBO 的一些新功能。本書使用的版本是 Oracle11gR2。

```
SQL> select * from v$version where rownum=1;

BANNER
------------------------------------------------------------------
Oracle Database 11g Enterprise Edition Release 11.2.0.1.0 - Production

SQL> show user
USER is "SYS"

SQL> grant dba to scott;

Grant succeeded.

SQL> alter user scott account unlock;

User altered.

SQL> alter user scott identified by tiger;

User altered.

SQL> conn scott/tiger
Connected.

SQL> create table test as select * from dba_objects;

Table created.
```

目　錄

第 1 章　SQL 最佳化必懂概念

第 2 章　統計資訊

第 3 章　執行計畫

第 4 章　存取路徑（ACCESS PATH）

第 5 章　表連接方式

第 6 章　成本計算

第 7 章　必須掌握的查詢變換

第 8 章　調校最佳化技巧

第 9 章　SQL 最佳化案例賞析

第 10 章　全自動 SQL 審核

第 1 章
SQL 最佳化
必懂概念

1.1 基數（CARDINALITY）

某個欄唯一鍵（Distinct_Keys）的數量叫作基數。比如性別欄，該欄只有男女之分，所以這一欄基數是 2。主鍵欄的基數等於表的總列數。基數的高低影響欄的資料分佈。

以測試表 test 為例，owner 欄和 object_id 欄的基數分別如下所示。

```
SQL> select count(distinct owner),count(distinct object_id),count(*) from test;

COUNT(DISTINCTOWNER) COUNT(DISTINCTOBJECT_ID)   COUNT(*)
-------------------- ------------------------ ----------
                  29                    72462      72462
```

TEST 表的總列數為 72462，owner 欄的基數為 29，說明 owner 欄裡面有大量重複值，object_id 欄的基數等於總列數，說明 object_id 欄沒有重複值，相當於主鍵。owner 欄的資料分佈如下。

```
SQL> select owner,count(*) from test group by owner order by 2 desc;

OWNER                   COUNT(*)
-------------------- ----------
SYS                        30808
PUBLIC                     27699
SYSMAN                      3491
ORDSYS                      2532
APEX_030200                 2406
MDSYS                       1509
XDB                          844
OLAPSYS                      719
SYSTEM                       529
CTXSYS                       366
WMSYS                        316
EXFSYS                       310
SH                           306
ORDDATA                      248
OE                           127
DBSNMP                        57
IX                            55
HR                            34
PM                            27
FLOWS_FILES                   12
OWBSYS_AUDIT                  12
ORDPLUGINS                    10
OUTLN                          9
BI                             8
SI_INFORMTN_SCHEMA             8
ORACLE_OCM                     8
SCOTT                          7
```

```
APPQOSSYS                       3
OWBSYS                          2
```

owner 欄的資料分佈極不均衡，我們執行如下 SQL。

```
select * from test where owner='SYS';
```

SYS 有 30808 條資料，從 72462 條資料裡面查詢 30808 條資料，也就是說要返回表中 42.5%的資料。

```
SQL> select 30808/72462*100 "Percent" from dual;

    Percent
----------
42.5160774
```

那麼請思考，你認為以上查詢應該使用索引嗎？現在我們換一種查詢語法。

```
select * from test where owner='SCOTT';
```

SCOTT 有 7 條資料，從 72462 條資料裡面查詢 7 條資料，也就是說要返回表中 0.009%的資料。

```
SQL> select 7/72462*100 "Percent" from dual;

    Percent
----------
.009660236
```

請思考，返回表中 0.009%的資料應不應該走索引？

如果你還不懂索引，沒關係，後面的章節我們會詳細介紹。如果你回答不了上面的問題，我們先提醒一下。當查詢結果是返回表中 5% 以內的資料時，應該走索引；當查詢結果返回的是超過表中 5% 的資料時，應該走全資料表掃描。

當然了，返回表中 5% 以內的資料走索引，返回超過 5% 的資料就使用全資料表掃描，這個結論太絕對了，因為你還沒掌握後面章節的知識，這裡暫且記住 5% 這個界限就行。我們之所以在這裡講 5%，是怕一些初學者不知道上面問題的答案而糾結。

現在有如下查詢語法。

```
select * from test where owner=:B1;
```

語法中,「:B1」是綁定變數,可以傳入任意值,該查詢可能走索引也可能走全資料表掃描。

現在得到一個結論:如果某個欄基數很低,該欄資料分佈就會非常不均衡,因為該欄資料分佈不均衡,會導致 SQL 查詢可能走索引,也可能走全資料表掃描。在做 SQL 最佳化的時候,如果懷疑列資料分佈不均衡,我們可以使用「select 欄, count(*) from 表 group by 欄 order by 2 desc」來查看欄的資料分佈。

如果 SQL 語法是單表存取,那麼可能走索引、可能走全資料表掃描,也可能走實體化檢視(materialized view)掃描。在不考慮有實體化檢視的情況下,單表存取要麼走索引,要麼走全資料表掃描。現在,回憶一下走索引的條件:返回表中 5% 以內的資料走索引,超過 5% 的時候走全資料表掃描。相信大家讀到這裡,已經搞懂了單表存取的最佳化方法。

我們來看如下查詢。

```
select * from test where object_id=:B1;
```

不管 object_id 傳入任何值,都應該走索引。

我們再思考如下查詢語法。

```
select * from test where object_name=:B1;
```

不管給 object_name 傳入任何值,請問該查詢應該走索引嗎?

請你去查看 object_name 的資料分佈。寫到這裡,其實有點想把本節名稱改為「資料分佈」。大家在以後的工作中一定要注意列的資料分佈!

1.2　選擇性（SELECTIVITY）

基數與總列數的比值再乘以 100% 就是某個欄位的選擇性。

在進行 SQL 最佳化的時候，單獨看欄位的基數是沒有意義的，基數必須對比總列數才有實際意義，正是因為這個原因，我們才引出了選擇性這個概念。

下面我們查看 test 表各個欄位的基數與選擇性，為了查看選擇性，必須先收集統計資訊。關於統計資訊，我們在第 2 章會詳細介紹。下面的腳本用於收集 test 表的統計資訊。

```
SQL> BEGIN
  2     DBMS_STATS.GATHER_TABLE_STATS(ownname          => 'SCOTT',
  3                                   tabname          => 'TEST',
  4                                   estimate_percent => 100,
  5                                   method_opt => 'for all columns size 1',
  6                                   no_invalidate    => FALSE,
  7                                   degree           => 1,
  8                                   cascade          => TRUE);
  9  END;
 10  /

PL/SQL procedure successfully completed.
```

下面的腳本用於查看 test 表中每個欄位的基數與選擇性。

```
SQL> select a.column_name,
  2         b.num_rows,
  3         a.num_distinct Cardinality,
  4         round(a.num_distinct / b.num_rows * 100, 2) selectivity,
  5         a.histogram,
  6         a.num_buckets
  7    from dba_tab_col_statistics a, dba_tables b
  8   where a.owner = b.owner
  9     and a.table_name = b.table_name
 10     and a.owner = 'SCOTT'
 11     and a.table_name = 'TEST';
```

COLUMN_NAME	NUM_ROWS	CARDINALITY	SELECTIVITY	HISTOGRAM	NUM_BUCKETS
OWNER	72462	29	.04	NONE	1
OBJECT_NAME	72462	44236	61.05	NONE	1
SUBOBJECT_NAME	72462	106	.15	NONE	1
OBJECT_ID	72462	72462	100	NONE	1
DATA_OBJECT_ID	72462	7608	10.5	NONE	1
OBJECT_TYPE	72462	44	.06	NONE	1
CREATED	72462	1366	1.89	NONE	1
LAST_DDL_TIME	72462	1412	1.95	NONE	1
TIMESTAMP	72462	1480	2.04	NONE	1

```
STATUS            72462         1         0 NONE              1
TEMPORARY         72462         2         0 NONE              1
GENERATED         72462         2         0 NONE              1
SECONDARY         72462         2         0 NONE              1
NAMESPACE         72462        21       .03 NONE              1
EDITION_NAME      72462         0         0 NONE              0

15 rows selected.
```

請思考：什麼樣的欄位必須建立索引呢？

有人說基數高的欄位，有人說在 where 條件中的欄位。這些答案並不完美。基數高究竟是多高？沒有和總列數對比，始終不知道有多高。比如某個欄位的基數有幾萬列，但是總列數有幾十億列，那麼這個欄位的基數還高嗎？這就是要引出選擇性的根本原因。

當一個欄位選擇性大於 20%，說明該欄的資料分佈就比較均衡了。測試表 test 中 object_name、object_id 的選擇性均大於 20%，其中 object_name 欄的選擇性為 61.05%。現在我們查看該欄資料分佈（為了方便展示，只輸出前 10 列資料的分佈情況）。

```
SQL> select *
  2    from (select object_name, count(*)
  3            from test
  4          group by object_name
  5          order by 2 desc)
  6    where rownum <= 10;

OBJECT_NAME          COUNT(*)
------------------ ----------
COSTS                     30
SALES                     30
SALES_CHANNEL_BIX         29
COSTS_TIME_BIX            29
COSTS_PROD_BIX            29
SALES_TIME_BIX            29
SALES_PROMO_BIX           29
SALES_PROD_BIX            29
SALES_CUST_BIX            29
DBMS_REPCAT_AUTH           5

10 rows selected.
```

由上面的查詢結果我們可知，object_name 欄的資料分佈非常均衡。我們查詢以下 SQL。

```
select * from test where object_name=:B1;
```

不管 object_name 傳入任何值，最多返回 30 列資料。

什麼樣的列必須要新建索引呢？當一個列出現在 where 條件中，該列沒有新建索引並且選擇性大於 20%，那麼該欄就必須新建索引，從而提升 SQL 查詢效能。當然了，如果表只有幾百條資料，那我們就不用新建索引了。

下面拋出 SQL 最佳化核心思維第一個觀點：只有大表才會產生效能問題。

也許有人會說：「我有個表很小，只有幾百條，但是該表經常進行 DML，會產生熱點塊，也會出現效能問題。」對此我們並不想過多地討論此問題，這屬於應用程式設計問題，不屬於 SQL 最佳化的範疇。

下面我們將透過實驗為大家分享本書第一個全自動最佳化腳本。

抓出必須新建索引的欄位（請讀者對該腳本適當修改，以便用於生產環境）。

首先，該欄必須出現在 where 條件中，怎麼抓出表中的哪個欄位出現在 where 條件中呢？有兩種方法，一種是可以透過 V$SQL_PLAN 抓取，另一種是透過下面的腳本抓取。

先執行下面的儲存過程，更新資料庫監控資訊。

```
begin
  dbms_stats.flush_database_monitoring_info;
end;
```

執行完上面的命令之後，再執行下面的查詢語法就可以查詢出哪個表的哪個欄位出現在 where 條件中。

```
select r.name owner,
       o.name table_name,
       c.name column_name,
       equality_preds, ---等值過濾
       equijoin_preds, ---等值 JOIN 比如 where a.id=b.id
       nonequijoin_preds, ----不等 JOIN
       range_preds, ----範圍過濾次數 > >= < <= between and
       like_preds, ----LIKE 過濾
       null_preds, ----NULL 過濾
       timestamp
  from sys.col_usage$ u, sys.obj$ o, sys.col$ c, sys.user$ r
 where o.obj# = u.obj#
   and c.obj# = u.obj#
   and c.col# = u.intcol#
```

```
    and r.name = 'SCOTT'
    and o.name = 'TEST';
```

下面是實驗步驟。

我們首先執行一個查詢語法，讓 owner 與 object_id 欄出現在 where 條件中。

```
SQL> select object_id, owner, object_type
  2    from test
  3   where owner = 'SYS'
  4     and object_id < 100
  5     and rownum <= 10;

OBJECT_ID OWNER                     OBJECT_TYPE
---------- ------------------------ -----------
       20 SYS                       TABLE
       46 SYS                       INDEX
       28 SYS                       TABLE
       15 SYS                       TABLE
       29 SYS                       CLUSTER
        3 SYS                       INDEX
       25 SYS                       TABLE
       41 SYS                       INDEX
       54 SYS                       INDEX
       40 SYS                       INDEX

10 rows selected.
```

其次更新資料庫監控資訊。

```
SQL> begin
  2    dbms_stats.flush_database_monitoring_info;
  3  end;
  4  /

PL/SQL procedure successfully completed.
```

然後我們查看 test 表有哪些欄位出現在 where 條件中。

```
SQL> select r.name owner, o.name table_name, c.name column_name
  2    from sys.col_usage$ u, sys.obj$ o, sys.col$ c, sys.user$ r
  3   where o.obj# = u.obj#
  4     and c.obj# = u.obj#
  5     and c.col# = u.intcol#
  6     and r.name = 'SCOTT'
  7     and o.name = 'TEST';

OWNER      TABLE_NAME COLUMN_NAME
---------- ---------- ------------------------------
SCOTT      TEST       OWNER
SCOTT      TEST       OBJECT_ID
```

接下來我們查詢出選擇性大於等於 20% 的欄位。

```
SQL> select a.owner,
  2          a.table_name,
  3          a.column_name,
  4          round(a.num_distinct / b.num_rows * 100, 2) selectivity
  5    from dba_tab_col_statistics a, dba_tables b
  6   where a.owner = b.owner
  7     and a.table_name = b.table_name
  8     and a.owner = 'SCOTT'
  9     and a.table_name = 'TEST'
 10     and a.num_distinct / b.num_rows >= 0.2;

OWNER      TABLE_NAME COLUMN_NAME   SELECTIVITY
---------- ---------- ------------- -----------
SCOTT      TEST       OBJECT_NAME         61.05
SCOTT      TEST       OBJECT_ID             100
```

最後，確保這些欄位沒有新建索引。

```
SQL> select table_owner, table_name, column_name, index_name
  2    from dba_ind_columns
  3   where table_owner = 'SCOTT'
  4     and table_name = 'TEST';
未選定行
```

把上面的腳本組合起來，我們就可以得到全自動的最佳化腳本了。

```
SQL> select owner,
  2          column_name,
  3          num_rows,
  4          Cardinality,
  5          selectivity,
  6          'Need index' as notice
  7    from (select b.owner,
  8                 a.column_name,
  9                 b.num_rows,
 10                 a.num_distinct Cardinality,
 11                 round(a.num_distinct / b.num_rows * 100, 2) selectivity
 12            from dba_tab_col_statistics a, dba_tables b
 13           where a.owner = b.owner
 14             and a.table_name = b.table_name
 15             and a.owner = 'SCOTT'
 16             and a.table_name = 'TEST')
 17   where selectivity >= 20
 18     and column_name not in (select column_name
 19                               from dba_ind_columns
 20                              where table_owner = 'SCOTT'
 21                                and table_name = 'TEST')
 22     and column_name in
 23         (select c.name
 24            from sys.col_usage$ u, sys.obj$ o, sys.col$ c, sys.user$ r
 25           where o.obj# = u.obj#
 26             and c.obj# = u.obj#
```

```
27              and c.col# = u.intcol#
28              and r.name = 'SCOTT'
29              and o.name = 'TEST');


OWNER       COLUMN_NAME    NUM_ROWS CARDINALITY SELECTIVITY NOTICE
----------  -------------  ---------- ----------- ----------- ----------
SCOTT       OBJECT_ID         72462       72462         100 Need index
```

1.3 直方圖（HISTOGRAM）

前面提到，當某個欄基數很低，該列資料分佈就會不均衡。資料分佈不均衡會導致在查詢該欄的時候，要麼走全資料表掃描，要麼走索引掃描，這個時候很容易走錯執行計畫。

如果沒有對基數低的欄位收集直方圖統計資訊，基於成本的最佳化器（CBO）會認為該欄資料分佈是均衡的。

下面我們還是以測試表 test 為例，用實驗講解直方圖。

首先我們對測試表 test 收集統計資訊，在收集統計資訊的時候，不收集列的直方圖，語法 for all columns size 1 表示對所有欄位都不收集直方圖。

```
SQL> BEGIN
  2    DBMS_STATS.GATHER_TABLE_STATS(ownname          => 'SCOTT',
  3                                  tabname          => 'TEST',
  4                                  estimate_percent => 100,
  5                                  method_opt       => 'for all columns size 1',
  6                                  no_invalidate    => FALSE,
  7                                  degree           => 1,
  8                                  cascade          => TRUE);
  9    END;
 10  /

PL/SQL procedure successfully completed.
```

Histogram 為 none 表示沒有收集直方圖。

```
SQL> select a.column_name,
  2         b.num_rows,
  3         a.num_distinct Cardinality,
  4         round(a.num_distinct / b.num_rows * 100, 2) selectivity,
  5         a.histogram,
  6         a.num_buckets
  7    from dba_tab_col_statistics a, dba_tables b
```

```
 8    where a.owner = b.owner
 9      and a.table_name = b.table_name
10      and a.owner = 'SCOTT'
11      and a.table_name = 'TEST';
```

```
COLUMN_NAME        NUM_ROWS CARDINALITY SELECTIVITY HISTOGRAM NUM_BUCKETS
---------------  ---------- ----------- ----------- --------- -----------
OWNER               72462          29         .04 NONE                 1
OBJECT_NAME         72462       44236       61.05 NONE                 1
SUBOBJECT_NAME      72462         106         .15 NONE                 1
OBJECT_ID           72462       72462         100 NONE                 1
DATA_OBJECT_ID      72462        7608        10.5 NONE                 1
OBJECT_TYPE         72462          44         .06 NONE                 1
CREATED             72462        1366        1.89 NONE                 1
LAST_DDL_TIME       72462        1412        1.95 NONE                 1
TIMESTAMP           72462        1480        2.04 NONE                 1
STATUS              72462           1           0 NONE                 1
TEMPORARY           72462           2           0 NONE                 1
GENERATED           72462           2           0 NONE                 1
SECONDARY           72462           2           0 NONE                 1
NAMESPACE           72462          21         .03 NONE                 1
EDITION_NAME        72462           0           0 NONE                 0

15 rows selected.
```

owner 欄基數很低，現在我們對 owner 欄進行查詢。

```
SQL> set autot trace
SQL> select * from test where owner='SCOTT';

7 rows selected.

Execution Plan
----------------------------------------------------------
Plan hash value: 1357081020


--------------------------------------------------------------------------
| Id | Operation          | Name | Rows  | Bytes | Cost (%CPU)| Time      |
--------------------------------------------------------------------------
|  0 | SELECT STATEMENT   |      |  2499 |  236K |    289  (1)| 00:00:04  |
|* 1 |  TABLE ACCESS FULL | TEST |  2499 |  236K |    289  (1)| 00:00:04  |
--------------------------------------------------------------------------

Predicate Information (identified by operation id):
---------------------------------------------------

   1 - filter("OWNER"='SCOTT')
```

請注意看粗體字部分，查詢 owner＝'SCOTT'返回了 7 條資料，但是 CBO 在計算 **Rows** 的時候認為 owner='SCOTT'返回 **2499** 條資料，Rows 估算得不是特別準確。從 72462 條資料裡面查詢出 7 條資料，應該走索引，所以現在我們對 owner 欄新建索引。

```
SQL> create index idx_owner on test(owner);

Index created.
```

我們再來查詢一下。

```
SQL> select * from test where owner='SCOTT';

7 rows selected.

Execution Plan
----------------------------------------------------------
Plan hash value: 3932013684
```

Id	Operation	Name	Rows	Bytes	Cost(%CPU)	Time
0	SELECT STATEMENT		2499	236K	73 (0)	00:00:01
1	TABLE ACCESS BY INDEX ROWID	TEST	2499	236K	73 (0)	00:00:01
* 2	INDEX RANGE SCAN	IDX_OWNER	2499		6 (0)	00:00:01

```
Predicate Information (identified by operation id):
---------------------------------------------------

   2 - access("OWNER"='SCOTT')
```

現在我們查詢 owner='SYS'。

```
SQL> select * from test where owner='SYS';

30808 rows selected.

Execution Plan
----------------------------------------------------------
Plan hash value: 3932013684
```

Id	Operation	Name	Rows	Bytes	Cost(%CPU)	Time
0	SELECT STATEMENT		2499	236K	73 (0)	00:00:01
1	TABLE ACCESS BY INDEX ROWID	TEST	2499	236K	73 (0)	00:00:01
* 2	INDEX RANGE SCAN	IDX_OWNER	2499		6 (0)	00:00:01

```
Predicate Information (identified by operation id):
---------------------------------------------------

   2 - access("OWNER"='SYS')
```

注意粗字體部分，查詢 owner='SYS' 返回了 30808 條資料。從 72462 條資料裡面返回 30808 條資料能走索引嗎？很明顯應該走全資料表掃描。也就是說該執行計畫是錯誤的。

為什麼查詢 owner='SYS'的執行計畫會用錯呢？因為 owner 這個欄基數很低，只有 29，而表的總列數是 72462。**前文著重強調過，當欄位沒有收集直方圖統計資訊的時候，CBO 會認為該欄資料分佈是均衡的**。正是因為 CBO 認為 owner 欄資料分佈是均衡的，不管 owner 等於任何值，CBO 估算的 Rows 永遠都是 **2499**。而這 **2499** 是怎麼來的呢？答案如下。

```
SQL> select round(72462/29) from dual;

round(72462/29)
--------------
          2499
```

現在大家也知道了，**執行計畫裡面的 Rows 是假的**。執行計畫中的 Rows 是根據統計資訊以及一些數學公式計算出來的。很多DBA 到現在還不知道執行計畫中 Rows 是假的這個真相，真是令人遺憾。

在做 SQL 最佳化的時候，經常需要做的工作就是幫助 CBO 計算出比較準確的 Rows。注意：我們說的是比較準確的Rows。CBO是無法得到精確的Rows的，因為對表收集統計資訊的時候，統計資訊一般都不會按照 100%的標準採樣收集，即使按照100%的標準採樣收集了表的統計資訊，表中的資料也隨時在發生變更。另外計算 Rows 的數學公式目前也是有缺陷的，CBO 永遠不可能計算得到精確的 Rows。

如果 CBO 每次都能計算得到精確的 Rows，那麼相信我們這個時候只需要關心業務邏輯、表設計、SQL 寫法以及如何建立索引，**再也不用擔心 SQL 會走錯執行計畫了**。

Oracle12c 的新功能 SQL Plan Directives 在一定程度上解決了 Rows 估算不準而引發的 SQL 效能問題。關於 SQL Plan Directives，本書不做過多討論。

為了讓 CBO 選擇正確的執行計畫，我們需要對 owner 欄收集直方圖資訊，從而告知CBO 該欄資料分佈不均衡，讓 CBO 在計算 Rows 的時候參考直方圖統計。現在我們對 owner 欄收集直方圖。

```
SQL> BEGIN
  2    DBMS_STATS.GATHER_TABLE_STATS(ownname      => 'SCOTT',
  3                                  tabname      => 'TEST',
  4                                  estimate_percent => 100,
  5                                  method_opt   => 'for columns owner size skewonly',
  6                                  no_invalidate => FALSE,
  7                                  degree       => 1,
```

```
     8                              cascade          => TRUE);
     9  END;
    10  /

PL/SQL procedure successfully completed.
```

查看一下 owner 欄的直方圖資訊。

```
SQL> select a.column_name,
  2         b.num_rows,
  3         a.num_distinct Cardinality,
  4         round(a.num_distinct / b.num_rows * 100, 2) selectivity,
  5         a.histogram,
  6         a.num_buckets
  7    from dba_tab_col_statistics a, dba_tables b
  8   where a.owner = b.owner
  9     and a.table_name = b.table_name
 10     and a.owner = 'SCOTT'
 11     and a.table_name = 'TEST';
```

COLUMN_NAME	NUM_ROWS	CARDINALITY	SELECTIVITY	HISTOGRAM	NUM_BUCKETS
OWNER	72462	29	.04	FREQUENCY	29
OBJECT_NAME	72462	44236	61.05	NONE	1
SUBOBJECT_NAME	72462	106	.15	NONE	1
OBJECT_ID	72462	72462	100	NONE	1
DATA_OBJECT_ID	72462	7608	10.5	NONE	1
OBJECT_TYPE	72462	44	.06	NONE	1
CREATED	72462	1366	1.89	NONE	1
LAST_DDL_TIME	72462	1412	1.95	NONE	1
TIMESTAMP	72462	1480	2.04	NONE	1
STATUS	72462	1	0	NONE	1
TEMPORARY	72462	2	0	NONE	1
GENERATED	72462	2	0	NONE	1
SECONDARY	72462	2	0	NONE	1
NAMESPACE	72462	21	.03	NONE	1
EDITION_NAME	72462	0	0	NONE	0

```
15 rows selected.
```

現在我們再來查詢上面的 SQL，看執行計畫是否還會走錯並且驗證 Rows 是否還會算錯。

```
SQL> select * from test where owner='SCOTT';

7 rows selected.

Execution Plan
----------------------------------------------------------
Plan hash value: 3932013684

----------------------------------------------------------------------------------
| Id  |Operation                   | Name   | Rows | Bytes | Cost (%CPU)| Time     |
```

```
----------------------------------------------------------------------
|  0 | SELECT STATEMENT           |          |  7 |  679 |   2   (0)| 00:00:01 |
|  1 | TABLE ACCESS BY INDEX ROWID| TEST     |  7 |  679 |   2   (0)| 00:00:01 |
|* 2 | INDEX RANGE SCAN           | IDX_OWNER|  7 |      |   1   (0)| 00:00:01 |
----------------------------------------------------------------------

Predicate Information (identified by operation id):
-------------------------------------------------

   2 - access("OWNER"='SCOTT')
```

SQL> select * from test where owner='SYS';

30808 rows selected.

Execution Plan
```
--------------------------------------------------------
Plan hash value: 1357081020


-------------------------------------------------------------------------
| Id  | Operation         | Name | Rows  | Bytes | Cost (%CPU)| Time     |
-------------------------------------------------------------------------
|  0  | SELECT STATEMENT  |      | 30808 | 2918K|  290   (1)| 00:00:04 |
|* 1  | TABLE ACCESS FULL | TEST | 30808 | 2918K|  290   (1)| 00:00:04 |
-------------------------------------------------------------------------


Predicate Information (identified by operation id):
-------------------------------------------------

   1 - filter("OWNER"='SYS')
```

對 owner 欄收集完直方圖之後，CBO 估算的 Rows 就基本準確了，一旦 Rows 估算對了，那麼執行計畫也就不會出錯了。

大家是不是很好奇，為什麼收集完直方圖之後，Rows 計算得那麼精確，收集直方圖究竟完成了什麼操作呢？對 owner 欄收集直方圖其實就相當於執行了以下 SQL。

```
select owner,count(*) from test group by owner;
```

直方圖資訊就是以上 SQL 的查詢結果，這些查詢結果會保存在資料字典中。這樣當我們查詢 owner 為任意值的時候，CBO 總會算出正確的 Rows，因為直方圖已經知道每個值有多少列資料。

如果 SQL 使用了綁定變數，綁定變數的欄位收集了直方圖，那麼該 SQL 就會引起綁定變數窺探。綁定變數窺探是一個老生常談的問題，這裡不多做討論。Oracle11g 引入了自我調整游標共用（Adaptive Cursor Sharing）功能，基本上解決了綁定變數窺探問題，但是自我調整游標共用也會引起一些新問題，對此也不做過多討論。

當我們遇到一個 SQL 有綁定變數怎麼辦？其實很簡單，只需要執行以下語法。

```
select 欄, count(*) from test group by 欄 order by 2 desc;
```

如果列資料分佈均衡，基本上 SQL 不會出現問題；如果欄位資料分佈不均衡，我們需要對欄位收集直方圖統計。

關於直方圖，其實還有非常多的話題，比如直方圖的種類、直方圖的桶數等，本書在此不做過多討論。在我們看來，**讀者只需知道直方圖是用來幫助 CBO 在對基數很低、資料分佈不均衡的欄位進行 Rows 估算的時候，可以得到更精確的 Rows 就夠了。**

什麼樣的欄位需要收集直方圖呢？當欄位出現在 where 條件中，欄位的選擇性小於1%並且該欄沒有收集過直方圖，這樣的欄位就應該收集直方圖。注意：千萬不能對沒有出現在 where 條件中的欄位收集直方圖。對沒有出現在 where 條件中的欄位收集直方圖完全是做白功，浪費資料庫的資源。

下面我們為大家分享本書第二個全自動化最佳化腳本。

抓出必須新建直方圖的欄位（大家可以對該腳本進行適當修改，以便用於生產環境）。

```
SQL> select a.owner,
  2         a.table_name,
  3         a.column_name,
  4         b.num_rows,
  5         a.num_distinct,
  6         trunc(num_distinct / num_rows * 100,2) selectivity,
  7         'Need Gather Histogram' notice
  8    from dba_tab_col_statistics a, dba_tables b
  9   where a.owner = 'SCOTT'
 10     and a.table_name = 'TEST'
 11     and a.owner = b.owner
 12     and a.table_name = b.table_name
 13     and num_distinct / num_rows<0.01
 14      and (a.owner, a.table_name, a.column_name) in
 15        (select r.name owner, o.name table_name, c.name column_name
 16          from sys.col_usage$ u, sys.obj$ o, sys.col$ c, sys.user$ r
 17         where o.obj# = u.obj#
 18           and c.obj# = u.obj#
 19           and c.col# = u.intcol#
 20           and r.name = 'SCOTT'
```

```
21           and o.name = 'TEST')
22      and a.histogram ='NONE';

OWNER TABLE COLUM   NUM_ROWS NUM_DISTINCT SELECTIVITY NOTICE
----- ----- -----  --------- ------------ ----------- --------------------
SCOTT TEST  OWNER      72462           29         .04 Need Gather Histogram
```

1.4 　回表（TABLE ACCESS BY INDEX ROWID）

當對一個欄位新建索引之後，索引會包含該欄的鍵值以及鍵值對應列所在的 rowid。**透過索引中記錄的 rowid 存取表中的資料就叫回表。回表一般是單塊讀取，回表次數太多會嚴重影響 SQL 效能，如果回表次數太多，就不應該走索引掃描了，應該直接走全表掃描。**

在進行 SQL 最佳化的時候，一定要注意回表次數！特別是要注意回表的實體 I/O 次數！

大家還記得 1.3 節中錯誤的執行計畫嗎？

```
SQL> select * from test where owner='SYS';

30808 rows selected.

Execution Plan
----------------------------------------------------------
Plan hash value: 3932013684

---------------------------------------------------------------------------
| Id | Operation                    | Name      | Rows | Bytes | Cost(%CPU)| Time     |
---------------------------------------------------------------------------
|  0 | SELECT STATEMENT             |           | 2499 | 236K  | 73    (0)| 00:00:01 |
|  1 | TABLE ACCESS BY INDEX ROWID  | TEST      | 2499 | 236K  | 73    (0)| 00:00:01 |
|* 2 | INDEX RANGE SCAN             | IDX_OWNER | 2499 |       | 6     (0)| 00:00:01 |
---------------------------------------------------------------------------

Predicate Information (identified by operation id):
---------------------------------------------------

   2 - access("OWNER"='SYS')
```

執行計畫中粗體部分（TABLE ACCESS BY INDEX ROWID）就是回表。索引返回多少列資料，回表就要回多少次，每次回表都是單塊讀取（因為一個rowid 對應一個資料塊）。該 SQL 返回 30808 列資料，那麼回表一共就需要 30808 次。

請思考：上面執行計畫的效能是耗費在索引掃描中還是耗費在回表中？

為了得到答案，請大家在 SQLPLUS 中進行實驗。為了消除 arraysize 參數對邏輯讀取的影響，設定 arraysize=5000。arraysize 表示 Oracle 伺服器每次傳輸多少列資料到客戶端，預設為 15。如果一個塊有 150 列資料，那麼這個塊就會被讀取 10 次，因為每次只傳輸 15 列資料到客戶端，邏輯讀取會被放大。設定了 arraysize=5000 之後，就不會發生一個塊被讀 *n* 次的問題了。

```
SQL> set arraysize 5000
SQL> set autot trace
SQL> select owner from test where owner='SYS';

30808 rows selected.

Execution Plan
----------------------------------------------------------
Plan hash value: 373050211


-------------------------------------------------------------------------
| Id  | Operation         | Name     | Rows  | Bytes | Cost (%CPU)| Time     |
-------------------------------------------------------------------------
|   0 | SELECT STATEMENT  |          |  2499 | 14994 |     6   (0)| 00:00:01 |
|*  1 |  INDEX RANGE SCAN | IDX_OWNER|  2499 | 14994 |     6   (0)| 00:00:01 |
-------------------------------------------------------------------------

Predicate Information (identified by operation id):
---------------------------------------------------

  1 - access("OWNER"='SYS')


Statistics
----------------------------------------------------------
          0  recursive calls
          0  db block gets
         74  consistent gets
          0  physical reads
          0  redo size
     155251  bytes sent via SQL*Net to client
        486  bytes received via SQL*Net from client
          8  SQL*Net roundtrips to/from client
          0  sorts (memory)
          0  sorts (disk)
      30808  rows processed
```

從上面的實驗可見，索引掃描只耗費了 74 個邏輯讀取。

```
SQL> select * from test where owner='SYS';

30808 rows selected.
```

```
Execution Plan
----------------------------------------------------------
Plan hash value: 3932013684


--------------------------------------------------------------------------------
| Id |Operation                    | Name     | Rows | Bytes | Cost(%CPU)| Time     |
--------------------------------------------------------------------------------
|  0 | SELECT STATEMENT            |          | 2499 | 236K|  73   (0)| 00:00:01 |
|  1 | TABLE ACCESS BY INDEX ROWID| TEST     | 2499 | 236K|  73   (0)| 00:00:01 |
|* 2 | INDEX RANGE SCAN            | IDX_OWNER| 2499 |     |   6   (0)| 00:00:01 |
--------------------------------------------------------------------------------

Predicate Information (identified by operation id):
---------------------------------------------------

  2 - access("OWNER"='SYS')


Statistics
----------------------------------------------------------
        0  recursive calls
        0  db block gets
      877  consistent gets
        0  physical reads
        0  redo size
  3120934  bytes sent via SQL*Net to client
      486  bytes received via SQL*Net from client
        8  SQL*Net roundtrips to/from client
        0  sorts (memory)
        0  sorts (disk)
    30808  rows processed

SQL> set autot off
SQL> select count(distinct dbms_rowid.rowid_block_number(rowid)) blocks
  2    from test
  3   where owner = 'SYS';

  BLOCKS
----------
     796
```

SQL 在有回表的情況下，一共耗費了 877 個邏輯讀取，那麼這 877 個邏輯讀取是怎麼來的呢？

SQL 返回的 30808 條資料一共儲存在 796 個資料塊中，存取這 796 個資料塊就需要消耗 796 個邏輯讀取，加上索引掃描的 74 個邏輯讀取，再加上 7 個邏輯讀取 [其中 7=ROUND(30808/5000)]，這樣累計起來剛好就是 877 個邏輯讀取。

因此我們可以判斷，該 SQL 的效能確實絕大部分損失在回表中！

更糟糕的是：假設 30808 條資料都在不同的資料塊中，表也沒有被快取在 buffer cache 中，那麼回表一共需要耗費 30808 個實體 I/O。這太可怕了！

大家看到這裡，是否能回答為什麼返回表中 5% 以內的資料走索引、超過表中 5% 的資料走全資料表掃描？根本原因就在於回表。

在無法避免回表的情況下，走索引如果返回資料量太多，必然會導致回表次數太多，從而導致效能嚴重下降。

Oracle12c 的新功能批次回表（TABLE ACCESS BY INDEX ROWID BATCHED）在一定程度上改善了單列回表（TABLE ACCESS BY INDEX ROWID）的效能。關於批次回表本書不做討論。

什麼樣的 SQL 必須要回表？

```
Select * from table where ...
```

這樣的 SQL 就必須回表，所以我們必須嚴禁使用 Select *。那什麼樣的 SQL 不需要回表？

```
Select count(*) from table
```

這樣的 SQL 就不需要回表。

當要查詢的欄位也包含在索引中，這個時候就不需要回表了，所以我們往往會建立組合索引來消除回表，從而提升查詢效能。

當一個 SQL 有多個過濾條件但是只在一個欄位或者部分欄位建立了索引，這個時候會發生回表再過濾（TABLE ACCESS BY INDEX ROWID 前面有「*」），也需要新建組合索引，進而消除回表再過濾，從而提升查詢效能。

關於如何新建組合索引，這問題太複雜了，我們在本書 8.3 節、9.1 節以及第 10 章都會反覆提及如何新建組合索引。

1.5 叢集因數（CLUSTERING FACTOR）

叢集因數用於判斷**索引回表**需要消耗的**實體 I/O 次數**。

我們先對測試表 test 的 object_id 欄新建一個索引 idx_id。

```
SQL> create index idx_id on test(object_id);

Index created.
```

然後我們查看該索引的叢集因數。

```
SQL> select owner, index_name, clustering_factor
  2    from dba_indexes
  3   where owner = 'SCOTT'
  4     and index_name = 'IDX_ID';

OWNER       INDEX_NAME CLUSTERING_FACTOR
---------- ---------- -----------------
SCOTT       IDX_ID                  1094
```

索引 idx_id 的葉子塊中**有序地儲存**了索引的鍵值，以及該鍵值對應列所在的 ROWID。

```
SQL> select * from (
  2  select object_id, rowid
  3    from test
  4   where object_id is not null
  5   order by object_id) where rownum<=5;

 OBJECT_ID ROWID
---------- ------------------
         2 AAASNJAAEAAAAITAAw
         3 AAASNJAAEAAAAITAAF
         4 AAASNJAAEAAAAITAAx
         5 AAASNJAAEAAAAITAAa
         6 AAASNJAAEAAAAITAAV
```

叢集因數的演算法如下。

首先我們比較 2、3 對應的 ROWID 是否在同一個資料塊，如果在同一個資料塊，Clustering Factor + 0；如果不在同一個資料塊，那麼 Clustering Factor 值就要加 1。

然後我們比較 3、4 對應的 ROWID 是否在同一個資料塊，如果在同一個資料塊，Clustering Factor 值不變；如果不在同一個資料塊，那麼 Clustering Factor 值就加 1。

接下來我們比較 4、5 對應的 ROWID 是否在同一個資料塊，如果在同一個資料塊，Clustering Factor + 0；如果不在同一個資料塊，那麼 Clustering Factor 值就加 1。

像上面步驟一樣，一直這樣**有序地比較**下去，直到比較完索引中最後一個鍵值。

根據演算法、我們知道**叢集因數介於資料表的塊數和資料表列數之間。**

如果叢集因數與塊數接近，說明表的資料基本上是有序的，而且其順序基本與索引順序一樣。這樣在進行索引範圍或者索引全掃描的時候，回表只需要讀取少量的資料塊就能完成。

如果叢集因數與資料表的記錄數接近，說明表的資料和索引順序差異很大，在進行索引範圍掃描或者索引全掃描的時候，回表會讀取更多的資料塊。

叢集因數只會影響索引範圍掃描（INDEX RANGE SCAN）以及索引全掃描（INDEX FULL SCAN），因為只有這兩種索引掃描方式會有大量資料回表。

叢集因數不會影響索引唯一掃描（INDEX UNIQUE SCAN），因為索引唯一掃描只返回一條資料。叢集因數更不會影響索引快速全掃描（INDEX FAST FULL SCAN），因為索引快速全掃描不回表。

下面是根據叢集因數演算法人工計算叢集因數的 SQL 腳本。

```
SQL> select sum(case
  2              when block#1 = block#2 and file#1 = file#2 then
  3                 0
  4              else
  5                 1
  6            end) CLUSTERING_FACTOR
  7    from (select dbms_rowid.rowid_relative_fno(rowid) file#1,
  8    lead(dbms_rowid.rowid_relative_fno(rowid), 1, null) over(order by object_id)
file#2,
  9               dbms_rowid.rowid_block_number(rowid) block#1,
 10    lead(dbms_rowid.rowid_block_number(rowid), 1, null) over(order by object_id)
block#2
 11            from test
```

```
  12            where object_id is not null);

CLUSTERING_FACTOR
-----------------
             1094
```

我們來查看索引 idx_id 的叢集因數接近資料表的總列數還是資料表的總塊數。

透過前面的章節我們知道，表的總列數為 72462 列。

資料表的總塊數如下可知。

```
SQL> select count(distinct dbms_rowid.rowid_block_number(rowid)) blocks
  2    from test;

    BLOCKS
----------
      1032
```

叢集因數非常接近表的總塊數。現在，我們來查看下面 SQL 語法的執行計畫。

```
SQL> set arraysize 5000
SQL> set autot trace
SQL> select * from test where object_id < 1000;

942 rows selected.

Execution Plan
----------------------------------------------------------
Plan hash value: 3946039639

--------------------------------------------------------------------------------
| Id | Operation                   | Name   | Rows | Bytes | Cost (%CPU)| Time     |
--------------------------------------------------------------------------------
|  0 | SELECT STATEMENT            |        |  970 | 94090 |   19   (0)| 00:00:01 |
|  1 | TABLE ACCESS BY INDEX ROWID| TEST   |  970 | 94090 |   19   (0)| 00:00:01 |
|* 2 | INDEX RANGE SCAN            | IDX_ID |  970 |       |    4   (0)| 00:00:01 |
--------------------------------------------------------------------------------

Predicate Information (identified by operation id):
---------------------------------------------------

   2 - access("OBJECT_ID"<1000)


Statistics
----------------------------------------------------------
          0  recursive calls
          0  db block gets
         17  consistent gets
          0  physical reads
          0  redo size
      86510  bytes sent via SQL*Net to client
```

```
    420  bytes received via SQL*Net from client
      2  SQL*Net roundtrips to/from client
      0  sorts (memory)
      0  sorts (disk)
    942  rows processed
```

該 SQL 耗費了 17 個邏輯讀取。

現在我們新建一個測試表 test2 並且對資料進行**隨機排序**。

```
SQL> create table test2 as select * from test order by dbms_random.value;

Table created.
```

我們在 object_id 欄新建一個索引 idx_id2。

```
SQL> create index idx_id2 on test2(object_id);

Index created.
```

我們查看索引 idx_id2 的叢集因數。

```
SQL> select owner, index_name, clustering_factor
  2    from dba_indexes
  3   where owner = 'SCOTT'
  4     and index_name = 'IDX_ID2';

OWNER       INDEX_NAME CLUSTERING_FACTOR
---------- ---------- ------------------
SCOTT      IDX_ID2                 72393
```

索引 idx_id2 的叢集因數接近於表的總列數，回表的時候會讀取更多的資料塊，現在我們來看一下 SQL 的執行計畫。

```
SQL> set arraysize 5000
SQL> set autot trace
SQL> select /*+ index(test2) */ * from test2 where object_id <1000;

942 rows selected.

Execution Plan
----------------------------------------------------------
Plan hash value: 3711990673


--------------------------------------------------------------------------------
| Id | Operation                    | Name    | Rows | Bytes | Cost (%CPU)| Time     |
--------------------------------------------------------------------------------
|  0 | SELECT STATEMENT             |         |  942 |  190K |   855   (0)| 00:00:11 |
|  1 | TABLE ACCESS BY INDEX ROWID| TEST2   |  942 |  190K |   855   (0)| 00:00:11 |
|* 2 | INDEX RANGE SCAN             | IDX_ID2 |  942 |       |     4   (0)| 00:00:01 |
--------------------------------------------------------------------------------
```

```
Predicate Information (identified by operation id):
---------------------------------------------------
   2 - access("OBJECT_ID"<1000)

Note
-----
   - dynamic sampling used for this statement (level=2)


Statistics
---------------------------------------------------------------
         0  recursive calls
         0  db block gets
       943  consistent gets
         0  physical reads
         0  redo size
     86510  bytes sent via SQL*Net to client
       420  bytes received via SQL*Net from client
         2  SQL*Net roundtrips to/from client
         0  sorts (memory)
         0  sorts (disk)
       942  rows processed
```

透過上面實驗我們得知，叢集因數太大會嚴重影響索引回表的效能。

叢集因數究竟影響的是什麼效能呢？**叢集因數影響的是索引回表的實體 I/O 次數**。我們假設索引範圍掃描返回了 1000 列資料，如果 buffer cache 中沒有快取表的資料塊，假設這 1000 列資料都在同一個資料塊中，那麼回表需要耗費的實體 I/O 就只需要一個；假設這 1000 列資料都在不同的資料塊中，那麼回表就需要耗費 1000 個實體 I/O。因此，**叢集因數影響索引回表的實體 I/O 次數**。

請注意，不要嘗試重建索引來降低叢集因數，這根本沒用，因為表中的資料順序始終沒變。唯一能降低叢集因數的辦法就是根據索引欄排序對表進行重建（create table new_table as select * from old_table order by 索引欄），但是這在實際操作中是不可取的，因為我們無法照顧到每一個索引。

怎麼才能避免叢集因數對 SQL 查詢效能產生影響呢？其實前文已經有了答案，叢集因數只影響索引範圍掃描和索引全掃描。**當索引範圍掃描，索引全掃描不回表或者返回資料量很少的時候，不管叢集因數多大，對 SQL 查詢效能幾乎沒有任何影響**。

再次強調一遍，在進行 **SQL** 最佳化的時候，往往會建立合適的組合索引消除回表，或者建立組合索引儘量減少回表次數。

如果無法避免回表，怎麼做才能消除回表對 SQL 查詢效能產生影響呢？當我們把表中所有的資料塊快取在 buffer cache 中，這個時候不管叢集因數多大，對 SQL 查詢效能也沒有多大影響，因為這時不需要實體 I/O，資料塊全在記憶體中存取速度是非常快的。

在本書第 6 章中我們還會進一步討論叢集因數。

1.6　表與表之間關係

在關聯式資料庫中，表與表之間會進行關聯，在進行關聯的時候，我們一定要理清楚表與表之間的關係。表與表之間存在 3 種關係。一種是 1:1 關係，一種是 1:N 關係，最後一種是 N:N 關係。搞懂表與表之間關係，對於 SQL 最佳化、SQL 等價改寫、表設計最佳化以及分表分庫都有很大的幫助。

兩表在進行關聯的時候，如果兩表屬於 1:1 關係，關聯之後返回的結果也是屬於 1 的關係，資料不會重複。如果兩表屬於 1:N 關係，關聯之後返回的結果集屬於 N 的關係。如果兩表屬於 N:N 關係，關聯之後返回的結果集會產生局部範圍的笛卡兒積，N:N 關係一般不存在內/外連接中，只能存在於半連接或者反連接中。

如果我們不知道作業，也不了解資料字典，該怎麼判斷兩表是什麼關係呢？我們以下面 SQL 為例子。

```
select * from emp e, dept d where e.deptno = d.deptno;
```

我們只需要對兩表關聯欄位進行匯總統計就能知道兩表是什麼關係。

```
SQL> select deptno, count(*) from emp group by deptno order by 2 desc;

    DEPTNO    COUNT(*)
---------- ----------
        30          6
        20          5
        10          3

SQL> select deptno, count(*) from dept group by deptno order by 2 desc;

    DEPTNO    COUNT(*)
---------- ----------
```

10	1
40	1
30	1
20	1

從上面查詢我們可以知道兩表 emp 與 dept 是 *N*:1 關係。搞清楚表與表之間關係對於 SQL 最佳化很有幫助。

2013 年，我們曾遇到一個案例，SQL 執行了 12 秒，SQL 文字如下。

```
select count(*) from a left join b on a.id=b.id;
```

案例中 a 與 b 是 1:1 關係，a 與 b 都是上千萬資料量。因為 a 與 b 是使用外連接進行關聯，不管 a 與 b 是否關聯上，始終都會返回 a 的資料，SQL 語法中求的是兩表關聯後的總列數，因為兩表是 1:1 關係，關聯之後資料不會呈現幾次方的增長，那麼該 SQL 等價於如下文字。

```
select count(*) from a;
```

我們將 SQL 改寫之後，查詢可以秒出。如果 a 與 b 是 *n*:1 關係，我們也可以將 b 表去掉，因為兩表關聯之後資料不會翻倍。如果 b 表屬於 *n* 的關係，這時我們不能去掉 b 表，因為這時關聯之後資料量會呈現幾次方的增長。

在本書後面的純量子查詢等價改寫、半連接等價改寫以及 SQL 最佳化案例章節中，我們就會用到表與表之間關係這個重要的概念。

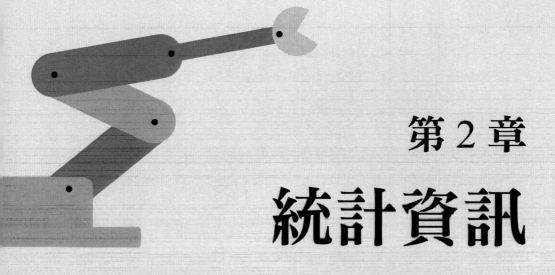

第 2 章

統計資訊

2.1 什麼是統計資訊？

前面提到，只有大表才會產生效能問題，那麼怎麼才能讓最佳化程式（Optimizer）知道某個表有多大呢？這就需要對表收集統計資訊。我們在第一章提到的基數、直方圖、叢集因子等概念都需要事先收集統計資訊才能得到。

統計資訊類似於戰爭中的偵察兵，如果情報工作沒有做好，打仗就會輸掉戰爭。同樣的道理，如果沒有正確地收集資料表的統計資訊，或者沒有及時地更新資料表的統計資訊，SQL 的執行計畫就會走偏，SQL 也就會出現效能問題。收集統計資訊是為了讓最佳化程式選擇最佳執行計畫，以最少的代價（成本）查詢出表中的資料。

統計資訊主要分為表的統計資訊、欄位的統計資訊、索引的統計資訊、系統的統計資訊、資料字典的統計資訊以及動態效能檢視基本表格（Based Table，簡稱基表）的統計資訊。

關於系統的統計資訊、資料字典的統計資訊以及動態效能檢視基本表的統計資訊本書不做討論，本書重點討論表的統計資訊、欄位的統計資訊以及索引的統計資訊。

表的統計資訊主要包含表的總列數（num_rows）、表的塊數（blocks）以及列平均長度（avg_row_len），我們可以透過查詢資料字典 DBA_TABLES 獲取表的統計資訊。

現在我們新建一個測試表 T_STATS。

```
SQL> create table t_stats as select * from dba_objects;
Table created.
```

我們查看表 T_STATS 常用的資料表統計資訊。

```
SQL> select owner, table_name, num_rows, blocks, avg_row_len
  2    from dba_tables
  3   where owner = 'SCOTT'
  4     and table_name = 'T_STATS';

OWNER           TABLE_NAME        NUM_ROWS    BLOCKS AVG_ROW_LEN
--------------- --------------- ---------- ---------- -----------
SCOTT           T_STATS
```

因為 T_STATS 是新建的表，沒有收集過統計資訊，所以從 DBA_TABLES 查詢資料是空的。

現在我們來收集表 T_STATS 的統計資訊。

```
SQL> BEGIN
  2    DBMS_STATS.GATHER_TABLE_STATS(ownname          => 'SCOTT',
  3                                  tabname          => 'T_STATS',
  4                                  estimate_percent => 100,
  5                                  method_opt       => 'for all columns size auto',
  6                                  no_invalidate    => FALSE,
  7                                  degree           => 1,
  8                                  cascade          => TRUE);
  9  END;
 10  /

PL/SQL procedure successfully completed.
```

我們再次查看表的統計資訊。

```
SQL> select owner, table_name, num_rows, blocks, avg_row_len
  2    from dba_tables
  3   where owner = 'SCOTT'
  4     and table_name = 'T_STATS';
```

OWNER	TABLE_NAME	NUM_ROWS	BLOCKS	AVG_ROW_LEN
SCOTT	T_STATS	72674	1061	97

從查詢中我們可以看到，表 T_STATS 一共有 72674 列資料，1061 個資料塊，平均列長度為 97 位元組。

欄位的統計資訊主要包含欄位的基數、欄位中的空值數量以及欄位的資料分佈情況（直方圖）。我們可以透過資料字典 DBA_TAB_COL_STATISTICS 查看欄位的統計資訊。

現在我們查看表 T_STATS 常用的欄位統計資訊。

```
SQL> select column_name, num_distinct, num_nulls, num_buckets, histogram
  2    from dba_tab_col_statistics
  3   where owner = 'SCOTT'
  4     and table_name = 'T_STATS';
```

COLUMN_NAME	NUM_DISTINCT	NUM_NULLS	NUM_BUCKETS	HISTOGRAM
EDITION_NAME	0	72674	0	NONE
NAMESPACE	21	1	1	NONE
SECONDARY	2	0	1	NONE
GENERATED	2	0	1	NONE

```
TEMPORARY           2         0      1 NONE
STATUS              2         0      1 NONE
TIMESTAMP        1592         1      1 NONE
LAST_DDL_TIME    1521         1      1 NONE
CREATED          1472         0      1 NONE
OBJECT_TYPE        45         0      1 NONE
DATA_OBJECT_ID   7796     64833      1 NONE
OBJECT_ID       72673         1      1 NONE
SUBOBJECT_NAME    140     72145      1 NONE
OBJECT_NAME     44333         0      1 NONE
OWNER              31         0      1 NONE

15 rows selected.
```

上面的查詢中，第一個欄位表示欄位名字，第二個欄位表示欄位的基數，第三個欄位表示欄位中 NULL 值的數量，第四個欄位表示直方圖的桶數，最後一個欄位表示直方圖類型。

在工作中，我們經常使用下面腳本查看表和欄位的統計資訊。

```
SQL> select a.column_name,
  2         b.num_rows,
  3         a.num_nulls,
  4         a.num_distinct Cardinality,
  5         round(a.num_distinct / b.num_rows * 100, 2) selectivity,
  6         a.histogram,
  7         a.num_buckets
  8    from dba_tab_col_statistics a, dba_tables b
  9   where a.owner = b.owner
 10     and a.table_name = b.table_name
 11     and a.owner = 'SCOTT'
 12     and a.table_name = 'T_STATS';
```

COLUMN_NAME	NUM_ROWS	NUM_NULLS	CARDINALITY	SELECTIVITY	HISTOGRAM	NUM_BUCKETS
EDITION_NAME	72674	72674	0	0	NONE	0
NAMESPACE	72674	1	21	.03	NONE	1
SECONDARY	72674	0	2	0	NONE	1
GENERATED	72674	0	2	0	NONE	1
TEMPORARY	72674	0	2	0	NONE	1
STATUS	72674	0	2	0	NONE	1
TIMESTAMP	72674	1	1592	2.19	NONE	1
LAST_DDL_TIME	72674	1	1521	2.09	NONE	1
CREATED	72674	0	1472	2.03	NONE	1
OBJECT_TYPE	72674	0	45	.06	NONE	1
DATA_OBJECT_ID	72674	64833	7796	10.73	NONE	1
OBJECT_ID	72674	1	72673	100	NONE	1
SUBOBJECT_NAME	72674	72145	140	.19	NONE	1
OBJECT_NAME	72674	0	44333	61	NONE	1
OWNER	72674	0	31	.04	NONE	1

```
15 rows selected.
```

索引的統計資訊主要包含索引 blevel（索引高度 -1）、葉子塊的個數（leaf_blocks）以及叢集因子（clustering_factor）。我們可以透過資料字典 DBA_INDEXES 查看索引的統計資訊。

我們在 OBJECT_ID 欄位上新建一個索引。

```
SQL> create index idx_t_stats_id on t_stats(object_id);

Index created.
```

新建索引的時候會自動收集索引的統計資訊，執行下面腳本可查看索引的統計資訊。

```
SQL> select blevel, leaf_blocks, clustering_factor,status
  2    from dba_indexes
  3   where owner = 'SCOTT'
  4     and index_name = 'IDX_T_STATS_ID';

   BLEVEL LEAF_BLOCKS CLUSTERING_FACTOR STATUS
---------- ----------- ----------------- ----------------
        1         161              1127 VALID
```

如果要單獨對索引收集統計資訊，可以使用下面腳本收集。

```
SQL> BEGIN
  2    DBMS_STATS.GATHER_INDEX_STATS(ownname => 'SCOTT',
  3                                  indname => 'IDX_T_STATS_ID');
  4  END;
  5  /

PL/SQL procedure successfully completed.
```

在本書第 6 章中，我們會詳細介紹表的統計資訊、欄位的統計資訊以及索引的統計資訊是如何被應用於成本計算的。

2.2 統計資訊重要參數設定

我們通常使用下面腳本收集資料表和索引的統計資訊。

```
BEGIN
  DBMS_STATS.GATHER_TABLE_STATS(ownname           => 'TAB_OWNER',
                                tabname           => 'TAB_NAME',
                                estimate_percent  => 根據表大小設定,
                                method_opt        => 'for all columns size repeat',
                                no_invalidate     => FALSE,
                                degree            => 根據表大小、CPU 資源和負載設定,
                                granularity       => 'AUTO',
                                cascade           => TRUE);
END;
/
```

ownname 表示表的擁有者，不區分大小寫。

tabname 表示表名字，不區分大小寫。

granularity 表示收集統計資訊的細微性，該選項只對分區表生效，預設為 AUTO，表示讓 Oracle 根據表的分區類型自己判斷如何收集分區表的統計資訊。對於該選項，我們一般採用 AUTO 方式，也就是資料庫預設方式，因此，在後面的腳本中，省略該選項。

estimate_percent 表示取樣速率，範圍是 0.000001～100。

我們一般對小於 1GB 的表進行 100%採樣，因為表很小，即使 100%採樣速度也比較快。有時候小表有可能資料分佈不均衡，如果沒有 100%採樣，可能會導致統計資訊不準確。因此我們建議對小表 100% 採樣。

我們一般對表大小在 1GB～5GB 的表採樣 50%，對大於 5GB 的表採樣 30%。如果表特別大，有幾十、甚至上百 GB，我們建議應該先對表進行分區，然後分別對每個分區收集統計資訊。

一般情況下，為了確保統計資訊比較準確，我們建議取樣速率不要低於 30%。

我們可以使用下面腳本查看表的取樣速率。

```
SQL> SELECT owner,
  2         table_name,
  3         num_rows,
  4         sample_size,
```

```
  5          round(sample_size / num_rows * 100) estimate_percent
  6     FROM DBA_TAB_STATISTICS
  7    WHERE owner='SCOTT' AND table_name='T_STATS';

OWNER            TABLE_NAME        NUM_ROWS SAMPLE_SIZE ESTIMATE_PERCENT
--------------- ---------------- ---------- ----------- ----------------
SCOTT            T_STATS             72674       72674              100
```

從上面查詢我們可以看到，對表 T_STATS 是 100% 採樣的。現在我們將取樣速率設定為 30%。

```
SQL> BEGIN
  2     DBMS_STATS.GATHER_TABLE_STATS(ownname          => 'SCOTT',
  3                                   tabname          => 'T_STATS',
  4                                   estimate_percent => 30,
  5                                   method_opt       => 'for all columns size auto',
  6                                   no_invalidate    => FALSE,
  7                                   degree           => 1,
  8                                   cascade          => TRUE);
  9   END;
 10   /

PL/SQL procedure successfully completed.

SQL> SELECT owner,
  2          table_name,
  3          num_rows,
  4          sample_size,
  5          round(sample_size / num_rows * 100) estimate_percent
  6     FROM DBA_TAB_STATISTICS
  7    WHERE owner='SCOTT' AND table_name='T_STATS';

OWNER            TABLE_NAME        NUM_ROWS SAMPLE_SIZE ESTIMATE_PERCENT
--------------- ---------------- ---------- ----------- ----------------
SCOTT            T_STATS             73067       21920               30
```

從上面查詢我們可以看到取樣速率為 30%，資料表的總列數被估算為 73067，而實際上表的總列數為 72674。設定取樣速率 30% 的時候，一共分析了 21920 條資料，資料表的總列數等於 round(21920*100/30)，也就是 73067。

除非一個表是小表，否則沒有必要對一個表 100% 採樣。因為表一直都會進行 DML 操作，表中的資料始終是變化的。

method_opt 用於控制收集直方圖策略。

method_opt => 'for all columns size 1' 表示所有欄位都不收集直方圖，如下列所示。

```
SQL> BEGIN
  2    DBMS_STATS.GATHER_TABLE_STATS(ownname          => 'SCOTT',
  3                                  tabname          => 'T_STATS',
  4                                  estimate_percent => 100,
  5                                  method_opt       => 'for all columns size 1',
  6                                  no_invalidate    => FALSE,
  7                                  degree           => 1,
  8                                  cascade          => TRUE);
  9  END;
 10  /

PL/SQL procedure successfully completed.
```

我們查看直方圖資訊。

```
SQL> select a.column_name,
  2         b.num_rows,
  3         a.num_nulls,
  4         a.num_distinct Cardinality,
  5         round(a.num_distinct / b.num_rows * 100, 2) selectivity,
  6         a.histogram,
  7         a.num_buckets
  8    from dba_tab_col_statistics a, dba_tables b
  9   where a.owner = b.owner
 10     and a.table_name = b.table_name
 11     and a.owner = 'SCOTT'
 12     and a.table_name = 'T_STATS';
```

COLUMN_NAME	NUM_ROWS	NUM_NULLS	CARDINALITY	SELECTIVITY	HISTOGRAM	NUM_BUCKETS
EDITION_NAME	72674	72674	0	0	NONE	0
NAMESPACE	72674	1	21	.03	NONE	1
SECONDARY	72674	0	2	0	NONE	1
GENERATED	72674	0	2	0	NONE	1
TEMPORARY	72674	0	2	0	NONE	1
STATUS	72674	0	2	0	NONE	1
TIMESTAMP	72674	1	1592	2.19	NONE	1
LAST_DDL_TIME	72674	1	1521	2.09	NONE	1
CREATED	72674	0	1472	2.03	NONE	1
OBJECT_TYPE	72674	0	45	.06	NONE	1
DATA_OBJECT_ID	72674	64833	7796	10.73	NONE	1
OBJECT_ID	72674	1	72673	100	NONE	1
SUBOBJECT_NAME	72674	72145	140	.19	NONE	1
OBJECT_NAME	72674	0	44333	61	NONE	1
OWNER	72674	0	31	.04	NONE	1

```
15 rows selected.
```

從上面查詢我們看到，所有欄位都沒有收集直方圖。

method_opt => 'for all columns size skewonly' 表示對表中所有欄位收集
自動判斷是否收集直方圖，如下所示。

```
SQL> BEGIN
  2     DBMS_STATS.GATHER_TABLE_STATS(ownname           => 'SCOTT',
  3                                   tabname           => 'T_STATS',
  4                                   estimate_percent => 100,
  5                                   method_opt        => 'for all columns size
skewonly',
  6                                   no_invalidate    => FALSE,
  7                                   degree            => 1,
  8                                   cascade           => TRUE);
  9  END;
 10  /

PL/SQL procedure successfully completed.
```

我們查看直方圖資訊，如下所示。

```
SQL> select a.column_name,
  2          b.num_rows,
  3          a.num_nulls,
  4          a.num_distinct Cardinality,
  5          round(a.num_distinct / b.num_rows * 100, 2) selectivity,
  6          a.histogram,
  7          a.num_buckets
  8     from dba_tab_col_statistics a, dba_tables b
  9    where a.owner = b.owner
 10      and a.table_name = b.table_name
 11      and a.owner = 'SCOTT'
 12      and a.table_name = 'T_STATS';
```

COLUMN_NAME	NUM_ROWS	NUM_NULLS	CARDINALITY	SELECTIVITY	HISTOGRAM	NUM_BUCKETS
EDITION_NAME	72674	72674	0	0	NONE	0
NAMESPACE	72674	1	21	.03	FREQUENCY	21
SECONDARY	72674	0	2	0	FREQUENCY	2
GENERATED	72674	0	2	0	FREQUENCY	2
TEMPORARY	72674	0	2	0	FREQUENCY	2
STATUS	72674	0	2	0	FREQUENCY	2
TIMESTAMP	72674	1	1592	2.19	HEIGHT BALANCED	254
LAST_DDL_TIME	72674	1	1521	2.09	HEIGHT BALANCED	254
CREATED	72674	0	1472	2.03	HEIGHT BALANCED	254
OBJECT_TYPE	72674	0	45	.06	FREQUENCY	45
DATA_OBJECT_ID	72674	64833	7796	10.73	HEIGHT BALANCED	254
OBJECT_ID	72674	1	72673	100	NONE	1
SUBOBJECT_NAME	72674	72145	140	.19	FREQUENCY	140
OBJECT_NAME	72674	0	44333	61	HEIGHT BALANCED	254
OWNER	72674	0	31	.04	FREQUENCY	31

```
15 rows selected.
```

從上面查詢我們可以看到，除了 OBJECT_ID 欄位和 EDITION_NAME 欄位，其餘所有欄位都收集了直方圖。因為 EDITION_NAME 欄位全是 NULL，所以沒必要收集直方圖。OBJECT_ID 欄位選擇性為 100%，沒必要收集直方圖。

在實際工作中千萬不要使用 method_opt => 'for all columns size skewonly' 收集直方圖資訊，因為並不是表中所有的欄位都會出現在 where 條件中，對沒有出現在 where 條件中的欄位收集直方圖沒有意義。

method_opt => 'for all columns size auto' 表示對出現在 where 條件中的欄位自動判斷是否收集直方圖。

現在我們刪除表中所有欄位的直方圖。

```
SQL> BEGIN
  2    DBMS_STATS.GATHER_TABLE_STATS(ownname          => 'SCOTT',
  3                                  tabname          => 'T_STATS',
  4                                  estimate_percent => 100,
  5                                  method_opt       => 'for all columns size 1',
  6                                  no_invalidate    => FALSE,
  7                                  degree           => 1,
  8                                  cascade          => TRUE);
  9    END;
 10    /

PL/SQL procedure successfully completed.
```

我們執行下面 SQL，以便將 owner 欄位放入 where 條件中。

```
SQL> select count(*) from t_stats where owner='SYS';

  COUNT(*)
----------
     30850
```

接下來我們更新資料庫監控資訊。

```
SQL> begin
  2    dbms_stats.flush_database_monitoring_info;
  3    end;
  4    /

PL/SQL procedure successfully completed.
```

我們使用 method_opt => 'for all columns size auto' 方式對表收集統計資訊。

```
SQL> BEGIN
  2    DBMS_STATS.GATHER_TABLE_STATS(ownname          => 'SCOTT',
  3                                  tabname          => 'T_STATS',
  4                                  estimate_percent => 100,
  5                                  method_opt       => 'for all columns size auto',
  6                                  no_invalidate    => FALSE,
  7                                  degree           => 1,
```

```
     8                                      cascade            => TRUE);
     9   END;
    10   /

PL/SQL procedure successfully completed.
```

然後我們查看直方圖資訊。

```
SQL> select a.column_name,
     2          b.num_rows,
     3          a.num_nulls,
     4          a.num_distinct Cardinality,
     5          round(a.num_distinct / b.num_rows * 100, 2) selectivity,
     6          a.histogram,
     7          a.num_buckets
     8     from dba_tab_col_statistics a, dba_tables b
     9    where a.owner = b.owner
    10      and a.table_name = b.table_name
    11      and a.owner = 'SCOTT'
    12      and a.table_name = 'T_STATS';
```

COLUMN_NAME	NUM_ROWS	NUM_NULLS	CARDINALITY	SELECTIVITY	HISTOGRAM	NUM_BUCKETS
EDITION_NAME	72674	72674	0	0	NONE	0
NAMESPACE	72674	1	21	.03	NONE	1
SECONDARY	72674	0	2	0	NONE	1
GENERATED	72674	0	2	0	NONE	1
TEMPORARY	72674	0	2	0	NONE	1
STATUS	72674	0	2	0	NONE	1
TIMESTAMP	72674	1	1592	2.19	NONE	1
LAST_DDL_TIME	72674	1	1521	2.09	NONE	1
CREATED	72674	0	1472	2.03	NONE	1
OBJECT_TYPE	72674	0	45	.06	NONE	1
DATA_OBJECT_ID	72674	64833	7796	10.73	NONE	1
OBJECT_ID	72674	1	72673	100	NONE	1
SUBOBJECT_NAME	72674	72145	140	.19	NONE	1
OBJECT_NAME	72674	0	44333	61	NONE	1
OWNER	72674	0	31	.04	FREQUENCY	31

```
15 rows selected.
```

從上面查詢我們可以看到，Oracle 自動地對 owner 欄位收集了直方圖。

請思考，如果將選擇性比較高的欄位放入 where 條件中，會不會自動收集直方圖？現在我們將 OBJECT_NAME 欄位放入 where 條件中。

```
SQL> select count(*) from t_stats where object_name='EMP';

  COUNT(*)
----------
         3
```

然後我們更新資料庫監控資訊。

```
SQL> begin
  2    dbms_stats.flush_database_monitoring_info;
  3  end;
  4  /

PL/SQL procedure successfully completed.
```

接著收集統計資訊。

```
SQL> BEGIN
  2    DBMS_STATS.GATHER_TABLE_STATS(ownname          => 'SCOTT',
  3                                  tabname          => 'T_STATS',
  4                                  estimate_percent => 100,
  5                                  method_opt       => 'for all columns size auto',
  6                                  no_invalidate    => FALSE,
  7                                  degree           => 1,
  8                                  cascade          => TRUE);
  9  END;
 10  /

PL/SQL procedure successfully completed.
```

我們查看 OBJECT_NAME 欄位是否收集了直方圖。

```
SQL> select a.column_name,
  2         b.num_rows,
  3         a.num_nulls,
  4         a.num_distinct Cardinality,
  5         round(a.num_distinct / b.num_rows * 100, 2) selectivity,
  6         a.histogram,
  7         a.num_buckets
  8    from dba_tab_col_statistics a, dba_tables b
  9   where a.owner = b.owner
 10     and a.table_name = b.table_name
 11     and a.owner = 'SCOTT'
 12     and a.table_name = 'T_STATS';
```

COLUMN_NAME	NUM_ROWS	NUM_NULLS	CARDINALITY	SELECTIVITY	HISTOGRAM	NUM_BUCKETS
EDITION_NAME	72674	72674	0	0	NONE	0
NAMESPACE	72674	1	21	.03	NONE	1
SECONDARY	72674	0	2	0	NONE	1
GENERATED	72674	0	2	0	NONE	1
TEMPORARY	72674	0	2	0	NONE	1
STATUS	72674	0	2	0	NONE	1
TIMESTAMP	72674	1	1592	2.19	NONE	1
LAST_DDL_TIME	72674	1	1521	2.09	NONE	1
CREATED	72674	0	1472	2.03	NONE	1
OBJECT_TYPE	72674	0	45	.06	NONE	1
DATA_OBJECT_ID	72674	64833	7796	10.73	NONE	1
OBJECT_ID	72674	1	72673	100	NONE	1
SUBOBJECT_NAME	72674	72145	140	.19	NONE	1
OBJECT_NAME	72674	0	44333	61	NONE	1
OWNER	72674	0	31	.04	FREQUENCY	31

```
15 rows selected.
```

從上面查詢我們可以看到，OBJECT_NAME 欄位沒有收集直方圖。由此可見，使用 AUTO 方式收集直方圖很有智慧。mothod_opt 預設的參數就是 for all columns size auto。

method_opt => 'for all columns size repeat' 表示目前有哪些欄位收集了直方圖，現在就對哪些欄位收集直方圖。

目前只對 OWNER 欄位收集了直方圖，現在我們使用 REPEAT 方式收集直方圖。

```
SQL> BEGIN
  2    DBMS_STATS.GATHER_TABLE_STATS(ownname          => 'SCOTT',
  3                                  tabname          => 'T_STATS',
  4                                  estimate_percent => 100,
  5                                  method_opt       => 'for all columns size repeat',
  6                                  no_invalidate    => FALSE,
  7                                  degree           => 1,
  8                                  cascade          => TRUE);
  9  END;
 10  /

PL/SQL procedure successfully completed.
```

我們查看直方圖資訊。

```
SQL> select a.column_name,
  2         b.num_rows,
  3         a.num_nulls,
  4         a.num_distinct Cardinality,
  5         round(a.num_distinct / b.num_rows * 100, 2) selectivity,
  6         a.histogram,
  7         a.num_buckets
  8    from dba_tab_col_statistics a, dba_tables b
  9   where a.owner = b.owner
 10     and a.table_name = b.table_name
 11     and a.owner = 'SCOTT'
 12     and a.table_name = 'T_STATS';
```

COLUMN_NAME	NUM_ROWS	NUM_NULLS	CARDINALITY	SELECTIVITY	HISTOGRAM	NUM_BUCKETS
EDITION_NAME	72674	72674	0	0	NONE	0
NAMESPACE	72674	1	21	.03	NONE	1
SECONDARY	72674	0	2	0	NONE	1
GENERATED	72674	0	2	0	NONE	1
TEMPORARY	72674	0	2	0	NONE	1
STATUS	72674	0	2	0	NONE	1
TIMESTAMP	72674	1	1592	2.19	NONE	1

```
LAST_DDL_TIME      72674        1      1521     2.09 NONE              1
CREATED            72674        0      1472     2.03 NONE              1
OBJECT_TYPE        72674        0        45      .06 NONE              1
DATA_OBJECT_ID     72674    64833      7796    10.73 NONE              1
OBJECT_ID          72674        1     72673      100 NONE              1
SUBOBJECT_NAME     72674    72145       140      .19 NONE              1
OBJECT_NAME        72674        0     44333       61 NONE              1
OWNER              72674        0        31      .04 FREQUENCY        31

15 rows selected.
```

從查詢中我們可以看到，使用 REPEAT 方式延續了上次收集直方圖的策略。對一個執行穩定的系統，我們應該採用 REPEAT 方式收集直方圖。

method_opt => 'for columns object_type size skewonly' 表示單獨對 OBJECT_TYPE 欄位收集直方圖，對於其餘欄位，如果之前收集過直方圖，現在也收集直方圖。

```
SQL> BEGIN
  2    DBMS_STATS.GATHER_TABLE_STATS(ownname           => 'SCOTT',
  3                                  tabname           => 'T_STATS',
  4                                  estimate_percent => 100,
  5                method_opt      => 'for columns object_type size skewonly',
  6                                  no_invalidate    => FALSE,
  7                                  degree           => 1,
  8                                  cascade          => TRUE);
  9  END;
 10  /

PL/SQL procedure successfully completed.
```

我們查看直方圖資訊。

```
SQL> select a.column_name,
  2         b.num_rows,
  3         a.num_nulls,
  4         a.num_distinct Cardinality,
  5         round(a.num_distinct / b.num_rows * 100, 2) selectivity,
  6         a.histogram,
  7         a.num_buckets
  8    from dba_tab_col_statistics a, dba_tables b
  9   where a.owner = b.owner
 10     and a.table_name = b.table_name
 11     and a.owner = 'SCOTT'
 12     and a.table_name = 'T_STATS';
```

COLUMN_NAME	NUM_ROWS	NUM_NULLS	CARDINALITY	SELECTIVITY	HISTOGRAM	NUM_BUCKETS
EDITION_NAME	72674	72674	0	0	NONE	0
NAMESPACE	72674	1	21	.03	NONE	1
SECONDARY	72674	0	2	0	NONE	1

```
GENERATED        72674        0        2        0 NONE           1
TEMPORARY        72674        0        2        0 NONE           1
STATUS           72674        0        2        0 NONE           1
TIMESTAMP        72674        1     1592     2.19 NONE           1
LAST_DDL_TIME    72674        1     1521     2.09 NONE           1
CREATED          72674        0     1472     2.03 NONE           1
OBJECT_TYPE      72674        0       45      .06 FREQUENCY     45
DATA_OBJECT_ID   72674    64833     7796    10.73 NONE           1
OBJECT_ID        72674        1    72673      100 NONE           1
SUBOBJECT_NAME   72674    72145      140      .19 NONE           1
OBJECT_NAME      72674        0    44333       61 NONE           1
OWNER            72674        0       31      .04 FREQUENCY     31

15 rows selected.
```

從查詢中我們可以看到，OBJECT_TYPE 欄位收集了直方圖，因為之前收集過 owner 欄位直方圖，現在也跟著收集了 owner 欄位的直方圖。

在實際工作中，我們需要對欄位收集直方圖就收集直方圖，需要刪除某欄位直方圖就刪除其直方圖，當系統趨於穩定之後，使用 REPEAT 方式收集直方圖。

no_invalidate 表示共用池中涉及到該表的游標是否立即失效，預設值為 DBMS_STATS.AUTO_INVALIDATE，表示讓 Oracle 自己決定是否立即失效。我們建議將 no_invalidate 參數設定為 FALSE，立即失效。因為我們發現有時候 SQL 執行緩慢是因為統計資訊過期所導致的，重新收集了統計資訊之後執行計畫還是沒有更改，原因就在於沒有將這個參數設定為 false。

degree 表示收集統計資訊的平行度，預設為 NULL。如果表沒有設定 degree，收集統計資訊的時候後就不開平行；如果表設定了 degree，收集統計資訊的時候就按照表的 degree 來開平行。可以查詢 DBA_TABLES.degree 來查看表的 degree，一般情況下，表的 degree 都為 1。我們建議可以根據當時系統的負載、系統中 CPU 的個數以及表大小來綜合判斷設定平行度。

cascade 表示在收集表的統計資訊的時候，是否串接收集索引的統計資訊，預設值為 DBMS_STATS.AUTO_CASCADE，表示讓 Oracle 自己判斷是否串接收集索引的統計資訊。我們一般將其設定為 TRUE，在收集表的統計資訊的時候，串接收集索引的統計資訊。

2.3 檢查統計資訊是否過期

收集完表的統計資訊之後，如果表中有大量資料發生變化，這時表的統計資訊就過期了，我們需要重新收集表的統計資訊，如果不重新收集，可能會導致執行計畫走偏。

以 T_STATS 為例，我們先在 owner 欄位上新建一個索引。

```
SQL> create index idx_t_stats_owner on t_stats(owner);

Index created.
```

我們收集 owner 欄位的直方圖資訊。

```
SQL> BEGIN
  2    DBMS_STATS.GATHER_TABLE_STATS(ownname         => 'SCOTT',
  3                                  tabname         => 'T_STATS',
  4                                  estimate_percent => 100,
  5                                  method_opt      => 'for columns owner size
skewonly',
  6                                  no_invalidate   => FALSE,
  7                                  degree          => 1,
  8                                  cascade         => TRUE);
  9  END;
 10  /

PL/SQL procedure successfully completed.
```

我們執行下面 SQL 並且查看執行計畫（為了方便排版，省略了執行計畫中的 Time 欄位）。

```
SQL> select * from t_stats where owner='SCOTT';

122 rows selected.


Execution Plan
----------------------------------------------------------
Plan hash value: 3912915053


--------------------------------------------------------------------------
| Id |Operation                    | Name             | Rows | Bytes | Cost (%CPU)|
--------------------------------------------------------------------------
|  0 |SELECT STATEMENT             |                  |  122 | 11834 |    5   (0)|
|  1 | TABLE ACCESS BY INDEX ROWID | T_STATS          |  122 | 11834 |    5   (0)|
|* 2 | INDEX RANGE SCAN            | IDX_T_STATS_OWNER|  122 |       |    1   (0)|
--------------------------------------------------------------------------

Predicate Information (identified by operation id):
```

```
----------------------------------------------------

   2 - access("OWNER"='SCOTT')


Statistics
----------------------------------------------------
          0  recursive calls
          0  db block gets
         26  consistent gets
          0  physical reads
          0  redo size
      13440  bytes sent via SQL*Net to client
        508  bytes received via SQL*Net from client
         10  SQL*Net roundtrips to/from client
          0  sorts (memory)
          0  sorts (disk)
        122  rows processed
```

SQL 的過濾條件是 where owner='SCOTT'，因為收集了 owner 欄位的直方圖統計，最佳化程式能準確地估算出 SQL 返回 122 列資料，該 SQL 走的是索引範圍掃描，執行計畫是正確的。

現在我們更新表中的資料，將 object_id<=10000 的 owner 更新為 'SCOTT'。

```
SQL> update t_stats set owner='SCOTT' where object_id<=10000;

9709 rows updated.

SQL> commit;

Commit complete.
```

我們再次執行 SQL 並且查看執行計畫。

```
SQL> select * from t_stats where owner='SCOTT';

9831 rows selected.


Execution Plan
----------------------------------------------------
Plan hash value: 3912915053
```

Id	Operation	Name	Rows	Bytes	Cost (%CPU)
0	SELECT STATEMENT		122	11834	5 (0)
1	TABLE ACCESS BY INDEX ROWID	T_STATS	122	11834	5 (0)
* 2	INDEX RANGE SCAN	IDX_T_STATS_OWNER	122		1 (0)

```
Predicate Information (identified by operation id):
---------------------------------------------------

  2 - access("OWNER"='SCOTT')


Statistics
---------------------------------------------------------------
          0  recursive calls
          0  db block gets
       1502  consistent gets
          0  physical reads
       3236  redo size
    1005607  bytes sent via SQL*Net to client
       7625  bytes received via SQL*Net from client
        657  SQL*Net roundtrips to/from client
          0  sorts (memory)
          0  sorts (disk)
       9831  rows processed
```

從執行計畫中可以看到，SQL 一共返回了 9831 列資料，但是最佳化程式評估只返回 122 列資料，因為最佳化程式評估 where owner='SCOTT' 只返回 122 列資料，所以執行計畫跑了索引，但是實際上應該走全資料表掃描。

為什麼最佳化程式會評估 where owner='SCOTT' 只返回 122 列資料呢？原因在於表中有大量資料發生了變化，但是統計資訊沒有得到及時更新，最佳化程式還是採用老的（過期的）統計資訊來估算返回列數。

我們可以使用下面方法檢查表統計資訊是否過期，先更新資料庫監控資訊。

```
SQL> begin
  2    dbms_stats.flush_database_monitoring_info;
  3  end;
  4  /

PL/SQL procedure successfully completed.
```

然後我們執行下面查詢。

```
SQL> select owner, table_name , object_type, stale_stats, last_analyzed
  2    from dba_tab_statistics
  3   where owner = 'SCOTT'
  4     and table_name = 'T_STATS';
```

OWNER	TABLE_NAME	OBJECT_TYPE	STALE_STATS	LAST_ANALYZED
SCOTT	T_STATS	TABLE	YES	24-MAY-17

STALE_STATS 顯示為 YES 表示表的統計資訊過期了。如果 STALE_STATS 顯示為 NO，表示表的統計資訊沒有過期。

我們可以透過下面查詢找出統計資訊過期的原因。

```
SQL> select table_owner, table_name, inserts, updates, deletes, timestamp
  2    from all_tab_modifications
  3   where table_owner = 'SCOTT'
  4     and table_name = 'T_STATS';

TABLE_OWNER      TABLE_NAME        INSERTS   UPDATES   DELETES TIMESTAMP
--------------   ---------------   --------- --------- --------- ---------
SCOTT            T_STATS                 0      9709         0 24-MAY-17
```

從查詢結果我們可以看到，從上一次收集統計資訊到現在，表被更新了 9709 列資料，所以表的統計資訊過期了。

現在我們重新收集表的統計資訊。

```
SQL> BEGIN
  2    DBMS_STATS.GATHER_TABLE_STATS(ownname          => 'SCOTT',
  3                                  tabname          => 'T_STATS',
  4                                  estimate_percent => 100,
  5                                  method_opt       => 'for columns owner size
skewonly',
  6                                  no_invalidate    => FALSE,
  7                                  degree           => 1,
  8                                  cascade          => TRUE);
  9  END;
 10  /

PL/SQL procedure successfully completed.
```

我們再次查看 SQL 的執行計畫。

```
SQL> select * from t_stats where owner='SCOTT';

9831 rows selected.


Execution Plan
----------------------------------------------------------
Plan hash value: 1525972472


--------------------------------------------------------------------------------
| Id  | Operation          | Name    | Rows  | Bytes | Cost (%CPU)| Time     |
--------------------------------------------------------------------------------
|   0 | SELECT STATEMENT   |         |  9831 |  931K |   187   (2)| 00:00:03 |
|*  1 |  TABLE ACCESS FULL | T_STATS |  9831 |  931K |   187   (2)| 00:00:03 |
--------------------------------------------------------------------------------
```

```
Predicate Information (identified by operation id):
----------------------------------------------------

  1 - filter("OWNER"='SCOTT')


Statistics
----------------------------------------------------------
          0  recursive calls
          0  db block gets
       1690  consistent gets
          0  physical reads
          0  redo size
     418062  bytes sent via SQL*Net to client
       7625  bytes received via SQL*Net from client
        657  SQL*Net roundtrips to/from client
          0  sorts (memory)
          0  sorts (disk)
       9831  rows processed
```

重新收集完統計資訊之後，最佳化程式估算返回 9831 列資料，這次 SQL 沒走索引掃描而是走的全資料表掃描，SQL 跑了正確的執行計畫。

細心的讀者可能會認為走索引掃描的效能高於全資料表掃描，因為索引掃描邏輯讀取為 1502，而全資料表掃描邏輯讀取為 1690，所以索引掃描效能高。其實這是不對的，衡量一個 SQL 的效能不能只看邏輯讀取，還要結合 SQL 的實體 I/O 次數綜合判斷。本書第 4 章會就為什麼這裡全資料表掃描效能比索引掃描效能更高做出詳細解釋。

Oracle 是怎麼判斷一個表的統計資訊過期了呢？當表中有超過 10% 的資料發生變化（INSERT、UPDATE、DELETE），就會引起統計資訊過期。

現在我們查看表一共有多少列資料。

```
SQL> select count(*) from t_stats;

  COUNT(*)
----------
     72674
```

刪除表中 10% 的資料，然後我們查看表的統計資訊是否過期。

```
SQL> delete t_stats where rownum<=72674*0.1+1;

7268 rows deleted.

SQL> commit;
```

我們更新資料庫監控資訊。

```
SQL> begin
  2    dbms_stats.flush_database_monitoring_info;
  3  end;
  4  /

PL/SQL procedure successfully completed.
```

我們檢查表統計資訊是否過期。

```
SQL> select owner, table_name, object_type, stale_stats, last_analyzed
  2    from dba_tab_statistics
  3  where owner = 'SCOTT'
  4    and table_name = 'T_STATS';

OWNER      TABLE_NAME OBJECT_TYP STALE_STATS     LAST_ANALYZED
---------- ---------- ---------- --------------- ------------------
SCOTT      T_STATS    TABLE      YES             24-MAY-17
```

STALE_STATS 顯示為 YES，說明表的統計資訊過期了。

我們查看統計資訊過期原因。

```
SQL> select table_owner, table_name, inserts, updates, deletes, timestamp
  2    from all_tab_modifications
  3  where table_owner = 'SCOTT'
  4    and table_name = 'T_STATS';

TABLE_OWNE TABLE_NAME   INSERTS    UPDATES    DELETES TIMESTAMP
---------- ---------- ---------- ---------- ---------- ------------------
SCOTT      T_STATS            0          0       7268 24-MAY-17
```

從上面查詢我們可以看到表被刪除了 7268 列資料，從而導致資料表的統計資訊過期。

在進行 SQL 最佳化的時候，我們需要檢查表的統計資訊是否過期，如果表的統計資訊過期了，要及時更新表的統計資訊。

資料字典 all_tab_modifications 還可以用來判斷哪些表需要定期降低高水位，比如一個表經常進行 insert、delete，那麼這個表應該定期降低高水位，這個表的索引也應該定期重建。除此之外，all_tab_modifications 還可以用來判斷系統中哪些表是業務核心表、表的資料每天增長量等。

如果一個 SQL 有七八個表關聯或者有檢視套檢視等，怎麼快速檢查 SQL 語句中所有的表統計資訊是否過期呢？

現有如下 SQL。

```
select * from emp e,dept d where e.deptno=d.deptno;
```

我們可以先用 explain plan for 命令，在 plan_table 中生成 SQL 的執行計畫。

```
SQL> explain plan for select * from emp e,dept d where e.deptno=d.deptno;

Explained.
```

然後我們使用下面腳本檢查 SQL 語句中所有的表的統計資訊是否過期。

```
SQL> select owner, table_name, object_type, stale_stats, last_analyzed
  2    from dba_tab_statistics
  3   where (owner, table_name) in
  4        (select object_owner, object_name
  5           from plan_table
  6          where object_type like '%TABLE%'
  7         union
  8         select table_owner, table_name
  9           from dba_indexes
 10          where (owner, index_name) in
 11               (select object_owner, object_name
 12                  from plan_table
 13                 where object_type like '%INDEX%'));
```

OWNER	TABLE_NAME	OBJECT_TYP	STALE_STATS	LAST_ANALYZED
SCOTT	DEPT	TABLE	NO	05-DEC-16
SCOTT	EMP	TABLE	YES	22-OCT-16

最後我們可以使用下面腳本檢查 SQL 語句中表統計資訊的過期原因。

```
select *
  from all_tab_modifications
 where (table_owner, table_name) in
      (select object_owner, object_name
         from plan_table
        where object_type like '%TABLE%'
       union
       select table_owner, table_name
         from dba_indexes
        where (owner, index_name) in
             (select object_owner, object_name
                from plan_table
               where object_type like '%INDEX%'));
```

2.4　擴展統計資訊

當 where 條件中有多個謂詞過濾條件，但是這些謂詞過濾條件彼此是有關係的
而不是相互獨立的，這時我們可能需要收集擴展統計資訊以便最佳化程式能夠
估算出較為準確的列數（Rows）。

我們新建一個表 T。

```
SQL> create table t as
  2    select level as id, level || 'a' as a, level || level || 'b' as b
  3      from dual
  4    connect by level < 100;

Table created.
```

在 T 表中，知道 A 欄位的值就知道 B 欄位的值，A 和 B 這樣的欄位就叫作相關
欄位。

我們一直執行 insert into t select * from t; 直到 T 表中有 3244032 列數
據。

我們對 T 表收集統計資訊。

```
SQL> BEGIN
  2    DBMS_STATS.GATHER_TABLE_STATS(ownname          => 'SCOTT',
  3                                  tabname          => 'T',
  4                                  estimate_percent => 100,
  5                                  method_opt       => 'for all columns size
skewonly',
  6                                  no_invalidate    => FALSE,
  7                                  degree           => 1,
  8                                  cascade          => TRUE);
  9  END;
 10  /

PL/SQL procedure successfully completed.
```

我們查看 T 表的統計資訊。

```
SQL> select a.column_name,
  2          b.num_rows,
  3          a.num_distinct Cardinality,
  4          round(a.num_distinct / b.num_rows * 100, 2) selectivity,
  5          a.histogram,
  6          a.num_buckets
  7    from dba_tab_col_statistics a, dba_tables b
  8    where a.owner = b.owner
```

```
  9      and a.table_name = b.table_name
 10      and a.owner = 'SCOTT'
 11      and a.table_name = 'T';

COLUMN_NAME      NUM_ROWS CARDINALITY SELECTIVITY HISTOGRAM      NUM_BUCKETS
--------------- --------- ----------- ----------- --------------- -----------
ID               3244032          99           0 FREQUENCY               99
A                3244032          99           0 FREQUENCY               99
B                3244032          99           0 FREQUENCY               99
```

我們新建兩個索引。

```
SQL> create index idx1 on t(a);

Index created.

SQL> create index idx2 on t(a,b);

Index created.
```

現有如下 SQL 及其執行計畫。

```
SQL> select * from t where a='1a' and b='11b';

32768 rows selected.

Execution Plan
----------------------------------------------------------
Plan hash value: 2303463401

--------------------------------------------------------------------------------
| Id  | Operation                    | Name | Rows | Bytes | Cost (%CPU)| Time     |
--------------------------------------------------------------------------------
|   0 | SELECT STATEMENT             |      |  331 |  4303 |    84   (0)| 00:00:02 |
|   1 |  TABLE ACCESS BY INDEX ROWID | T    |  331 |  4303 |    84   (0)| 00:00:02 |
|*  2 |   INDEX RANGE SCAN           | IDX2 |  331 |       |     3   (0)| 00:00:01 |
--------------------------------------------------------------------------------

Predicate Information (identified by operation id):
---------------------------------------------------

   2 - access("A"='1a' AND "B"='11b')

Statistics
----------------------------------------------------------
          0  recursive calls
          0  db block gets
      11854  consistent gets
         78  physical reads
          0  redo size
     775996  bytes sent via SQL*Net to client
      24444  bytes received via SQL*Net from client
       2186  SQL*Net roundtrips to/from client
          0  sorts (memory)
          0  sorts (disk)
      32768  rows processed
```

最佳化程式估算返回 331 列資料,但是實際上返回了 32768 列資料。為什麼最
佳化程式估算返回的列數與真實返回的列數有這麼大差異呢?這是因為最佳化
程式不知道 A 與 B 的關係,所以在估算返回列數的時候採用的是總列數 *A 的
選擇性 *B 的選擇性。

```
SQL> select round(1/99/99*3244032) from dual;

round(1/99/99*3244032)
----------------------
                   331
```

因為 A 欄位的值可以決定 B 欄位的值,所以上述 SQL 可以去掉 B 欄位的過濾
條件。

```
SQL> select * from t where a='1a';

32768 rows selected.

Execution Plan
----------------------------------------------------------
Plan hash value: 1601196873

------------------------------------------------------------------------
| Id  | Operation         | Name | Rows  | Bytes | Cost (%CPU)| Time     |
------------------------------------------------------------------------
|   0 | SELECT STATEMENT  |      | 32768 |  416K | 1775   (3)| 00:00:22 |
|*  1 |  TABLE ACCESS FULL| T    | 32768 |  416K | 1775   (3)| 00:00:22 |
------------------------------------------------------------------------

Predicate Information (identified by operation id):
---------------------------------------------------

   1 - filter("A"='1a')

Statistics
----------------------------------------------------------
          0  recursive calls
          0  db block gets
      10118  consistent gets
          0  physical reads
          0  redo size
     441776  bytes sent via SQL*Net to client
      24444  bytes received via SQL*Net from client
       2186  SQL*Net roundtrips to/from client
          0  sorts (memory)
          0  sorts (disk)
      32768  rows processed
```

這時最佳化程式能正確地估算返回的 Rows。如果不想改寫 SQL,怎麼才能讓最
佳化程式得到比較準確的 Rows 呢?在 Oracle11g 之前可以使用動態採樣(至少
Level 4)。

```
SQL> alter session set optimizer_dynamic_sampling=4;

Session altered.

SQL> select * from t where a='1a' and b='11b';

32768 rows selected.


Execution Plan
----------------------------------------------------------
Plan hash value: 1601196873


---------------------------------------------------------------------------
| Id  | Operation          | Name | Rows  | Bytes | Cost (%CPU)| Time     |
---------------------------------------------------------------------------
|   0 | SELECT STATEMENT   |      | 33845 |  429K |  1778   (3)| 00:00:22 |
|*  1 |  TABLE ACCESS FULL | T    | 33845 |  429K |  1778   (3)| 00:00:22 |
---------------------------------------------------------------------------

Predicate Information (identified by operation id):
---------------------------------------------------

   1 - filter("A"='1a' AND "B"='11b')

Note
-----
   - dynamic sampling used for this statement (level=4)


Statistics
----------------------------------------------------------
          0  recursive calls
          0  db block gets
      10118  consistent gets
          0  physical reads
          0  redo size
     441776  bytes sent via SQL*Net to client
      24444  bytes received via SQL*Net from client
       2186  SQL*Net roundtrips to/from client
          0  sorts (memory)
          0  sorts (disk)
      32768  rows processed
```

使用動態採樣 Level4 採樣之後，最佳化程式估算返回 33845 列資料，實際返回
了 32768 列資料，這已經比較精確了。在 Oracle11g 以後，我們可以使用擴展統
計資訊將相關的欄位組合成一個欄位。

```
SQL> SELECT DBMS_STATS.CREATE_EXTENDED_STATS(USER, 'T', '(A, B)') FROM DUAL;

DBMS_STATS.CREATE_EXTENDED_STATS(USER,'T','(A,B)')
--------------------------------------------------------------
SYS_STUNA$6DVXJXTP05EH56DTIROX
```

現在我們對表重新收集統計資訊。

```
SQL> BEGIN
  2    DBMS_STATS.GATHER_TABLE_STATS(ownname          => 'SCOTT',
  3                                  tabname          => 'T',
  4                                  estimate_percent => 100,
  5    method_opt => 'for columns SYS_STUNA$6DVXJXTP05EH56DTIR0X size skewonly',
  6                                  no_invalidate    => FALSE,
  7                                  degree           => 1,
  8                                  cascade          => TRUE);
  9  END;
 10  /

PL/SQL procedure successfully completed.
```

我們查看 T 表的統計資訊。

```
SQL> select a.column_name,
  2         b.num_rows,
  3         a.num_distinct Cardinality,
  4         round(a.num_distinct / b.num_rows * 100, 2) selectivity,
  5         a.histogram,
  6         a.num_buckets
  7    from dba_tab_col_statistics a, dba_tables b
  8   where a.owner = b.owner
  9     and a.table_name = b.table_name
 10     and a.owner = 'SCOTT'
 11     and a.table_name = 'T';

COLUMN_NAME                       NUM_ROWS CARDINALITY SELECTIVITY HISTOGRAM  NUM_BUCKETS
-------------------------------- --------- ----------- ----------- ---------- --------
ID                                3244032          99           0 FREQUENCY           99
A                                 3244032          99           0 FREQUENCY           99
B                                 3244032          99           0 FREQUENCY           99
SYS_STUNA$6DVXJXTP05EH56DTIR0X    3244032          99           0 FREQUENCY           99
```

重新收集統計資訊之後，擴展欄位 SYS_STUNA$6DVXJXTP05EH56DTIR0X 也收集了直方圖。

我們再次執行 SQL。

```
SQL> select * from t where a='1a' and b='11b';

32768 rows selected.


Execution Plan
----------------------------------------------------------
Plan hash value: 1601196873

--------------------------------------------------------------------------
| Id  | Operation           | Name  | Rows  | Bytes | Cost (%CPU)| Time      |
```

```
-----------------------------------------------------------------
|   0 | SELECT STATEMENT |       | 32768 |  416K|  1778   (3)| 00:00:22 |
|*  1 |  TABLE ACCESS FULL| T    | 32768 |  416K|  1778   (3)| 00:00:22 |
-----------------------------------------------------------------

Predicate Information (identified by operation id):
-----------------------------------------------------

   1 - filter("A"='1a' AND "B"='11b')


Statistics
-----------------------------------------------------------
          1  recursive calls
          0  db block gets
      10118  consistent gets
          0  physical reads
          0  redo size
     441776  bytes sent via SQL*Net to client
      24444  bytes received via SQL*Net from client
       2186  SQL*Net roundtrips to/from client
          0  sorts (memory)
          0  sorts (disk)
      32768  rows processed
```

收集完擴展統計資訊之後，最佳化程式就能估算出較為準確的 Rows。

需要注意的是，擴展統計資訊只能用於等值查詢，不能用於非等值查詢。

在本書的 SQL 最佳化案例賞析的章節中，我們將會為各位讀者分享一個經典的擴展統計資訊最佳化案例。

2.5 動態採樣

如果一個資料表從來沒收集過統計資訊，預設情況下 Oracle 會對表進行動態採樣（Level=2）以便最佳化程式估算出較為準確的 Rows，**動態採樣的最終目的就是為了讓最佳化程式能夠評估出較為準確的 Rows。**

現在我們新建一個測試資料表 T_DYNA。

```
SQL> create table t_dyna as select * from dba_objects;
Table created.
```

我們執行下面 SQL 並且查看執行計畫。

```
SQL> select count(*) from t_dyna;


Execution Plan
------------------------------------------------------------
Plan hash value: 3809964769

------------------------------------------------------------
| Id | Operation           | Name   | Rows  | Cost (%CPU)| Time     |
------------------------------------------------------------
|  0 | SELECT STATEMENT    |        |     1 |   187   (1)| 00:00:03 |
|  1 |  SORT AGGREGATE     |        |     1 |            |          |
|  2 |   TABLE ACCESS FULL | T_DYNA | 65305 |   187   (1)| 00:00:03 |
------------------------------------------------------------

Note
-----
   - dynamic sampling used for this statement (level=2)
```

因為表 T_DYNA 是才新建的新表，沒有收集過統計資訊，所以會啟用動態採樣。執行計畫中 dynamic sampling used for this statement (level=2)表示啟用了動態採樣，level 表示採樣級別，預設情況下採樣級別為 2。

動態採樣的級別分為 11 級。

level 0：不啟用動態採樣。

level 1：當表（非分區表）沒有收集過統計資訊，並且這個表要與另外的表進行關聯（不能是單表存取），同時該表沒有索引，表的資料塊必須大於 32 個，滿足這些條件的時候，Oracle 會隨機掃描表中 32 個資料塊，然後評估返回的 Rows。

level 2：對沒有收集過統計資訊的表啟用動態採樣，採樣的塊數為 64 個，如果表的塊數小於 64 個，表有多少塊就會採樣多少塊。

level 3：對沒有收集過統計資訊的表啟用動態採樣，採樣的塊數為 64 個。如果表已經收集過統計資訊，但是最佳化程式不能準確地估算出返回的 Rows，而是靠猜，比如 WHERE SUBSTR(owner,1,3)，這時會隨機掃描 64 個資料塊進行採樣。

level 4：對沒有收集過統計資訊的表啟用動態採樣，採樣的塊數為 64 個。如果表已經收集過統計資訊，但是表有兩個或者兩個以上過濾條件（AND/OR），這時會隨機掃描 64 個資料塊進行採樣，相關欄位問題就必須啟用至少 level 4 進行動態採樣。level4 採樣包含了 level 3 的採樣資料。

level 5：收集滿足 level 4 採樣條件的資料，採樣的塊數為 128 個。

level 6：收集滿足 level 4 採樣條件的資料，採樣的塊數為 256 個。

level 7：收集滿足 level 4 採樣條件的資料，採樣的塊數為 512 個。

level 8：收集滿足 level 4 採樣條件的資料，採樣的塊數為 1024 個。

level 9：收集滿足 level 4 採樣條件的資料，採樣的塊數為 4086 個。

level 10：收集滿足 level 4 採樣條件的資料，採樣表中所有的資料塊。

level 11：Oracle 自動判斷如何採樣，採樣的塊數由 Oracle 自動決定。

在 2.4 節中我們已經演示過動態採樣 level 4 的用途，現在將為各位讀者演示動態採樣 level 3 的用途。

我們執行下面 SQL 並且查看執行計畫。

```
SQL> select * from t_dyna where substr(owner,4,3)='LIC';

27699 rows selected.


Execution Plan
----------------------------------------------------------
Plan hash value: 1744410282


--------------------------------------------------------------------------
| Id  | Operation         | Name    | Rows  | Bytes | Cost (%CPU)| Time     |
--------------------------------------------------------------------------
|   0 | SELECT STATEMENT  |         | 23044 |  4658K|    190   (3)| 00:00:03 |
|*  1 |  TABLE ACCESS FULL| T_DYNA  | 23044 |  4658K|    190   (3)| 00:00:03 |
--------------------------------------------------------------------------

Predicate Information (identified by operation id):
---------------------------------------------------

   1 - filter(SUBSTR("OWNER",4,3)='LIC')

Note
-----
   - dynamic sampling used for this statement (level=2)
```

因為 T_DYNA 沒有收集過統計資訊，啟用了動態採樣，採樣級別預設為 level 2，動態採樣估算的 Rows(23044) 與真實的 Rows(27699) 比較接近。

現在我們對表 T_DYNA 收集統計資訊。

```
SQL> BEGIN
  2      DBMS_STATS.GATHER_TABLE_STATS(ownname          => 'SCOTT',
  3                                    tabname          => 'T_DYNA',
  4                                    estimate_percent => 100,
  5                                    method_opt       => 'for all columns size
skewonly',
  6                                    no_invalidate    => FALSE,
  7                                    degree           => 1,
  8                                    cascade          => TRUE);
  9  END;
 10  /

PL/SQL procedure successfully completed.
```

我們再次查看執行計畫。

```
SQL> select * from t_dyna where substr(owner,4,3)='LIC';

27699 rows selected.


Execution Plan
----------------------------------------------------------
Plan hash value: 1744410282

-------------------------------------------------------------------------------
| Id  | Operation         | Name   | Rows  | Bytes | Cost (%CPU)| Time     |
-------------------------------------------------------------------------------
|   0 | SELECT STATEMENT  |        |   728 | 70616 |   190   (3)| 00:00:03 |
|*  1 |  TABLE ACCESS FULL| T_DYNA |   728 | 70616 |   190   (3)| 00:00:03 |
-------------------------------------------------------------------------------

Predicate Information (identified by operation id):
---------------------------------------------------

   1 - filter(SUBSTR("OWNER",4,3)='LIC')
```

對表 T_DYNA 收集了統計資訊之後，因為統計資訊中沒有包含 substr(owner, 4, 3)的統計，所以最佳化程式無法估算出較為準確的 Rows，最佳化程式估算返回了 728 列資料，而實際上返回了 27699 列資料。現在我們將動態採樣 level 設定為 3。

```
SQL> alter session set optimizer_dynamic_sampling=3;

Session altered.
```

我們執行 SQL 並且查看執行計畫。

```
SQL> select * from t_dyna where substr(owner,4,3)='LIC';

27699 rows selected.


Execution Plan
----------------------------------------------------------
Plan hash value: 1744410282


--------------------------------------------------------------------------
| Id | Operation       | Name   | Rows  | Bytes | Cost (%CPU)| Time     |
--------------------------------------------------------------------------
|  0 | SELECT STATEMENT |       | 28795 | 2727K|   191   (3)| 00:00:03 |
|* 1 |  TABLE ACCESS FULL| T_DYNA | 28795 | 2727K|   191   (3)| 00:00:03 |
--------------------------------------------------------------------------

Predicate Information (identified by operation id):
---------------------------------------------------

  1 - filter(SUBSTR("OWNER",4,3)='LIC')

Note
-----
  - dynamic sampling used for this statement (level=3)
```

將動態採樣設定為 level 3 之後，最佳化程式發現 where 條件中有 substr(owner, 4，3)，無法估算出準確的 Rows，因此對 SQL 啟用了動態採樣，動態採樣估算返回了 28795 列資料，接近於真實的列數 27699。

除了設定參數 optimizer_dynamic_sampling 啟用動態採樣外，我們還可以添加 HINT 啟用動態採樣。

```
SQL> alter session set optimizer_dynamic_sampling=2;

Session altered.

SQL> select /*+ dynamic_sampling(3) */ * from t_dyna where substr(owner,4,3)='LIC';

27699 rows selected.


Execution Plan
----------------------------------------------------------
Plan hash value: 1744410282


--------------------------------------------------------------------------
| Id | Operation       | Name   | Rows  | Bytes | Cost (%CPU)| Time     |
--------------------------------------------------------------------------
|  0 | SELECT STATEMENT |       | 28795 | 2727K|   191   (3)| 00:00:03 |
|* 1 |  TABLE ACCESS FULL| T_DYNA | 28795 | 2727K|   191   (3)| 00:00:03 |
--------------------------------------------------------------------------
```

```
Predicate Information (identified by operation id):
---------------------------------------------------

   1 - filter(SUBSTR("OWNER",4,3)='LIC')

Note
-----
   - dynamic sampling used for this statement (level=3)
```

如果表已經收集過統計資訊，並且最佳化程式能夠準確地估算出返回的 Rows，
即使添加了動態採樣的 HINT 或者是設定了動態採樣的參數為 level 3，也不會
啟用動態採樣。

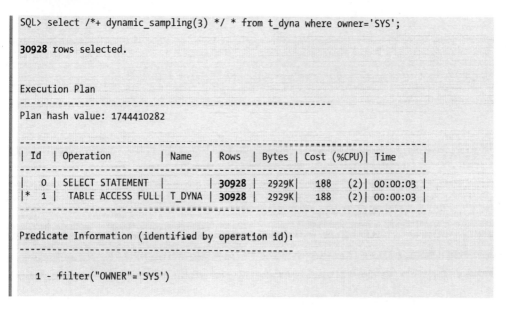

```
SQL> select /*+ dynamic_sampling(3) */ * from t_dyna where owner='SYS';

30928 rows selected.

Execution Plan
----------------------------------------------------------
Plan hash value: 1744410282

---------------------------------------------------------------------------
| Id  | Operation         | Name    | Rows  | Bytes | Cost (%CPU)| Time     |
---------------------------------------------------------------------------
|   0 | SELECT STATEMENT  |         | 30928 | 2929K |   188   (2)| 00:00:03 |
|*  1 |  TABLE ACCESS FULL| T_DYNA  | 30928 | 2929K |   188   (2)| 00:00:03 |
---------------------------------------------------------------------------

Predicate Information (identified by operation id):
---------------------------------------------------

   1 - filter("OWNER"='SYS')
```

因為表 T_DYNA 收集過統計資訊，最佳化程式能夠直接根據統計資訊估算出較
為準確的 Rows，所以，即使添加了 HINT：/*+ dynamic_sampling(3) */，也
沒有啟用動態採樣。

什麼時候需要啟用動態採樣呢？

當系統中有全域臨時表，就需要使用動態採樣，因為全域臨時表無法收集統計
資訊，我們建議對全域臨時表至少啟用 level 4 進行採樣。

**當執行計畫中表的 Rows 估算有嚴重偏差的時候，例如相關欄位問題，或者兩
表關聯有多個連接欄位，關聯之後 Rows 算少，或者是 where 過濾條件中對欄
位使用了 substr、instr、like，又或者是 where 過濾條件中有非等值過濾，或者**

group by 之後導致 **Rows** 估算錯誤，此時我們可以考慮使用動態採樣。同樣地，我們建議動態採樣至少設定為 **level 4**。

在資料倉儲系統中，有些報表 SQL 是採用 Obiee/SAP BO/Congnos 自動生成的，此類 SQL 一般都有幾十列、甚至幾百列，SQL 的過濾條件一般也比較複雜，有大量的 AND 和 OR 過濾條件，同時也可能有大量的 where 子查詢過濾條件，SQL 最終返回的資料量其實並不多。對於此類 SQL，如果 SQL 執行緩慢，有可能是因為 SQL 的過濾條件太複雜，導致最佳化程式不能估算出較為準確的 Rows 而產生了錯誤的執行計畫。我們可以考慮啟用動態採樣 level 6 觀察效能是否有所改善，我們曾利用該方法最佳化了大量的報表 SQL。

最後，需要注意的是，不要在系統級更改動態採樣級別，預設為 2 就行了，如果某個表需要啟用動態採樣，直接在 SQL 語句中添加 HINT 即可。

2.6 制定統計資訊收集策略

最佳化程式在計算執行計畫的成本時依賴於統計資訊，如果沒有收集統計資訊，或者是統計資訊過期了，那麼最佳化程式就會出現嚴重偏差，從而導致效能問題。因此要確保統計資訊準確性。雖然資料庫有內建 JOB 每天晚上會定時收集資料庫中所有表的統計資訊，但是如果資料庫特別大，內建的 JOB 無法完成全庫統計資訊收集。一些資深的 DBA 會關閉資料庫內建的統計資訊收集 JOB，根據實際情況自己制定收集統計資訊策略。

下面腳本用於收集 SCOTT 帳戶下統計資訊過期了或者是從沒收集過統計資訊的表的統計資訊，取樣速率也根據表的區段大小做出了對應的調整。

```
declare
  cursor stale_table is
    select owner,
           segment_name,
           case
             when segment_size < 1 then
               100
             when segment_size >= 1 and segment_size <= 5 then
               50
             when segment_size > 5 then
               30
```

```
            end as percent,
            6 as degree
      from (select owner,
                   segment_name,
                   sum(bytes / 1024 / 1024 / 1024) segment_size
              from DBA_SEGMENTS
             where owner = 'SCOTT'
               and segment_name in
                   (select table_name
                      from DBA_TAB_STATISTICS
                     where (last_analyzed is null or stale_stats = 'YES')
                       and owner = 'SCOTT')
             group by owner, segment_name);
begin
  dbms_stats.flush_database_monitoring_info;
  for stale in stale_table loop
    dbms_stats.gather_table_stats(ownname          => stale.owner,
                                  tabname          => stale.segment_name,
                                  estimate_percent => stale.percent,
                                  method_opt       => 'for all columns size repeat',
                                  degree           => stale.degree,
                                  cascade          => true);
  end loop;
end;
/
```

在實際工作中，我們可以根據自身資料庫中實際情況，對以上腳本進行修改。

全域臨時表無法收集統計資訊，我們可以抓出系統中的全域臨時表，抓出系統中使用到全域臨時表的 SQL，然後根據實際情況，對全域臨時表進行動態採樣，或者是人工對全域臨時表設定統計資訊（**DBMS_STATS.SET_TABLE_STATS**）。

下面腳本抓出系統中使用到全域臨時表的 SQL 語法。

```
select b.object_owner, b.object_name, a.temporary, sql_text
  from dba_tables a, v$sql_plan b, v$sql c
 where a.owner = b.object_owner
   and a.temporary = 'Y'
   and a.table_name = b.object_name
   and b.sql_id = c.sql_id;
```

第 3 章

執行計畫

SQL 執行緩慢有很多原因,有時候是資料庫本身原因,比如 LATCH 爭用,或者某些參數設定不合理。有時候是 SQL 寫法有問題,有時候是缺乏索引,可能是因為統計資訊過期或者沒收集直方圖,也可能是最佳化程式本身並不完善或者最佳化程式自身 BUG 而導致的效能問題,還有可能是業務原因,比如要存取一年的資料,然而一年累計有數億條資料,資料量太大導致 SQL 效能緩慢。

如果是資料庫自身原因導致 SQL 緩慢,我們需要透過分析等待事件,做出相應處理。本書側重討論單純的 SQL 最佳化,因此更側重於分析 SQL 寫法,分析 SQL 的執行計畫。

SQL 最佳化調校就是透過各種手段和方法使最佳化程式選擇最佳執行計畫,以最小的資源消耗獲取到想要的資料。

3.1 獲取執行計畫常用方法

3.1.1 使用 AUTOTRACE 查看執行計畫

我們利用 SQLPLUS 中自帶的 AUTOTRACE 工具查看執行計畫。AUTOTRACE 用法如下。

```
SQL> set autot
Usage: SET AUTOT[RACE] {OFF | ON | TRACE[ONLY]} [EXP[LAIN]] [STAT[ISTICS]]
```

中括號內的字元可以省略。

set autot on:該命令會執行 SQL,並且顯示執行結果、執行計畫和統計資訊。

set autot trace:該命令會執行 SQL,但不顯示執行結果,會顯示執行計畫和統計資訊。

set autot trace exp:執行該命令查詢語法不執行,DML 語法會執行,只顯示執行計畫。

set autot trace stat:該命令會執行 SQL,只顯示統計資訊。

set autot off:關閉 AUTOTRACE。

我們使用 set autot on 查看執行計畫（以 Oracle11gR2 為基礎，Scott 帳戶）。

```
SQL> conn scott/tiger
```

顯示已連接。

```
SQL> set lines 200 pages 200
SQL> set autot on
SQL> select count(*) from emp;

  COUNT(*)
----------
        14
```

執行計畫

Plan hash value: 1006289799

| Id | Operation | Name | Rows | Cost (%CPU)| Time |

0	SELECT STATEMENT		1	2 (0)	00:00:01
1	SORT AGGREGATE		1		
2	INDEX FAST FULL SCAN	PK_EMP	14	2 (0)	00:00:01

Note

   - dynamic sampling used for this statement (level=2)

統計資訊
----
        233 recursive calls
          0 db block gets
         51 consistent gets
         10 physical reads
          0 redo size
        430 bytes sent via SQL*Net to client
        419 bytes received via SQL*Net from client
          2 SQL*Net roundtrips to/from client
          4 sorts (memory)
          0 sorts (disk)
          1 rows processed

使用 set autot on 查看執行計畫會輸出 SQL 執行結果，如果 SQL 要返回大量結果，我們可以使用 set autot trace 查看執行計畫，set autot trace 不會輸出 SQL 執行結果。

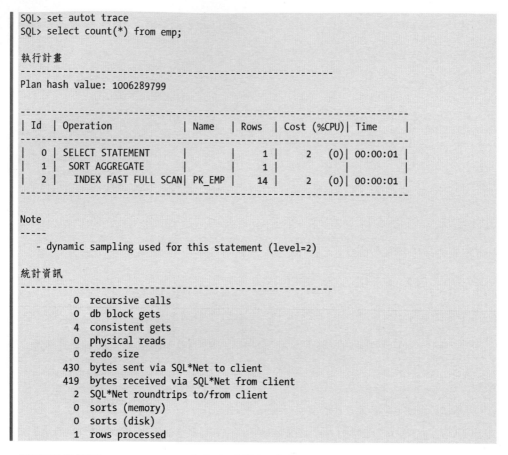

```
SQL> set autot trace
SQL> select count(*) from emp;

執行計畫
-----------------------------------------------------------
Plan hash value: 1006289799

-----------------------------------------------------------------
| Id  | Operation            | Name   | Rows  | Cost (%CPU)| Time     |
-----------------------------------------------------------------
|   0 | SELECT STATEMENT     |        |     1 |     2   (0)| 00:00:01 |
|   1 |  SORT AGGREGATE      |        |     1 |            |          |
|   2 |   INDEX FAST FULL SCAN| PK_EMP |    14 |     2   (0)| 00:00:01 |
-----------------------------------------------------------------

Note
-----
   - dynamic sampling used for this statement (level=2)

統計資訊
-----------------------------------------------------------
          0  recursive calls
          0  db block gets
          4  consistent gets
          0  physical reads
          0  redo size
        430  bytes sent via SQL*Net to client
        419  bytes received via SQL*Net from client
          2  SQL*Net roundtrips to/from client
          0  sorts (memory)
          0  sorts (disk)
          1  rows processed
```

筆者經常使用 set autot trace 命令查看執行計畫。

利用 AUTOTRACE 查看執行計畫會帶來一個額外的好處，當 SQL 執行完畢之後，會在執行計畫的尾端顯示 SQL 在執行過程中耗費的一些統計資訊。

recursive calls 表示遞迴呼叫的次數。一個 SQL 第一次執行就會發生硬解析，在硬解析的時候，最佳化程式會以隱式來呼叫一些內部 SQL，因此當一個 SQL 第一次執行，recursive calls 會大於 0；第二次執行的時候不需要遞迴呼叫，recursive calls 會等於 0。

如果 SQL 語法中有自訂函數，recursive calls 永遠不會等於 0，自訂函數被呼叫了多少次，recursive calls 就會顯示為多少次。

```
SQL> create or replace function f_getdname(v_deptno in number) return varchar2 as
  2    v_dname dept.dname%type;
  3  begin
```

```
 4     select dname into v_dname from dept where deptno = v_deptno;
 5     return v_dname;
 6  end f_getdname;
 7  /

Function created.
```

SQL 多次執行後的執行計畫如下。

```
SQL> select ename,f_getdname(deptno) from emp;

14 rows selected.

Execution Plan
----------------------------------------------------------
Plan hash value: 3956160932

---------------------------------------------------------------------------
| Id | Operation       | Name | Rows | Bytes | Cost (%CPU)| Time     |
---------------------------------------------------------------------------
|  0 | SELECT STATEMENT |      |   14 |   126 |     3   (0)| 00:00:01 |
|  1 |  TABLE ACCESS FULL| EMP  |   14 |   126 |     3   (0)| 00:00:01 |
---------------------------------------------------------------------------


Statistics
----------------------------------------------------------
         14  recursive calls
          0  db block gets
         36  consistent gets
          0  physical reads
          0  redo size
        769  bytes sent via SQL*Net to client
        419  bytes received via SQL*Net from client
          2  SQL*Net roundtrips to/from client
          0  sorts (memory)
          0  sorts (disk)
         14  rows processed
```

SQL 一共返回了 14 列資料,每返回一列資料,就會呼叫一次自訂函數,所以執行計畫中 recursive calls 為 14。

db block gets 表示有多少塊發生變化,一般情況下,只有 DML 語法才會導致塊發生變化,所以查詢語法中 db block gets 一般為 0。如果有延遲塊清除,或者 SQL 語法中呼叫了返回 CLOB 的函數,db block gets 也有可能會大於 0,不要覺得奇怪。

consistent gets 表示邏輯讀取,單位是塊。在進行 SQL 最佳化的時候,我們應該想方設法減少邏輯讀取個數。通常情況下邏輯讀取越小,效能也就越好。需要注意的是，邏輯讀取並不是衡量 SQL 執行快慢的唯一標準，需要結合 I/O 等其他綜合因素共同判斷。

怎麼透過邏輯讀取判斷一個 SQL 還存在較大最佳化空間呢？如果 SQL 的邏輯讀取遠遠大於 SQL 語法中所有表的區段大小之和（假設所有表都走全資料表掃描，表關聯方式為 HASH JOIN），那麼該 SQL 就存在較大最佳化空間。動手能力強的讀者可以據此編寫一個 SQL，抓出 SQL 邏輯讀取遠遠大於語法中所有表段大小之和的 SQL 語法。

physical reads 表示從磁碟讀取了多少個資料塊，如果表已經被快取在 buffer cache 中，沒有實體讀取，則 physical reads 等於 0。

redo size 表示產生了多少位元組的重做日誌，一般情況下只有 DML 語法才會產生 redo，查詢語法一般情況下不會產生 redo，所以這裡 redo size 為 0。如果有延遲塊清除，查詢語法也會產生 redo。

bytes sent via SQL*Net to client 表示從資料庫伺服器發送了多少位元組到客戶端。

bytes received via SQL*Net from client 表示從客戶端發送了多少位元組到伺服端。

SQL*Net roundtrips to/from client 表示客戶端與資料庫伺服端互動次數，我們可以透過設定 arraysize 減少互動次數。

sorts (memory) 和 sorts (disk) 分別表示記憶體排序和磁碟排序的次數。

rows processed 表示 SQL 一共返回多少列資料。**我們在做 SQL 最佳化的時候最關心這部分資料，因為可以根據 SQL 返回的列數判斷整個 SQL 應該是走 HASH 連接還是走巢狀嵌套迴圈。如果 rows processed 很大，一般走 HASH 連接；如果 rows processed 很小，一般走巢狀嵌套迴圈。**

3.1.2　使用 EXPLAIN PLAN FOR 查看執行計畫

使用 explain plan for 查看執行計畫，用法如下。

```
explain plan for SQL 語法;
select * from table(dbms_xplan.display);
```

範例（Oracle11gR2，Scott 帳戶）如下。

```
SQL> explain plan for select ename, deptno
  2    from emp
  3    where deptno in (select deptno from dept where dname = 'CHICAGO');

Explained.

SQL> select * from table(dbms_xplan.display);

PLAN_TABLE_OUTPUT
--------------------------------------------------------------------------------

Plan hash value: 844388907

--------------------------------------------------------------------------------
| Id  |Operation                     | Name    | Rows | Bytes | Cost(%CPU)| Time     |
--------------------------------------------------------------------------------
|   0 |SELECT STATEMENT              |         |   5  |  110  |   6  (17)| 00:00:01 |
|   1 |  MERGE JOIN                  |         |   5  |  110  |   6  (17)| 00:00:01 |
|*  2 |    TABLE ACCESS BY INDEX ROWID| DEPT   |   1  |   13  |   2   (0)| 00:00:01 |
|   3 |     INDEX FULL SCAN          | PK_DEPT |   4  |       |   1   (0)| 00:00:01 |
|*  4 |    SORT JOIN                 |         |  14  |  126  |   4  (25)| 00:00:01 |
|   5 |     TABLE ACCESS FULL        | EMP     |  14  |  126  |   3   (0)| 00:00:01 |
--------------------------------------------------------------------------------

Predicate Information (identified by operation id):
---------------------------------------------------

   2 - filter("DNAME"='CHICAGO')
   4 - access("DEPTNO"="DEPTNO")
       filter("DEPTNO"="DEPTNO")

19 rows selected.
```

查看進階（ADVANCED）執行計畫，用法如下。

```
explain plan for SQL 語法;
select * from table(dbms_xplan.display(NULL, NULL, 'advanced -projection'));
```

範例（Oracle11gR2，Scott 帳戶）如下。

```
SQL> explain plan for select ename, deptno
  2    from emp
  3    where deptno in (select deptno from dept where dname = 'CHICAGO');

Explained.

SQL> select * from table(dbms_xplan.display(NULL, NULL, 'advanced -projection'));

PLAN_TABLE_OUTPUT
--------------------------------------------------------------------------------

Plan hash value: 844388907
```

```
--------------------------------------------------------------------------------
| Id  |Operation                      | Name    | Rows | Bytes | Cost(%CPU)| Time     |
--------------------------------------------------------------------------------
|   0 |SELECT STATEMENT               |         |    5 |   110 |   6  (17)| 00:00:01 |
|   1 |  MERGE JOIN                   |         |    5 |   110 |   6  (17)| 00:00:01 |
|*  2 |   TABLE ACCESS BY INDEX ROWID | DEPT    |    1 |    13 |   2   (0)| 00:00:01 |
|   3 |    INDEX FULL SCAN            | PK_DEPT |    4 |       |   1   (0)| 00:00:01 |
|*  4 |   SORT JOIN                   |         |   14 |   126 |   4  (25)| 00:00:01 |
|   5 |    TABLE ACCESS FULL          | EMP     |   14 |   126 |   3   (0)| 00:00:01 |
--------------------------------------------------------------------------------

Query Block Name / Object Alias (identified by operation id):
-------------------------------------------------------------

   1 - SEL$5DA710D3
   2 - SEL$5DA710D3 / DEPT@SEL$2
   3 - SEL$5DA710D3 / DEPT@SEL$2
   5 - SEL$5DA710D3 / EMP@SEL$1

Outline Data
-------------

  /*+
      BEGIN_OUTLINE_DATA
      PX_JOIN_FILTER(@"SEL$5DA710D3" "EMP"@"SEL$1")
      USE_MERGE(@"SEL$5DA710D3" "EMP"@"SEL$1")
      LEADING(@"SEL$5DA710D3" "DEPT"@"SEL$2" "EMP"@"SEL$1")
      FULL(@"SEL$5DA710D3" "EMP"@"SEL$1")
      INDEX(@"SEL$5DA710D3" "DEPT"@"SEL$2" ("DEPT"."DEPTNO"))
      OUTLINE(@"SEL$2")
      OUTLINE(@"SEL$1")
      UNNEST(@"SEL$2")
      OUTLINE_LEAF(@"SEL$5DA710D3")
      ALL_ROWS
      DB_VERSION('11.2.0.1')
      OPTIMIZER_FEATURES_ENABLE('10.2.0.3')
      IGNORE_OPTIM_EMBEDDED_HINTS
      END_OUTLINE_DATA
  */

Predicate Information (identified by operation id):
---------------------------------------------------

   2 - filter("DNAME"='CHICAGO')
   4 - access("DEPTNO"="DEPTNO")
       filter("DEPTNO"="DEPTNO")

48 rows selected.
```

進階執行計畫比普通執行計畫多了 Query Block Name /Object Alias 和 Outline Data。

當需要控制半連接/反連接執行計畫的時候，我們就可能需要查看進階執行計畫。有時候我們需要使用 SQL PROFILE 固定執行計畫，也可能需要查看進階執行計畫。

Query Block Name 表示查詢塊名稱，Object Alias 表示物件別名。Outline Data 表示 SQL 內部的 HINT。一條 SQL 語法可能會包含多個子查詢，每個子查詢在執行計畫內部就是一個 Query Block。為什麼會有 Query Block 呢？比如一個 SQL 語法包含有多個子查詢，假如每個子查詢都要存取同一個表，不給資料表取別名，這個時候我們怎麼區分表屬於哪個子查詢呢？所以 Oracle 會給同一個 SQL 語法中的子查詢取別名，這個名字就是 Query Block Name，以此來區分子查詢中的表。Query Block Name 默認會命名為 SEL$1、SEL$2、SEL$3 等，我們可以使用 HINT：qb_name（別名）給子查詢取別名。

關於進階執行計畫更為詳細的內容，請閱讀本書 5.6.2 節。

3.1.3 　查看帶有 A-TIME 的執行計畫

查看帶有 A-TIME 的執行計畫的用法如下。

```
alter session set statistics_level=all;
或者在 SQL 語法中新增 hint:/*+  gather_plan_statistics  */
```

執行完 SQL 語法，然後執行下面的查詢語法就可以獲取帶有 A-TIME 的執行計畫。

```
select * from table(dbms_xplan.display_cursor(null,null,'allstats last'));
```

範例（Oracle11gR2，Scott 帳戶）如下。

```
SQL> select /*+ gather_plan_statistics full(test) */ count(*) from test where
owner='SYS';

  COUNT(*)
----------
     30808

SQL> select * from table(dbms_xplan.display_cursor(null,null,'allstats last'));

PLAN_TABLE_OUTPUT
--------------------------------------------------------------------------------

SQL_ID  fswg73p1zmvqu, child number 0
-------------------------------------
```

```
select /*+ gather_plan_statistics full(test) */ count(*) from test
where owner='SYS'

Plan hash value: 1950795681

-------------------------------------------------------------------------------------
| Id |Operation          | Name | Starts | E-Rows | A-Rows |  A-Time     | Buffers | Reads |
-------------------------------------------------------------------------------------
|  0 |SELECT STATEMENT    |      |    1 |        |      1 |00:00:00.03 |   1037  |  1033 |
|  1 | SORT AGGREGATE     |      |    1 |      1 |      1 |00:00:00.03 |   1037  |  1033 |
|* 2 |  TABLE ACCESS FULL | TEST |    1 |   2518 |  30808 |00:00:00.01 |   1037  |  1033 |
-------------------------------------------------------------------------------------

Predicate Information (identified by operation id):
---------------------------------------------------

   2 - filter("OWNER"='SYS')


20 rows selected.
```

Starts 表示這個操作執行的次數。

E-Rows 表示最佳化程式估算的列數，就是普通執行計畫中的 Rows。

A-Rows 表示真實的列數。

A-Time 表示累加的總時間。與普通執行計畫不同的是，普通執行計畫中的 Time 是假的，而 A-Time 是真實的。

Buffers 表示累加的邏輯讀取。

Reads 表示累加的實體讀取。

上面介紹了 3 種方法查看執行計畫。使用 AUTOTRACE 或者 EXPLAIN PLAN FOR 獲取的執行計畫來自於 PLAN_TABLE。PLAN_TABLE 是一個會話級的臨時表，裡面的執行計畫並不是 SQL 真實的執行計畫，它只是最佳化程式估算出來的。真實的執行計畫不應該是估算的，應該是真正執行過的。SQL 執行過的執行計畫存放於共用池中，具體存在於資料字典 V$SQL_PLAN 中，帶有 A-Time 的執行計畫來自於 V$SQL_PLAN，是真實的執行計畫，而透過 AUTOTRACE、透過 EXPLAIN PLAN FOR 獲取的執行計畫只是最佳化程式估算獲得的執行計畫。有讀者會有疑問，使用 AUTOTRACE 查看執行計畫，SQL 是真正執行過的，怎麼得到的執行計畫不是真實的呢？原因在於 AUTOTRACE 獲取的執行計畫來自於 PLAN_TABLE，而非來自於共用池中的 V$SQL_PLAN。

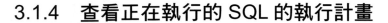

3.1.4　查看正在執行的 SQL 的執行計畫

有時需要抓取正在執行的 SQL 的執行計畫，這時我們需要獲取 SQL 的 SQL_ID 以及 SQL 的 CHILD_NUMEBR，然後將其代入下面 SQL，就能獲取正在執行的 SQL 的執行計畫。

```
select * from table(dbms_xplan.display_cursor('sql_id',child_number));
```

範例（Oracle11gR2，Scott 帳戶）如下。

先新建兩個測試表 a、b。

```
SQL> create table a as select * from dba_objects;

Table created.

SQL> create table b as select * from dba_objects;

Table created.
```

然後在一個會話中執行如下 SQL。

```
select count(*) from a,b where a.owner=b.owner;
```

在另外一個會話中執行如下 SQL，結果如圖 3-1 所示。

```
select a.sid, a.event, a.sql_id, a.sql_child_number, b.sql_text
  from v$session a, v$sql b
 where a.sql_address = b.address
   and a.sql_hash_value = b.hash_value
   and a.sql_child_number = b.child_number
order by 1 desc;
```

SID	EVENT	SQL_ID	SQL_CHILD_NUMBER	SQL_TEXT
98	SQL*Net message from client	ach0j2bvtabtu	0	select a.sid, a.event, a.sql_id, a.sql_child_number, b...
33	db file scattered read	czr9jwxv0xra6	0	select count(*) from a,b where a.owner=b.owner

圖 3-1

接下來我們將 SQL_ID 和 CHILD_NUMBER 代入以下 SQL。

```
SQL> select * from table(dbms_xplan.display_cursor('czr9jwxv0xra6',0));

PLAN_TABLE_OUTPUT
--------------------------------------------------------------------------------

SQL_ID  czr9jwxv0xra6, child number 0
-------------------------------------
select count(*) from a,b where a.owner=b.owner
```

```
Plan hash value: 319234518

--------------------------------------------------------------------------------------------
| Id  | Operation            | Name | Rows  | Bytes |TempSpc| Cost (%CPU)| Time     |
--------------------------------------------------------------------------------------------
|   0 | SELECT STATEMENT     |      |       |       |       | 2556 (100)|          |
|   1 |  SORT AGGREGATE      |      |     1 |    34 |       |           |          |
|*  2 |   HASH JOIN          |      |  400M |   12G | 1920K | 2556  (78)| 00:00:31 |
|   3 |    TABLE ACCESS FULL | B    | 67547 | 1121K |       |  187   (1)| 00:00:03 |
|   4 |    TABLE ACCESS FULL | A    | 77054 | 1279K |       |  187   (1)| 00:00:03 |
--------------------------------------------------------------------------------------------

Predicate Information (identified by operation id):
---------------------------------------------------

   2 - access("A"."OWNER"="B"."OWNER")

Note
-----
   - dynamic sampling used for this statement (level=2)
```

3.2 制定執行計畫

在 Oracle 資料庫中，執行計畫是樹狀結構，因此我們可以利用樹狀查詢來制定執行計畫。

我們打開 PLSQL dev SQL 視窗，登錄範例帳戶 Scott 並且執行如下 SQL。

```
explain plan for select /*+ use_hash(a,dept) */ *
  from emp a, dept
 where a.deptno = dept.deptno
   and a.sal > 3000;
```

然後執行下面的腳本，結果如圖 3-2 所示。

```
select case
          when (filter_predicates is not null or
                access_predicates is not null) then
          '*'
          else
          ' '
       end || id as "Id",
       lpad(' ', level) || operation || ' ' || options "Operation",
       object_name "Name",
       cardinality as "Rows",
       filter_predicates "Filter",
```

```
      access_predicates "Access"
  from plan_table
 start with id = 0
connect by prior id = parent_id;
```

Id	Operation		Name		Rows	Filter	Access	
0	SELECT STATEMENT	···		···	1			···
*1	HASH JOIN	···		···	1	···	"A"."DEPTNO"="DEPT"."DEPTNO"	···
*2	TABLE ACCESS FULL	···	EMP	···	1	"A"."SAL">3000		
3	···	TABLE ACCESS FULL	DEPT		4			

圖 3-2

我們曾在 1.2 節中提到，只有大表才會產生效能問題，因此可以將表的段大小新增到制定執行計畫中，這樣我們在用制定執行計畫最佳化 SQL 的時候，可以很方便地知道表大小，從而更快地判斷該步驟是否可能是效能瓶頸。下面腳本新增表的區段大小以及索引段大小到制定執行計畫中，結果如圖 3-3 所示。

```
select case
         when (filter_predicates is not null or
               access_predicates is not null) then
           '*'
         else
           ' '
       end || id as "Id",
       lpad(' ', level) || operation || ' ' || options "Operation",
       object_name "Name",
       cardinality as "Rows",
       b.size_mb "Size_Mb",
       filter_predicates "Filter",
       access_predicates "Access"
  from plan_table a,
       (select owner, segment_name, sum(bytes / 1024 / 1024) size_mb
          from dba_segments
          group by owner, segment_name) b
 where a.object_owner = b.owner(+)
   and a.object_name = b.segment_name(+)
 start with id = 0
connect by prior id = parent_id;
```

如圖 3-3 所示，Size_Mb 顯示表的區段大小，單位是 MB。

Id	Operation		Name		Rows	Size_Mb	Filter	Access	
0	SELECT STATEMENT	···		···	1				
*1	HASH JOIN	···		···	1			"A"."DEPTNO"="DEPT"."DEPTNO"	···
*2	TABLE ACCESS FULL	···	EMP		1	0.0625	"A"."SAL">3000		
3	···	TABLE ACCESS FULL	DEPT		4	0.0625			

圖 3-3

我們曾在 1.4 節中提到建立組合索引避免回表或者建立合適的組合索引減少回表次數。如果一個 SQL 只存取了某個表的極少部分欄位，那麼我們可以將這些被存取的欄位聯合在一起，從而建立組合索引。下面腳本將新增表的總欄位數以及被存取欄位數量到制定執行計畫中，結果如圖 3-4 所示。

```sql
select case
        when access_predicates is not null or filter_predicates is not null then
        '*' || id
        else
        ' ' || id
      end as "Id",
      lpad(' ', level) || operation || ' ' || options "Operation",
      object_name "Name",
      cardinality "Rows",
      b.size_mb "Mb",
      case
        when object_type like '%TABLE%' then
        REGEXP_COUNT(a.projection, ']') || '/' || c.column_cnt
      end as "Column",
      access_predicates "Access",
      filter_predicates "Filter",
      case
        when object_type like '%TABLE%' then
        projection
      end as "Projection"
 from plan_table a,
      (select owner, segment_name, sum(bytes / 1024 / 1024) size_mb
         from dba_segments
        group by owner, segment_name) b,
      (select owner, table_name, count(*) column_cnt
         from dba_tab_cols
        group by owner, table_name) c
 where a.object_owner = b.owner(+)
   and a.object_name = b.segment_name(+)
   and a.object_owner = c.owner(+)
   and a.object_name = c.table_name(+)
 start with id = 0
connect by prior id = parent_id;
```

Id	Operation	Name	Rows	Mb	Column	Access	Filter
0	SELECT STATEMENT		1				
*1	HASH JOIN		1			"A"."DEPTNO"="DEPT"."DEPTNO"	
*2	TABLE ACCESS FULL	EMP	1	0.0625	8/8		"A"."SAL">3000
3	TABLE ACCESS FULL	DEPT	4	0.0625	3/3		

圖 3-4

如圖 3-4 中所示，Column 表示存取了表多少欄位/表的全部欄位。Projection 顯示了具體的存取欄資訊，限於書本寬度，圖中沒有顯示 Projection 欄資訊。

限於書本限制，本書不針對制定執行計畫做進一步的討論，有興趣的讀者請自行新增其餘制定資訊到制定執行計畫中。

3.3 如何透過查看執行計畫建立索引？

我們利用如下 SQL 講解（以 Oracle11gR2 scott 為基礎）。

```
SQL> explain plan for select e.ename,e.job,d.dname from emp e,dept d  where
e.deptno=d.deptno and e.sal<2000;

Explained.

SQL> select * from table(dbms_xplan.display);

PLAN_TABLE_OUTPUT
--------------------------------------------------------------------------

Plan hash value: 615168685


--------------------------------------------------------------------------
| Id  | Operation          | Name | Rows  | Bytes | Cost (%CPU)| Time     |
--------------------------------------------------------------------------
|   0 | SELECT STATEMENT   |      |     8 |   488 |    7  (15)| 00:00:01 |
|*  1 |   HASH JOIN        |      |     8 |   488 |    7  (15)| 00:00:01 |
|   2 |    TABLE ACCESS FULL| DEPT |     4 |    88 |    3   (0)| 00:00:01 |
|*  3 |    TABLE ACCESS FULL| EMP  |     8 |   312 |    3   (0)| 00:00:01 |
--------------------------------------------------------------------------

Predicate Information (identified by operation id):
--------------------------------------------------------------------------

   1 - access("E"."DEPTNO"="D"."DEPTNO")
   3 - filter("E"."SAL"<2000)

Note
-----
   - dynamic sampling used for this statement (level=2)
```

執行計畫分為兩部分，Plan hash value 和 Predicate Information 之間這部分主要是表的存取路徑以及表的連接方式。關於存取路徑以及表連接方式會在之後章節詳細解釋。另外一部分是謂詞過濾資訊，這部分資訊位於 Predicate Information 下面，謂詞過濾資訊非常重要。一些資深的 DBA 因為之前接觸的是 Oracle8i 或者 Oracle9i，那個時候執行計畫還沒有謂詞資訊，所以就遺留了一個傳統，看執行計畫只看存取路徑和表連接方式，而不關心謂詞過濾資訊。還有些人做 SQL 最佳化喜歡用 10046 trace 或者 10053 trace，如果僅僅是最佳化一個 SQL，根本就不需要使用上面兩個工具，直接分析 SQL 語法以及執行計畫即可。當然，如果是為了深入研究為什麼不走索引，為什麼跑了巢狀嵌套迴圈而沒走 HASH 連接等，這個時候我們可以用 10053 trace；如果想研究存取路徑是單塊讀取或者是多塊讀取，可以使用 10046 trace。

我們這裡先不講怎麼閱讀執行計畫，後面會講利用游標移動大法閱讀執行計畫。

注意觀察 Id 這欄，有些 Id 前面有「*」號，這表示發生了謂詞過濾，或者發生了 HASH 連接，或者是跑了索引。Id=1 前面有「*」號，它是 HASH 連接的「*」號，我們觀察對應的謂詞過濾資訊就能知道是哪兩個表進行的 HASH 連接，而且能知道是對哪些欄位進行的 HASH 連接，這裡是 e 表（emp 表的別名）的 deptno 欄與 d 表（dept 的別名）deptno 欄進行 HASH 連接的。Id=3 前面有「*」號，這裡表示表 emp 有謂詞過濾，它的過濾條件就是 Id=3 對應的謂詞過濾資訊，也就是 e.sal<2000。Id=2 前面沒有「*」號，那麼說明 dept 表沒有謂詞過濾條件。

提問：TABLE ACCESS FULL 前面沒有「*」號怎麼辦？

回答：如果表很小，那麼不需理會，小表不會產生效能問題。如果表很大，那麼我們要詢問開發人員是不是忘了寫過濾條件，當然了一般也不會遇到這種情況。如果真的是沒過濾條件呢？比如一個表有 10GB，但是沒有過濾條件，那麼它就會成為整個 SQL 的效能瓶頸。這個時候我們需要查看 SQL 語法中該表存取了多少欄位，如果存取的欄位不多，就可以把這些欄位組合起來，建立一個組合索引，索引的大小可能就只有 1GB 左右。我們利用 INDEX FAST FULL SCAN 代替 TABLE ACCESS FULL。在存取欄位不多的情況，索引的大小（Segment Size）肯定比表的大小（Segment Size）小，那麼就不需要掃描 10GB 了，只需要掃描 1GB，從而達到最佳化目的。如果 SQL 語法裡面要存取表中大部分欄位，這時就不應該建立組合索引了，因為此時索引大小比表更大，可以透過其他方法最佳化，比如開啟並行查詢，或者更改表連接方式，讓大表當作為巢狀嵌套迴圈的被驅動表，同時在大表的連接欄位上建立索引。關於表連接方式，我們會在後面章節詳細介紹。

提問：TABLE ACCESS FULL 前面有「*」號怎麼辦？

回答：如果表很小，那麼我們不需理會；但如果表很大，可以使用「select count(*) from 表」，查看有多少列資料，然後透過「select count(*) from 表 where *」對應的謂詞過濾條件，查看返回多少列資料。如果返回的列數在表總列數的 5% 以內，我們可以在過濾欄上建立索引。如果已經存在索引，但是沒走索引，這時我們要檢查統計資訊，特別是直方圖資訊。如果統計資訊已經收集過了，我們可以用 HINT 強制走索引。如果有多個謂詞過濾條件，我們需要建立組合索引，並且要將選擇性高的欄放在前面、選擇性低的欄在後面。如果返回的列數超過表總列數的 5%，這個時候我們要查看 SQL 語法中該表存取了多少欄，如果存取的欄位少，同樣可以把這些欄位組合起來，建立組合索引。建立組合索引的時候，謂詞過濾欄在前面，連接欄在中間，select 部分的欄位在最後。如果存取的欄位多，這個時候就只能走全資料表掃描了。

提問：TABLE ACCESS BY INDEX ROWID 前面有「*」號怎麼辦？

回答：我們利用如下 SQL 講解（以 Oracle11gR2 scott 為基礎）。

```
SQL> grant dba to scott;
```

授權成功。

```
SQL> create table test as select * from dba_objects;
```

表已新建。

```
SQL> create index idx_name on test(object_name);
```

索引已新建。

```
SQL> set autot trace
SQL> select /*+ index(test) */ * from test where object_name like 'V_$%' and
owner='SCOTT' ;
未選定列
```

```
執行計畫
-----------------------------------------------------------
Plan hash value: 461797767


--------------------------------------------------------------------------------
| Id | Operation                   | Name     | Rows | Bytes | Cost(%CPU)| Time     |
--------------------------------------------------------------------------------
|  0 | SELECT STATEMENT            |          |   38 |  7866 |  334  (0)| 00:00:05 |
|* 1 |  TABLE ACCESS BY INDEX ROWID| TEST     |   38 |  7866 |  334  (0)| 00:00:05 |
|* 2 |   INDEX RANGE SCAN          | IDX_NAME |  672 |       |    6  (0)| 00:00:01 |
--------------------------------------------------------------------------------

Predicate Information (identified by operation id):
---------------------------------------------------

   1 - filter("OWNER"='SCOTT')
   2 - access("OBJECT_NAME" LIKE 'V_$%')
       filter("OBJECT_NAME" LIKE 'V_$%')

Note
```

```
-----
  - dynamic sampling used for this statement (level=2)
```

統計資訊
```
-------------------------------------------------------------
        0  recursive calls
        0  db block gets
      332  consistent gets
        0  physical reads
        0  redo size
     1191  bytes sent via SQL*Net to client
      409  bytes received via SQL*Net from client
        1  SQL*Net roundtrips to/from client
        0  sorts (memory)
        0  sorts (disk)
        0  rows processed
```

TABLE ACCESS BY INDEX ROWID 前面有「＊」號，表示回表再過濾。回表再過濾說明資料沒有在索引中過濾乾淨。當 TABLE ACCESS BY INDEX ROWID 前面有「＊」號時，可以將「＊」號下面的過濾條件包含在索引中，這樣可以減少回表次數，提升查詢效能。

```
SQL> create index idx_ownername on test(owner,object_name);
索引已新建
SQL> select /*+ index(test) */ * from test where  object_name like 'V_$%' and
owner='SCOTT' ;
未選定列
```

執行計畫
```
-------------------------------------------------------------
Plan hash value: 3756723214


----------------------------------------------------------------------------
| Id |Operation                    |Name         |Rows | Bytes | Cost(%CPU)| Time     |
----------------------------------------------------------------------------
|  0 |SELECT STATEMENT             |             |  38|  7866 |    5  (0)| 00:00:01 |
|  1 |  TABLE ACCESS BY INDEX ROWID|TEST         |  38|  7866 |    5  (0)| 00:00:01 |
|* 2 |   INDEX RANGE SCAN          |IDX_OWNERNAME|   3|       |    3  (0)| 00:00:01 |
----------------------------------------------------------------------------

Predicate Information (identified by operation id):
-------------------------------------------------------

  2 - access("OWNER"='SCOTT' AND "OBJECT_NAME" LIKE 'V_$%')
      filter("OBJECT_NAME" LIKE 'V_$%')

Note
-----
  - dynamic sampling used for this statement (level=2)
```

統計資訊
```
-------------------------------------------------------------
        0  recursive calls
```

```
      0  db block gets
      3  consistent gets
      0  physical reads
      0  redo size
   1191  bytes sent via SQL*Net to client
    409  bytes received via SQL*Net from client
      1  SQL*Net roundtrips to/from client
      0  sorts (memory)
      0  sorts (disk)
      0  rows processed
```

如果索引返回的資料本身很少，即使 TABLE ACCESS BY INDEX ROWID 前面有「*」號，也可以不用理會，因為索引本身返回的資料少，回表也沒有多少次，因此可以不用再新建組合索引。

透過上面的講解，相信大家也明白了為什麼我們不推薦使用工具查看執行計畫，因為有些工具看不到「*」號，看不到謂詞過濾資訊。

3.4　運用游標移動大法閱讀執行計畫

執行計畫中，最需要關心的有 Id、Operation、Name、Rows。

看 Id 是為了觀察 Id 前面是否有「*」號。

Operation 表示表的存取路徑或者連接方式。第 4 章我們會詳細介紹常見存取路徑，第 5 章會詳細介紹表連接方式。

Name 是 SQL 語法中物件的名字，可以是資料表名、索引名、檢視名、實體化檢視名，或者 CBO 自動生成的名字。

Rows 是 CBO 根據統計資訊以及數學公式計算出來的，也就是說 Rows 是假的，不是真實的。這裡的 Rows 也被稱作執行計畫中返回的基數。再一次強調，Rows 是假的，別被它騙了。前面介紹過帶有 A-Time 的執行計畫，帶有 A-Time 的執行計畫中 E-Rows 就是普通執行計畫中的 Rows，A-Rows 才是真實的。在進行 SQL 最佳化的時候，我們經常需要手工計算某個存取路徑的真實 Rows，然後對比執行計畫中的 Rows。如果手工計算的 Rows 與執行計畫中的 Rows 相差很大，執行計畫往往就出錯了。

有些人可能還會特意查看執行計畫中的 Cost，在進行 SQL 最佳化的時候，千萬別看 Cost！如果一個 SQL 語法都需要最佳化了，那麼它的 Cost 還是準確的嗎？有很大機率算錯了！既然算錯了，你還去看錯誤的 Cost 幹什麼呢？關於 Cost，我們會在第 6 章詳細介紹，同時由此引出 SQL 最佳化核心思想。

下面我們將為大家介紹如何利用游標移動大法閱讀執行計畫。

現有如下執行計畫。

```
-------------------------------------------------------------------------------------
| Id   | Operation                             | Name                      | Rows  |
-------------------------------------------------------------------------------------
|   0  | SELECT STATEMENT                      |                           |    1  |
|   1  |  TABLE ACCESS BY INDEX ROWID          | INTRC_PROD_DIM            |    1  |
|   2  |   NESTED LOOPS                        |                           |    1  |
|   3  |    NESTED LOOPS                       |                           |    1  |
|   4  |     NESTED LOOPS                      |                           |  330  |
|   5  |      NESTED LOOPS                     |                           | 1312K |
|*  6  |       HASH JOIN                       |                           | 6558  |
|   7  |        TABLE ACCESS FULL              | INTRC_GEO_DIM             | 2532  |
|*  8  |        HASH JOIN                      |                           | 6558  |
|*  9  |         TABLE ACCESS FULL             | INTRC_INITV_DIM          |  833  |
|* 10  |         HASH JOIN                     |                           | 6558  |
|  11  |          PARTITION RANGE SINGLE       |                           |  171  |
|* 12  |           TABLE ACCESS FULL           | INTRC_TIME_DIM           |  171  |
|* 13  |          HASH JOIN                    |                           | 6558  |
|  14  |           PARTITION RANGE SINGLE      |                           |  171  |
|* 15  |            TABLE ACCESS FULL          | INTRC_TIME_DIM           |  171  |
|  16  |           PARTITION RANGE SINGLE      |                           | 6558  |
|* 17  |            TABLE ACCESS FULL          | INTRC_INITV_TIME_BRDG_DIM | 6558  |
|  18  |      PARTITION RANGE SINGLE           |                           |  200  |
|* 19  |       TABLE ACCESS BY LOCAL INDEX ROWID| INTRC_INBR_FCT           |  200  |
|  20  |        BITMAP CONVERSION TO ROWIDS    |                           |       |
|  21  |         BITMAP INDEX FULL SCAN        | INTRC_INBR_FCT_BX1       |       |
|  22  |     PARTITION RANGE SINGLE            |                           |    1  |
|  23  |      BITMAP CONVERSION TO ROWIDS      |                           |    1  |
|  24  |       BITMAP AND                      |                           |       |
|* 25  |        BITMAP INDEX SINGLE VALUE      | INTRC_TIME_DIM_BX1       |       |
|  26  |        BITMAP CONVERSION FROM ROWIDS  |                           |       |
|  27  |         SORT ORDER BY                 |                           |       |
|* 28  |          INDEX RANGE SCAN             | INTRC_TIME_DIM_PK        |    1  |
|  29  |        BITMAP CONVERSION FROM ROWIDS  |                           |       |
|* 30  |         INDEX RANGE SCAN              | INTRC_TIME_DIM_NX1       |    1  |
|  31  |    BITMAP CONVERSION TO ROWIDS        |                           |    1  |
|  32  |     BITMAP AND                        |                           |       |
|  33  |      BITMAP CONVERSION FROM ROWIDS    |                           |       |
|* 34  |       INDEX RANGE SCAN                | INTRC_INPR_BRDG_DIM_PK   |    1  |
|* 35  |      BITMAP INDEX SINGLE VALUE        | INTRC_INPR_BRDG_DIM_BX1  |       |
|* 36  |  INDEX RANGE SCAN                     | INTRC_PROD_DIM_PK        |    1  |
-------------------------------------------------------------------------------------
```

有些讀者可能會認為 Id=15 最先執行，因為 Id=15 的縮排最大，其實這是錯誤的。

現在給大家介紹一種方法：游標移動大法。游標就是我們打字的時候，滑鼠點到某個地方，閃爍的游標。**閱讀執行計畫的時候，一般從上往下看，找到執行計畫的入口之後，再往上看。**

閱讀執行計畫的時候，我們將游標移動到 Id=0 SELECT 的 S 前面，然後按住鍵盤的向下移動的箭頭，向下移動，然後向右移動，然後再向下，再向右……Id=0 和 Id=1 相差一個空格（縮排），上下相差一個空格（縮排）就是父子關係，上面的是父親，下面的是兒子，兒子比父親先執行。那麼這裡 Id=1 是 Id=0 的兒子，Id=1 先執行。Id=2 是 Id=1 的兒子，Id=2 先執行。Id=3 是 Id=2 的兒子，Id=3 先執行。這樣我們一直將游標移動到 Id=7（向下，向右移動），Id=7 與 Id=8 對齊，表示 Id=7 與 Id=8 是兄弟關係，上面的是兄，下面的是弟，兄優先於弟先執行，也就是說 Id=7 先於 Id=8 執行。Id=7 也跟 Id=19、Id=24、Id=34 對齊，將游標移動到 Id=7 前面，向下移動游標，Id=19 在 Id=18 的下面，游標移動大法是不能「穿牆」的，從 Id=7 移動到 Id=19 會穿過 Id=18，同理 Id=24、Id=34 也「穿牆」了，因此 Id=7 只是和 Id=8 對齊。因為 Id=7 下面沒有兒子，所以執行計畫的入口是 Id=7，整個執行計畫中 Id=7 最先執行。

提問：怎麼快速找到執行計畫的入口？

回答：我們可以利用游標移動大法，先將游標放在 Id=0 這一步，然後一直向下向右移動游標，直到找到沒有兒子的 Id，這個 Id 就是執行計畫的入口。

提問：怎麼判斷是哪個表與哪個表進行關聯的？

回答：我們先找到表在執行計畫中的 Id，然後看這個 Id（或者是這個 Id 的父親）與誰對齊（利用游標上下移動），它與誰對齊，就與誰進行關聯。比如 Id=17 這個表，它本身沒有和任何 Id 對齊，但是 Id=17 的父親是 Id=16，與 Id=14 對齊，Id=14 的兒子是 Id=15，所以 Id=17 這個表是與 Id=15 這個表進行關聯的，並且兩個表是進行 HASH 連接的。

提問：在 SQL 最佳化實戰中，怎麼運用游標移動大法最佳化 SQL？

回答：例如，有如下執行計畫。

Id	Operation	Name	Starts	E-Rows	A-Rows	A-Time
0	SELECT STATEMENT		1		1324	00:02:42.23
1	SORT GROUP BY		1	1	1324	00:02:42.23
2	VIEW	VM_NWVW_2	1	1	6808	00:02:42.18
3	HASH UNIQUE		1	1	6808	00:02:42.18
4	NESTED LOOPS		1		5220K	00:02:21.06
5	NESTED LOOPS		1	1	5220K	00:02:00.18
6	NESTED LOOPS		1	1	5220K	00:01:49.74
7	NESTED LOOPS		1	2	5220K	00:01:18.42
8	NESTED LOOPS		1	1	6808	00:00:01.62
9	NESTED LOOPS		1	1	6808	00:00:00.54
10	NESTED LOOPS		1	1	11248	00:00:00.40
* 11	HASH JOIN		1	5	11248	00:00:00.07
12	PARTITION LIST SUBQUERY		1	47	25	00:00:00.01
13	INLIST ITERATOR		1		25	00:00:00.01
* 14	TABLE ACCESS BY LOCAL INDEX ROWID	OPT_ACCT_FDIM	25	47	25	00:00:00.01
* 15	INDEX RANGE SCAN	OPT_ACCT_FDIM_NX2	25	47	25	00:00:00.01
16	NESTED LOOPS		1	10482	12788	00:00:00.03
17	NESTED LOOPS		1	1	1	00:00:00.01
* 18	INDEX RANGE SCAN	OPT_BUS_UNIT_FDIM_UX2	1	1	1	00:00:00.01
* 19	INDEX RANGE SCAN	OPT_BUS_UNIT_FDIM_UX2	1	1	1	00:00:00.01
20	PARTITION LIST ITERATOR		1	10482	12788	00:00:00.03
* 21	TABLE ACCESS FULL	OPT_ACTVY_FCT	1	10482	12788	00:00:00.03
* 22	TABLE ACCESS BY GLOBAL INDEX ROWID	OPT_PRMTN_FDIM	11248	1	11248	00:00:00.31
* 23	INDEX UNIQUE SCAN	OPT_PRMTN_FDIM_PK	11248	1	11248	00:00:00.12
* 24	TABLE ACCESS BY INDEX ROWID	OPT_CAL_MASTR_DIM	11248	1	6808	00:00:00.14
* 25	INDEX UNIQUE SCAN	OPT_CAL_MASTR_DIM_PK	11248	1	11248	00:00:00.05
26	PARTITION LIST ALL		6808	1	6808	00:00:01.08
* 27	TABLE ACCESS BY LOCAL INDEX ROWID	OPT_PRMTN_FDIM	115K	1	6808	00:00:01.05
* 28	INDEX RANGE SCAN	OPT_PRMTN_FDIM_NX3	115K	4	6808	00:00:00.78
29	TABLE ACCESS BY GLOBAL INDEX ROWID	OPT_PRMTN_PROD_FLTR_LKP	6808	39	5220K	00:01:19.79
* 30	INDEX RANGE SCAN	OPT_PRMTN_PROD_FLTR_LKP_NX1	6808	3	5220K	00:00:43.96
* 31	TABLE ACCESS BY GLOBAL INDEX ROWID	OPT_ACCT_FDIM	5220K	1	5220K	00:00:23.79
* 32	INDEX UNIQUE SCAN	OPT_ACCT_FDIM_PK	5220K	1	5220K	00:00:08.38
* 33	INDEX UNIQUE SCAN	OPT_CAL_MASTR_DIM_PK	5220K	1	5220K	00:00:07.58
* 34	TABLE ACCESS BY INDEX ROWID	OPT_CAL_MASTR_DIM	5220K	1	5220K	00:00:17.28

如果是 SQL 最佳化初學者（高手可以一眼看出執行計畫哪裡有效能問題），可以先利用游標移動大法找到執行計畫入口，檢查入口 Rows 返回的真實列數與 CBO 估算的列數是否存在較大差異。舉例來說，這裡執行計畫入口為 Id=15，最佳化程式估算返回 47 列（E-Rows=47），實際上返回了 25 列（A-Rows=25），E-Rows 與 A-Rows 差別不大。找到執行計畫入口之後，我們應該從執行計畫入口往上檢查，Id=15 上面的是 Id=14，Id=14 上面的是 Id=13，這樣一直檢查到 Id=11。Id=11 估算返回 5 列（E-Rows=5），但是實際上返回了 11248 列（A-Rows=11248），所以執行計畫 Id=11 這步有問題，由於 Id=11 Rows 估算錯誤，它會導致後面整個執行計畫出錯，應該想辦法讓 CBO 估算出較為準確的 Rows。

我們還可以利用游標移動大法找出是哪個表與哪個表進行關聯的，例如下面執行計畫。

Id=29 的表與 Id=8 對齊，這表示 Id=29 的表是與一個結果集進行關聯的，關聯方式為巢狀嵌套迴圈（Id=7，NESTED LOOPS）。從執行計畫中我們可以看到 Id=29 是巢狀嵌套迴圈的被驅動表，但是沒走索引，走的是全資料表掃描。如果 Id=29 的表是一個大表，會出現嚴重的效能問題，因為它會被掃描多次，而且每次掃描的時候都是全資料表掃描，所以，我們需要在 Id=29 的表中新建一個索引（連接欄上新建索引）。

Id	Operation	Name	Rows	Bytes	Cost	(%CPU)	Time	Pstart	Pstop
0	SELECT STATEMENT		1	352	1551	(17)	00:00:07		
1	SORT GROUP BY		1	352	1551	(17)	00:00:07		
2	VIEW	VM_NWVW_2	1	352	1550	(17)	00:00:07		
3	HASH UNIQUE		1	652	1550	(17)	00:00:07		
4	NESTED LOOPS								
5	NESTED LOOPS		1	652	1549	(17)	00:00:07		
6	NESTED LOOPS		1	639	1548	(17)	00:00:07		
7	NESTED LOOPS		2	1180	1546	(17)	00:00:07		
8	NESTED LOOPS		1	568	130	(5)	00:00:01		
9	NESTED LOOPS		1	509	109	(6)	00:00:01		
10	NESTED LOOPS		1	484	108	(6)	00:00:01		
* 11	HASH JOIN		5	830	103	(6)	00:00:01		
12	PARTITION LIST SUBQUERY		47	4089	82	(3)	00:00:01	KEY(SQ)	KEY(SQ)
13	INLIST ITERATOR								
14	TABLE ACCESS BY LOCAL INDEX ROWID	OPT_ACCT_FDIM	47	4089	82	(3)	00:00:01	KEY(SQ)	KEY(SQ)
* 15	INDEX RANGE SCAN	OPT_ACCT_FDIM_NX2	47		43	(5)	00:00:01	KEY(SQ)	KEY(SQ)
16	NESTED LOOPS		10482	808K	20	(15)	00:00:01		
17	NESTED LOOPS		1	40	2	(0)	00:00:01		
* 18	INDEX RANGE SCAN	OPT_BUS_UNIT_FDIM_UX2	1	26	1	(0)	00:00:01		
* 19	INDEX RANGE SCAN	OPT_BUS_UNIT_FDIM_UX2	1	14	1	(0)	00:00:01		
20	PARTITION LIST ITERATOR		10482	1699K	18	(17)	00:00:01	KEY	KEY
* 21	TABLE ACCESS FULL	OPT_ACTVY_FCT	10482	1699K	18	(17)	00:00:01	KEY	KEY
* 22	TABLE ACCESS BY GLOBAL INDEX ROWID	OPT_PRMTN_FDIM	1	318	1	(0)	00:00:01	ROWID	ROWID
* 23	INDEX UNIQUE SCAN	OPT_PRMTN_FDIM_PK	1		0	(0)	00:00:01		
* 24	TABLE ACCESS BY INDEX ROWID	OPT_CAL_MASTR_DIM	1	25	1	(0)	00:00:01		
* 25	INDEX UNIQUE SCAN	OPT_CAL_MASTR_DIM_PK	1		0	(0)	00:00:01		
26	PARTITION LIST ALL		1	59	21	(0)	00:00:01	1	17
* 27	TABLE ACCESS BY LOCAL INDEX ROWID	OPT_PRMTN_FDIM	1	59	21	(0)	00:00:01	1	17
* 28	INDEX RANGE SCAN	OPT_PRMTN_FDIM_NX3	4		17	(0)	00:00:01	1	17
29	PARTITION LIST ITERATOR		39	858	1416	(18)	00:00:07	KEY	KEY
* 30	TABLE ACCESS FULL	OPT_PRMTN_PROD_FLTR_LKP	39	858	1416	(18)	00:00:07	KEY	KEY
* 31	TABLE ACCESS BY GLOBAL INDEX ROWID	OPT_ACCT_FDIM	1	49	1	(0)	00:00:01	ROWID	ROWID
* 32	INDEX UNIQUE SCAN	OPT_ACCT_FDIM_PK	1		0	(0)	00:00:01		
* 33	INDEX UNIQUE SCAN	OPT_CAL_MASTR_DIM_PK	1		0	(0)	00:00:01		
* 34	TABLE ACCESS BY INDEX ROWID	OPT_CAL_MASTR_DIM	1	13	1	(0)	00:00:01		

第 4 章

存取路徑

(ACCESS PATH)

存取路徑（ACCESS PATH）指的就是透過哪種掃描方式獲取資料，比如全資料表掃描、索引掃描或者直接透過 ROWID 獲取資料。想要成為 SQL 最佳化高手，我們就必須深入理解各種存取路徑。本章將會詳細介紹常見的存取路徑。

4.1　常見存取路徑

4.1.1　TABLE ACCESS FULL

TABLE ACCESS FULL 表示全資料表掃描，一般情況下是多塊讀取，HINT: FULL(表名/別名)。等待事件為 db file scattered read。如果是平行全資料表掃描，等待事件為 direct path read。在 Oracle11g 中有個新特徵，在對一個大表進行全資料表掃描的時候，會將表直接讀取入 PGA，繞過 buffer cache，這個時候全資料表掃描的等待事件也是 direct path read。一般情況下，我們都會禁用該新特徵。等待事件 direct path read 在開啟了非同步 I/O(disk_asynch_io)的情況下統計是不準確的。關於等待事件，本書不做討論，那畢竟超出了本書範圍。

因為 direct path read 統計不準，所以我們在編寫本書的時候禁用了 direct path read。

```
SQL> alter system set "_serial_direct_read"=false;
System altered.
```

全資料表掃描究竟是怎麼掃描資料的呢？回憶一下 Oracle 的邏輯儲存結構，Oracle 最小的儲存單位是塊（block），**實體上連續**的塊組成了區（extent），區又組成了段（segment）。對於非分區表，如果表中沒有 clob/blob 欄位，那麼一個表就是一個段。全資料表掃描，其實就是掃描表中所有格式化過的區。**因為區裡面的資料塊在實體上是連續的，所以全資料表掃描可以多塊讀取**。全資料表掃描不能跨區掃描，因為區與區之間的塊實體上不一定是連續的。對於分區表，如果表中沒有 clob/blob 欄位，一個分區就是一個段，分區資料表掃描方式與非分區資料表掃描方式是一樣的。

對一個非分區表進行平行掃描，其實就是同時掃描表中多個不同區，因為區與區之間的塊實體上不連續，所以我們不需要擔心掃描到相同資料塊。

對一個分區表進行平行掃描，有兩種方式。如果需要掃描多個分區，那麼是以分區為細微性進行平行掃描的，這時如果分區資料不均衡，會嚴重影響平行掃描速度；如果只需要掃描單個分區，這時是以區為細微性進行平行掃描的。

如果表中有 clob 欄位，clob 會單獨存放在一個段中，當全資料表掃描需要存取 clob 欄位時，這時效能會嚴重下降，因此儘量避免在 Oracle 中使用 clob。我們可以考慮將 clob 欄位拆分為多個 varchar2（4000）欄位，或者將 clob 存放在 nosql 資料庫中，例如 mongodb。

一般的作業系統，一次 I/O 最多只支援讀取或者寫入 1MB 資料。資料塊為 8KB 的時候，一次 I/O 最多能讀取 128 個塊。資料塊為 16KB 的時候，一次 I/O 最多能讀取 64 個塊，資料塊為 32KB 的時候，一次 I/O 最多能讀取 32 個塊。

如果表中有部分塊已經快取在 buffer cache 中，在進行全資料表掃描的時候，掃描到已經被快取的塊所在區時，就會引起 I/O 中斷。如果一個表不同的區有大量的塊存放在 buffer cache 中，這個時候，全資料表掃描效能會嚴重下降，因為有大量的 I/O 中斷，導致每次 I/O 不能掃描 1MB 資料。

我們以測試表 test 為例，先查看測試表 test 有多少個區。

```
SQL> select extent_id,blocks, block_id
  2     from dba_extents
  3    where segment_name = 'TEST'
  4      and owner = 'SCOTT';

EXTENT_ID    BLOCKS    BLOCK_ID
---------- ---------- ----------
        0         8         528
        1         8         536
        2         8         544
        3         8         552
        4         8         560
        5         8         568
        6         8         576
        7         8         584
        8         8         592
        9         8         600
       10         8         608
       11         8         616
       12         8         624
       13         8         632
       14         8         640
       15         8         648
       16       128         768
       17       128         896
```

```
        18        128       1024
        19        128       1152
        20        128       1280
        21        128       1408
        22        128       1536
        23        128       1664

24 rows selected.
```

測試表 test 一共有 24 個區，而且每個區都沒有超過 128 個塊。正常情況下，對
測試表 test 進行全資料表掃描需要進行 24 次多塊讀取。現在我們清空 buffer
cache 快取，對 test 表進行全資料表掃描，同時使用 10046 事件監控等待事件。

```
SQL> show parameter db_file_multiblock

NAME                                 TYPE                          VALUE
----------------------------------   --------------------------    -----
db_file_multiblock_read_count        integer                       128

SQL> alter system flush buffer_cache;

System altered.

SQL> alter session set events '10046 trace name context forever, level 8';

Session altered.

SQL> select count(*) from test;

  COUNT(*)
----------
    72462

SQL> alter session set events '10046 trace name context off';

Session altered.
```

下面是經過 tkprof 格式化後的 10046 trace 檔案的部分資料。

```
Rows     Row Source Operation
-------  ---------------------------------------------------------
      1   SORT AGGREGATE (cr=1037 pr=1033 pw=0 time=0 us)
  72462    TABLE ACCESS FULL TEST (cr=1037 pr=1033 pw=0 time=7795 us cost=289 size=0
card=72462)


Elapsed times include waiting on following events:
  Event waited on                             Times    Max. Wait  Total Waited
  ------------------------------------------  Waited   ---------- ------------
  SQL*Net message to client                        2       0.00        0.00
  Disk file operations I/O                         1       0.00        0.00
  db file sequential read                          1       0.00        0.00
  db file scattered read                          24       0.00        0.01
  SQL*Net message from client                      2      11.10       11.10
```

正如我們猜想的那樣，全資料表掃描多塊讀取（db file scattered read）耗費了 24 次。

現在我們利用下面 SQL，查詢一些介於第 17 個區和第 24 個區之間的 rowid。

```
select rowid,
       dbms_rowid.rowid_relative_fno(rowid) file#,
       dbms_rowid.rowid_block_number(rowid) block#
  from test;
```

我們可以根據 block_id 為邊界來判斷 rowid 在哪個區。

現在我們清空 buffer cache，選取 4 個不同區的 rowid 存取表中資料，這樣就將 4 個不同區的塊放在 buffer cache 中了，然後對 test 表進行全資料表掃描，同時使用 10046 事件監控等待事件。

```
SQL> alter system flush buffer_cache;

System altered.

SQL> select count(*)
  2     from test
  3     where rowid in ('AAASNJAAEAAAAMPAAk', 'AAASNJAAEAAAAQRAAn',
  4           'AAASNJAAEAAAAQ2AAR', 'AAASNJAAEAAAAUhAAM');

  COUNT(*)
----------
         4

SQL> alter session set events '10046 trace name context forever, level 8';

Session altered.

SQL> select count(*) from test;

  COUNT(*)
----------
     72462

SQL> alter session set events '10046 trace name context off';

Session altered.
```

下面是經過 tkprof 格式化後的 10046 trace 檔案的部分資料。

```
Rows     Row Source Operation
-------  ---------------------------------------------------
      1  SORT AGGREGATE (cr=1037 pr=1029 pw=0 time=0 us)
  72462   TABLE ACCESS FULL TEST (cr=1037 pr=1029 pw=0 time=10479 us cost=289 size=0
card=72462)
```

```
Elapsed times include waiting on following events:
  Event waited on                             Times    Max. Wait  Total Waited
  ---------------------------------------     Waited   ---------- ------------
  SQL*Net message to client                       2    0.00          0.00
  db file sequential read                         1    0.00          0.00
  db file scattered read                         28    0.00          0.02
  SQL*Net message from client                     2    3.85          3.85
```

因為快取了 4 個不同區的塊在 buffer cache 中，全資料表掃描的時候需要中斷 4 次 I/O，所以全資料表掃描多塊讀取一共耗費了 28 次。

如果表正在發生大異動，在進行全資料表掃描的時候，還會從 undo 讀取部分資料。從 undo 讀取資料是單塊讀取，這種情況下全資料表掃描效率非常低下。因此，我們建議使用批次游標的方式處理大異動。使用批次游標處理大異動還可以減少對 undo 的使用，防止異動失敗回滾（rollback）太慢。

以示例表 test 為例，我們先在一個會話中更新表中所有資料，模擬一個大異動。

```
SQL> update test set owner='SCOTT';

72462 rows updated.
```

我們開啟另一個會話，清空 buffer cache 快取並且設定 10046 事件，然後執行查詢。

```
SQL> alter system flush buffer_cache;

System altered.

SQL> alter session set events '10046 trace name context forever, level 8';

Session altered.

SQL> select count(*) from test;

  COUNT(*)
----------
     72462

SQL> alter session set events '10046 trace name context off';

Session altered.
```

下面是經過 tkprof 格式化後的 10046 trace 檔案的部分資料。

```
Rows     Row Source Operation
-------  --------------------------------------------------
      1  SORT AGGREGATE (cr=74531 pr=3380 pw=0 time=0 us)
  72462    TABLE ACCESS FULL TEST (cr=74531 pr=3380 pw=0 time=962057 us cost=289 size=0
card=72462)


Elapsed times include waiting on following events:
  Event waited on                            Times   Max. Wait  Total Waited
  ----------------------------------------   Waited  ---------  ------------
  SQL*Net message to client                      2       0.00          0.00
  Disk file operations I/O                       1       0.00          0.00
  db file sequential read                     2348       0.00          0.41
  db file scattered read                        24       0.00          0.02
  SQL*Net message from client                    2      11.43         11.43
```

db file sequential read 表示單塊讀取，一共讀取了 2348 次，這裡的單塊讀取就是
大異動產生的 undo 所引起的。

Oracle 列儲存資料庫在進行全資料表掃描時會掃描表中所有的欄。關於列儲存
與欄儲存本書將在後面章節介紹。

4.1.2　TABLE ACCESS BY USER ROWID

TABLE ACCESS BY USER ROWID 表示直接用 ROWID 獲取資料，單塊讀取。

該存取路徑在 Oracle 所有的存取路徑中效能是最好的。

我們以測試表 test 為例，執行下面 SQL 並且查看執行計畫。

```
SQL> select * from test where rowid='AAASNJAAEAAAAJqAA3';

Execution Plan
----------------------------------------------------------
Plan hash value: 1358188196


---------------------------------------------------------------------------
| Id  | Operation                | Name | Rows | Bytes | Cost (%CPU)| Time     |
---------------------------------------------------------------------------
|   0 | SELECT STATEMENT         |      |    1 |    97 |     1   (0)| 00:00:01 |
|   1 |  TABLE ACCESS BY USER ROWID| TEST |    1 |    97 |     1   (0)| 00:00:01 |
---------------------------------------------------------------------------
```

在 where 條件中直接使用 rowid 獲取資料就會使用該存取路徑。

4.1.3　TABLE ACCESS BY ROWID RANGE

TABLE ACCESS BY ROWID RANGE 表示 ROWID 範圍掃描，多塊讀取。因為同一個塊裡面的 ROWID 是連續的，同一個 EXTENT 裡面的 ROWID 也是連續的，所以可以多塊讀取。

我們以測試表 test 為例，執行下面 SQL 並且查看執行計畫。

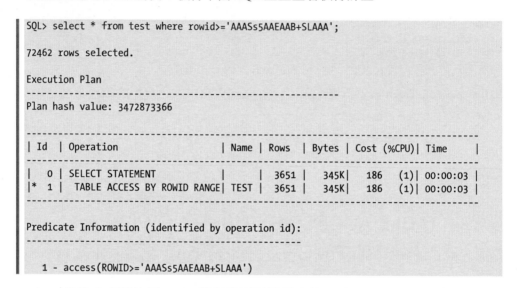

```
SQL> select * from test where rowid>='AAASs5AAEAAB+SLAAA';

72462 rows selected.

Execution Plan
----------------------------------------------------------
Plan hash value: 3472873366

---------------------------------------------------------------------------------
| Id  | Operation                   | Name | Rows  | Bytes | Cost (%CPU)| Time     |
---------------------------------------------------------------------------------
|   0 | SELECT STATEMENT            |      |  3651 |  345K |    186   (1)| 00:00:03 |
|*  1 |  TABLE ACCESS BY ROWID RANGE| TEST |  3651 |  345K |    186   (1)| 00:00:03 |
---------------------------------------------------------------------------------

Predicate Information (identified by operation id):
---------------------------------------------------

   1 - access(ROWID>='AAASs5AAEAAB+SLAAA')
```

where 條件中直接使用 rowid 進行範圍掃描就會使用該執行計畫。

4.1.4　TABLE ACCESS BY INDEX ROWID

TABLE ACCESS BY INDEX ROWID 表示回表，單塊讀取。

我們在第 1 章中提到過回表，在此不再贅述。

4.1.5　INDEX UNIQUE SCAN

INDEX UNIQUE SCAN 表示索引唯一掃描，單塊讀取。

對唯一索引或者對主鍵欄進行等值查詢，就會走 INDEX UNIQUE SCAN。因為對唯一索引或者對主鍵欄進行等值查詢，CBO 能確保最多只返回 1 列資料，所以這時可以走索引唯一掃描。

我們以 scott 帳戶中 emp 表為例，執行下面 SQL 並且查看執行計畫。

```
SQL> select * from emp where empno=7369;

Execution Plan
----------------------------------------------------------
Plan hash value: 2949544139

----------------------------------------------------------------------------
| Id | Operation                   | Name   | Rows | Bytes | Cos t(%CPU)| Time     |
----------------------------------------------------------------------------
|  0 | SELECT STATEMENT            |        |    1 |    38 |    1   (0)| 00:00:01 |
|  1 |  TABLE ACCESS BY INDEX ROWID| EMP    |    1 |    38 |    1   (0)| 00:00:01 |
|* 2 |   INDEX UNIQUE SCAN         | PK_EMP |    1 |       |    0   (0)| 00:00:01 |
----------------------------------------------------------------------------

Predicate Information (identified by operation id):
---------------------------------------------------

   2 - access("EMPNO"=7369)
```

因為 empno 是主鍵欄位，對 empno 進行等值存取，就跑了 INDEX UNIQUE
SCAN。

INDEX UNIQUE SCAN 最多只返回一列資料，只會掃描「索引高度」個索引
塊，在所有的 Oracle 存取路徑中，其效能僅次於 TABLE ACCESS BY USER
ROWID。

4.1.6　INDEX RANGE SCAN

INDEX RANGE SCAN 表示索引範圍掃描，單塊讀取，返回的資料是有序的
（預設昇冪）。HINT: INDEX（表名/別名　索引名）。對唯一索引或者主鍵進行
範圍查詢，對非唯一索引進行等值查詢，範圍查詢，就會發生 INDEX RANGE
SCAN。等待事件為 db file sequential read。

我們以測試表 test 為例，執行下面 SQL 並且查看執行計畫。

```
SQL> select * from test where object_id=100;

Execution Plan
----------------------------------------------------------
Plan hash value: 3946039639

----------------------------------------------------------------------------
| Id | Operation         | Name   | Rows | Bytes | Cost (%CPU)| Time     |
----------------------------------------------------------------------------
|  0 | SELECT STATEMENT  |        |    1 |    97 |    2   (0)| 00:00:01 |
```

```
|   1 |  TABLE ACCESS BY INDEX ROWID| TEST    |   1 |    97 |    2   (0)| 00:00:01 |
|*  2 |   INDEX RANGE SCAN          | IDX_ID  |   1 |       |    1   (0)| 00:00:01 |
-------------------------------------------------------------------------------------

Predicate Information (identified by operation id):
---------------------------------------------------

   2 - access("OBJECT_ID"=100)
```

因為索引 **IDX_ID** 是非唯一索引，對非唯一索引進行等值查詢並不能確保只返回一列資料，有可能返回多列資料，所以執行計畫會進行索引範圍掃描。

索引範圍掃描預設是從索引中最左邊的葉子塊開始，然後往右邊的葉子塊掃描（從小到大），當檢查到不相符資料的時候，就停止掃描。現在我們將過濾條件改為小於，並且對過濾欄位進行降冪排序，查看執行計畫。

```
SQL> select * from test where object_id<100 order by object_id desc;

98 rows selected.


Execution Plan
----------------------------------------------------------
Plan hash value: 1069979465


-------------------------------------------------------------------------------------
| Id | Operation                     | Name    | Rows | Bytes | Cost(%CPU)| Time     |
-------------------------------------------------------------------------------------
|  0 | SELECT STATEMENT              |         |   96 |  9312 |    4   (0)| 00:00:01 |
|  1 |  TABLE ACCESS BY INDEX ROWID  | TEST    |   96 |  9312 |    4   (0)| 00:00:01 |
|*  2 |   INDEX RANGE SCAN DESCENDING| IDX_ID  |   96 |       |    2   (0)| 00:00:01 |
-------------------------------------------------------------------------------------

Predicate Information (identified by operation id):
---------------------------------------------------

   2 - access("OBJECT_ID"<100)
       filter("OBJECT_ID"<100)
```

INDEX RANGE SCAN DECENDING 表示索引降冪範圍掃描，從右往左掃描，返回的資料是降冪顯示的。

假設一個索引葉子塊能儲存 100 列資料，透過索引返回 100 列以內的資料，只掃描「索引高度」個索引塊，如果透過索引返回 200 列資料，就需要掃描兩個葉子塊。透過索引返回的列數越多，掃描的索引葉子塊也就越多，隨著掃描的葉子塊個數的增加，索引範圍掃描的效能開銷也就越大。如果索引範圍掃描需要回表，同樣假設一個索引葉子塊能儲存 100 列資料，透過索引返回 1000 列資料，只需要掃描 10 個索引葉子塊（單塊讀取），但是回表可能會需要存取幾十個到幾百個表塊（單塊讀取）。在檢查執行計畫的時候我們要注意索引範圍掃描返回多少列資料，如果返回少量資料，不會出現效能問題；如果返回大量資料，在沒有回表的情況下也還好；如果返回大量資料同時還有回表，這時我們應該考慮透過新建組合索引消除回表或者使用全資料表掃描來代替它。

4.1.7　INDEX SKIP SCAN

INDEX SKIP SCAN 表示索引跳躍掃描，單塊讀取。返回的資料是有序的（預設昇冪）。HINT: INDEX_SS（表名/別名 索引名）。當組合索引的引導欄（第一個欄位）沒有在 where 條件中，並且組合索引的引導欄/前幾個欄位的基數很低，where 過濾條件對組合索引中非引導欄進行過濾的時候就會發生索引跳躍掃描，等待事件為 db file sequential read。

我們在測試表 test 上新建如下索引。

```
SQL> create index idx_ownerid on test(owner,object_id);

Index created.
```

然後我們刪除 object_id 欄上的索引 IDX_ID。

```
SQL> drop index idx_id;

Index dropped.
```

我們執行如下 SQL 並且查看執行計畫。

```
SQL> select * from test where object_id<100;

98 rows selected.

Execution Plan
----------------------------------------------------------
Plan hash value: 847134193

-------------------------------------------------------------------------------
| Id |Operation                    | Name        | Rows | Bytes | Cost(%CPU)| Time     |
-------------------------------------------------------------------------------
|  0 |SELECT STATEMENT             |             |   96 |  9312 |  100   (0)| 00:00:02|
|  1 | TABLE ACCESS BY INDEX ROWID| TEST        |   96 |  9312 |  100   (0)| 00:00:02|
|* 2 |  INDEX SKIP SCAN            | IDX_OWNERID |   96 |       |   97   (0)| 00:00:02|
-------------------------------------------------------------------------------

Predicate Information (identified by operation id):
```

```
--------------------------------------------------
2 - access("OBJECT_ID"<100)
    filter("OBJECT_ID"<100)
```

從執行計畫中我們可以看到上面 SQL 跑了索引跳躍掃描。最理想的情況應該是直接走 where 條件欄位 object_id 上的索引，並且走 INDEX RANGE SCAN。但是因為 where 條件欄位上面沒有直接新建索引，而是間接地被包含在組合索引中，為了避免全資料表掃描，CBO 就選擇了索引跳躍掃描。

INDEX SKIP SCAN 中有個 SKIP 關鍵字，也就是說它是跳著掃描的。那麼想要跳躍掃描，必須是組合索引，如果是單欄索引怎麼跳？另外，組合索引的引導欄不能出現在 where 條件中，如果引導欄出現在 where 條件中，它為什麼還跳躍掃描呢，直接 INDEX RANGE SCAN 不就可以了？再者，引導欄基數要很低，如果引導欄基數很高，那麼它「跳」的次數就多了，效能就差了。

當執行計畫中出現了 INDEX SKIP SCAN，我們可以直接在過濾欄上面建立索引，使用 INDEX RANGE SCAN 代替 INDEX SKIP SCAN。

4.1.8　INDEX FULL SCAN

INDEX FULL SCAN 表示索引全掃描，單塊讀取，返回的資料是有序的（預設昇冪）。HINT: INDEX（表名/別名 索引名）。索引全掃描會掃描索引中所有的葉子塊（從左往右掃描），如果索引很大，會產生嚴重效能問題（因為是單塊讀取）。等待事件為 db file sequential read。

它通常發生在下面 3 種情況。

■ 分頁語句，分頁語句在本書第 8 章中會詳細介紹，這裡不做贅述。

■ SQL 語句有 order by 選項，order by 的欄位都包含在索引中，並且 order by 後欄順序必須和索引欄順序一致。order by 的第一個欄位不能有過濾條件，如果有過濾條件就會走索引範圍掃描（INDEX RANGE SCAN）。同時表的資料量不能太大（資料量太大會走 TABLE ACCESS FULL + SORT ORDER BY）。我們有如下 SQL。

```
select * from test order by object_id,owner;
```

我們新建如下索引（索引順序必須與排序順序一致，加 0 是為了讓索引能存 NULL）。

```
SQL> create index idx_idowner on test(object_id,owner,0);

Index created.
```

我們執行如下 SQL 並且查看執行計畫。

```
SQL> select * from test order by object_id,owner;

72462 rows selected.

Execution Plan
----------------------------------------------------------
Plan hash value: 3870803568

---------------------------------------------------------------------
| Id |Operation                    | Name        | Rows  | Bytes |Cost(%CPU)| Time     |
---------------------------------------------------------------------
|  0 |SELECT STATEMENT             |             | 73020 | 6916K |1338   (1)| 00:00:17 |
|  1 | TABLE ACCESS BY INDEX ROWID | TEST        | 73020 | 6916K |1338   (1)| 00:00:17 |
|  2 |  INDEX FULL SCAN            | IDX_IDOWNER | 73020 |       | 242   (1)| 00:00:03 |
---------------------------------------------------------------------
```

■ 在進行 SORT MERGE JOIN 的時候，如果表資料量比較小，讓連接欄走 INDEX FULL SCAN 可以避免排序。例子如下。

```
SQL> select /*+ use_merge(e,d) */
  2   *
  3    from emp e, dept d
  4   where e.deptno = d.deptno;

14 rows selected.


Execution Plan
----------------------------------------------------------
Plan hash value: 844388907


---------------------------------------------------------------------
| Id |Operation                    | Name    | Rows | Bytes | Cost(%CPU)| Time     |
---------------------------------------------------------------------
|  0 |SELECT STATEMENT             |         |  14  |  812  |   6  (17)| 00:00:01 |
|  1 | MERGE JOIN                  |         |  14  |  812  |   6  (17)| 00:00:01 |
|  2 |  TABLE ACCESS BY INDEX ROWID| DEPT    |   4  |   80  |   2   (0)| 00:00:01 |
|  3 |   INDEX FULL SCAN           | PK_DEPT |   4  |       |   1   (0)| 00:00:01 |
|* 4 |  SORT JOIN                  |         |  14  |  532  |   4  (25)| 00:00:01 |
|  5 |   TABLE ACCESS FULL         | EMP     |  14  |  532  |   3   (0)| 00:00:01 |
---------------------------------------------------------------------


Predicate Information (identified by operation id):
---------------------------------------------------------
```

```
4 - access("E"."DEPTNO"="D"."DEPTNO")
    filter("E"."DEPTNO"="D"."DEPTNO")
```

當看到執行計畫中有 INDEX FULL SCAN，我們首先要檢查 INDEX FULL SCAN 是否有回表。

如果 INDEX FULL SCAN 沒有回表，我們要檢查索引段大小，如果索引段太大（GB 級別），應該使用 INDEX FAST FULL SCAN 代替 INDEX FULL SCAN，因為 INDEX FAST FULL SCAN 是多塊讀取，INDEX FULL SCAN 是單塊讀取，即使使用了 INDEX FAST FULL SCAN 會產生額外的排序操作，也要用 INDEX FAST FULL SCAN 代替 INDEX FULL SCAN。

如果 INDEX FULL SCAN 有回表，大多數情況下，這種執行計畫是錯誤的，因為 INDEX FULL SCAN 是單塊讀取，回表也是單塊讀取。這時應該走全資料表掃描，因為全資料表掃描是多塊讀取。如果分頁語句跑了 INDEX FULL SCAN 然後回表，這時應該沒有太大問題，具體原因請大家閱讀本書 8.3 節。

4.1.9 INDEX FAST FULL SCAN

INDEX FAST FULL SCAN 表示索引快速全掃描，多塊讀取。HINT: INDEX_FFS（表名/別名 索引名）。當需要從表中查詢出大量資料但是只需要獲取表中部分欄位的資料，我們可以利用索引快速全掃描代替全資料表掃描來提升效能。索引快速全掃描的掃描方式與全資料表掃描的掃描方式是一樣，都是按區掃描，所以它可以多塊讀取，而且可以平行掃描。等待事件為 db file scattered read，如果是平行掃描，等待事件為 direct path read。

現有如下 SQL。

```
select owner,object_name from test;
```

該 SQL 沒有過濾條件，預設情況下會走全資料表掃描。但是因為 Oracle 是列儲存資料庫，全資料表掃描的時候會掃描表中所有的欄位，而上面查詢只存取表中兩個欄位，全資料表掃描會多掃描額外 13 個欄位，所以我們可以新建一個組合索引，使用索引快速全掃描代替全資料表掃描。

```
SQL> create index idx_ownername on test(owner,object_name,0);
Index created.
```

我們查看 SQL 執行計畫。

```
SQL> select owner,object_name from test;

72462 rows selected.

Execution Plan
----------------------------------------------------------
Plan hash value: 3888663772

--------------------------------------------------------------------------------
| Id  | Operation            | Name         | Rows  | Bytes | Cost(%CPU)| Time     |
--------------------------------------------------------------------------------
|   0 | SELECT STATEMENT     |              | 73020 | 2210K |    79   (2)| 00:00:01 |
|   1 |  INDEX FAST FULL SCAN| IDX_OWNERNAME | 73020 | 2210K |    79   (2)| 00:00:01 |
--------------------------------------------------------------------------------
```

現有如下 SQL。

```
select object_name from test where object_id<100;
```

該 SQL 有過濾條件，根據過濾條件 where object_id<100 過濾資料之後只返回少量資料，一般情況下我們直接在 object_id 欄新建索引，讓該 SQL 走 object_id 欄的索引即可。

```
SQL> create index idx_id on test(object_id);

Index created.

SQL> select object_name from test where object_id<100;

98 rows selected.

Execution Plan
----------------------------------------------------------
Plan hash value: 3946039639

--------------------------------------------------------------------------------
| Id  | Operation                   | Name   | Rows | Bytes | Cost(%CPU)| Time     |
--------------------------------------------------------------------------------
|   0 | SELECT STATEMENT            |        |   96 |  2880 |     4   (0)| 00:00:01 |
|   1 |  TABLE ACCESS BY INDEX ROWID| TEST   |   96 |  2880 |     4   (0)| 00:00:01 |
|*  2 |   INDEX RANGE SCAN          | IDX_ID |   96 |       |     2   (0)| 00:00:01 |
--------------------------------------------------------------------------------

Predicate Information (identified by operation id):
---------------------------------------------------

   2 - access("OBJECT_ID"<100)


Statistics
```

```
         0   recursive calls
         0   db block gets
        18   consistent gets
         0   physical reads
         0   redo size
      2217   bytes sent via SQL*Net to client
       485   bytes received via SQL*Net from client
         8   SQL*Net roundtrips to/from client
         0   sorts (memory)
         0   sorts (disk)
        98   rows processed
```

因為該 SQL 只查詢一個欄位，所以我們可以將 select 欄放到組合索引中，避免回表。

```
SQL> create index idx_idname on test(object_id,object_name);

Index created.
```

我們再次查看 SQL 的執行計畫。

```
SQL> select object_name from test where object_id<100;

98 rows selected.


Execution Plan
----------------------------------------------------------
Plan hash value: 3678957952


-----------------------------------------------------------------------------
| Id  | Operation        | Name       | Rows | Bytes | Cost (%CPU)| Time     |
-----------------------------------------------------------------------------
|   0 | SELECT STATEMENT |            |   96 |  2880 |    2   (0)| 00:00:01 |
|*  1 |  INDEX RANGE SCAN| IDX_IDNAME |   96 |  2880 |    2   (0)| 00:00:01 |
-----------------------------------------------------------------------------

Predicate Information (identified by operation id):
---------------------------------------------------

   1 - access("OBJECT_ID"<100)


Statistics
----------------------------------------------------------
         0   recursive calls
         0   db block gets
         9   consistent gets
         0   physical reads
         0   redo size
      2217   bytes sent via SQL*Net to client
       485   bytes received via SQL*Net from client
```

```
    8  SQL*Net roundtrips to/from client
    0  sorts (memory)
    0  sorts (disk)
   98  rows processed
```

現有如下 SQL。

```
select object_name from test where object_id>100;
```

以上 SQL 過濾條件是 **where object_id>100**，返回大量資料，應該走全資料表掃描，但是因為 SQL 只存取一個欄位，所以我們可以走索引快速全掃描來代替全資料表掃描。

```
SQL> select object_name from test where object_id>100;

72363 rows selected.

Execution Plan
----------------------------------------------------------
Plan hash value: 252646278

--------------------------------------------------------------------------------
| Id | Operation          | Name      | Rows  | Bytes | Cost (%CPU)| Time     |
--------------------------------------------------------------------------------
|  0 | SELECT STATEMENT   |           | 72924 | 2136K |   73   (2)| 00:00:01 |
|* 1 |  INDEX FAST FULL SCAN| IDX_IDNAME| 72924 | 2136K |   73   (2)| 00:00:01 |
--------------------------------------------------------------------------------

Predicate Information (identified by operation id):
---------------------------------------------------

   1 - filter("OBJECT_ID">100)
```

大家可能會有疑問，以上 SQL 能否走 INDEX RANGE SCAN 呢？INDEX RANGE SCAN 是單塊讀取，SQL 會返回表中大量資料，「幾乎」會掃描索引中所有的葉子塊。INDEX FAST FULL SCAN 是多塊讀取，會掃描索引中所有的塊（根塊、所有的分支塊、所有的葉子塊）。雖然 INDEX RANGE SCAN 與 INDEX FAST FULL SCAN 相比掃描的塊少（邏輯讀取少），但是 INDEX RANGE SCAN 是單塊讀取，耗費的 I/O 次數比 INDEX FAST FULL SCAN 的 I/O 次數多，所以 INDEX FAST FULL SCAN 效能更好。

在做 SQL 最佳化的時候，我們不要只看邏輯讀取來判斷一個 SQL 效能的好壞，實體 I/O 次數比邏輯讀取更為重要。有時候邏輯讀取高的執行計劃效能反而比邏輯讀取低的執行計劃效能更好，因為邏輯讀取高的執行計畫實體 I/O 次數比邏輯讀取低的執行計畫實體 I/O 次數低。

在 Oracle 資料庫中，INDEX FAST FULL SCAN 是用來代替 TABLE ACCESS FULL 的。因為 Oracle 是列儲存資料庫，TABLE ACCESS FULL 會掃描表中所有的欄位，而 INDEX FAST FULL SCAN 只需要掃描表中部分欄位，INDEX FAST FULL SCAN 就是由 Oracle 是列儲存這個「缺陷」而產生的。

如果資料庫是 Exadata，INDEX FAST FULL SCAN 幾乎沒有用武之地，因為 Exadata 是列欄混合儲存，在全資料表掃描的時候可以只掃描需要的欄位（Smart Scan），沒必要使用 INDEX FAST FULL SCAN 來代替全資料表掃描。如果我們在 Exadata 中強行使用 INDEX FAST FUL SCAN 來代替全資料表掃描，反而會降低資料庫效能，因為沒辦法使用 Exadata 中的 Smart Scan。

如果我們啟用了 12c 中的新特性 IN MEMORY OPTION，INDEX FAST FULL SCAN 幾乎也沒有用武之地了，因為表中的資料可以以欄位的形式存放在記憶體中，這時直接存取記憶體中的資料即可。

4.1.10　INDEX FULL SCAN（MIN/MAX）

INDEX FULL SCAN（MIN/MAX）表示索引最小/最大值掃描、單塊讀取，該存取路徑發生在 SELECT MAX（COLUMN）FROM TABLE 或者 SELECT MIN（COLUMN）FROM TABLE 等 SQL 語句中。

INDEX FULL SCAN（MIN/MAX）只會存取「索引高度」個索引塊，其效能與 INDEX UNIQUE SCAN 一樣，僅次於 TABLE ACCESS BY USER ROWID。

現有如下 SQL。

```
select max(object_id) from t;
```

該 SQL 查詢 object_id 的最大值，如果 object_id 欄有索引，索引預設是昇冪排序的，這時我們只需要掃描索引中「最右邊」的葉子塊就能得到 object_id 的最大值。現在我們查看該 SQL 的執行計畫。

```
SQL> select max(object_id) from t;

Elapsed: 00:00:00.00

Execution Plan
----------------------------------------------------------
Plan hash value: 2448092560
```

```
-------------------------------------------------------------------------------
| Id | Operation                 | Name     | Rows  | Bytes | Cost(%CPU)| Time     |
-------------------------------------------------------------------------------
|  0 | SELECT STATEMENT          |          |    1  |   13  | 186   (1)| 00:00:03 |
|  1 |  SORT AGGREGATE           |          |    1  |   13  |          |          |
|  2 |   INDEX FULL SCAN (MIN/MAX)| IDX_T_ID | 67907 |  862K |          |          |
-------------------------------------------------------------------------------

Note
-----
   - dynamic sampling used for this statement (level=2)


Statistics
-------------------------------------------------------------
          0  recursive calls
          0  db block gets
          2  consistent gets
          0  physical reads
          0  redo size
        430  bytes sent via SQL*Net to client
        419  bytes received via SQL*Net from client
          2  SQL*Net roundtrips to/from client
          0  sorts (memory)
          0  sorts (disk)
          1  rows processed
```

現有另外一個 SQL。

```
select max(object_id),min(object_id) from t;
```

該 SQL 要同時查看 object_id 的最大值和最小值，如果想直接從 object_id 欄的
索引獲取資料，我們只需要掃描索引中「最左邊」和「最右邊」的葉子塊就可
以。在 Btree 索引中，索引葉子塊是雙向指向的，如果要一次性獲取索引中「最
左邊」和「最右邊」的葉子塊，我們就需要連帶的掃描「最大值」與「最小
值」中間的葉子塊，而本案例中，中間葉子塊的資料並不是我們需要的。如果
該 SQL 走索引，會走 INDEX FAST FULL SCAN，而不會走 INDEX FULL
SCAN，因為 INDEX FAST FULL SCAN 可以多塊讀取，而 INDEX FULL SCAN
是單塊讀取，兩者效能差距巨大（如果索引已經快取在 buffer cache 中，走
INDEX FULL SCAN 與 INDEX FAST FULL SCAN 效率幾乎一樣，因為不需要
實體 I/O）。需要注意的是，該 SQL 沒有排除 object_id 為 NULL，如果直接執行
該 SQL，不會走索引。

```
SQL> select max(object_id),min(object_id) from t;

Elapsed: 00:00:00.02
```

```
Execution Plan
----------------------------------------------------------
Plan hash value: 2966233522

--------------------------------------------------------------------------
| Id | Operation          | Name | Rows  | Bytes | Cost (%CPU)| Time     |
--------------------------------------------------------------------------
|  0 | SELECT STATEMENT   |      |     1 |    13 |   186   (1)| 00:00:03 |
|  1 |  SORT AGGREGATE    |      |     1 |    13 |            |          |
|  2 |   TABLE ACCESS FULL| T    | 67907 |  862K |   186   (1)| 00:00:03 |
--------------------------------------------------------------------------
```

我們排除 object_id 為 NULL，查看執行計畫。

```
SQL> select max(object_id),min(object_id) from t where object_id is not null;

Elapsed: 00:00:00.01

Execution Plan
----------------------------------------------------------
Plan hash value: 3570898368

----------------------------------------------------------------------------------
| Id | Operation             | Name     | Rows  | Bytes | Cost (%CPU)| Time     |
----------------------------------------------------------------------------------
|  0 | SELECT STATEMENT      |          |     1 |    13 |    33   (4)| 00:00:01 |
|  1 |  SORT AGGREGATE       |          |     1 |    13 |            |          |
|* 2 |   INDEX FAST FULL SCAN| IDX_T_ID | 67907 |  862K |    33   (4)| 00:00:01 |
----------------------------------------------------------------------------------

Predicate Information (identified by operation id):
---------------------------------------------------

   2 - filter("OBJECT_ID" IS NOT NULL)

Note
-----
   - dynamic sampling used for this statement (level=2)


Statistics
----------------------------------------------------------
          0  recursive calls
          0  db block gets
        169  consistent gets
          0  physical reads
          0  redo size
        501  bytes sent via SQL*Net to client
        419  bytes received via SQL*Net from client
          2  SQL*Net roundtrips to/from client
          0  sorts (memory)
          0  sorts (disk)
          1  rows processed
```

從上面的執行計畫中我們可以看到 SQL 跑了 INDEX FAST FULL SCAN，
INDEX FAST FULL SCAN 會掃描索引段中所有的塊，理想的情況是只掃描索引
中「最左邊」和「最右邊」的葉子塊。現在我們將該 SQL 改寫為如下 SQL。

```
select (select max(object_id) from t),(select min(object_id) from t) from dual;
```

我們查看後的執行計畫。

```
SQL> select (select max(object_id) from t),(select min(object_id) from t) from dual;

Elapsed: 00:00:00.01

Execution Plan
----------------------------------------------------------
Plan hash value: 3622839313

--------------------------------------------------------------------------------
| Id | Operation                    | Name     | Rows  | Bytes | Cost(%CPU)| Time     |
--------------------------------------------------------------------------------
|  0 | SELECT STATEMENT             |          |     1 |       |     2  (0)| 00:00:01 |
|  1 |  SORT AGGREGATE              |          |     1 |    13 |           |          |
|  2 |   INDEX FULL SCAN (MIN/MAX)  | IDX_T_ID | 67907 |  862K |           |          |
|  3 |  SORT AGGREGATE              |          |     1 |    13 |           |          |
|  4 |   INDEX FULL SCAN (MIN/MAX)  | IDX_T_ID | 67907 |  862K |           |          |
|  5 |  FAST DUAL                   |          |     1 |       |     2  (0)| 00:00:01 |
--------------------------------------------------------------------------------

Note
-----
   - dynamic sampling used for this statement (level=2)


Statistics
----------------------------------------------------------
          0  recursive calls
          0  db block gets
          4  consistent gets
          0  physical reads
          0  redo size
        527  bytes sent via SQL*Net to client
        419  bytes received via SQL*Net from client
          2  SQL*Net roundtrips to/from client
          0  sorts (memory)
          0  sorts (disk)
          1  rows processed
```

原始 SQL 因為需要一次性從索引中取得最大值和最小值，所以導致跑了 INDEX
FAST FULL SCAN。我們將該 SQL 進行等價改寫之後，存取了索引兩次，一次
取最大值，一次取最小值，從而避免掃描不需要的索引葉子塊，大大提升了查
詢效能。

4.1.11　MAT_VIEW REWRITE ACCESS FULL

MAT_VIEW REWRITE ACCESS FULL 表示實體化檢視全資料表掃描、多塊讀取。因為實體化檢視本質上也是一個表，所以其掃描方式與全資料表掃描方式一樣。如果我們開啟了查詢重寫功能，而且 SQL 查詢能夠直接從實體化檢視中獲得結果，就會走該存取路徑。

現在我們新建一個實體化檢視 TEST_MV。

```
SQL> create materialized view test_mv
  2     build immediate enable query rewrite
  3     as select object_id,object_name from test;

Materialized view created.
```

有如下 SQL 查詢。

```
select object_id,object_name from test;
```

因為實體化檢視 TEST_MV 已經包含查詢需要的欄位，所以該 SQL 會直接存取實體化檢視 TEST_MV。

```
SQL> select object_id,object_name from test;

72462 rows selected.


Execution Plan
----------------------------------------------------------
Plan hash value: 1627509066


--------------------------------------------------------------------------------
| Id | Operation                  | Name    | Rows  | Bytes | Cost(%CPU)| Time     |
--------------------------------------------------------------------------------
|  0 | SELECT STATEMENT           |         | 67036 | 5171K |  65   (2)| 00:00:01 |
|  1 |  MAT_VIEW REWRITE ACCESS FULL| TEST_MV | 67036 | 5171K |  65   (2)| 00:00:01 |
--------------------------------------------------------------------------------
```

4.2　單塊讀取與多塊讀取

單塊讀取與多塊讀取這兩個概念對於掌握 SQL 最佳化非常重要，更準確地說是單塊讀取的實體 I/O 次數和多塊讀取的實體 I/O 次數對於掌握 SQL 最佳化非常重要。

從磁碟一次讀取 1 個塊到 buffer cache 就叫單塊讀取，從磁碟一次讀取多個塊到 buffer cache 就叫多塊讀取。如果資料塊都已經快取在 buffer cache 中，那就不需要實體 I/O 了，沒有實體 I/O 也就不存在單塊讀取與多塊讀取。

絕大多數的平臺，一次 I/O 最多只能讀取或者寫入 1MB 資料，Oracle 的塊大小預設是 8k，那麼一次 I/O 最多只能寫入 128 個塊到磁碟，最多只能讀取 128 個塊到 buffer cache。**在判斷哪個存取路徑效能好的時候，通常是估算每個存取路徑的 I/O 次數，誰的 I/O 次數少，誰的效能就好。在估算 I/O 次數的時候，我們只需要算個大概就可以了，沒必要很精確。**

4.3　為什麼有時候索引掃描比全資料表掃描更慢？

假設一個表有 100 萬列資料，表的段大小為 1GB。如果對表進行全資料表掃描，最理想的情況下，每次 I/O 都讀取 1MB 資料（128 個塊），將 1GB 的表從磁碟讀取入 buffer cache 需要 1024 次 I/O。在實際情況中，表的段前 16 個extent，每個 extent 都只有 8 個塊，每次 I/O 只能讀取 8 個塊，而不是 128 個塊，表中有部分塊會被快取在 buffer cache 中，會引起 I/O 中斷，那麼將 1GB 的表從磁碟讀取入 buffer cache 可能需要耗費 1500 次實體 I/O。

從表中查詢 5 萬列資料，走索引。假設一個索引葉子塊能儲存 100 列資料，那麼 5 萬列資料需要掃描 500 個葉子塊（單塊讀取），也就是需要 500 次實體 I/O，然後有 5 萬條資料需要回表，假設索引的叢集因子很小（接近的塊數），且每個資料塊儲存 50 列資料，那麼回表需要耗費 1000 次實體 I/O（單塊讀取），也就是說從表中查詢 5 萬列資料，如果走索引，一共需要耗費大概 1500 次實體 I/O。如果索引的叢集因子較大（接近表的總列數），那麼回表要耗費更多的實體 I/O，可能是 3000 次，而不是 1000 次。

根據上述理論我們知道，走索引返回的資料越多，需要耗費的 I/O 次數也就越多，因此，返回大量資料應該走全資料表掃描或者是 INDEX FAST FULL SCAN，返回少量資料才走索引掃描。根據上述理論，我們一般建議返回表中總列數 5% 以內的資料，走索引掃描，超過 5% 走全資料表掃描。請注意，5% 只是一個參考值，適用於絕大多數場景，如有特殊情況，具體問題具體分析。

4.4 DML 對於索引維護的影響

本節主要討論 DML 對於索引維護的影響。

在 OLTP 高平行 INSERT 環境中，遞增欄位（時間，使用序列的主鍵欄）的索引很容易引起索引熱點塊爭用。遞增欄位的索引會不斷地往索引「最右邊」的葉子塊插入最新資料（因為索引預設昇冪排序），在高平行 INSERT 的時候，一次只能由一個 SESSION 進行 INSERT，其餘 SESSION 會處於等候狀態，這樣就引起了索引熱點塊爭用。對於遞增的主鍵欄索引，我們可以對這個索引進行反轉（reverse），這樣在高平行 INSERT 的時候，就不會同時插入索引「最右邊」的葉子塊，而是會均衡地插入到各個不同的索引葉子塊中，這樣就解決了主鍵欄索引的熱點塊問題。將索引進行反轉之後，索引的叢集因子會變得很大（基本上接近於表的總列數），此時索引範圍掃描回表會有嚴重的效能問題。但是一般情況下，主鍵欄都是等值存取，索引走的是索引唯一掃描（INDEX UNIQUE SCAN），不受叢集因子的影響，所以對主鍵欄索引進行反轉沒有任何問題。對於遞增的時間欄索引，我們不能對這個索引進行反轉，因為經常會對時間欄位進行範圍查詢，對時間欄位的索引反轉之後，索引的叢集因子會變得很大，嚴重影響回表效能。遇到這種情況，我們應該考慮對表根據時間進行範圍分區，利用分區裁剪來提升查詢效能而不是在時間欄位建立索引來提升效能。

在 OLTP 高平行 INSERT 環境中，非遞增欄索引（比如電話號碼）一般不會引起索引熱點塊爭用。非遞增欄的資料都是隨機的（電話號碼），在高平行 INSERT 的時候，會隨機地插入到索引的各個葉子塊中，因此非遞增欄索引不會引起索引熱點塊問題，但是如果索引太多會嚴重影響高平行 INSERT 的效能。

當只有 1 個會話進行 INSERT 時，表中會有 1 個塊發生變化，有多少個索引，就會有多少個索引葉子塊發生變化（不考慮索引分裂的情況），假設有 10 個索引，那麼就有 10 個索引葉子塊發生變化。如果有 10 個會話同時進行 INSERT，這時表中最多有 10 個塊會發生變化，索引中最多有 100 個塊會發生變化（10 個 SESSION 與 10 個索引相乘）。在高平行的 INSERT 環境中，表中的索引越多，INSERT 速度越慢。對於高平行 INSERT，我們一般是採用分庫分表、讀取寫分離和訊息佇列等技術來解決。

在 OLAP 環境中，沒有高平行 INSERT 的情況，一般是單處理程序做批次 INSERT。單處理程序做批次 INSERT，可以在遞增欄上建立索引。因為是單處理程序，沒有平行，不會有索引熱點塊爭用，資料也是一直插入的索引中「最右邊」的葉子塊，所以遞增欄索引對批次 INSERT 影響不會太大。單處理程序做批次 INSERT，不能在非遞增欄建立索引。因為批次 INSERT 幾乎會更新索引中所有的葉子塊，所以非遞增欄索引對批次 INSERT 影響很大。在 OLAP 環境中，事實（FACT）表沒有主鍵，時間欄一般也是分區欄位，所以遞增欄上面一般是沒有索引的，而電話號碼等非遞增欄往往需要索引，為了提高批次 INSERT 的效率，我們可以在 INSERT 之前先禁止索引，等 INSERT 完成之後再重建索引。

第 5 章

表連接方式

本章是本書核心章節，希望讀者能反覆閱讀本章內容，直到全部掌握為止。

表（結果集）與表（結果集）之間的連接方式非常重要，如果 CBO 選擇了錯誤的連接方式，本來幾秒就能出結果的 SQL 可能執行一天都執行不完。如果想要快速定位超大型 SQL 效能問題，我們就必須深入理解表連接方式。**在多表關聯的時候，一般情況下只能是兩個表先關聯，兩表關聯之後的結果再和其他表/結果集關聯**，如果執行計畫中出現了 Filter，這時可以一次性關聯多個表。

5.1 巢狀嵌套迴圈（NESTED LOOPS）

巢狀嵌套迴圈的演算法：**驅動表返回一列資料，透過連接欄傳值給被驅動表，驅動表返回多少列，被驅動表就要被掃描多少次。**

巢狀嵌套迴圈可快速返回兩表關聯的前幾條資料，如果 SQL 中新增了 HINT：FIRST_ROWS，在兩表關聯的時候，最佳化程式更傾向於巢狀嵌套迴圈。

巢狀嵌套迴圈驅動表應該返回少量資料。如果驅動表返回了 100 萬列，那麼被驅動表就會被掃描 100 萬次。這個時候 SQL 會執行很久，被驅動表會被誤認為熱點表，被驅動表連接欄的索引也會被誤認為熱點索引。

巢狀嵌套迴圈被驅動表必須走索引。如果巢狀嵌套迴圈被驅動表的連接欄沒包含在索引中，那麼被驅動表就只能走全資料表掃描，而且是反覆多次全資料表掃描。當被驅動表很大的時候，SQL 就執行不出結果。

巢狀嵌套迴圈被驅動表走索引只能走 INDEX UNIQUE SCAN 或者 INDEX RANGE SCAN。

巢狀嵌套迴圈被驅動表不能走 TABLE ACCESS FULL、不能走 INDEX FULL SCAN、不能走 INDEX SKIP SCAN、也不能走 INDEX FAST FULL SCAN。

巢狀嵌套迴圈被驅動表的連接欄基數應該很高。如果被驅動表連接欄的基數很低，那麼被驅動表就不應該走索引，這樣一來被驅動表就只能進行全資料表掃描了，但是被驅動表也不能走全資料表掃描。

兩表關聯返回少量資料才能走巢狀嵌套迴圈。前面提到，巢狀嵌套迴圈被驅動表必須走索引，如果兩表關聯，返回 100 萬列資料，那麼被驅動表走索引就會產生 100 萬次回表。回表一般是單塊讀取，這個時候 SQL 效能極差，所以兩表關聯返回少量資料才能走巢狀嵌套迴圈。

我們在測試帳號 scott 中執行如下 SQL。

```
SQL> select /*+ gather_plan_statistics use_nl(e,d) leading(e) */
  2    e.ename, e.job, d.dname
  3    from emp e, dept d
  4    where e.deptno = d.deptno;

......省略輸出結果......
```

我們執行下面命令獲取帶有 A-TIME 的執行計畫。

```
SQL> select * from table(dbms_xplan.display_cursor(null,null,'ALLSTATS LAST'));

PLAN_TABLE_OUTPUT
--------------------------------------------------------------------------------
----------
SQL_ID  g374au8y24mw5, child number 0
-------------------------------------
select /*+ gather_plan_statistics use_nl(e,d) leading(e) */  e.ename,
e.job, d.dname    from emp e, dept d  where e.deptno = d.deptno

Plan hash value: 3625962092
```

Id	Operation	Name	Starts	E-Rows	A-Rows	A-Time	Buffers
0	SELECT STATEMENT		1		14	00:00:00.01	26
1	NESTED LOOPS		1		14	00:00:00.01	26
2	NESTED LOOPS		1	15	14	00:00:00.01	12
3	TABLE ACCESS FULL	EMP	1	15	14	00:00:00.01	8
* 4	INDEX UNIQUE SCAN	PK_DEPT	14	1	14	00:00:00.01	4
5	TABLE ACCESS BY INDEX ROWID	DEPT	14	1	14	00:00:00.01	14

```
Predicate Information (identified by operation id):
---------------------------------------------------

4 - access("E"."DEPTNO"="D"."DEPTNO")
```

在執行計畫中，離 NESTED LOOPS 關鍵字最近的表就是驅動表。這裡 EMP 就是驅動表，DEPT 就是被驅動表。

驅動表 EMP 掃描了一次（Id=3，Starts=1），返回了 14 列資料（Id=3，A-Row），傳值 14 次給被驅動表（Id=4），被驅動資料表掃描了 14 次（Id=4，Id=5，Starts=14）。

下面是巢狀嵌套迴圈的 PLSQL 程式碼實作。

```
declare
  cursor cur_emp is
    select ename, job, deptno from emp;
  v_dname dept.dname%type;
begin
  for x in cur_emp loop
    select dname into v_dname from dept where deptno = x.deptno;
    dbms_output.put_line(x.ename || ' ' || x.job || ' ' || v_dname);
  end loop;
end;
```

游標 cur_emp 就相當於驅動表 EMP，掃描了一次，一共返回了 14 條記錄。該游標迴圈了 14 次，每次迴圈的時候傳值給 dept，dept 被掃描了 14 次。

為什麼巢狀嵌套迴圈被驅動表的連接欄要新建索引呢？我們注意觀察加粗部分的 PLSQL 程式碼。

```
declare
  cursor cur_emp is
    select ename, job, deptno from emp;
  v_dname dept.dname%type;
begin
  for x in cur_emp loop
    select dname into v_dname from dept where deptno = x.deptno;
    dbms_output.put_line(x.ename || ' ' || x.job || ' ' || v_dname);
  end loop;
end;
```

因為掃描被驅動表 dept 次數為 14 次，每次需要透過 deptno 欄傳值，所以巢狀嵌套迴圈被驅動表的連接欄需要新建索引。

雖然本書不講 PLSQL 最佳化，但是筆者見過太多的 PLSQL 垃圾程式碼，因此，提醒大家，在編寫 PLSQL 的時候，儘量避免游標迴圈裡面套用 SQL，因為那是純天然的巢狀嵌套迴圈。假如游標返回 100 萬列資料，游標裡面的 SQL 會被執行 100 萬次。同樣的道理，游標裡面儘量不要再套游標，如果外層游標迴圈 1 萬次，內層游標迴圈 1 萬次，那麼最裡面的 SQL 將被執行 1 億次。

當兩表使用外連接進行關聯，如果執行計畫是走巢狀嵌套迴圈，那麼這時無法更改驅動表，驅動表會被固定為主表，例如下面 SQL。

```
SQL> explain plan for select /*+ use_nl(d,e) leading(e)  */
  2    *
  3    from dept d
  4    left join emp e on d.deptno = e.deptno;
```

```
Explained.

SQL> select * from table(dbms_xplan.display);

PLAN_TABLE_OUTPUT
--------------------------------------------------------------------------
Plan hash value: 2022884187

--------------------------------------------------------------------------
| Id  | Operation           | Name | Rows  | Bytes | Cost (%CPU)| Time     |
--------------------------------------------------------------------------
|   0 | SELECT STATEMENT    |      |    14 |   812 |     8   (0)| 00:00:01 |
|   1 |  NESTED LOOPS OUTER |      |    14 |   812 |     8   (0)| 00:00:01 |
|   2 |   TABLE ACCESS FULL | DEPT |     4 |    80 |     3   (0)| 00:00:01 |
|*  3 |   TABLE ACCESS FULL | EMP  |     4 |   152 |     1   (0)| 00:00:01 |
--------------------------------------------------------------------------

   3 - filter("D"."DEPTNO"="E"."DEPTNO"(+))

15 rows selected.
```

use_nl(d,e) 表示讓兩表走巢狀嵌套迴圈，在書寫 HINT 的時候，如果表有別名，HINT 中一定要使用別名，否則 HINT 不生效；如果表沒有別名，HINT 中就直接使用表名。

leading(e) 表示讓 EMP 表作為驅動表。

從執行計畫中我們可看到，DEPT 與 EMP 是採用巢狀嵌套迴圈進行連接的，這說明 use_nl(d,e) 生效了。執行計畫中驅動表為 DEPT，雖然設定了 leading(e)，但是沒有生效。

為什麼 leading(e) 沒有生效呢？因為 DEPT 與 EMP 是外連接，DEPT 是主表，EMP 是從表，外連接走巢狀嵌套迴圈的時候驅動表只能是主表。

為什麼兩表關聯是外連接的時候，走巢狀嵌套迴圈無法更改驅動表呢？因為巢狀嵌套迴圈需要傳值，主表傳值給從表之後，如果發現從表沒有關聯上，直接顯示為 NULL 即可；但是如果是從表傳值給主表，沒關聯上的資料不能傳值給主表，不可能傳 NULL 給主表，所以兩表關聯是外連接的時候，走巢狀嵌套迴圈驅動表只能固定為主表。

需要注意的是，如果外連接中從表有過濾條件，那麼此時外連接會變為內連接，例如下面 SQL。

```
SQL> select /*+ leading(e) use_nl(d,e) */ *
  2    from dept d
  3    left join emp e on d.deptno = e.deptno
  4   where e.sal < 3000;

11 rows selected.


Execution Plan
----------------------------------------------------------
Plan hash value: 351108634


--------------------------------------------------------------------------------
| Id |Operation                    | Name    | Rows | Bytes | Cost(%CPU)| Time     |
--------------------------------------------------------------------------------
|  0 |SELECT STATEMENT             |         |  12  |  696  |  15   (0)| 00:00:01 |
|  1 | NESTED LOOPS                |         |  12  |  696  |  15   (0)| 00:00:01 |
|* 2 |  TABLE ACCESS FULL          | EMP     |  12  |  456  |   3   (0)| 00:00:01 |
|  3 |  TABLE ACCESS BY INDEX ROWID| DEPT    |   1  |   20  |   1   (0)| 00:00:01 |
|* 4 |   INDEX UNIQUE SCAN         | PK_DEPT |   1  |       |   0   (0)| 00:00:01 |
--------------------------------------------------------------------------------


Predicate Information (identified by operation id):
---------------------------------------------------

   2 - filter("E"."SAL"<3000)
   4 - access("D"."DEPTNO"="E"."DEPTNO")
```

HINT 指定了讓從表 EMP 作為巢狀嵌套迴圈驅動表，從執行計畫中我們看到，EMP 確實是作為巢狀嵌套迴圈的驅動表，而且執行計畫中沒有 OUTER 關鍵字，這說明 SQL 已經變為內連接。

為什麼外連接的從表有過濾條件會變成內連接呢？因為外連接的從表有過濾條件已經排除了從表與主表沒有關聯上顯示為 NULL 的情況。

提問：兩表關聯走不走 NL 是看兩個表關聯之後返回的資料量多少？還是看驅動表返回的資料量多少？

回答：如果兩個表是 1:N 關係，驅動表為 1，被驅動表為 N 並且 N 很大，這時即使驅動表返回資料量很少，也不能走巢狀嵌套迴圈，因為兩表關聯之後返回的資料量會很多。所以判斷兩表關聯是否應該走 NL 應該直接查看兩表關聯之後返回的資料量，如果兩表關聯之後返回的資料量少，可以走NL；返回的資料量多，應該走 HASH 連接。

提問：大表是否可以當巢狀嵌套迴圈（NL）驅動表？

回答：可以，如果大表過濾之後返回的資料量很少就可以當 NL 驅動表。

提問：select ＊ from a,b where a.id=b.id; 如果 a 有 100 條資料，b 有 100 萬列資料，a 與 b 是 1:*N* 關係，*N* 很低，應該怎麼最佳化 SQL?

回答：因為 a 與 b 是 1:*N* 關係，*N* 很低，我們可以在 b 的連接欄（id）上新建索引，讓 a 與 b 走巢狀嵌套迴圈（a nl b），這樣 b 表會被掃描 100 次，但是每次掃描表的時候走的是 id 欄的索引（範圍掃描）。如果讓 a 和 b 進行 HASH 連接，b 表會被全資料表掃描（因為沒有過濾條件），需要查詢表中 100 萬列資料，而如果讓 a 和 b 進行巢狀嵌套迴圈，b 表只需要查詢出表中最多幾百列資料（100*N）。一般情況下，一個小表與一個大表關聯，我們可以考慮讓小表 NL 大表，大表走連接欄索引（如果大表有過濾條件，需要將過濾條件與連接欄組合起來新建組合索引），從而避免大表被全資料表掃描。

最後，為了加深對巢狀嵌套迴圈的理解，大家可以在 SQLPLUS 中依次執行以下腳本，觀察 SQL 執行速度，思考 SQL 為什麼會執行緩慢：

```
create table a as select * from dba_objects;
create table b as select * from dba_objects;
set timi on
set lines 200 pages 100
set autot trace
select /*+ use_nl(a,b) */ * from a,b where a.object_id=b.object_id;
```

5.2　HASH 連接（HASH JOIN）

上文提到，兩表關聯返回少量資料應該走巢狀嵌套迴圈，兩表關聯返回大量資料應該走 HASH 連接。

HASH 連接的演算法：兩表等值關聯，返回大量資料，將較小的表選為驅動表，將驅動表的「select 欄和 join 欄」讀入 PGA 中的 work area，然後對驅動表的連接欄進行 hash 運算生成 hash table，當驅動表的所有資料完全讀入 PGA 中的 work area 之後，再讀取被驅動表（被驅動表不需要讀入 PGA 中的 work area），對被驅動表的連接欄也進行 hash 運算，然後到 PGA 中的 work area 去探測 hash table，找到資料就關聯上，沒找到資料就沒關聯上。雜湊連接只支援等值連接。

我們在測試帳號 scott 中執行如下 SQL。

```
SQL> select /*+ gather_plan_statistics use_hash(e,d)  */
  2   e.ename, e.job, d.dname
  3    from emp e, dept d
  4   where e.deptno = d.deptno;
```

此處省略輸出結果。

我們執行如下命令獲取執行計畫。

```
SQL> select * from table(dbms_xplan.display_cursor(null,null,'ALLSTATS LAST'));

PLAN_TABLE_OUTPUT
--------------------------------------------------------------------------------
SQL_ID  2dj5zrbcps5yu, child number 0
-------------------------------------
select /*+ gather_plan_statistics use_hash(e,d)  */  e.ename, e.job,
d.dname   from emp e, dept d  where e.deptno = d.deptno

Plan hash value: 615168685

--------------------------------------------------------------------------------
| Id |Operation           |Name|Starts|E-Rows|A-Rows|   A-Time   |Buffers|OMem|1Mem|Used-Mem|
--------------------------------------------------------------------------------
|  0 |SELECT STATEMENT    |    |    1|      |    14|00:00:00.01|    15|    |    |        |
|* 1 | HASH JOIN          |    |    1|    15|    14|00:00:00.01|    15|888K|888K| 714K(0)|
|  2 |  TABLE ACCESS FULL|DEPT|    1|     4|     4|00:00:00.01|     7|    |    |        |
|  3 |  TABLE ACCESS FULL|EMP |    1|    15|    14|00:00:00.01|     8|    |    |        |
--------------------------------------------------------------------------------

Predicate Information (identified by operation id):
-----------------------------------------------------

   1 - access("E"."DEPTNO"="D"."DEPTNO")
```

執行計畫中離 HASH 連接關鍵字最近的表就是驅動表。這裡 DEPT 就是驅動表，EMP 就是被驅動表。驅動表 DEPT 只掃描了一次（Id=2，Starts=1），被驅動表 EMP 也只掃描了一次（Id=3，Starts=1）。再次強調，巢狀嵌套迴圈被驅動表需要掃描多次，HASH 連接的被驅動表只需要掃描一次。

Used-Mem 表示 HASH 連接消耗了多少 PGA，當驅動表太大、PGA 不能完全容納驅動表時，驅動表就會溢出到臨時表空間，進而產生磁碟 HASH 連接，這時候 HASH 連線效能會嚴重下降。巢狀嵌套迴圈不需要消耗 PGA。

巢狀嵌套迴圈每迴圈一次，會將驅動表連接欄傳值給被驅動表的連接欄，也就是說巢狀嵌套迴圈會進行傳值。HASH 連接沒有傳值的過程。在進行 HASH 連接的時候，被驅動表的連接欄會生成 HASH 值，到 PGA 中去探測驅動表所生成的 hash table。HASH 連接的驅動表與被驅動表的連接欄都不需要新建索引。

OLTP 環境一般是高併發小事物居多，此類 SQL 返回結果很少，SQL 執行計畫多以巢狀嵌套迴圈為主，因此 OLTP 環境的 SGA 設定較大，PGA 設定較小（因為巢狀嵌套迴圈不消耗 PGA）。而 OLAP 環境多數 SQL 都是大規模的 ETL，此類 SQL 返回結果集很多，SQL 執行計畫通常以 HASH 連接為主，往往要消耗大量 PGA，所以 OLAP 系統 PGA 設定較大。

當兩表使用外連接進行關聯，如果執行計畫走的是 HASH 連接，想要更改驅動表，我們需要使用 swap_join_inputs，而不是 leading，例如下面 SQL。

```
SQL> explain plan for select /*+ use_hash(d,e) leading(e) */
  2    *
  3    from dept d
  4    left join emp e on d.deptno = e.deptno;

Explained.

SQL> select * from table(dbms_xplan.display);

PLAN_TABLE_OUTPUT
--------------------------------------------------------------------
Plan hash value: 3713469723

--------------------------------------------------------------------
| Id | Operation          | Name | Rows | Bytes | Cost (%CPU)| Time     |
--------------------------------------------------------------------
|  0 | SELECT STATEMENT   |      |   14 |   812 |   7  (15)| 00:00:01 |
|* 1 |  HASH JOIN OUTER   |      |   14 |   812 |   7  (15)| 00:00:01 |
|  2 |   TABLE ACCESS FULL| DEPT |    4 |    80 |   3   (0)| 00:00:01 |
|  3 |   TABLE ACCESS FULL| EMP  |   14 |   532 |   3   (0)| 00:00:01 |
--------------------------------------------------------------------

Predicate Information (identified by operation id):
---------------------------------------------------

   1 - access("D"."DEPTNO"="E"."DEPTNO"(+))

15 rows selected.
```

從執行計畫中我們可以看到，DEPT 與 EMP 是採用 HASH 連接，這說明 use_hash(d,e) 生效了。執行計畫中，驅動表為 DEPT，雖然設定了 leading(e)，但是沒有生效。現在我們使用 swap_join_inputs 來更改外連接中 HASH 連接的驅動表。

```
SQL> explain plan for select /*+ use_hash(d,e) swap_join_inputs(e) */
  2    *
  3    from dept d
  4    left join emp e on d.deptno = e.deptno;

Explained.

SQL> select * from table(dbms_xplan.display);

PLAN_TABLE_OUTPUT
--------------------------------------------------------------------
Plan hash value: 3590956717

--------------------------------------------------------------------
| Id  | Operation              | Name | Rows  | Bytes | Cost (%CPU)| Time     |
--------------------------------------------------------------------
|   0 | SELECT STATEMENT       |      |   14  |  812  |   7  (15)| 00:00:01 |
|*  1 |  HASH JOIN RIGHT OUTER |      |   14  |  812  |   7  (15)| 00:00:01 |
|   2 |   TABLE ACCESS FULL    | EMP  |   14  |  532  |   3   (0)| 00:00:01 |
|   3 |   TABLE ACCESS FULL    | DEPT |    4  |   80  |   3   (0)| 00:00:01 |
--------------------------------------------------------------------

Predicate Information (identified by operation id):
---------------------------------------------------

   1 - access("D"."DEPTNO"="E"."DEPTNO"(+))

15 rows selected.
```

從執行計畫中我們可以看到，使用 swap_join_inputs 更改了外連接中 HASH 連接的驅動表。

思考：怎麼最佳化 HASH 連接？

回答：因為 HASH 連接需要將驅動表的 select 欄和 join 欄放入 PGA 中，所以，我們應該儘量避免書寫 select * from....語句，將需要的欄放在 select list 中，這樣可以減少驅動表對 PGA 的佔用，避免驅動表被溢出到臨時表空間，從而提升查詢效能。如果無法避免驅動表被溢出到臨時表空間，我們可以將臨時表空間新建在 SSD 上或者 RAID 0 上，加快臨時資料的交換速度。

當 PGA 採用自動管理，單個處理程序的 work area 被限制在 1G 以內，如果是 PGA 採用手動管理，單個處理程序的 work area 不能超過 2GB。如果驅動表比較大，比如驅動表有 4GB，可以開啟平行查詢至少 parallel(4)，將表拆分為至少 4 份，這樣每個平行處理程序中的 work area 能夠容納 1GB 資料，從而避免驅動表被溢出到臨時表空間。如果驅動表非常大，比如有幾十 GB，這時開啟平行 HASH 也無能為力，這時，應該考慮對表進行拆分，在第 8 章中，我們會為大家詳細介紹表的拆分方法。

5.3　排序合併連接（SORT MERGE JOIN）

前文提到 HASH 連接主要用於處理兩表等值關聯返回大量資料。

排序合併連接主要用於處理兩表非等值關聯，比如 >、>=、<、<=、<>，但是不能用於 instr、substr、like、regexp_like 關聯，instr、substr、like、regexp_like 關聯只能走巢狀嵌套迴圈。

現有如下 SQL。

```
select * from a,b where a.id>=b.id;
```

A 表有 10 萬條資料，B 表有 20 萬條資料，A 表與 B 表的 ID 欄都是從 1 開始每次加 1。

該 SQL 是非等值連接，因此不能進行 HASH 連接。

假如該 SQL 走的是巢狀嵌套迴圈，A 作為驅動表，B 作為被驅動表，那麼 B 表會被掃描 10 萬次。前文提到，巢狀嵌套迴圈被驅動表連接欄要包含在索引中，那麼 B 表的 ID 欄需要新建一個索引，巢狀嵌套迴圈會進行傳值，當 A 表透過 ID 欄傳值超過 10000 的時候，B 表透過 ID 欄的索引返回資料每次都會超過 10000 條，這個時候會造成 B 表大量回表。所以該 SQL 不能走巢狀嵌套迴圈，只能走排序合併連接。

排序合併連接的演算法：兩表關聯，先對兩個表根據連接欄進行排序，將較小的表作為驅動表（Oracle 官方認為排序合併連接沒有驅動表，筆者認為是有的），然後從驅動表中取出連接欄的值，到已經排好序的被驅動表中比對資料，如果匹配上資料，就關聯成功。驅動表返回多少列，被驅動表就要被比對多少次，這個匹配的過程類似巢狀嵌套迴圈，但是巢狀嵌套迴圈是從被驅動表的索引中比對資料，而排序合併連接是在記憶體中（PGA 中的 work area）比對資料。

我們在測試帳號 scott 中執行如下 SQL。

```
SQL> select /*+ gather_plan_statistics */  e.ename, e.job,
  2  d.dname   from emp e, dept d  where e.deptno >= d.deptno;
......省略輸出結果......
```

我們獲取執行計畫。

```
SQL> select * from table(dbms_xplan.display_cursor(null,null,'ALLSTATS LAST'));

PLAN_TABLE_OUTPUT
-------------------------------------------------------------------------------------

SQL_ID  f673my5x7tkkg, child number 0
-------------------------------------
select /*+ gather_plan_statistics */  e.ename, e.job, d.dname    from
emp e, dept d  where e.deptno >= d.deptno

Plan hash value: 844388907


-------------------------------------------------------------------------------------
| Id |Operation                    |Name   |Starts|E-Rows|A-Rows|  A-Time  |Buffers|
-------------------------------------------------------------------------------------
|  0 |SELECT STATEMENT             |       |    1 |      |   31 |00:00:00.01|    15|
|  1 | MERGE JOIN                  |       |    1 |    3 |   31 |00:00:00.01|    15|
|  2 |  TABLE ACCESS BY INDEX ROWID|DEPT   |    1 |    4 |    4 |00:00:00.01|     8|
|  3 |   INDEX FULL SCAN           |PK_DEPT|    1 |    4 |    4 |00:00:00.01|     4|
|* 4 |  SORT JOIN                  |       |    4 |   14 |   31 |00:00:00.01|     7|
|  5 |   TABLE ACCESS FULL         |EMP    |    1 |   14 |   14 |00:00:00.01|     7|
-------------------------------------------------------------------------------------

Predicate Information (identified by operation id):
---------------------------------------------------

  4 - access("E"."DEPTNO">="D"."DEPTNO")
      filter("E"."DEPTNO">="D"."DEPTNO")
```

執行計畫中離 MERGE JOIN 關鍵字最近的表就是驅動表。這裡 DEPT 就是驅動表，EMP 就是被驅動表。驅動表 DEPT 只掃描了一次（Id=2，Starts=1），被驅動表 EMP 也只掃描了一次（Id=5,Starts=1）。

因為 DEPT 走的是 INDEX FULL SCAN，INDEX FULL SCAN 返回的資料是有序的，所以 DEPT 表就不需要排序了。EMP 走的是全資料表掃描，返回的資料是無序的，所以 EMP 表在 PGA 中進行了排序。在實際工作中，我們一定要注意 INDEX FULL SCAN 返回了多少列資料，如果 INDEX FULL SCAN 返回的列數太多，應該強制走全資料表掃描，具體原因請參考本書 4.1.8 節。

現在我們強制 DEPT 表走全資料表掃描，查看執行計畫。

```
SQL> select /*+ full(d) */
  2    e.ename, e.job, d.dname
  3    from emp e, dept d
  4    where e.deptno >= d.deptno;

31 rows selected.
```

```
Execution Plan
----------------------------------------------------------
Plan hash value: 1407029907


----------------------------------------------------------------------
| Id  | Operation           | Name | Rows  | Bytes | Cost (%CPU)| Time     |
----------------------------------------------------------------------
|   0 | SELECT STATEMENT    |      |     3 |    90 |     8  (25)| 00:00:01 |
|   1 |   MERGE JOIN        |      |     3 |    90 |     8  (25)| 00:00:01 |
|   2 |    SORT JOIN        |      |     4 |    52 |     4  (25)| 00:00:01 |
|   3 |     TABLE ACCESS FULL| DEPT |     4 |    52 |     3   (0)| 00:00:01 |
|*  4 |    SORT JOIN        |      |    14 |   238 |     4  (25)| 00:00:01 |
|   5 |     TABLE ACCESS FULL| EMP  |    14 |   238 |     3   (0)| 00:00:01 |
----------------------------------------------------------------------

Predicate Information (identified by operation id):
---------------------------------------------------

   4 - access("E"."DEPTNO">="D"."DEPTNO")
       filter("E"."DEPTNO">="D"."DEPTNO")
```

從執行計畫中我們看到，DEPT 走的是全資料表掃描，因為全資料表掃描返回的資料是無序的，所以 DEPT 在 PGA 中進行了排序。

如果兩表是等值關聯，一般不建議走排序合併連接。因為排序合併連接需要將兩個表放入 PGA 中，而 HASH 連接只需要將驅動表放入 PGA 中，排序合併連接與 HASH 連接相比，需要耗費更多的 PGA。即使排序合併連接中有一個表走的是 INDEX FULL SCAN，另外一個表也需要放入 PGA 中，而這個表往往是大表，如果走 HASH 連接，大表會作為被驅動表，是不會被放入 PGA 中的。因此，兩表等值關聯，要麼走 NL（返回資料量少），要麼走 HASH（返回資料量多），一般情況下不要走 SMJ。

思考：怎麼最佳化排序合併連接？

回答：如果兩表關聯是等值關聯，走的是排序合併連接，我們可以將表連接方式改為 HASH 連接。如果兩表關聯是非等值關聯，比如 >、>=、<、<=、<>，這時我們應該先從業務上入手，嘗試將非等值關聯改寫為等值關聯，因為非等值關聯返回的結果集「類似」於笛卡兒積，當兩個表都比較大的時候，非等值關聯返回的資料量相當「恐怖」。如果沒有辦法將非等值關聯改寫為等值關聯，我們可以考慮增加兩表的限制條件，將兩個表資料量縮小，最後可以考慮開啟平行查詢加快 SQL 執行速度。

表 5-1 列舉出了 3 種表連接方式的主要區別。

表 5-1　　表連接方式

表連接方式	驅動表	PGA	輸出結果集	不等值連接	被驅動資料表掃描次數
巢狀嵌套迴圈	有（靠近關鍵字）	不消耗	少	支援	等於驅動表返回列數
雜湊連接	有（靠近關鍵字）	消耗	多	不支援	1
排序合併連接	無	消耗	多	支援	1

5.4 笛卡兒連接（CARTESIAN JOIN）

兩個表關聯沒有連接條件的時候會產生笛卡兒積，這種表連接方式就叫笛卡兒連接。

我們在測試帳號 scott 中執行如下 SQL。

```
SQL> set autot trace
SQL> select * from emp, dept;

56 rows selected.

Execution Plan
----------------------------------------------------------
Plan hash value: 2034389985

---------------------------------------------------------------
| Id | Operation          | Name | Rows | Bytes | Cost (%CPU)| Time     |
---------------------------------------------------------------
|  0 | SELECT STATEMENT   |      |   56 |  3248 |     8  (0)| 00:00:01 |
|  1 |  MERGE JOIN CARTESIAN|    |   56 |  3248 |     8  (0)| 00:00:01 |
|  2 |   TABLE ACCESS FULL | DEPT |    4 |    80 |     3  (0)| 00:00:01 |
|  3 |   BUFFER SORT       |      |   14 |   532 |     5  (0)| 00:00:01 |
|  4 |    TABLE ACCESS FULL| EMP  |   14 |   532 |     1  (0)| 00:00:01 |
---------------------------------------------------------------
```

執行計畫中 MERGE JOIN CARTESIAN 就表示笛卡兒連接。笛卡兒連接會返回兩個表的乘積。DEPT 有 4 列資料，EMP 有 14 列資料，兩個表進行笛卡兒連接之後會返回 56 列資料。笛卡兒連接會對兩表中其中一個表進行排序，執行計畫中的 BUFFER SORT 就表示排序。

在多表關聯的時候，兩個表沒有直接關聯條件，但是最佳化程式錯誤地把某個表返回的 Rows 算為 1 列（注意必須是 1 列），這個時候也可能發生笛卡兒連接。例子如下。

```
SQL> select * from table(dbms_xplan.display());

PLAN_TABLE_OUTPUT
----------------------------------------------------------------------
Plan hash value: 710264295
----------------------------------------------------------------------
| Id  | Operation                        | Name                     | Rows  |
----------------------------------------------------------------------
|   0 | SELECT STATEMENT                 |                          |     1 |
|   1 |  WINDOW SORT                     |                          |     1 |
|*  2 |   TABLE ACCESS BY INDEX ROWID    | F_AGT_GUARANTY_INFO_H    |     1 |
|   3 |    NESTED LOOPS                  |                          |     1 |
|   4 |     NESTED LOOPS                 |                          |     1 |
|   5 |      MERGE JOIN CARTESIAN        |                          |     1 |
|   6 |       TABLE ACCESS FULL          | B_M_BUSINESS_CONTRACT    |     1 |
|   7 |       BUFFER SORT                |                          | 61507 |
|*  8 |        TABLE ACCESS FULL         | F_AGT_GUARANTY_RELATIVE_H | 61507 |
|   9 |      TABLE ACCESS BY INDEX ROWID | F_CONTRACT_RELATIVE      |     1 |
|* 10 |       INDEX UNIQUE SCAN          | SYS_C0019578             |     1 |
|* 11 |        INDEX RANGE SCAN          | SYS_C005707              |     1 |
----------------------------------------------------------------------
```

執行計畫中 Id=6 的表和 Id=8 的表就是進行笛卡兒連接的。

在這個執行計畫中，為什麼最佳化程式會選擇笛卡兒積連接呢？

因為 Id=6 這個表返回的 Rows 被最佳化程式錯誤地估算為 1 列，最佳化程式認為 1 列的表與任意大小的表進行笛卡兒關聯，資料也不會數量加倍，這是安全的。所以這裡最佳化程式選擇了笛卡兒連接。

Id=6 這步是全資料表掃描，而且沒過濾條件（因為沒有*），最佳化程式認為它只返回 1 列。大家請思考，全資料表掃描返回 1 列並且無過濾條件，這個可能嗎？難道表裡面真的就只有 1 列資料？這不符合常識。那麼顯然是 Id=6 的表沒有收集統計資訊，導致最佳化程式預設地把該表算為 1 列（當時資料庫沒開啟動態採樣）。下面是上述執行計畫的 SQL 語句。

```
SELECT b.agmt_id,
       b.corp_org,
       b.cur_cd,
       b.businesstype,
       c.object_no,
       c.guaranty_crsum,
       row_number() over(PARTITION BY b.agmt_id, b.corp_org, c.object_no ORDER BY
b.agmt_id, b.corp_org, c.object_no) row_no
```

```
   FROM b_m_business_contract          b, --合約表
        dwf.f_contract_relative        c, --合約關聯表
        dwf.f_agt_guaranty_relative_h r, --業務合約、擔保合約與擔保物關聯表
        dwf.f_agt_guaranty_info_h      g --擔保物資訊表
  WHERE b.corp_org = c.corp_org
    AND b.agmt_id = c.contract_seqno --業務合約號
    AND c.object_type = 'GuarantyContract'
    AND r.start_dt <= DATE '2012-09-17' /*當天日期*/
    AND r.end_dt > DATE '2012-09-17' /*當天日期*/
    AND c.contract_seqno = r.object_no --業務合約號
    AND c.object_no = r.guaranty_no --擔保合約編號
    AND c.corp_org = r.corp_org --企業法人編碼
    AND r.object_type = 'BusinessContract'
    AND r.agmt_id = g.agmt_id --擔保物編號
    AND r.corp_org = g.corp_org --企業法人編碼
    AND g.start_dt <= DATE '2012-09-17' /*當天日期*/
    AND g.end_dt > DATE '2012-09-17' /*當天日期*/
    AND g.guarantytype = '020010' --質押存款
```

執行計畫中進行笛卡兒關聯的表就是 b 和 r，在 SQL 語句中 b 和 r 沒有直接關聯條件。

如果兩個表有直接關聯條件，無法控制兩個表進行笛卡兒連接。

如果兩個表沒有直接關聯條件，我們在編寫 SQL 的時候將兩個表依次放在 from 後面並且新增 HINT：ordered，就可以使兩個表進行笛卡兒積關聯。

```
SQL> select /*+ ordered */
  2    a.ename, a.sal, a.deptno, b.dname, c.grade
  3    from dept b, salgrade c, emp a
  4   where a.deptno = b.deptno
  5     and a.sal between c.losal and c.hisal;

14 rows selected.


Execution Plan
----------------------------------------------------------
Plan hash value: 2197699399
```

Id	Operation	Name	Rows	Bytes	Cost (%CPU)	Time
0	SELECT STATEMENT		1	65	12 (9)	00:00:01
* 1	HASH JOIN		1	65	12 (9)	00:00:01
2	**MERGE JOIN CARTESIAN**		20	1040	8 (0)	00:00:01
3	TABLE ACCESS FULL	DEPT	4	52	3 (0)	00:00:01
4	BUFFER SORT		5	195	5 (0)	00:00:01
5	TABLE ACCESS FULL	SALGRADE	5	195	1 (0)	00:00:01
6	TABLE ACCESS FULL	EMP	14	182	3 (0)	00:00:01

```
Predicate Information (identified by operation id):
---------------------------------------------------

   1 - access("A"."DEPTNO"="B"."DEPTNO")
       filter("A"."SAL">="C"."LOSAL" AND "A"."SAL"<="C"."HISAL")
```

在 SQL 語句中，DEPT 與 SALGRADE 沒有直接關聯條件，HINT：ordered 表示根據 SQL 語句中 from 後面表的順序依次關聯。因為 DEPT 與 SALGRADE 沒有直接關聯條件，而且 SQL 語句中新增了 HINT：ordered，再有 SQL 語句中兩個表是依次放在 from 後面的，所以 DEPT 與 SALGRADE 只能進行笛卡兒連接。

思考：當執行計畫中有笛卡兒連接應該怎麼最佳化呢？

首先應該檢查表是否有關聯條件，如果表沒有關聯條件，那麼應該詢問開發與業務人員為何表沒有關聯條件，是否為滿足業務需求而故意不寫關聯條件。

其次應該檢查離笛卡兒連接最近的表是否真的返回 1 列資料，如果返回列數真的只有 1 列，那麼走笛卡兒連接是沒有問題的，如果返回列數超過 1 列，那就需要檢查為什麼 Rows 會估算錯誤，同時要糾正錯誤的 Rows。糾正錯誤的 Rows 之後，最佳化程式就不會走笛卡兒連接了。

我們可以使用 HINT /*+ **opt_param('_optimizer_mjc_enabled', 'false')** */ 禁止笛卡兒連接。

5.5　純量子查詢（SCALAR SUBQUERY）

當一個子查詢介於 select 與 from 之間，這種子查詢就叫純量子查詢，例子如下。

```
select e.ename,
       e.sal,
       (select d.dname from dept d where d.deptno = e.deptno) dname
  from emp e;
```

我們在測試帳號 scott 中執行如下 SQL。

```
SQL> select /*+ gather_plan_statistics */ e.ename,
  2         e.sal,
  3         (select d.dname from dept d where d.deptno = e.deptno) dname
  4    from emp e;
```

```
......省略輸出結果......
SQL> select * from table(dbms_xplan.display_cursor(null,null,'ALLSTATS LAST'));

PLAN_TABLE_OUTPUT
-------------------------------------------------------------------------------
SQL_ID  ggmw3tv6xypx1, child number 0
-------------------------------------
select /*+ gather_plan_statistics */ e.ename,        e.sal,
(select d.dname from dept d where d.deptno = e.deptno) dname    from emp e

Plan hash value: 2981343222

-------------------------------------------------------------------------------
| Id |Operation                    |Name    |Starts|E-Rows|A-Rows|  A-Time   | Buffers |
-------------------------------------------------------------------------------
|  0 |SELECT STATEMENT             |        |    1|      |   14|00:00:00.01|      8 |
|  1 | TABLE ACCESS BY INDEX ROWID|DEPT    |    3|    1|    3|00:00:00.01|      5 |
|* 2 |  INDEX UNIQUE SCAN          |PK_DEPT|    3|    1|    3|00:00:00.01|      2 |
|  3 | TABLE ACCESS FULL           |EMP     |    1|   14|   14|00:00:00.01|      8 |
-------------------------------------------------------------------------------

Predicate Information (identified by operation id):
---------------------------------------------------

   2 - access("D"."DEPTNO"=:B1)
```

純量子查詢類似一個天然的巢狀嵌套迴圈，而且驅動表固定為主表。大家是否還記得：巢狀嵌套迴圈被驅動表的連接欄必須包含在索引中。同理，純量子查詢中子查詢的表連接欄也必須包含在索引中。主表 EMP 透過連接欄（DEPTNO）傳值給子查詢中的表（DEPT），執行計畫中 :B1 就表示傳值，這個傳值過程一共進行了 3 次，因為主表（EMP）的連接欄（DEPTNO）基數等於 3。

```
SQL> select count(distinct deptno) from emp;

COUNT(DISTINCTDEPTNO)
---------------------
                    3
```

我們建議在工作中，儘量避免使用純量子查詢，假如主表返回大量資料，主表的連接欄基數很高，那麼子查詢中的表會被多次掃描，從而嚴重影響 SQL 效能。如果主表資料量小，或者主表的連接欄基數很低，那麼這個時候我們也可以使用純量子查詢，但是記得要給子查詢中表的連接欄建立索引。

當 SQL 裡面有純量子查詢，我們可以將純量子查詢等價改寫為外連接，從而使它們可以進行 HASH 連接。為什麼要將純量子查詢改寫為外連接而不是內連接呢？因為純量子查詢是一個傳值的過程，如果主表傳值給子查詢，子查詢沒有查詢到資料，這個時候會顯示 NULL。如果將純量子查詢改寫為內連接，會丟失沒有關聯上的資料。

現有如下的純量子查詢。

```
SQL> select d.dname,
  2         d.loc,
  3         (select max(e.sal) from emp e where e.deptno = d.deptno) max_sal
  4    from dept d;

DNAME          LOC             MAX_SAL
-------------- ------------- ----------
ACCOUNTING     NEW YORK           5000
RESEARCH       DALLAS             3000
SALES          CHICAGO            2850
OPERATIONS     BOSTON          ---NULL
```

我們可以將其等價改寫為外連接：

```
SQL> select d.dname, d.loc, e.max_sal
  2    from dept d
  3    left join (select max(sal) max_sal,
  4                      deptno
  5                 from emp
  6                group by deptno)e
  7   on d.deptno = e.deptno;

DNAME          LOC             MAX_SAL
-------------- ------------- ----------
ACCOUNTING     NEW YORK           5000
RESEARCH       DALLAS             3000
SALES          CHICAGO            2850
OPERATIONS     BOSTON          ---NULL
```

當然了，如果主表的連接欄是外鍵，而子查詢的連接欄是主鍵，我們就沒必要改寫為外連接了，因為外鍵不可能存 NULL 值，可以直接改寫為內連接。例如本書中所用的純量子查詢示例就可以改寫為內連接，因為 DEPT 與 EMP 有主外鍵關係。

```
select e.ename, e.sal, d.dname
  from emp e
 inner join dept d on e.deptno = d.deptno;
```

在 Oracle12c 中，簡單的純量子查詢會被最佳化程式等價改寫為外連接。

5.6 半連接（SEMI JOIN）

兩表關聯只返回一個表的資料就叫半連接。半連接一般就是指的 in 和 exists。
在 SQL 最佳化實戰中，半連接的最佳化是最為複雜的。

5.6.1 半連接等價改寫

in 和 exists 一般情況下都可以進行等價改寫。

半連接 in 的寫法如下。

```
SQL> select * from dept where deptno in (select deptno from emp);

    DEPTNO DNAME      LOC
---------- ---------- ----------------------------------------
        10 ACCOUNTING NEW YORK
        20 RESEARCH   DALLAS
        30 SALES      CHICAGO
```

半連接 exists 的寫法如下。

```
SQL> select * from dept where exists (select null from emp where
dept.deptno=emp.deptno);

    DEPTNO DNAME      LOC
---------- ---------- ----------------------------------------
        10 ACCOUNTING NEW YORK
        20 RESEARCH   DALLAS
        30 SALES      CHICAGO
```

in 和 exists 有時候也可以等價地改寫為內連接，例如，上面查詢語句可以改寫
為如下寫法。

```
SQL> select d.*
  2    from dept d, (select deptno from emp group by deptno) e
  3   where d.deptno = e.deptno;

    DEPTNO DNAME          LOC
---------- -------------- ----------------------------------
        10 ACCOUNTING     NEW YORK
        20 RESEARCH       DALLAS
        30 SALES          CHICAGO
```

注意：上面內連接的寫法效能沒有半連接寫法效能高，因為多了 GROUP BY 去
掉重複操作。

在將半連接改寫為內連接的時候，我們要注意主表與子表（子查詢中的表）的關係。這裡 DEPT 與 EMP 是 1:n 關係。在半連接的寫法中，返回的是 DEPT 表的資料，也就是說返回的資料是屬於 1 的關係。然而在使用內連接的寫法中，由於 DEPT 與 EMP 是 1:n 關係，兩表關聯之後會返回 n（有重復資料），所以我們需要加上 GROUP BY 去掉重復資料。

如果半連接中主表屬於 1 的關係，子表（子查詢中的表）屬於 n 的關係，我們在改寫為內連接的時候，需要加上 GROUP BY 去掉重複。注意：這個時候半連線效能高於內連接。

如果半連接中主表屬於 n 的關係，子表（子查詢中的表）屬於 1 的關係，我們在改寫為內連接的時候，就不需要去掉重複了。注意：這個時候半連接與內連線效能一樣。

如果半連接中主表屬於 n 的關係，子表（子查詢中的表）也屬於 n 的關係，這時我們可以先對子查詢去掉重複，將子表轉換為 1 的關係，然後再關聯，千萬不能先關聯再去掉重複。

作者的個人技術部落格上記載了一篇半連接被最佳化程式改寫為內連接而導致查詢變慢的經典案例，如果大家有興趣可以閱讀參考：http://blog.csdn.net/robinson1988/article/details/51148332。

5.6.2　控制半連接執行計畫

我們先來查看示例 SQL 的原始執行計畫。

```
SQL> select * from dept where deptno in (select deptno from emp);


Execution Plan
----------------------------------------------------------
Plan hash value: 1090737117

--------------------------------------------------------------------------------
| Id | Operation                     | Name    | Rows | Bytes | Cost(%CPU)| Time     |
--------------------------------------------------------------------------------
|  0 | SELECT STATEMENT              |         |    3 |    69 |  6  (17)| 00:00:01 |
|  1 |  MERGE JOIN SEMI              |         |    3 |    69 |  6  (17)| 00:00:01 |
|  2 |   TABLE ACCESS BY INDEX ROWID | DEPT    |    4 |    80 |  2   (0)| 00:00:01 |
|  3 |    INDEX FULL SCAN            | PK_DEPT |    4 |       |  1   (0)| 00:00:01 |
|* 4 |   SORT UNIQUE                 |         |   14 |    42 |  4  (25)| 00:00:01 |
|  5 |    TABLE ACCESS FULL          | EMP     |   14 |    42 |  3   (0)| 00:00:01 |
```

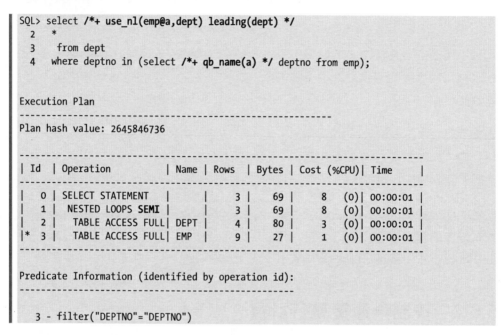

```
--------------------------------------------------------------------------
Predicate Information (identified by operation id):
--------------------------------------------------
4 - access("DEPTNO"="DEPTNO")
    filter("DEPTNO"="DEPTNO")
```

執行計畫中 DEPT 與 EMP 是採用排序合併連接進行關聯的。

我們現在讓 DEPT 與 EMP 進行巢狀嵌套迴圈連接，同時讓 DEPT 當驅動表。

```
SQL> select /*+ use_nl(emp@a,dept) leading(dept) */
  2  *
  3    from dept
  4   where deptno in (select /*+ qb_name(a) */ deptno from emp);


Execution Plan
----------------------------------------------------------
Plan hash value: 2645846736


-----------------------------------------------------------------------
| Id  | Operation          | Name | Rows | Bytes | Cost (%CPU)| Time     |
-----------------------------------------------------------------------
|   0 | SELECT STATEMENT   |      |    3 |    69 |     8   (0)| 00:00:01 |
|   1 |  NESTED LOOPS SEMI |      |    3 |    69 |     8   (0)| 00:00:01 |
|   2 |   TABLE ACCESS FULL| DEPT |    4 |    80 |     3   (0)| 00:00:01 |
|*  3 |   TABLE ACCESS FULL| EMP  |    9 |    27 |     1   (0)| 00:00:01 |
-----------------------------------------------------------------------

Predicate Information (identified by operation id):
--------------------------------------------------

   3 - filter("DEPTNO"="DEPTNO")
```

有讀者可能會好奇，為何不寫 HINT /*+ **use_nl(dept,emp) leading(dept)** */？

因為在 Oracle 資料庫中，每個子查詢都會自動生成一個查詢塊（query block），子查詢裡面的表會自動地被最佳化程式取別名。這裡 from 後面的表只有 DEPT，而 EMP 在子查詢中，HINT 寫成 use_nl(dept,emp)會導致 CBO 無法識別 EMP，為了讓 CBO 能識別到 EMP，在子查詢中新增了 qb_name 這個 HINT，給子查詢取別名為 a，再在主查詢中使用 use_nl(emp@a,dept)，就能使兩表進行巢狀嵌套迴圈關聯。

如果不想使用 qb_name 這個 HINT，我們也可以參考如下操作。

```
SQL> explain plan for select * from dept where deptno in (select deptno from emp);
```

Explained.

```
SQL> select * from table(dbms_xplan.display(null, null, 'advanced -projection -outline
-predicate'));

PLAN_TABLE_OUTPUT
-------------------------------------------------------------------------------
Plan hash value: 1090737117


-------------------------------------------------------------------------------
| Id | Operation                      | Name    | Rows | Bytes | Cost (%CPU)|Time     |
-------------------------------------------------------------------------------
|  0 | SELECT STATEMENT               |         |    3 |    69 |    6  (17)|00:00:01|
|  1 |  MERGE JOIN SEMI               |         |    3 |    69 |    6  (17)|00:00:01|
|  2 |   TABLE ACCESS BY INDEX ROWID| DEPT    |    4 |    80 |    2   (0)|00:00:01|
|  3 |    INDEX FULL SCAN             | PK_DEPT |    4 |       |    1   (0)|00:00:01|
|  4 |   SORT UNIQUE                  |         |   14 |    42 |    4  (25)|00:00:01|
|  5 |    TABLE ACCESS FULL           | EMP     |   14 |    42 |    3   (0)|00:00:01|
-------------------------------------------------------------------------------


Query Block Name / Object Alias (identified by operation id):
-------------------------------------------------------------------------------

   1 - SEL$5DA710D3
   2 - SEL$5DA710D3 / DEPT@SEL$1
   3 - SEL$5DA710D3 / DEPT@SEL$1
   5 - SEL$5DA710D3 / EMP@SEL$2

20 rows selected.

SQL> select /*+ use_nl(dept,emp@sel$2) leading(dept) */
  2   *
  3     from dept
  4    where deptno in (select deptno from emp);


Execution Plan
-----------------------------------------------------------
Plan hash value: 2645846736


-------------------------------------------------------------------------------
| Id | Operation              | Name | Rows | Bytes | Cost (%CPU)| Time     |
-------------------------------------------------------------------------------
|  0 | SELECT STATEMENT       |      |    3 |    69 |    8   (0)| 00:00:01 |
|  1 |  NESTED LOOPS SEMI     |      |    3 |    69 |    8   (0)| 00:00:01 |
|  2 |   TABLE ACCESS FULL| DEPT |    4 |    80 |    3   (0)| 00:00:01 |
|* 3 |   TABLE ACCESS FULL| EMP  |    9 |    27 |    1   (0)| 00:00:01 |
-------------------------------------------------------------------------------


Predicate Information (identified by operation id):
-----------------------------------------------------------

   3 - filter("DEPTNO"="DEPTNO")
```

現在我們讓 DEPT 與 EMP 進行 HASH 連接，同時讓 EMP 作為驅動表。

```
SQL>  select /*+ use_hash(dept,emp@sel$2) leading(emp@sel$2) */
  2    *
  3    from dept
  4    where deptno in (select deptno from emp);


Execution Plan
----------------------------------------------------------
Plan hash value: 300394613


--------------------------------------------------------------------------
| Id  | Operation           | Name | Rows  | Bytes | Cost (%CPU)| Time     |
--------------------------------------------------------------------------
|   0 | SELECT STATEMENT    |      |     3 |    69 |     8  (25)| 00:00:01 |
|*  1 |  HASH JOIN          |      |     3 |    69 |     8  (25)| 00:00:01 |
|   2 |   SORT UNIQUE       |      |    14 |    42 |     3   (0)| 00:00:01 |
|   3 |    TABLE ACCESS FULL| EMP  |    14 |    42 |     3   (0)| 00:00:01 |
|   4 |   TABLE ACCESS FULL | DEPT |     4 |    80 |     3   (0)| 00:00:01 |
--------------------------------------------------------------------------


Predicate Information (identified by operation id):
---------------------------------------------------

   1 - access("DEPTNO"="DEPTNO")
```

讓 EMP 表作為驅動表之後，CBO 先對 EMP 進行了去掉重複（SORT UNIQUE）操作，這裡 CBO 其實對該 SQL 進行了等價改寫，將半連接等價改寫為內連接（因為執行計畫中沒有 **SEMI** 關鍵字），在改寫的過程中，因為 EMP 屬於 N 的關係，所以對 EMP 進行了去掉重複。

5.6.3 讀者思考

現有如下 SQL。

```
select * from a where a.id in (select id from b);
```

假設 a 有 1000 萬，b 有 100 列，請問如何最佳化該 SQL？

假設 a 有 100 列，b 有 1000 萬，請問如何最佳化該 SQL？

假設 a 有 100 萬，b 有 1000 萬，請問如何最佳化該 SQL？

5.7 反連接（ANTI JOIN）

兩表關聯只返回主表的資料，而且只返回主表與子表沒關聯上的資料，這種連接就叫反連接。反連接一般就是指的 not in 和 not exists。

5.7.1 反連接等價改寫

not in 與 not exists 一般情況下也可以進行等價改寫。

not in 的寫法如下。

```
SQL> select * from dept where deptno not in (select deptno from emp);

    DEPTNO DNAME           LOC
---------- --------------- ----------------------------------------
        40 OPERATIONS      BOSTON
```

not exists 的寫法如下。

```
SQL> select *
  2    from dept
  3    where not exists (select null from emp where dept.deptno = emp.deptno);

    DEPTNO DNAME           LOC
---------- --------------- ----------------------------------------
        40 OPERATIONS      BOSTON
```

需要注意的是，not in 裡面如果有 null，整個查詢會返回空，而 in 裡面有 null，查詢不受 null 影響，例子如下。

```
SQL> select * from dept where deptno not in (10,null);

no rows selected

SQL> select * from dept where deptno in (10,null);

    DEPTNO DNAME           LOC
---------- --------------- ----------------------------------------
        10 ACCOUNTING      NEW YORK
```

所以在將 not exists 等價改寫為 not in 的時候，要注意 null。一般情況下，如果反連接採用 not in 寫法，我們需要在 where 條件中剔除 null。

```
select *

  from dept

 where deptno not in (select deptno from emp where deptno is not null);
```

not in 與 not exists 除了可以相互等價改寫以外，還可以等價地改寫為外連接，例如，上面查詢可以等價改寫為如下寫法。

```
SQL> select d.*
  2    from dept d
  3    left join emp e on d.deptno = e.deptno
  4    where e.deptno is null;

   DEPTNO DNAME           LOC
---------- --------------- ---------------
       40 OPERATIONS      BOSTON
```

為什麼反連接可以改寫為「外連接+子表連接條件 is null」？我們再來回顧一下反連接定義：兩表關聯只返回主表的資料，而且只返回主表與子表沒有關聯上的資料。根據反連接定義，翻譯為標準 SQL 寫法就是「外連接+子表連接條件 is null」。與半連接改寫為內連接不同的是，反連接改寫為外連接不需要考慮兩表之間的關係。

5.7.2 控制反連接執行計畫

我們先來查看示例 SQL 的原始執行計畫。

```
SQL> select * from dept where deptno not in (select deptno from emp);


Execution Plan
----------------------------------------------------------
Plan hash value: 2230682264


----------------------------------------------------------------------------
| Id | Operation                    | Name    | Rows | Bytes | Cost(%CPU)|Time     |
----------------------------------------------------------------------------
|  0 | SELECT STATEMENT             |         |    1 |    23 |    6  (17)|00:00:01|
|  1 |  MERGE JOIN ANTI NA          |         |    1 |    23 |    6  (17)|00:00:01|
|  2 |   SORT JOIN                  |         |    4 |    80 |    2   (0)|00:00:01|
|  3 |    TABLE ACCESS BY INDEX ROWID| DEPT   |    4 |    80 |    2   (0)|00:00:01|
|  4 |     INDEX FULL SCAN          | PK_DEPT |    4 |       |    1   (0)|00:00:01|
|* 5 |   SORT UNIQUE                |         |   14 |    42 |    4  (25)|00:00:01|
|  6 |    TABLE ACCESS FULL         | EMP     |   14 |    42 |    3   (0)|00:00:01|
----------------------------------------------------------------------------

Predicate Information (identified by operation id):
```

```
----------------------------------------------------

  5 - access("DEPTNO"="DEPTNO")
      filter("DEPTNO"="DEPTNO")
```

原始執行計畫中 DEPT 與 EMP 是採用排序合併連接進行關聯的。

我們現在讓 DEPT 與 EMP 使用巢狀嵌套迴圈進行關聯，**不指定驅動表**。

```
SQL> select /*+ use_nl(dept,emp@a) */ *
  2    from dept
  3   where deptno not in (select /*+ qb_name(a) */
  4                               deptno
  5                          from emp);


Execution Plan
----------------------------------------------------
Plan hash value: 1831344308


-----------------------------------------------------------------------------
| Id  | Operation            | Name  | Rows  | Bytes | Cost (%CPU)| Time     |
-----------------------------------------------------------------------------
|   0 | SELECT STATEMENT     |       |     1 |    23 |    11   (0)| 00:00:01 |
|*  1 |  FILTER              |       |       |       |            |          |
|   2 |   NESTED LOOPS ANTI SNA|     |     1 |    23 |    11  (28)| 00:00:01 |
|   3 |    TABLE ACCESS FULL | DEPT  |     4 |    80 |     3   (0)| 00:00:01 |
|*  4 |    TABLE ACCESS FULL | EMP   |     9 |    27 |     1   (0)| 00:00:01 |
|*  5 |    TABLE ACCESS FULL | EMP   |     1 |     3 |     3   (0)| 00:00:01 |
-----------------------------------------------------------------------------

Predicate Information (identified by operation id):
----------------------------------------------------

   1 - filter( NOT EXISTS (SELECT /*+ QB_NAME ("A") */ 0 FROM "EMP"
              "EMP" WHERE "DEPTNO" IS NULL))
   4 - filter("DEPTNO"="DEPTNO")
   5 - filter("DEPTNO" IS NULL)
```

執行計畫居然變成了 FILTER，我們指定的 HINT 被 CBO 忽略了。這究竟是什麼原因呢？注意觀察 FILTER 對應的謂詞部分我們就能發現原因。因為子表 EMP 的連接欄 DEPTNO 沒有排除存在 null 的情況，所以 CBO 選擇了 FILTER。現在我們給子查詢加上語句 where deptno is not null 再看一下執行計畫。

```
SQL> select /*+ use_nl(dept,emp@a) */ *
  2    from dept
  3   where deptno not in (select /*+ qb_name(a) */
  4                               deptno
  5                          from emp where deptno is not null);


Execution Plan
```

```
-------------------------------------------------------------
Plan hash value: 1522491139

-------------------------------------------------------------------
| Id  | Operation          | Name | Rows  | Bytes | Cost (%CPU)| Time     |
-------------------------------------------------------------------
|   0 | SELECT STATEMENT   |      |     1 |    23 |     8   (0)| 00:00:01 |
|   1 |  NESTED LOOPS ANTI |      |     1 |    23 |     8   (0)| 00:00:01 |
|   2 |   TABLE ACCESS FULL| DEPT |     4 |    80 |     3   (0)| 00:00:01 |
|*  3 |   TABLE ACCESS FULL| EMP  |     9 |    27 |     1   (0)| 00:00:01 |
-------------------------------------------------------------------

Predicate Information (identified by operation id):
---------------------------------------------------

   3 - filter("DEPTNO" IS NOT NULL AND "DEPTNO"="DEPTNO")
```

現在我們將 not in 改寫為 not exists，加上 HINT，再查看執行計畫。

```
SQL> select /*+ use_nl(dept,emp@a) */ *
  2     from dept
  3   where not exists
  4   (select /*+ qb_name(a) */ null from emp where emp.deptno = dept.deptno);


Execution Plan
-------------------------------------------------------------
Plan hash value: 1522491139

-------------------------------------------------------------------
| Id  | Operation          | Name | Rows  | Bytes | Cost (%CPU)| Time     |
-------------------------------------------------------------------
|   0 | SELECT STATEMENT   |      |     1 |    23 |     8   (0)| 00:00:01 |
|   1 |  NESTED LOOPS ANTI |      |     1 |    23 |     8   (0)| 00:00:01 |
|   2 |   TABLE ACCESS FULL| DEPT |     4 |    80 |     3   (0)| 00:00:01 |
|*  3 |   TABLE ACCESS FULL| EMP  |     9 |    27 |     1   (0)| 00:00:01 |
-------------------------------------------------------------------

Predicate Information (identified by operation id):
---------------------------------------------------

   3 - filter("EMP"."DEPTNO"="DEPT"."DEPTNO")
```

在執行計畫中，DEPT 是巢狀嵌套迴圈的驅動表，EMP 是巢狀嵌套迴圈的被驅動表。現在我們讓 DEPT 與 EMP 還進行巢狀嵌套迴圈連接，但是讓 EMP 作為驅動表。

```
SQL> select /*+ use_nl(dept,emp@a) leading(emp@a) */ *
  2     from dept
  3   where not exists
  4   (select /*+ qb_name(a) */ null from emp where emp.deptno = dept.deptno);
```

```
Execution Plan
-----------------------------------------------------------
Plan hash value: 1522491139


-------------------------------------------------------------------------
| Id  | Operation           | Name | Rows | Bytes | Cost (%CPU)| Time     |
-------------------------------------------------------------------------
|   0 | SELECT STATEMENT    |      |    1 |    23 |    8   (0)| 00:00:01 |
|   1 |  NESTED LOOPS ANTI  |      |    1 |    23 |    8   (0)| 00:00:01 |
|   2 |   TABLE ACCESS FULL | DEPT |    4 |    80 |    3   (0)| 00:00:01 |
|*  3 |   TABLE ACCESS FULL | EMP  |    9 |    27 |    1   (0)| 00:00:01 |
-------------------------------------------------------------------------

Predicate Information (identified by operation id):
-----------------------------------------------------

   3 - filter("EMP"."DEPTNO"="DEPT"."DEPTNO")
```

注意觀察執行計畫，雖然我們使用了 leading(emp@a) 強制讓 EMP 作為驅動表，但是執行計畫中驅動表還是 DEPT。這是為什麼呢？因為反連接等價於「外連接+子表連接條件 is null」，大家是否還記得：當兩表關聯是外連接，使用巢狀嵌套迴圈進行關聯的時候無法更改驅動表，驅動表會被固定為主表。

現在我們讓 DEPT 與 EMP 進行 HASH 連接，而且讓 EMP 作為驅動表。

```
SQL> select /*+ use_hash(dept,emp@a) leading(emp@a) */ *
  2    from dept
  3   where not exists
  4   (select /*+ qb_name(a) */ null from emp where emp.deptno = dept.deptno);


Execution Plan
-----------------------------------------------------------
Plan hash value: 474461924


-------------------------------------------------------------------------
| Id  | Operation           | Name | Rows | Bytes | Cost (%CPU)| Time     |
-------------------------------------------------------------------------
|   0 | SELECT STATEMENT    |      |    1 |    23 |    7  (15)| 00:00:01 |
|*  1 |  HASH JOIN ANTI     |      |    1 |    23 |    7  (15)| 00:00:01 |
|   2 |   TABLE ACCESS FULL | DEPT |    4 |    80 |    3   (0)| 00:00:01 |
|   3 |   TABLE ACCESS FULL | EMP  |   14 |    42 |    3   (0)| 00:00:01 |
-------------------------------------------------------------------------

Predicate Information (identified by operation id):
-----------------------------------------------------

   1 - access("EMP"."DEPTNO"="DEPT"."DEPTNO")
```

雖然 DEPT 與 EMP 採用的是 HASH 連接，但是驅動表還是 DEPT。為什麼 leading(emp@a) 失效了呢？因為兩表關聯如果是外連接，要改變 HASH 連接的驅動表必須使用 swap_join_inputs。現在我們使用 swap_join_inputs 來更改 HASH 連接的驅動表。

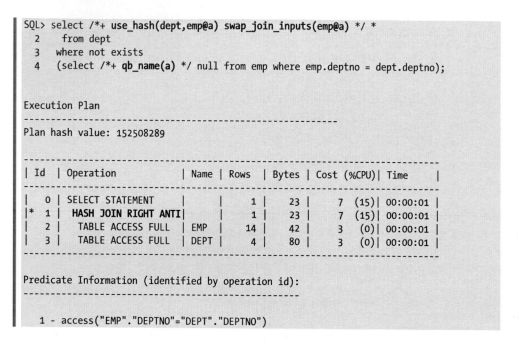

```
SQL> select /*+ use_hash(dept,emp@a) swap_join_inputs(emp@a) */ *
  2    from dept
  3   where not exists
  4   (select /*+ qb_name(a) */ null from emp where emp.deptno = dept.deptno);


Execution Plan
----------------------------------------------------------
Plan hash value: 152508289


---------------------------------------------------------------------------
| Id  | Operation             | Name | Rows  | Bytes | Cost (%CPU)| Time     |
---------------------------------------------------------------------------
|   0 | SELECT STATEMENT      |      |     1 |    23 |     7  (15)| 00:00:01 |
|*  1 |  HASH JOIN RIGHT ANTI |      |     1 |    23 |     7  (15)| 00:00:01 |
|   2 |   TABLE ACCESS FULL   | EMP  |    14 |    42 |     3   (0)| 00:00:01 |
|   3 |   TABLE ACCESS FULL   | DEPT |     4 |    80 |     3   (0)| 00:00:01 |
---------------------------------------------------------------------------


Predicate Information (identified by operation id):
---------------------------------------------------

   1 - access("EMP"."DEPTNO"="DEPT"."DEPTNO")
```

5.7.3 讀者思考

現有如下 SQL。

```
select * from a where a.id not in (select id from b where id is not null);
```

假設 a 有 1000 萬條，b 有 1000 條，請問如何最佳化該 SQL？

假設 a 有 1000 條，b 有 1000 萬條，請問如何最佳化該 SQL？

假設 a 有 100 萬條，b 有 1000 萬條，請問如何最佳化該 SQL？

5.8　FILTER

如果子查詢（in/exists/not in/not exists）沒能展開（unnest），在執行計畫中就會
產生 FILTER，FILTER 類似巢狀嵌套迴圈，FILTER 的演算法與純量子查詢一模
一樣。

現有如下 SQL 以及其執行計畫。

```
SQL> select ename, deptno
  2    from emp
  3   where exists (select deptno
  4           from dept
  5          where emp.deptno = dept.deptno
  6            and dname = 'RESEARCH'
  7            and rownum = 1);


Execution Plan
----------------------------------------------------------
Plan hash value: 3414630506

-------------------------------------------------------------------------------
| Id | Operation                      | Name    | Rows | Bytes | Cost(%CPU)|Time     |
-------------------------------------------------------------------------------
|  0 | SELECT STATEMENT               |         |    5 |    45 |    6  (0)|00:00:01|
|* 1 |  FILTER                        |         |      |       |           |        |
|  2 |   TABLE ACCESS FULL            | EMP     |   14 |   126 |    3  (0)|00:00:01|
|* 3 |   COUNT STOPKEY                |         |      |       |           |        |
|* 4 |    TABLE ACCESS BY INDEX ROWID| DEPT    |    1 |    13 |    1  (0)|00:00:01|
|* 5 |     INDEX UNIQUE SCAN          | PK_DEPT |    1 |       |    0  (0)|00:00:01|
-------------------------------------------------------------------------------

Predicate Information (identified by operation id):
---------------------------------------------------

   1 - filter( EXISTS (SELECT 0 FROM "DEPT" "DEPT" WHERE ROWNUM=1 AND
              "DEPT"."DEPTNO"=:B1 AND "DNAME"='RESEARCH'))
   3 - filter(ROWNUM=1)
   4 - filter("DNAME"='RESEARCH')
   5 - access("DEPT"."DEPTNO"=:B1)
```

執行計畫中，Id=1 就是 FILTER。注意觀察 FILTER 所對應的謂詞資訊，FILTER
對應的謂詞中包含有 **EXISTS（子查詢:B1）**。運用游標移動大法我們可以知道
FILTER 下面有兩個兒子（Id=2，Id=3）。

現在我們來看一下上面 SQL 帶有 A-Time 的執行計畫。

```
SQL> alter session set statistics_level=all;

Session altered.

SQL> select ename, deptno
  2    from emp
  3    where exists (select deptno
  4              from dept
  5            where emp.deptno = dept.deptno
  6              and dname = 'RESEARCH'
  7              and rownum = 1);

ENAME                           DEPTNO
------------------------------ ----------
SMITH                              20
JONES                              20
SCOTT                              20
ADAMS                              20
FORD                               20

SQL> select * from table(dbms_xplan.display_cursor(null,null,'ALLSTATS LAST'));

PLAN_TABLE_OUTPUT
-----------------------------------------------------------------------------
SQL_ID  6mq67by27udgm, child number 1
-------------------------------------
select ename, deptno   from emp  where exists (select deptno
from dept          where emp.deptno = dept.deptno          and dname
= 'RESEARCH'           and rownum = 1)

Plan hash value: 3414630506

-----------------------------------------------------------------------------
| Id  | Operation                     | Name    | Starts | E-Rows | A-Rows |
-----------------------------------------------------------------------------
|   0 | SELECT STATEMENT              |         |     1 |        |     5 |
|*  1 |  FILTER                       |         |     1 |        |     5 |
|   2 |   TABLE ACCESS FULL           | EMP     |     1 |    14 |    14 |
|*  3 |   COUNT STOPKEY               |         |     3 |        |     1 |
|*  4 |    TABLE ACCESS BY INDEX ROWID| DEPT    |     3 |     1 |     1 |
|*  5 |     INDEX UNIQUE SCAN         | PK_DEPT |     3 |     1 |     3 |
-----------------------------------------------------------------------------

Predicate Information (identified by operation id):
---------------------------------------------------

   1 - filter( IS NOT NULL)
   3 - filter(ROWNUM=1)
   4 - filter("DNAME"='RESEARCH')
   5 - access("DEPT"."DEPTNO"=:B1)
```

為了方便排版，執行計畫中省略了部分內容。Id=2 以及 Id=3 都是 FILTER 的兒子。Id=2 靠近 FILTER，我們可以把 Id=2 理解為 FILTER 的驅動表；Id=3 離 FILTER 比較遠，可以把 Id=3 理解為 FILTER 的被驅動表。驅動表 EMP 只掃描了一次（Id=2，Starts=1），被驅動表被掃描了 3 次（Id=3，Starts=3）。

FILTER 的演算法與純量子查詢一模一樣，驅動表都是固定的（固定為主表），不可更改。

從執行計畫中我們可以看到，主表（EMP）透過連接欄（DEPTNO）傳值給子表（DEPT），:B1 就表示傳值，主表（EMP）的連接欄（DEPTNO）基數為 3，所以被驅動表（DEPT）被掃描了 3 次。FILTER 一般在整個 SQL 的快要執行完畢的時候執行（Filter 的 Id 一般小於等於 3）。

請注意，執行計畫中還有一種 FILTER，這類 FILTER 只起過濾作用，這類 FILTER 下面只有一個兒子，謂詞並中沒有 exists，也沒有綁定變數:B1，例子如下。

```
PLAN_TABLE_OUTPUT
-----------------------------------------------------------------------

-----------------------------------------------------------------------
| Id | Operation                   | Name               | Rows | Bytes |Cost |
-----------------------------------------------------------------------
|  0 | SELECT STATEMENT            |                    |    1 |    81 | 1618|
|  1 |  SORT AGGREGATE             |                    |    1 |    81 |     |
|* 2 |   FILTER                    |                    |      |       |     |
|* 3 |    HASH JOIN OUTER          |                    |      |       |     |
|  4 |     NESTED LOOPS OUTER      |                    |  642 | 38520 |  838|
|* 5 |      INDEX FAST FULL SCAN   | PK_T_SEND_VEHICLE  |  413 |  8260 |   12|
|  6 |      TABLE ACCESS BY INDEX ROWID| T_TASK_HEAD    |    2 |    80 |    2|
|* 7 |       INDEX RANGE SCAN      | IDX_TASK_VEHICLE_NO|    2 |       |    1|
|  8 |     TABLE ACCESS FULL       | T_TASK_DETAIL      | 162K |  3337K|  777|
-----------------------------------------------------------------------

Predicate Information (identified by operation id):
-----------------------------------------------------

   2 - filter("TTASKDETAI2_"."IS_REAL"='N' OR "TTASKDETAI2_"."IS_REAL" IS NULL)
   3 - access("TRANSTASKHO_"."TRANS_TASK_NO"="TTASKDETAI2_"."TRANS_TASK_NO"(+))
   5 - filter(TRIM("SENDVEHICL1_"."SEND_VEHICLE_NO")='01037041212280054')
   7 - access("TRANSTASKHO_"."SEND_VEHICLE_NO"(+)="SENDVEHICL1_"."SEND_VEHICLE_NO")
```

我們在做 SQL 最佳化的時候，一般只需要關注 FILTER 下面有兩個或者兩個以上兒子這種 FILTER。關於如何避免執行計畫中產生 FILTER 以及執行計畫中產生了 FILTER 怎麼最佳化，請參閱本書 7.1 節。

5.9　IN 與 EXISTS 誰快誰慢？

我相信很多人都受到過 in 與 exists 誰快誰慢的困擾。如果執行計畫中沒有產生 FILTER，那麼我們可以參考以下思路：in 與 exists 是半連接，半連接也屬於表連接，那麼既然是表連接，我們需要關心兩表的大小以及兩表之間究竟走什麼連接方式，還要控制兩表的連接方式，才能隨心所欲最佳化 SQL，而不是去記什麼時候 in 跑得快，什麼時候 exists 跑得快。如果執行計畫中產生了 FILTER，大家還需閱讀 7.1 節才能徹底知道答案。

5.10　SQL 語句的本質

前文提到，純量子查詢可以改寫為外連接（需要注意表與表之間關係，去掉重複），半連接可以改寫為內連接（需要注意表與表之間關係，去掉重複），反連接可以改寫為外連接（不需要注意表與表之間關係，也不需要去掉重複）。SQL 語句中幾乎所有的子查詢都能改寫為表連接的方式，所以我們提出這個觀點：SQL 語句其本質就是表連接（內連接與外連接），以及表與表之間是幾比幾關係再加上 GROPU BY。

第6章

成本計算

6.1 最佳化 SQL 需要看 COST 嗎？

很多人在做 SQL 最佳化的時候都會去看 Cost。很多人經常問：為什麼 Cost 很小，但是 SQL 就是跑很久跑不出結果呢？在這裡告訴大家，做 SQL 最佳化的時候根本不需要去看 Cost，因為 Cost 是根據統計資訊、根據一些數學公式計算出來的。正是因為 Cost 是基於統計資訊、基於數學公式計算出來的，那麼一旦統計資訊有誤差，數學公式有缺陷，Cost 就算錯了。而一旦 Cost 計算錯誤，執行計畫也就錯了。當 SQL 需要最佳化的時候，Cost 往往是錯誤的，既然是錯誤的 Cost，我們幹什麼還要去看 Cost 呢？

本章帶領大家手動計算全資料表掃描以及索引掃描成本，同時由此引出 SQL 最佳化核心思維。

6.2 全資料表掃描成本計算

本實驗是以 Oracle11.2.0.1 Scott 帳戶為基礎來實作的。

```
SQL> select * from v$version where rownum=1;
BANNER
--------------------------------------------------------------------
Oracle Database 11g Enterprise Edition Release 11.2.0.1.0 - Production
```

我們先新建一個表，名為 t_fullscan_cost（注意，只需要表結構，不要資料）。

```
SQL> create table t_fullscan_cost as select * from dba_objects where 1=0;
Table created.
```

我們設定表的 pctfree 為 99%，讓表的一個塊（8k）只能存儲 82byte 資料。

```
SQL> alter table t_fullscan_cost pctfree 99 pctused 1;
Table altered.
```

這裡只插入一列資料。

```
SQL> insert into t_fullscan_cost select * from dba_objects where rownum<2;
1 row created.
```

我們確保表中一個塊只存一列資料。

```
SQL> alter table t_fullscan_cost minimize records_per_block;

Table altered.
```

我們再插入 999 列資料。

```
SQL> insert into t_fullscan_cost select * from dba_objects where rownum<1000;

999 rows created.
```

接下來提交資料。

```
SQL> commit;

Commit complete.
```

我們收集表的統計資訊。

```
SQL> BEGIN
  2    DBMS_STATS.GATHER_TABLE_STATS(ownname          => 'SCOTT',
  3                                  tabname          => 'T_FULLSCAN_COST',
  4                                  estimate_percent => 100,
  5                                  method_opt       => 'for all columns size 1',
  6                                  degree           => 1,
  7                                  cascade          => TRUE);
  8  END;
  9  /

PL/SQL procedure successfully completed.
```

我們查看表的塊數。

```
SQL> select owner, blocks
  2    from dba_tables
  3   where owner = 'SCOTT'
  4     and table_name = 'T_FULLSCAN_COST';

OWNER              BLOCKS
--------------- ----------
SCOTT                1000
```

這裡設定多塊讀取參數為 16。

```
SQL> alter session set db_file_multiblock_read_count=16;

Session altered.
```

我們查看下面 SQL 語句執行計畫。

```
SQL> set autot trace
```

```
SQL> select count(*) from t_fullscan_cost;

Execution Plan
------------------------------------------------------------
Plan hash value: 387824861

------------------------------------------------------------------------
| Id  | Operation          | Name           | Rows | Cost (%CPU)| Time     |
------------------------------------------------------------------------
|   0 | SELECT STATEMENT   |                |    1 | 220    (0)| 00:00:03 |
|   1 |  SORT AGGREGATE    |                |    1 |           |          |
|   2 |   TABLE ACCESS FULL| T_FULLSCAN_COST | 1000 | 220    (0)| 00:00:03 |
------------------------------------------------------------------------
```

執行計畫中 T_FULLSCAN_COST 走的是全資料表掃描，Cost 為 220。那麼這 220 是怎麼算出來的呢？我們先來看一下全資料表掃描成本計算公式。

全資料表掃描成本的計算方式如下。

```
Cost = (
       #SRds * sreadtim +
       #MRds * mreadtim +
       CPUCycles / cpuspeed
       ) / sreadtime

#SRds - number of single block reads  表示單塊讀取次數
#MRds - number of multi block reads   表示多塊讀取次數
#CPUCyles - number of CPU cycles      CPU 時鐘週期數
sreadtim - single block read time     一次單塊讀取耗時，單位毫秒
mreadtim - multi block read time      一次多塊讀取耗時，單位毫秒
cpuspeed - CPU cycles per second      每秒 CPU 時鐘週期數
```

注意： 如果沒有收集過系統統計資訊（系統的 CPU 速度，磁碟 I/O 速度等），那麼 Oracle 採用非工作量方式來計算成本。如果收集了系統統計資訊，那麼 Oracle 採用工作量統計方式來計算成本。一般我們是不會收集系統的統計資訊的。所以預設情況下都是採用非工作量（noworkload）方式來計算成本。

現在我們來看一下系統的 CPU 和 I/O 情況。

```
SQL> select pname, pval1 from sys.aux_stats$ where sname='SYSSTATS_MAIN';

PNAME              PVAL1
---------------- ----------
CPUSPEED
CPUSPEEDNW       1683.65129    ---cpuspeed
IOSEEKTIM                10    ---I/O 尋道定址耗時
IOTFRSPEED             4096    ---I/O 傳送速率
MAXTHR
MBRC
MREADTIM
```

```
SLAVETHR
SREADTIM
```

因為 MBRC 為 NULL，所以 CBO 採用了非工作量來計算成本。

在全資料表掃描成本計算公式中，#SRds=0，因為是全資料表掃描一般都是多塊讀取，#MRds=表的塊數/多塊讀取參數=1000/16，sreadtim=ioseektim+db_block_size/iotfrspeed，單塊讀取耗時=I/O 尋道定址耗時+塊大小/I/O 傳送速率，所以單塊讀取耗時為 12 毫秒。

```
SQL> select (select pval1 from sys.aux_stats$ where pname = 'IOSEEKTIM') +
  2          (select value from v$parameter where name = 'db_block_size') /
  3          (select pval1 from sys.aux_stats$ where pname = 'IOTFRSPEED') "sreadtim"
  4    from dual;

  sreadtim
----------
        12
```

我們根據單塊讀取耗時演算法，查詢到單塊讀取耗時需要 12 毫秒。

mreadtim=ioseektim+db_file_multiblock_count*db_block_size/iotftspeed

多塊讀取耗時= I/O 尋道定址耗時+多塊讀取參數*塊大小/I/O 傳送速率

```
SQL> select (select pval1 from sys.aux_stats$ where pname = 'IOSEEKTIM') +
  2          (select value
  3             from v$parameter
  4            where name = 'db_file_multiblock_read_count') *
  5          (select value from v$parameter where name = 'db_block_size') /
  6          (select pval1 from sys.aux_stats$ where pname = 'IOTFRSPEED') "mreadtim"
  7    from dual;

  mreadtim
----------
        42
```

我們根據多塊讀取耗時演算法，查詢到多塊讀取耗時需要 42 毫秒。

CPUCycles 等於 PLAN_TABL/V$SQL_PLAN 裡面的 CPU_COST。

```
SQL> explain plan for select count(*) from t_fullscan_cost;

Explained.

SQL> select cpu_cost from plan_table where rownum<=1;

  CPU_COST
----------
   7271440
```

根據以上資訊，我們現在來計算全資料表掃描成本。

```
SQL> select (0 * 12 + 1000 / 16 * 42 / 12 + 7271440 / (1683.65129 * 1000) / 12) cost
  2    from dual;

     COST
----------
219.109904
```

手動計算出來的 COST 值為 219，和我們看到的 220 相差 1。這是由隱含參數 _tablescan_cost_plus_one 造成的（請用 sys 執行下面的 SQL）。

```
SQL> SELECT x.ksppinm NAME, y.ksppstvl VALUE, x.ksppdesc describ
  2    FROM x$ksppi x, x$ksppcv y
  3   WHERE x.inst_id = USERENV('Instance')
  4     AND y.inst_id = USERENV('Instance')
  5     AND x.indx = y.indx
  6     AND x.ksppinm LIKE '%_table_scan_cost_plus_one%';

NAME                      VALUE            DESCRIB
------------------------- ---------------- -------------------------------------
_table_scan_cost_plus_one TRUE             bump estimated full table scan
                                           and index ffs cost by one
```

該參數表示在 TABLE FULL SCAN 或者在 INDEX FAST FULL SCAN 的時候將 Cost 加 1。

到此，我們終於人工計算出全資料表掃描成本。

全資料表掃描成本計算公式究竟是什麼含義呢？我們再來看一下全資料表掃描成本計算公式。

```
Cost = (
       #SRds * sreadtim +
       #MRds * mreadtim +
       CPUCycles / cpuspeed
       ) / sreadtime
```

因為全資料表掃描沒有單塊讀取，所以#SRds=0，CPU 耗費的成本基本上可以忽略不計，所以我們將全資料表掃描公式變換如下。

```
Cost = (
       #MRds * mreadtim
       ) / sreadtime
```

#MRds 表示多塊讀取 I/O 次數，那麼現在我們得到一個結論：全資料表掃描成本公式的本質含義就是多塊讀取的實體 I/O 次數乘以多塊讀取耗時與單塊讀取耗時的比值。

全資料表掃描成本計算公式是在 Oracle9i（2000 年左右）開始引入的，當時的 I/O 裝置效能遠遠落後於現在的 I/O 裝置（磁碟陣列），隨著 SSD 的出現，尋道定址時間已經可以忽略不計，磁碟陣列的效能已經有較大提升，因此認為在現代的 I/O 裝置（磁碟陣列）中，單塊讀取與多塊讀取耗時幾乎可以認為是一樣的，全資料表掃描成本計算公式本質含義就是多塊讀取實體 I/O 次數。

6.3 索引範圍掃描成本計算

本實驗是以 Oracle11.2.0.1 Scott 帳戶為基礎來實作的。

```
SQL> select * from v$version where rownum=1;

BANNER
-------------------------------------------------------------------------
Oracle Database 11g Enterprise Edition Release 11.2.0.1.0 - Production
```

我們先新建一個表名為 t_indexscan_cost。

```
SQL> create table t_indexscan_cost as select * from dba_objects;

Table created.
```

我們在 object_id 欄上建立索引如下。

```
SQL> create index idx_cost on t_indexscan_cost(object_id);

Index created.
```

收集表統計資訊如下。

```
SQL> BEGIN
  2    DBMS_STATS.GATHER_TABLE_STATS(ownname        => 'SCOTT',
  3                                  tabname         => 'T_INDEXSCAN_COST',
  4                                  estimate_percent => 100,
  5                                  method_opt      => 'for all columns size 1',
  6                                  degree          => 1,
  7                                  cascade         => TRUE);
  8  END;
  9  /

PL/SQL procedure successfully completed.
```

我們查看表總列數、object_id 最大值、object_id 最小值以及 null 值個數。

```
SQL> select b.num_rows,
  2         a.num_distinct,
  3         a.num_nulls,
  4         utl_raw.cast_to_number(high_value) high_value,
  5         utl_raw.cast_to_number(low_value) low_value,
  6         utl_raw.cast_to_number(high_value) -
  7         utl_raw.cast_to_number(low_value) "HIGH_VALUE-LOW_VALUE"
  8    from dba_tab_col_statistics a, dba_tables b
  9   where a.owner = b.owner
 10     and a.table_name = b.table_name
 11     and a.owner = 'SCOTT'
 12     and a.table_name = ('T_INDEXSCAN_COST')
 13     and a.column_name = 'OBJECT_ID';

 NUM_ROWS NUM_DISTINCT  NUM_NULLS HIGH_VALUE  LOW_VALUE HIGH_VALUE-LOW_VALUE
---------- ------------ ---------- ---------- ---------- --------------------
    72645        72645          0      76239          2                76237
```

我們查看下面 SQL 語句執行計畫。

```
SQL> select owner from t_indexscan_cost where object_id<1000;

942 rows selected.

Execution Plan
----------------------------------------------------------
Plan hash value: 1756649757

---------------------------------------------------------------------------------
| Id  | Operation                    | Name            | Rows  | Bytes | Cost (%CPU)|
---------------------------------------------------------------------------------
|   0 | SELECT STATEMENT             |                 |   951 | 10461 |   19   (0)|
|   1 |  TABLE ACCESS BY INDEX ROWID| T_INDEXSCAN_COST |   951 | 10461 |   19   (0)|
|*  2 |   INDEX RANGE SCAN           | IDX_COST        |   951 |       |    4   (0)|
---------------------------------------------------------------------------------

Predicate Information (identified by operation id):
---------------------------------------------------

   2 - access("OBJECT_ID"<1000)
```

執行計畫中，T_INDEXSCAN_COST 表走的是索引範圍掃描。Cost 為 19。那麼
這 Cost 是怎麼算出來的呢？我們先來看一下索引範圍掃描的成本計算公式。

```
cost =
 blevel +
 celiling(leaf_blocks *effective index selectivity) +
 celiling(clustering_factor * effective table selectivity)
```

索引掃描成本計算公式中，blevel、leaf_blocks、clustering_factor 都可以通過下
面查詢得到。

```
SQL> select leaf_blocks, blevel, clustering_factor
  2    from dba_indexes
  3    where owner = 'SCOTT'
  4      and index_name = 'IDX_COST';

LEAF_BLOCKS      BLEVEL CLUSTERING_FACTOR
----------- ----------- -----------------
        161           1              1113
```

blevel 表示索引的二元高度，blevel 等於索引高度−1，leaf_blocks 表示索引的葉子塊個數，clustering_factor 表示索引的叢集因子，effective index selectivity 表示索引有效選擇性，effective table selectivity 表示表的有效選擇性。

<的有效選擇性為：

(limit-low_value)/(high_value-low_value)

(where 限制條件−最低值)/(最高值−最低值)

那麼這裡的有效選擇性=(1000−2)/(76239−2)。

執行計畫中，CBO 估算返回的 Rows 為 951，這 951 是怎麼算出來的呢？

CBO 預估的基數=有效選擇性*(總列數−NULL 數)。

```
SQL> select ceil((1000-2)/(76239-2)*(72645-0)) from dual;

CEIL((1000-2)/(76239-2)*(72645-0))
----------------------------------
                               951
```

現在大家應該理解為什麼我們曾在 1.3 節中提出執行計畫中的 Rows 都是假的這個觀點了。如果 where 條件較多，那麼 CBO 在估算 Rows 的時候就會出現較大偏差，而且通常將 Rows 算小。因為當 where 條件變多的時候，CBO 估算返回的 Rows=某欄選擇性*某欄選擇性*某欄選擇性*…*表總列數。選擇性一般來說都是小於 1 的分數，當 where 條件變多變複雜之後，CBO 估算的 Rows=小於 1 的分數*小於 1 的分數*小於 1 的分數*…*表的總列數，這種情況下 Rows 當然會越算越小（很多時候 Rows 經常被估算為 1）。

根據上述資訊，現在我們來計算索引掃描的成本。

```
SQL> select 1+ceil(161*998/76237)+ceil(1113*998/76237) from dual;

1+CEIL(161*998/76237)+CEIL(1113*998/76237)
------------------------------------------
                                        19
```

手動計算出來的成本為 19，正好與執行計畫中的 Cost 吻合。

在 1.4 節中我們曾經提到，如果回表次數太多，就不應該索引掃描，而應該走全資料表掃描。我們也可以從索引掃描的成本公式中驗證該理論。clustering_factor * effective table selectivity 表示回表的 Cost，在範例中，回表的 Cost 為 15，回表的 Cost 佔據整個索引掃描 Cost 的 79%。這就是回表次數太多不能走索引掃描的原因。

索引範圍掃描成本計算公式的本質含義是什麼呢？我們再來看一下索引範圍掃描的成本計算公式。

```
cost =
 blevel +
 celiling(leaf_blocks *effective index selectivity) +
 celiling(clustering_factor * effective table selectivity)
```

在 Oracle 資料庫中，Btree 索引是樹狀結構，索引範圍掃描需要從根掃描到分支，再掃描到葉子。葉子與葉子之間是雙向指向的。blevel 等於索引高度−1，正好是索引根塊到分支塊的距離。leaf_blocks *effective index selectivity 表示可能需要掃描多少葉子塊。clustering_factor * effective table selectivity 表示回表可能需要耗費多少 I/O。

索引範圍掃描是單塊讀取，回表也是單塊讀取，因此，我們得到如下結論：索引掃描成本計算公式其本質就是單塊讀取實體 I/O 次數。

為什麼全資料表掃描成本計算公式要除以單塊讀取耗時呢？上文提到，全資料表掃描 COST=多塊讀取實體 I/O 次數*多塊讀取耗時/單塊讀取耗時，索引範圍掃描 COST=單塊讀取實體 I/O 次數。現在我們對全資料表掃描 COST 以及索引範圍掃描 COST 都乘以單塊讀取耗時：

全資料表掃描 COST*單塊讀取耗時=多塊讀取實體 I/O 次數*多塊讀取耗時=全資料表掃描總耗時

索引範圍掃描 COST*單塊讀取耗時=單塊讀取實體 I/O 次數*單塊讀取耗時=索引掃描總耗時

到此，大家應該明白最佳化程式何時選擇全資料表掃描，何時選擇索引掃描，就是比較走全資料表掃描的總耗時與走索引掃描的總耗時，哪個快就選哪個。

6.4 SQL 最佳化核心思維

現在的 IT 系統中，CPU 的發展日新月異，記憶體技術的更新也越來越頻繁，只有磁碟技術發展最為遲緩，磁碟（I/O）已經成為整個 IT 系統的瓶頸。在 6.2 節中，我們提到全資料表掃描的成本其本質含義就是多塊讀取的實體 I/O 次數，在 6.3 節中，我們提到索引範圍掃描的成本其本質含義就是單塊讀取的實體 I/O 次數。我們在判斷究竟應該走全資料表掃描還是索引掃描的時候，往往會根據兩種不同的掃描方式所耗費的實體 I/O 次數來做出選擇，哪種掃描方式耗費的實體 I/O 次數少，就選擇哪種掃描方式。在進行 SQL 最佳化的時候，我們也是根據哪種執行計畫所耗費的實體 I/O 次數最少而選擇哪種執行計畫。

基於上述理論，我們給出整本書的核心觀點：SQL 最佳化的核心思維就是想方設法減少 SQL 的實體 I/O 次數（不管是單塊讀取次數還是多塊讀取次數）。

第 7 章

必須掌握的
查詢變換

7.1 子查詢非巢狀嵌套

子查詢非巢狀嵌套（Subquery Unnesting）：當 where 子查詢中有 in、not in、exists、not exists 等，CBO 會嘗試將子查詢展開（unnest），從而消除 FILTER，這個過程就叫作子查詢非巢狀嵌套。**子查詢非巢狀嵌套的目的就是消除 FILTER。**

現有如下 SQL 及其執行計畫（Oracle11.2.0.1）。

```
SQL> select ename, deptno
  2    from emp
  3    where exists (select deptno
  4           from dept
  5          where dname = 'CHICAGO'
  6            and emp.deptno = dept.deptno
  7         union
  8         select deptno
  9           from dept
 10          where loc = 'CHICAGO'
 11            and dept.deptno = emp.deptno);

6 rows selected.

Execution Plan
----------------------------------------------------------
Plan hash value: 2705207488

----------------------------------------------------------------------------------
| Id |Operation                      | Name    | Rows | Bytes | Cost(%CPU)|Time     |
----------------------------------------------------------------------------------
|  0 |SELECT STATEMENT               |         |    5 |    45 |  15  (40)|00:00:01|
|* 1 | FILTER                        |         |      |       |          |        |
|  2 |  TABLE ACCESS FULL            | EMP     |   14 |   126 |   3   (0)|00:00:01|
|  3 |  SORT UNIQUE                  |         |    2 |    24 |   4  (75)|00:00:01|
|  4 |   UNION-ALL                   |         |      |       |          |        |
|* 5 |    TABLE ACCESS BY INDEX ROWID| DEPT    |    1 |    13 |   1   (0)|00:00:01|
|* 6 |     INDEX UNIQUE SCAN         | PK_DEPT |    1 |       |   0   (0)|00:00:01|
|* 7 |    TABLE ACCESS BY INDEX ROWID| DEPT    |    1 |    11 |   1   (0)|00:00:01|
|* 8 |     INDEX UNIQUE SCAN         | PK_DEPT |    1 |       |   0   (0)|00:00:01|
----------------------------------------------------------------------------------

Predicate Information (identified by operation id):
---------------------------------------------------

   1 - filter( EXISTS ( (SELECT "DEPTNO" FROM "DEPT" "DEPT" WHERE
            "DEPT"."DEPTNO"=:B1 AND "DNAME"='CHICAGO')UNION (SELECT "DEPTNO" FROM
"DEPT"
            "DEPT" WHERE "DEPT"."DEPTNO"=:B2 AND "LOC"='CHICAGO')))
   5 - filter("DNAME"='CHICAGO')
   6 - access("DEPT"."DEPTNO"=:B1)
```

```
7 - filter("LOC"='CHICAGO')
8 - access("DEPT"."DEPTNO"=:B1)
```

執行計畫中出現了 FILTER，驅動表因此被固定為 EMP。假設 EMP 有幾百萬甚至幾千萬列資料，那麼該 SQL 效率就非常差。

現在將上述 SQL 改寫如下。

```
SQL> select ename, deptno
  2    from emp
  3    where exists (select 1
  4              from (select deptno
  5                     from dept
  6                     where dname = 'CHICAGO'
  7                    union
  8                    select deptno from dept where loc = 'CHICAGO') a
  9           where a.deptno = emp.deptno);

6 rows selected.

Execution Plan
----------------------------------------------------------
Plan hash value: 4243948922

---------------------------------------------------------------------------------
| Id | Operation              | Name | Rows  | Bytes | Cost (%CPU)| Time     |
---------------------------------------------------------------------------------
|  0 | SELECT STATEMENT       |      |    5  |  110  |  12  (25)| 00:00:01 |
|* 1 |  HASH JOIN SEMI        |      |    5  |  110  |  12  (25)| 00:00:01 |
|  2 |   TABLE ACCESS FULL    | EMP  |   14  |  126  |   3   (0)| 00:00:01 |
|  3 |   VIEW                 |      |    2  |   26  |   8  (25)| 00:00:01 |
|  4 |    SORT UNIQUE         |      |    1  |   24  |   8  (63)| 00:00:01 |
|  5 |     UNION-ALL          |      |       |       |          |          |
|* 6 |      TABLE ACCESS FULL | DEPT |    1  |   13  |   3   (0)| 00:00:01 |
|* 7 |      TABLE ACCESS FULL | DEPT |    1  |   11  |   3   (0)| 00:00:01 |
---------------------------------------------------------------------------------

Predicate Information (identified by operation id):
---------------------------------------------------

   1 - access("A"."DEPTNO"="EMP"."DEPTNO")
   6 - filter("DNAME"='CHICAGO')
   7 - filter("LOC"='CHICAGO')
```

對 SQL 進行等價改寫之後，消除了 FILTER。**為什麼要消除 FILTER 呢？因為 FILTER 的驅動表是固定的，一旦驅動表被固定，那麼執行計畫也就被固定了。對於 DBA 來說這並不是好事，因為一旦固定的執行計畫本身是錯誤的（低效的），就會引起效能問題，想要提升效能必須改寫 SQL 語法，但是這時 SQL 已經上線，無法更改，所以，一定要消除 FILTER。**

很多公司都有開發 DBA，開發 DBA 很大一部分的工作職責就是：必須確保 SQL 上線之後，每個 SQL 語法的執行計畫都是可控的，這樣才能盡可能避免系統中 SQL 越跑越慢。

下面我們繼續對上述 SQL 進行等價改寫。

```
SQL> select ename, deptno
  2     from emp
  3   where deptno in (select deptno
  4                      from dept
  5                     where dname = 'CHICAGO'
  6                     union
  7                    select deptno from dept where loc = 'CHICAGO');

6 rows selected.


Execution Plan
----------------------------------------------------------
Plan hash value: 2842951954


--------------------------------------------------------------------------------
| Id  | Operation            | Name     | Rows  | Bytes | Cost (%CPU)| Time     |
--------------------------------------------------------------------------------
|   0 | SELECT STATEMENT     |          |     9 |   198 |    12  (25)| 00:00:01 |
|*  1 |  HASH JOIN           |          |     9 |   198 |    12  (25)| 00:00:01 |
|   2 |   VIEW               | VW_NSO_1 |     2 |    26 |     8  (25)| 00:00:01 |
|   3 |    SORT UNIQUE       |          |     2 |    24 |     8  (63)| 00:00:01 |
|   4 |     UNION-ALL        |          |       |       |            |          |
|*  5 |      TABLE ACCESS FULL| DEPT    |     1 |    13 |     3   (0)| 00:00:01 |
|*  6 |      TABLE ACCESS FULL| DEPT    |     1 |    11 |     3   (0)| 00:00:01 |
|   7 |   TABLE ACCESS FULL  | EMP      |    14 |   126 |     3   (0)| 00:00:01 |
--------------------------------------------------------------------------------

Predicate Information (identified by operation id):
---------------------------------------------------

   1 - access("DEPTNO"="DEPTNO")
   5 - filter("DNAME"='CHICAGO')
   6 - filter("LOC"='CHICAGO')
```

將 SQL 改寫為 in 之後，也消除了 FILTER。

如何才能產生 FILTER 呢？我們只需要在子查詢中新增 /*+ no_unnest */。

```
SQL> select ename, deptno
  2     from emp
  3   where deptno in (select /*+ no_unnest */ deptno
  4                      from dept
  5                     where dname = 'CHICAGO'
  6                     union
```

```
  7                      select deptno from dept where loc = 'CHICAGO');

6 rows selected.

Execution Plan
----------------------------------------------------------
Plan hash value: 2705207488


-------------------------------------------------------------------------------
| Id |Operation                    | Name    | Rows | Bytes | Cost(%CPU)|Time     |
-------------------------------------------------------------------------------
|  0 |SELECT STATEMENT             |         |    5 |    45 |  15 (40)|00:00:01|
|* 1 | FILTER                      |         |      |       |         |         |
|  2 |  TABLE ACCESS FULL          | EMP     |   14 |   126 |   3  (0)|00:00:01|
|  3 |  SORT UNIQUE                |         |    2 |    24 |   4 (75)|00:00:01|
|  4 |   UNION-ALL                 |         |      |       |         |         |
|* 5 |    TABLE ACCESS BY INDEX ROWID| DEPT  |    1 |    13 |   1  (0)|00:00:01|
|* 6 |     INDEX UNIQUE SCAN       | PK_DEPT |    1 |       |   0  (0)|00:00:01|
|* 7 |    TABLE ACCESS BY INDEX ROWID| DEPT  |    1 |    11 |   1  (0)|00:00:01|
|* 8 |     INDEX UNIQUE SCAN       | PK_DEPT |    1 |       |   0  (0)|00:00:01|
-------------------------------------------------------------------------------

Predicate Information (identified by operation id):
---------------------------------------------------

   1 - filter( EXISTS ( (SELECT /*+ NO_UNNEST */ "DEPTNO" FROM "DEPT" "DEPT"
           WHERE "DEPTNO"=:B1 AND "DNAME"='CHICAGO')UNION (SELECT "DEPTNO" FROM
"DEPT"
           "DEPT" WHERE "DEPTNO"=:B2 AND "LOC"='CHICAGO')))
   5 - filter("DNAME"='CHICAGO')
   6 - access("DEPTNO"=:B1)
   7 - filter("LOC"='CHICAGO')
   8 - access("DEPTNO"=:B1)
```

大家可能會問，既然能透過 HINT(NO_UNNEST) 讓執行計畫產生 FILTER，那
麼執行計畫中如果產生了 FILTER，能否透過 HINT(UNNEST) 消除 FILTER 呢？
執行計畫中的 FILTER 很少能夠透過 HINT 消除，一般需要透過 SQL 等價改寫
來消除。

現在我們對產生 FILTER 的 SQL 新增 HINT(UNNEST) 來嘗試消除 FILTER。

```
SQL> select ename, deptno
  2    from emp
  3   where exists (select /*+ unnest */ deptno
  4                   from dept
  5                  where dname = 'CHICAGO'
  6                    and emp.deptno = dept.deptno
  7                  union
  8                 select deptno
  9                   from dept
 10                  where loc = 'CHICAGO'
 11                    and dept.deptno = emp.deptno);
```

```
6 rows selected.

Execution Plan
-----------------------------------------------------------
Plan hash value: 2705207488

-------------------------------------------------------------------------------
| Id |Operation                    | Name    | Rows | Bytes | Cost(%CPU)|Time     |
-------------------------------------------------------------------------------
|  0 |SELECT STATEMENT             |         |    5 |   45  | 15  (40)|00:00:01|
|* 1 |  FILTER                     |         |      |       |         |        |
|  2 |   TABLE ACCESS FULL         | EMP     |   14 |  126  |  3   (0)|00:00:01|
|  3 |   SORT UNIQUE               |         |    2 |   24  |  4  (75)|00:00:01|
|  4 |    UNION-ALL                |         |      |       |         |        |
|* 5 |     TABLE ACCESS BY INDEX ROWID| DEPT |    1 |   13  |  1   (0)|00:00:01|
|* 6 |      INDEX UNIQUE SCAN      | PK_DEPT |    1 |       |  0   (0)|00:00:01|
|* 7 |     TABLE ACCESS BY INDEX ROWID| DEPT |    1 |   11  |  1   (0)|00:00:01|
|* 8 |      INDEX UNIQUE SCAN      | PK_DEPT |    1 |       |  0   (0)|00:00:01|
-------------------------------------------------------------------------------

Predicate Information (identified by operation id):
---------------------------------------------------

   1 - filter( EXISTS ( (SELECT /*+ UNNEST */ "DEPTNO" FROM "DEPT" "DEPT" WHERE
            "DEPT"."DEPTNO"=:B1 AND "DNAME"='CHICAGO')UNION (SELECT "DEPTNO" FROM
"DEPT"
            "DEPT" WHERE "DEPT"."DEPTNO"=:B2 AND "LOC"='CHICAGO')))
   5 - filter("DNAME"='CHICAGO')
   6 - access("DEPT"."DEPTNO"=:B1)
   7 - filter("LOC"='CHICAGO')
   8 - access("DEPT"."DEPTNO"=:B1)
```

執行計畫中還是有 FILTER。再次強調：執行計畫中如果產生了 FILTER，一般是無法透過 HINT 消除的，一定要注意執行計畫中的 FILTER。

請注意，雖然我們一直強調要消除執行計畫中的 FILTER，本意是要保證執行計畫是可控的，並不意味著執行計畫產生了 FILTER 就一定效能差，相反有時候我們還可以用 FILTER 來最佳化 SQL。

哪些 SQL 寫法容易產生 FILTER 呢？當子查詢語法含有 exists 或者 not exists 時，子查詢中有固化子查詢關鍵字（union/union all/start with connect by/rownum/cube/rollup），那麼執行計畫中就容易產生 FILTER，例如，exists 中有 rownum 產生 FILTER。

```
SQL> select ename, deptno
  2    from emp
  3   where exists (select deptno
  4                   from dept
```

```
5         where loc = 'CHICAGO'
6           and dept.deptno = emp.deptno
7           and rownum <= 1);

6 rows selected.

Execution Plan
----------------------------------------------------------
Plan hash value: 3414630506
```

```
--------------------------------------------------------------------------------
| Id |Operation                     | Name    | Rows | Bytes | Cost (%CPU)|Time     |
--------------------------------------------------------------------------------
|  0 |SELECT STATEMENT              |         |    5 |    45 |    6  (0)|00:00:01|
|* 1 |  FILTER                      |         |      |       |          |        |
|  2 |   TABLE ACCESS FULL          | EMP     |   14 |   126 |    3  (0)|00:00:01|
|* 3 |   COUNT STOPKEY              |         |      |       |          |        |
|* 4 |    TABLE ACCESS BY INDEX ROWID| DEPT   |    1 |    11 |    1  (0)|00:00:01|
|* 5 |     INDEX UNIQUE SCAN        | PK_DEPT |    1 |       |    0  (0)|00:00:01|
--------------------------------------------------------------------------------
```

```
Predicate Information (identified by operation id):
---------------------------------------------------

   1 - filter( EXISTS (SELECT 0 FROM "DEPT" "DEPT" WHERE ROWNUM<=1 AND
              "DEPT"."DEPTNO"=:B1 AND "LOC"='CHICAGO'))
   3 - filter(ROWNUM<=1)
   4 - filter("LOC"='CHICAGO')
   5 - access("DEPT"."DEPTNO"=:B1)
```

exists 中有樹形查詢產生 FILTER。

```
SQL> select *
  2   from dept
  3   where exists (select null
  4          from emp
  5          where dept.deptno = emp.deptno
  6          start with empno = 7698
  7          connect by prior empno = mgr);


Execution Plan
----------------------------------------------------------
Plan hash value: 4210865686
```

```
-----------------------------------------------------------------------
| Id |Operation                             | Name | Rows | Bytes |Cost (%CPU)|
-----------------------------------------------------------------------
|  0 |SELECT STATEMENT                      |      |    1 |    20 |    9  (0)|
|* 1 |  FILTER                              |      |      |       |          |
|  2 |   TABLE ACCESS FULL                  | DEPT |    4 |    80 |    3  (0)|
|* 3 |   FILTER                             |      |      |       |          |
|* 4 |    CONNECT BY NO FILTERING WITH SW (UNIQUE)|  |      |       |          |
|  5 |     TABLE ACCESS FULL                | EMP  |   14 |   154 |    3  (0)|
-----------------------------------------------------------------------
```

```
Predicate Information (identified by operation id):
---------------------------------------------------

  1 - filter( EXISTS (SELECT 0 FROM "EMP" "EMP" WHERE "EMP"."DEPTNO"=:B1 START WITH
             "EMPNO"=7698 CONNECT BY "MGR"=PRIOR "EMPNO"))
  3 - filter("EMP"."DEPTNO"=:B1)
  4 - access("MGR"=PRIOR "EMPNO")
      filter("EMPNO"=7698)
```

為什麼 exists/not exists 容易產生 FILTER，而 in 很少會產生 FILTER 呢？當子查詢中有固化的關鍵字（union/union all/start with connect by/rownum/cube/rollup），子查詢會被固化為一個整體，採用 exists/not exists 這種寫法，這時子查詢中有主表連接欄位，只能是主表透過連接欄位傳值給子表，所以 CBO 只能選擇 FILTER。而我們如果將 SQL 改寫為 in/not in 這種寫法，子查詢雖然被固化為整體，但是子查詢中沒有主表連接欄的欄位，這個時候 CBO 就不會選擇 FILTER。

7.2 檢視合併

檢視合併（View Merge）：當 SQL 語法中有內聯檢視（in-line view，from 後面的子查詢），或者 SQL 語法中有用 create view 新建的檢視，CBO 會嘗試將內聯檢視/檢視拆開，進行等價的改寫，這個過程就叫作檢視合併。如果沒有發生檢視合併，在執行計畫中，我們可以看到 VIEW 關鍵字，而且檢視/子查詢會作為一個整體。如果發生了檢視合併，那麼檢視/子查詢就會被拆開，而且執行計畫中檢視/子查詢部分就沒有 VIEW 關鍵字。

現有如下 SQL 及其執行計畫（Oracle11.2.0.1）。

```
SQL> select a.*, c.grade
  2    from (select ename, sal, a.deptno, b.dname
  3            from emp a, dept b
  4           where a.deptno = b.deptno) a,
  5         salgrade c
  6   where a.sal between c.losal and c.hisal;

14 rows selected.


Execution Plan
```

```
-------------------------------------------------------------
Plan hash value: 3095952880

-------------------------------------------------------------
| Id  | Operation                    | Name     | Rows | Bytes | Cost (%CPU)|
-------------------------------------------------------------
|   0 | SELECT STATEMENT             |          |    1 |    65 |    9  (23)|
|   1 |  NESTED LOOPS                |          |      |       |           |
|   2 |   NESTED LOOPS               |          |    1 |    65 |    9  (23)|
|   3 |    MERGE JOIN                |          |    1 |    52 |    8  (25)|
|   4 |     SORT JOIN                |          |    5 |   195 |    4  (25)|
|   5 |      TABLE ACCESS FULL       | SALGRADE |    5 |   195 |    3   (0)|
|*  6 |     FILTER                   |          |      |       |           |
|*  7 |      SORT JOIN               |          |   14 |   182 |    4  (25)|
|   8 |       TABLE ACCESS FULL      | EMP      |   14 |   182 |    3   (0)|
|*  9 |    INDEX UNIQUE SCAN         | PK_DEPT  |    1 |       |    0   (0)|
|  10 |   TABLE ACCESS BY INDEX ROWID| DEPT     |    1 |    13 |    1   (0)|
-------------------------------------------------------------

Predicate Information (identified by operation id):
-------------------------------------------------------------

   6 - filter("SAL"<="C"."HISAL")
   7 - access("SAL">="C"."LOSAL")
       filter("SAL">="C"."LOSAL")
   9 - access("A"."DEPTNO"="B"."DEPTNO")
```

SQL 語法中有內聯檢視，但是執行計畫中沒有 VIEW 關鍵字，說明發生了檢視合併。內聯檢視中 EMP 表是與 DEPT 表關聯的，但是執行計畫中，EMP 表是與 SALGRADE 先關聯的，EMP 表與 SALGRADE 關聯之後得到一個結果集，再與 DEPT 表進行的關聯，**這說明發生了檢視合併之後，有可能會打亂檢視/子查詢中表的原本連接順序**。

現在我們新增 HINT:no_merge（子查詢別名/檢視別名）禁止檢視合併，再看執行計畫。

```
SQL> select /*+ no_merge(a) */
  2    a.*, c.grade
  3    from (select ename, sal, a.deptno, b.dname
  4            from emp a, dept b
  5           where a.deptno = b.deptno) a,
  6         salgrade c
  7   where a.sal between c.losal and c.hisal;

14 rows selected.


Execution Plan
-------------------------------------------------------------
Plan hash value: 4110645763
```

```
---------------------------------------------------------------------------
| Id  | Operation                        | Name     | Rows | Bytes | Cost (%CPU)|
---------------------------------------------------------------------------
|   0 | SELECT STATEMENT                 |          |    1 |    81 |  11  (28)|
|   1 |  MERGE JOIN                      |          |    1 |    81 |  11  (28)|
|   2 |   SORT JOIN                      |          |    5 |   195 |   4  (25)|
|   3 |    TABLE ACCESS FULL             | SALGRADE |    5 |   195 |   3   (0)|
|*  4 |   FILTER                         |          |      |       |          |
|*  5 |    SORT JOIN                     |          |   14 |   588 |   7  (29)|
|   6 |     VIEW                         |          |   14 |   588 |   6  (17)|
|   7 |      MERGE JOIN                  |          |   14 |   364 |   6  (17)|
|   8 |       TABLE ACCESS BY INDEX ROWID| DEPT     |    4 |    52 |   2   (0)|
|   9 |        INDEX FULL SCAN           | PK_DEPT  |    4 |       |   1   (0)|
|* 10 |       SORT JOIN                  |          |   14 |   182 |   4  (25)|
|  11 |        TABLE ACCESS FULL         | EMP      |   14 |   182 |   3   (0)|
---------------------------------------------------------------------------

Predicate Information (identified by operation id):
---------------------------------------------------

   4 - filter("A"."SAL"<="C"."HISAL")
   5 - access("A"."SAL">="C"."LOSAL")
       filter("A"."SAL">="C"."LOSAL")
  10 - access("A"."DEPTNO"="B"."DEPTNO")
       filter("A"."DEPTNO"="B"."DEPTNO")
```

執行計畫中有 VIEW 關鍵字，而且 EMP 是與 DEPT 進行關聯的，這說明執行計畫中沒有發生檢視合併。

我們也可以直接在子查詢裡面新增 HINT:no_merge 禁止檢視合併。

```
SQL> select a.*, c.grade
  2    from (select /*+ no_merge */
  3            ename, sal, a.deptno, b.dname
  4            from emp a, dept b
  5           where a.deptno = b.deptno) a,
  6         salgrade c
  7   where a.sal between c.losal and c.hisal;

14 rows selected.


Execution Plan
----------------------------------------------------------
Plan hash value: 4110645763

---------------------------------------------------------------------------
| Id  | Operation              | Name     | Rows | Bytes | Cost (%CPU)|
---------------------------------------------------------------------------
|   0 | SELECT STATEMENT       |          |    1 |    81 |  11  (28)|
|   1 |  MERGE JOIN            |          |    1 |    81 |  11  (28)|
|   2 |   SORT JOIN           |          |    5 |   195 |   4  (25)|
|   3 |    TABLE ACCESS FULL  | SALGRADE |    5 |   195 |   3   (0)|
```

```
|*  4 |    FILTER                           |         |     |      |   |      |
|*  5 |     SORT JOIN                       |         |  14 |  588 | 7 | (29)|
|   6 |      VIEW                           |         |  14 |  588 | 6 | (17)|
|   7 |       MERGE JOIN                    |         |  14 |  364 | 6 | (17)|
|   8 |        TABLE ACCESS BY INDEX ROWID| DEPT      |   4 |   52 | 2 |  (0)|
|   9 |         INDEX FULL SCAN            | PK_DEPT   |   4 |      | 1 |  (0)|
|* 10 |        SORT JOIN                    |         |  14 |  182 | 4 | (25)|
|  11 |         TABLE ACCESS FULL           | EMP     |  14 |  182 | 3 |  (0)|
------------------------------------------------------------------------

Predicate Information (identified by operation id):
---------------------------------------------------

   4 - filter("A"."SAL"<="C"."HISAL")
   5 - access("A"."SAL">="C"."LOSAL")
       filter("A"."SAL">="C"."LOSAL")
  10 - access("A"."DEPTNO"="B"."DEPTNO")
       filter("A"."DEPTNO"="B"."DEPTNO")
```

當檢視/子查詢中有多個表關聯，發生檢視合併之後一般會將檢視/子查詢內部表關聯順序打亂。

大家可能遇到過類似案例，例如下面 SQL 所示。

```
select ... from () a,() b where a.id=b.id;
```

單獨執行子查詢 a，速度非常快，單獨執行子查詢 b，速度也非常快，但是把上面兩個子查詢組合在一起，速度反而很慢，這就是典型的檢視合併引起的效能問題。遇到類似問題，我們可以新增 HINT:no_merge 禁止檢視合併，也可以讓子查詢 a 與子查詢 b 進行 HASH 連接，當子查詢 a 與子查詢 b 進行 HASH 連接之後，就不會發生檢視合併了。

```
select /*+ use_hash(a,b) */ ... from () a,() b where a.id=b.id;
```

為什麼讓子查詢 a 與子查詢 b 進行 HASH 連接能使 SQL 變快呢？大家再回憶一下 HASH 連接的演算法，巢狀嵌套迴圈會傳值（驅動表傳值給被驅動表，透過連接欄），HASH 連接不會傳值。因為 HASH 連接不傳值，所以當子查詢 a 與子查詢 b 進行 HASH 連接之後，會自動地把子查詢 a 與子查詢 b 當作為一個整體。

與子查詢非巢狀嵌套一樣，當檢視中有固化子查詢關鍵字的時候，就不能發生檢視合併。

固化子查詢的關鍵字包括 union、union all、start with connect by、rownum、cube、rollup。

現在我們對範例 SQL 新增 union all，查看 SQL 執行計畫。

```
SQL> select a.*, c.grade
  2    from (select ename, sal, a.deptno, b.dname
  3            from emp a, dept b
  4           where a.deptno = b.deptno
  5          union all
  6          select 'SMITH', 1600, 10, 'ACCOUNTING' from dual) a,
  7          salgrade c
  8   where a.sal between c.losal and c.hisal;

15 rows selected.

Execution Plan
----------------------------------------------------------
Plan hash value: 1428389312

--------------------------------------------------------------------------------
| Id  | Operation                      | Name     | Rows  | Bytes | Cost (%CPU)|
--------------------------------------------------------------------------------
|   0 | SELECT STATEMENT               |          |     1 |    81 |   13  (24)|
|   1 |  MERGE JOIN                    |          |     1 |    81 |   13  (24)|
|   2 |   SORT JOIN                    |          |     5 |   195 |    4  (25)|
|   3 |    TABLE ACCESS FULL           | SALGRADE |     5 |   195 |    3   (0)|
|*  4 |   FILTER                       |          |       |       |           |
|*  5 |    SORT JOIN                   |          |    15 |   630 |    9  (23)|
|   6 |     VIEW                       |          |    15 |   630 |    8  (13)|
|   7 |      UNION-ALL                 |          |       |       |           |
|   8 |       MERGE JOIN               |          |    14 |   364 |    6  (17)|
|   9 |        TABLE ACCESS BY INDEX ROWID| DEPT  |     4 |    52 |    2   (0)|
|  10 |         INDEX FULL SCAN        | PK_DEPT  |     4 |       |    1   (0)|
|* 11 |        SORT JOIN               |          |    14 |   182 |    4  (25)|
|  12 |         TABLE ACCESS FULL      | EMP      |    14 |   182 |    3   (0)|
|  13 |       FAST DUAL                |          |     1 |       |    2   (0)|
--------------------------------------------------------------------------------

Predicate Information (identified by operation id):
---------------------------------------------------

   4 - filter("A"."SAL"<="C"."HISAL")
   5 - access("A"."SAL">="C"."LOSAL")
       filter("A"."SAL">="C"."LOSAL")
  11 - access("A"."DEPTNO"="B"."DEPTNO")
       filter("A"."DEPTNO"="B"."DEPTNO")
```

從執行計畫中我們可以看到，新增了 union all 之後，子查詢被固化，沒有發生檢視合併。

現在我們對 SQL 新增 rownum，查看 SQL 執行計畫。

```
SQL> select a.*, c.grade
  2    from (select ename, sal, a.deptno, b.dname
  3            from emp a, dept b
```

```
4           where a.deptno = b.deptno
5             and rownum >= 1) a,
6         salgrade c
7    where a.sal between c.losal and c.hisal;

14 rows selected.

Execution Plan
------------------------------------------------------------
Plan hash value: 819637296


------------------------------------------------------------------------------
| Id  | Operation                      | Name     | Rows  | Bytes | Cost (%CPU)|
------------------------------------------------------------------------------
|   0 | SELECT STATEMENT               |          |     1 |    72 |   11  (28)|
|   1 |  MERGE JOIN                    |          |     1 |    72 |   11  (28)|
|   2 |   SORT JOIN                    |          |     5 |   195 |    4  (25)|
|   3 |    TABLE ACCESS FULL           | SALGRADE |     5 |   195 |    3   (0)|
|*  4 |   FILTER                       |          |       |       |           |
|*  5 |    SORT JOIN                   |          |    14 |   462 |    7  (29)|
|   6 |     VIEW                       |          |    14 |   462 |    6  (17)|
|   7 |      COUNT                     |          |       |       |           |
|*  8 |       FILTER                   |          |       |       |           |
|   9 |        MERGE JOIN              |          |    14 |   364 |    6  (17)|
|  10 |         TABLE ACCESS BY INDEX ROWID| DEPT |     4 |    52 |    2   (0)|
|  11 |          INDEX FULL SCAN       | PK_DEPT  |     4 |       |    1   (0)|
|* 12 |         SORT JOIN              |          |    14 |   182 |    4  (25)|
|  13 |          TABLE ACCESS FULL     | EMP      |    14 |   182 |    3   (0)|
------------------------------------------------------------------------------

Predicate Information (identified by operation id):
------------------------------------------------------------

   4 - filter("A"."SAL"<="C"."HISAL")
   5 - access("A"."SAL">="C"."LOSAL")
       filter("A"."SAL">="C"."LOSAL")
   8 - filter(ROWNUM>=1)
  12 - access("A"."DEPTNO"="B"."DEPTNO")
       filter("A"."DEPTNO"="B"."DEPTNO")
```

從執行計畫中我們可以看到，新增了 rownum 之後，子查詢同樣被固化，沒有發生檢視合併。

7.3 謂詞推入

謂詞推入（Pushing Predicate）：當 SQL 語法中包含不能合併的檢視，同時檢視有謂詞過濾（也就是 where 過濾條件），CBO 會將謂詞過濾條件推入檢視中，這個過程就叫作謂詞推入。謂詞推入的主要目的就是讓 Oracle 盡可能早地過濾掉無用的資料，從而提升查詢效能。

為什麼謂詞推入必須要有不能被合併的檢視呢？因為一旦檢視被合併了，執行計畫中根本找不到檢視，這個時候謂詞往哪裡推呢？所以謂詞推入的必要前提是 SQL 中要有不能合併的檢視。

我們先新建一個不能被合併的檢視（檢視中有 union all）。

```
SQL> create or replace view v_pushpredicate as
  2    select  * from test
  3    union all
  4    select  * from test where rownum>=1;

View created.
```

然後我們執行下面的 SQL，同時查看執行計畫。

```
SQL> select * from v_pushpredicate where object_id<10;

16 rows selected.

Execution Plan
----------------------------------------------------------
Plan hash value: 669161224

------------------------------------------------------------------------------------
| Id | Operation                    | Name          | Rows  | Bytes | Cost (%CPU)|
------------------------------------------------------------------------------------
|  0 | SELECT STATEMENT             |               | 72470 |   14M|   238   (1)|
|* 1 |  VIEW                        | V_PUSHPREDICATE| 72470 |   14M|   238   (1)|
|  2 |   UNION-ALL                  |               |       |       |            |
|  3 |    TABLE ACCESS BY INDEX ROWID| TEST         |     8 |   776|     3   (0)|
|* 4 |     INDEX RANGE SCAN         | IDX_ID        |     8 |       |     2   (0)|
|  5 |    COUNT                     |               |       |       |            |
|* 6 |     FILTER                   |               |       |       |            |
|  7 |      TABLE ACCESS FULL       | TEST          | 72462 | 6864K|   235   (1)|
------------------------------------------------------------------------------------

Predicate Information (identified by operation id):
---------------------------------------------------

   1 - filter("OBJECT_ID"<10)
```

```
 4 - access("OBJECT_ID"<10)
 6 - filter(ROWNUM>=1)
```

SQL 語法中，where 過濾條件是針對檢視過濾的，但是從執行計畫中（Id=4）我們可以看到，where 過濾條件跑到檢視中的表中進行過濾了，這就是謂詞推入。因為檢視中第二個表有 rownum，rownum 會阻止謂詞推入，所以第二個表走的是全資料表掃描，需要到檢視上進行過濾（Id=1）。

我們在看執行計畫的時候，如果 VIEW 前面有「＊」號，這就說明有謂詞沒有推入到檢視中。

一般情況下，常數的謂詞推入對效能的提升都是有益的。那麼什麼是常數的謂詞推入呢？常數的謂詞推入就是謂詞是正常的過濾條件，而非連接欄。

在 2011 年我們曾幫網友做過一次常數謂詞推入最佳化，因為實在是太簡單，所以沒有將其納入書中。有興趣的讀者可以參考部落格文章：http://blog.csdn.net/robinson1988/article/details/6613851。

還有一種謂詞推入，是把連接欄當作謂詞推入到檢視中，這種謂詞推入我們一般叫作連接欄謂詞推入，此類謂詞推入最容易產生效能問題。

現在我們將上面檢視中的 rownum 去掉（為了使連接欄能推入檢視）。

```
SQL> create or replace view v_pushpredicate as
  2    select  * from test
  3    union all
  4    select  * from test;

View created.
```

我們新增 HINT:push_pred 提示將連接欄推入到檢視中。

```
SQL> select /*+ push_pred(b) */ *
  2    from test a, v_pushpredicate b
  3    where a.object_id = b.object_id
  4      and a.owner = 'SCOTT';

14 rows selected.


Execution Plan
----------------------------------------------------------
Plan hash value: 2131469559

-------------------------------------------------------------------------------
| Id | Operation                     | Name       | Rows  | Bytes | Cost(%CPU)|
```

```
-----------------------------------------------------------------------
|  0 | SELECT STATEMENT                  |               | 4997 | 1444K| 10073  (1)|
|  1 |  NESTED LOOPS                     |               | 4997 | 1444K| 10073  (1)|
|  2 |   TABLE ACCESS BY INDEX ROWID     | TEST          | 2499 |  236K|    73  (0)|
|* 3 |    INDEX RANGE SCAN               | IDX_OWNER     | 2499 |      |     6  (0)|
|  4 |   VIEW                            | V_PUSHPREDICATE |  1 |  199 |     4  (0)|
|  5 |    UNION ALL PUSHED PREDICATE     |               |      |      |           |
|  6 |     TABLE ACCESS BY INDEX ROWID   | TEST          |    1 |   97 |     2  (0)|
|* 7 |      INDEX RANGE SCAN             | IDX_ID        |    1 |      |     1  (0)|
|  8 |     TABLE ACCESS BY INDEX ROWID   | TEST          |    1 |   97 |     2  (0)|
|* 9 |      INDEX RANGE SCAN             | IDX_ID        |    1 |      |     1  (0)|
-----------------------------------------------------------------------

Predicate Information (identified by operation id):
---------------------------------------------------

   3 - access("A"."OWNER"='SCOTT')
   7 - access("OBJECT_ID"="A"."OBJECT_ID")
   9 - access("OBJECT_ID"="A"."OBJECT_ID")
```

將連接欄推入到檢視中這種謂詞推入，一般在執行計畫中都能看到 PUSHED PREDICATE 或者 VIEW PUSHED PREDICATE，而且檢視一般作為巢狀嵌套迴圈的被驅動表，同時檢視中謂詞被推入欄有索引。這種謂詞推入對效能有好有壞。為什麼連接欄謂詞推入，被推入的檢視一般都作為巢狀嵌套迴圈的被驅動表呢？這是因為連接欄謂詞推入需要傳值（傳值到檢視裡面），而有傳值操作的表連接方法只有巢狀嵌套迴圈或者 FILTER。FILTER 是專門針對半連接或者反連接的（where 後面的子查詢），謂詞推入是專門針對 from 後面的子查詢，所以連接欄謂詞推入，被推入的檢視一般都作為巢狀嵌套迴圈的被驅動表。

在本書範例中，連接欄謂詞推入的執行計畫是最優執行計畫。驅動表 test 過濾之後（owner='SCOTT'）只返回 7 列資料，然後透過連接欄傳值 7 次，傳入檢視中，檢視裡面的表走的是索引掃描，因為驅動表 7 次傳值，所以被驅動表（檢視）一共被掃描了 7 次，但是每次掃描都是索引掃描。

現在我們去掉 HINT:push_pred。

```
SQL> select *
  2    from test a, v_pushpredicate b
  3   where a.object_id = b.object_id
  4     and a.owner = 'SCOTT';

14 rows selected.

Execution Plan
----------------------------------------------------------
Plan hash value: 1745523384
```

```
-------------------------------------------------------------------------------
| Id  | Operation                    | Name           | Rows  | Bytes | Cost (%CPU)|
-------------------------------------------------------------------------------
|   0 | SELECT STATEMENT             |                | 4997  | 1483K |  544   (1)|
|*  1 |  HASH JOIN                   |                | 4997  | 1483K |  544   (1)|
|   2 |   TABLE ACCESS BY INDEX ROWID| TEST           | 2499  |  236K |   73   (0)|
|*  3 |    INDEX RANGE SCAN          | IDX_OWNER      | 2499  |       |    6   (0)|
|   4 |   VIEW                       | V_PUSHPREDICATE|  144K |   28M |  470   (1)|
|   5 |    UNION-ALL                 |                |       |       |           |
|   6 |     TABLE ACCESS FULL        | TEST           | 72462 | 6864K |  235   (1)|
|   7 |     TABLE ACCESS FULL        | TEST           | 72462 | 6864K |  235   (1)|
-------------------------------------------------------------------------------

Predicate Information (identified by operation id):
---------------------------------------------------

   1 - access("A"."OBJECT_ID"="B"."OBJECT_ID")
   3 - access("A"."OWNER"='SCOTT')
```

在本書範例中，我們如果不將連接欄推入到檢視中，檢視裡面的表就只能全資料表掃描，這時效能遠不如索引掃描，所以本書範例最佳執行計畫就是連接欄謂詞推入的執行計畫。

筆者經常遇到連接欄謂詞推入引起 SQL 效能問題。大家在工作中，如果遇到執行計畫中 VIEW PUSHED PREDICATE 一定要注意，如果 SQL 執行很快，不用理會；如果 SQL 執行很慢，可以先關閉連接欄謂詞推入（alter session set "_push_join_predicate" = false）功能，再逐步分析為什麼連接欄謂詞推入之後，SQL 效能很差。連接欄謂詞推入效能變差一般是 CBO 將驅動表 Rows 計算錯誤（算少），導致檢視作為巢狀嵌套迴圈被驅動表，然後一直反覆被掃描；也有可能是檢視太過複雜，檢視本身存在效能問題，這時需要單獨最佳化檢視。例如檢視單獨執行耗時 1 秒，在進行謂詞推入之後，檢視會被掃描多次，假設掃描 1000 次，每次執行時間從 1 秒提升到了 0.5 秒，但是檢視被執行了 1000 次，總的耗時反而多了，這時謂詞推入反而降低效能。

一定要注意，當檢視中有 rownum 會導致無法謂詞推入，所以一般情況下，我們不建議在檢視中使用 rownum。為什麼 rownum 會導致無法謂詞推入呢？這是因為當謂詞推入之後，rownum 的值已經發生改變，已經改變了 SQL 結果集，任何查詢變換必須是在不改變 SQL 結果集的前提下才能進行。

第 8 章
調校最佳化
技巧

8.1 查看真實的基數（Rows）

在 1.3 節中提到，執行計畫中的 Rows 是假的，是 CBO 根據統計資訊和數學公式估算出來的，所以在看執行計畫的時候，一定要注意巢狀嵌套迴圈驅動表的 Rows 是否估算準確，同時也要注意執行計畫的入口 Rows 是否算錯。因為一旦巢狀嵌套迴圈驅動表的 Rows 估算錯誤，執行計畫就錯了。如果執行計畫的入口 Rows 估算錯誤，那執行計畫也就不用看了，後面全錯。

現有如下執行計畫。

```
SQL> select * from table(dbms_xplan.display);

PLAN_TABLE_OUTPUT
--------------------------------------------------------------------------------

Plan hash value: 3215660883


--------------------------------------------------------------------------------
| Id |Operation                   |Name               |Rows | Bytes | Cost(%CPU)|
--------------------------------------------------------------------------------
|  0 |SELECT STATEMENT            |                   |  78 |  4212 | 15507  (1)|
|  1 | HASH GROUP BY              |                   |  78 |  4212 | 15507  (1)|
|  2 |  NESTED LOOPS             |                   |     |       |           |
|  3 |   NESTED LOOPS            |                   |3034 |  159K | 15506  (1)|
|* 4 |    TABLE ACCESS FULL      |OPT_REF_UOM_TEMP_SDIM|2967| 101K |  650 (14)|
|* 5 |    INDEX RANGE SCAN       |PROD_DIM_PK        |   3 |       |    2  (0)|
|* 6 |   TABLE ACCESS BY INDEX ROWID|PROD_DIM        |   1 |  19  |    5  (0)|
--------------------------------------------------------------------------------

Predicate Information (identified by operation id):
--------------------------------------------------------------------------------

   4 - filter("UOM"."RELTV_CURR_QTY"=1)
   5 - access("PROD"."PROD_SKID"="UOM"."PROD_SKID")
   6 - filter("PROD"."BUOM_CURR_SKID" IS NOT NULL AND "PROD"."PROD_END_DATE"=TO_DATE('
            9999-12-31 00:00:00', 'syyyy-mm-dd hh24:mi:ss') AND "PROD"."CURR_IND"='Y'
AND
            "PROD"."BUOM_CURR_SKID"="UOM"."UOM_SKID")

22 rows selected.
```

執行計畫中 Id=4 是巢狀嵌套迴圈的驅動表，同時也是執行計畫的入口，CBO 估算它只返回 2967 列的資料。Id=4 前面有「＊」號，表示有謂詞過濾 4 - filter("UOM"."RELTV_CURR_QTY"=1)。

根據執行計畫中 Id=4 的謂詞資訊，手動計算 Id=4 應該返回真正的 Rows 如下。

```
SQL> select count(*) from OPT_REF_UOM_TEMP_SDIM where "RELTV_CURR_QTY"=1;

  COUNT(*)
----------
    946432
```

手動計算出的 Rows 返回了 946432 列資料，與執行計畫中的 2967 列相差巨大，
所以本範例中，執行計畫是錯誤的。

8.2　使用 UNION 代替 OR

當 SQL 語句中同時有 or 和子查詢，這種情況下子查詢無法展開（unnest），只
能走 FILTER。遇到這種情況我們可以將 SQL 改寫為 union，從而消除 FILTER。

帶有 or 子查詢的寫法與執行計畫如下。

```
SQL> select *
  2    from t1
  3   where owner = 'SCOTT'
  4      or object_id in (select object_id from t2);

72571 rows selected.

Execution Plan
----------------------------------------------------------
Plan hash value: 895956251


--------------------------------------------------------------------------
| Id  | Operation         | Name | Rows  | Bytes | Cost (%CPU)| Time     |
--------------------------------------------------------------------------
|   0 | SELECT STATEMENT  |      |  3378 |  682K |   235   (1)| 00:00:03 |
|*  1 |  FILTER           |      |       |       |            |          |
|   2 |   TABLE ACCESS FULL| T1  | 56766 |   11M |   235   (1)| 00:00:03 |
|*  3 |   TABLE ACCESS FULL| T2  |   734 |  9542 |     2   (0)| 00:00:01 |
--------------------------------------------------------------------------

Predicate Information (identified by operation id):
---------------------------------------------------

   1 - filter("OWNER"='SCOTT' OR  EXISTS (SELECT 0 FROM "T2" "T2" WHERE
              "OBJECT_ID"=:B1))
   3 - filter("OBJECT_ID"=:B1)
```

改寫為 union 的寫法如下。

```
SQL> select * from t1 where owner='SCOTT'
```

```
  2  union
  3  select * from t1 where object_id in(select object_id from t2);

72571 rows selected.

Execution Plan
----------------------------------------------------------
Plan hash value: 696035008

--------------------------------------------------------------------------------
| Id | Operation            | Name | Rows  | Bytes |TempSpc| Cost (%CPU)|
--------------------------------------------------------------------------------
|  0 | SELECT STATEMENT     |      | 56778 |  11M|       | 4088  (95)|
|  1 |  SORT UNIQUE         |      | 56778 |  11M|  12M| 4088  (95)|
|  2 |   UNION-ALL          |      |       |       |       |       |
|* 3 |    TABLE ACCESS FULL | T1   |    12 | 2484 |       |  234   (1)|
|* 4 |    HASH JOIN         |      | 56766 |  11M| 1800K| 1146   (1)|
|  5 |     TABLE ACCESS FULL| T2   | 73407 | 931K|       |  234   (1)|
|  6 |     TABLE ACCESS FULL| T1   | 56766 |  11M|       |  235   (1)|
--------------------------------------------------------------------------------

Predicate Information (identified by operation id):
---------------------------------------------------

  3 - filter("OWNER"='SCOTT')
  4 - access("OBJECT_ID"="OBJECT_ID")
```

改寫為 union 之後，消除了 FILTER。如果無法改寫 SQL，那麼 SQL 就只能走
FILTER，這時我們需要在子查詢表的連接欄（t2.object_id）建立索引。

8.3 分頁語句最佳化思維

分頁語句最能考察一個人究竟會不會 SQL 最佳化，因為分頁語句最佳化幾乎囊
括了 SQL 最佳化必須具備的知識。

8.3.1 單表分頁最佳化思維

我們先新建一個測試表 T_PAGE。

```
SQL> create table t_page as select * from dba_objects;

Table created.
```

現有如下 SQL（沒有過濾條件，只有排序），要將查詢結果分頁顯示，每頁顯示 10 條。

```
select * from t_page order by object_id;
```

大家可能會採用以下這種分頁框架（錯誤的分頁框架）。

```
select *
  from (select t.*, rownum rn from (需要分頁的 SQL) t)
 where rn >= 1
   and rn <= 10;
```

採用這種分頁框架會產生嚴重的效能問題。現在將 SQL 語句代入錯誤的分頁框架中。

```
SQL> select *
  2      from (select t.*, rownum rn
  3                  from (select * from t_page order by object_1d) t)
  4    where rn >= 1
  5      and rn <= 10;

10 rows selected.

Execution Plan
----------------------------------------------------------
Plan hash value: 3603170480

--------------------------------------------------------------------------------
| Id | Operation            | Name    | Rows  | Bytes |TempSpc| Cost (%CPU)|
--------------------------------------------------------------------------------
|  0 | SELECT STATEMENT     |         | 61800 |  12M|       |  3020   (1)|
|* 1 |  VIEW                |         | 61800 |  12M|       |  3020   (1)|
|  2 |   COUNT              |         |       |     |       |            |
|  3 |    VIEW              |         | 61800 |  12M|       |  3020   (1)|
|  4 |     SORT ORDER BY    |         | 61800 |  12M|  14M|  3020   (1)|
|  5 |      TABLE ACCESS FULL| T_PAGE | 61800 |  12M|       |   236   (1)|
--------------------------------------------------------------------------------

Predicate Information (identified by operation id):
---------------------------------------------------

   1 - filter("RN"<=10 AND "RN">=1)
```

從執行計畫中我們可以看到該 SQL 跑了全資料表掃描，假如 T_PAGE 有上億條資料，先要將該表（上億條的表）進行排序（SORT ORDER BY），再取出其中 10 列資料，這時該 SQL 會產生嚴重的效能問題。所以該 SQL 不能走全資料表掃描，必須走索引掃描。

該 SQL 沒有過濾條件，只有排序，我們可以利用索引已經排序這個特性來最佳化分頁語句，也就是說要將分頁語句中的 SORT ORDER BY 消除。一般分頁語句中都有排序。

現在我們對排序欄 object_id 建立索引，在索引中新增一個常數 0，注意 0 不能放前面。

```
SQL> create index idx_page on t_page(object_id,0);
Index created.
```

為什麼要在索引中新增一個常數 0 呢？這是因為 object_id 欄允許為 null，如果不新增常數（不一定是 0，可以是 1、2、3，也可以是英文字母），索引中就不能儲存 null 值，然而 SQL 並沒有寫成以下寫法。

```
select * from t_page where object_id is not null order by object_id;
```

因為 SQL 中並沒有剔除 null 值，所以我們必須要新增一個常數，讓索引儲存 null 值，這樣才能使 SQL 走索引。現在我們來看一下強制走索引的 A-Rows 執行計畫（因為涉及到排版和美觀，執行計畫中刪掉了 A-Time 等資料）。

```
SQL> select * from table(dbms_xplan.display_cursor(null,null,'ALLSTATS LAST'));
PLAN_TABLE_OUTPUT
--------------------------------------------------------------------------------
SQL_ID   fw6ym4n8njxqf, child number 0
-------------------------------------
select *    from (select t.*, rownum rn            from (select
    /*+ index(t_page idx_page) */                 *
 from t_page                    order by object_id) t)  where rn >= 1
and rn <= 10

Plan hash value: 3119682446
```

Id	Operation	Name	Starts	E-Rows	A-Rows	Buffers
0	SELECT STATEMENT		1		10	1287
* 1	VIEW		1	61800	10	1287
2	COUNT		1		72608	1287
3	VIEW		1	61800	72608	1287
4	TABLE ACCESS BY INDEX ROWID	T_PAGE	1	61800	72608	1287
5	INDEX FULL SCAN	IDX_PAGE	1	61800	72608	183

```
Predicate Information (identified by operation id):
---------------------------------------------------

  1 - filter(("RN"<=10 AND "RN">=1))
```

因為 SQL 語句中沒有 where 過濾條件，強制走索引只能走 INDEX FULL
SCAN，無法走索引範圍掃描（INDEX RANGE SCAN）。我們注意看執行計畫
中 A-Rows 這欄，INDEX FULL SCAN 掃描了索引中所有葉子塊，因為 INDEX
FULL SCAN 返回了 72608 列資料（表的總列數），一共耗費了 1287 個邏輯讀取
（Buffers=1287）。理想的執行計畫是：INDEX FULL SCAN 只掃描 1 個（最多
幾個）索引葉子塊，掃描 10 列資料（A-Rows=10）就停止了。為什麼沒有走最
理想的執行計畫呢？這是因為分頁框架錯了!

下面才是正確的分頁框架。

```
select *
  from (select *
          from (select a.*, rownum rn
                  from (需要分頁的SQL) a)
         where rownum <= 10)
 where rn >= 1;
```

現在將 SQL 代入正確的分頁框架中，強制走索引，查看 A-Rows 的執行計畫
（因為涉及到排版和美觀，執行計畫中刪掉了 A-Time 等資料）。

```
SQL> select * from table(dbms_xplan.display_cursor(null,null,'ALLSTATS LAST'));

PLAN_TABLE_OUTPUT
--------------------------------------------------------------------------------
SQL_ID  4vyrpd0h4w3oz, child number 0
--------------------------------------------------------------------------------
select *    from (select *              from (select a.*, rownum rn
          from (select /*+ index(t_page idx_page) */
     *                        from t_page
order by object_id) a)         where rownum <= 10)  where rn >= 1

Plan hash value: 1201925926
```

Id	Operation	Name	Starts	E-Rows	A-Rows	Buffers
0	SELECT STATEMENT		1		10	5
* 1	VIEW		1	10	10	5
* 2	COUNT STOPKEY		1		10	5
3	VIEW		1	61800	10	5
4	COUNT		1		10	5
5	VIEW		1	61800	10	5
6	TABLE ACCESS BY INDEX ROWID	T_PAGE	1	61800	10	5
7	INDEX FULL SCAN	IDX_PAGE	1	61800	10	3

```
Predicate Information (identified by operation id):
--------------------------------------------------------------------------------
```

```
 1 - filter("RN">=1)
 2 - filter(ROWNUM<=10)
```

從執行計畫中我們可以看到，SQL 跑了 INDEX FULL SCAN，只掃描了 10 條資料（Id=7 A-Rows=10）就停止了（Id=2 COUNT STOPKEY），一共只耗費了 5 個邏輯讀取（Buffers=5）。該執行計畫利用索引已經排序特性（執行計畫中沒有 SORT ORDER BY），掃描索引獲取了 10 條資料；然後再利用了 COUNT STOPKEY 特性，獲取到分頁語句需要的資料，SQL 立即停止執行，這才是最佳執行計畫。

為什麼錯誤的分頁框架會導致效能很差呢？因為錯誤的分頁框架這種寫法沒有 COUNT STOPKEY(where rownum<=...) 功能，COUNT STOPKEY 就是當掃描到指定列數的資料之後，SQL 就停止執行。

現在我們得到分頁語句的最佳化思維：如果分頁語句中有排序（order by），要利用索引已經排序特性，將 order by 的欄包含在索引中，同時也要利用 rownum 的 COUNT STOPKEY 特性來最佳化分頁 SQL。如果分頁中沒有排序，可以直接利用 rownum 的 COUNT STOPKEY 特性來最佳化分頁 SQL。

現有如下 SQL（注意，過濾條件是等值過濾，當然也有 order by），現在要將查詢結果分頁顯示，每頁顯示 10 條。

```
select * from t_page where owner = 'SCOTT' order by object_id;
select * from t_page where owner = 'SYS' order by object_id;
```

第一條 SQL 語句的過濾條件是 where owner='SCOTT'，該過濾條件能過濾掉表中絕大部分資料。第二條 SQL 語句的過濾條件是 where owner='SYS'，該過濾條件能過濾表中一半資料。

我們將上述 SQL 代入正確的分頁框架中強制走索引（object_id 欄的索引，因為到目前為止 t_page 只有該欄建立了索引），查看 A-Rows 的執行計畫（因為涉及到排版和美觀，執行計畫中刪掉了 A-Time 等資料）。

```
SQL> select * from table(dbms_xplan.display_cursor(null,null,'ALLSTATS LAST'));

PLAN_TABLE_OUTPUT
-------------------------------------------------------------------------------------
SQL_ID  7s4mhq8sz19da, child number 0
-------------------------------------
select *    from (select *            from (select a.*, rownum rn
         from (select /*+ index(t_page idx_page) */
```

```
          *                      from t_page
where owner = 'SCOTT'                        order by object_id) a)
       where rownum <= 10)   where rn >= 1


Plan hash value: 1201925926


---------------------------------------------------------------------------
| Id | Operation                   |Name    | Starts | E-Rows | A-Rows |Buffers|
---------------------------------------------------------------------------
|  0 | SELECT STATEMENT            |        |     1 |        |     10 |  1273|
|* 1 |  VIEW                       |        |     1 |     10 |     10 |  1273|
|* 2 |   COUNT STOPKEY             |        |     1 |        |     10 |  1273|
|  3 |    VIEW                     |        |     1 |     57 |     10 |  1273|
|  4 |     COUNT                   |        |     1 |        |     10 |  1273|
|  5 |      VIEW                   |        |     1 |     57 |     10 |  1273|
|* 6 |       TABLE ACCESS BY INDEX ROWID|T_PAGE |  1 |     57 |     10 |  1273|
|  7 |        INDEX FULL SCAN      |IDX_PAGE|     1 |  61800 |  72427 |   183|
---------------------------------------------------------------------------


Predicate Information (identified by operation id):
---------------------------------------------------

   1 - filter("RN">=1)
   2 - filter(ROWNUM<=10)
   6 - filter("OWNER"='SCOTT')


SQL> select * from table(dbms_xplan.display_cursor(null,null,'ALLSTATS LAST'));

PLAN_TABLE_OUTPUT
--------------------------------------------------------------------------------
SQL_ID  bn5k602hpdcq1, child number 0
--------------------------------------
select *    from (select *        from (select a.*, rownum rn
          from (select /*+ index(t_page idx_page) */
          *                      from t_page
where owner = 'SYS'                          order by object_id) a)
     where rownum <= 10)   where rn >= 1


Plan hash value: 1201925926


---------------------------------------------------------------------------
| Id |Operation                    | Name    | Starts | E-Rows | A-Rows |Buffers|
---------------------------------------------------------------------------
|  0 |SELECT STATEMENT             |         |     1 |        |     10 |     5|
|* 1 | VIEW                        |         |     1 |     10 |     10 |     5|
|* 2 |  COUNT STOPKEY              |         |     1 |        |     10 |     5|
|  3 |   VIEW                      |         |     1 |  28199 |     10 |     5|
|  4 |    COUNT                    |         |     1 |        |     10 |     5|
|  5 |     VIEW                    |         |     1 |  28199 |     10 |     5|
|* 6 |      TABLE ACCESS BY INDEX ROWID| T_PAGE |  1 |  28199 |     10 |     5|
|  7 |       INDEX FULL SCAN       | IDX_PAGE |    1 |  61800 |     10 |     3|
---------------------------------------------------------------------------


Predicate Information (identified by operation id):
---------------------------------------------------
```

```
1 - filter("RN">=1)
2 - filter(ROWNUM<=10)
6 - filter("OWNER"='SYS')
```

從執行計畫中我們可以看到，兩條 SQL 都跑了 index full scan，第一條 SQL 從索引中掃描了 72427 條資料（Id=7 A-Rows=72427），在回表的時候對資料進行了大量過濾（Id=6），最後得到10條資料，耗費了1273個邏輯讀取（Buffers=1273）。第二條 SQL 從索引中掃描了 10 條資料，耗費了 5 個邏輯讀取（Buffers=5）。顯而易見，第二條 SQL 的執行計畫是正確的，而第一條 SQL 的執行計畫是錯誤的，應該儘量在索引掃描的時候就取得 10 列資料。

為什麼僅僅是過濾條件不一樣，兩條 SQL 在效率上有這麼大區別呢？這是因為第一條 SQL 過濾條件是 owner='SCOTT'，owner='SCOTT'在表中只有很少資料，通過掃描 object_id 欄的索引，然後回表再去匹配 owner='SCOTT'，因為 owner='SCOTT'資料量少，要搜索大量資料才能匹配上。而第二條 SQL 的過濾條件是 owner='SYS'，因為 owner='SYS'資料量多，只需要搜索少量資料就能匹配上。

想要最佳化第一條 SQL，就需要讓其在索引掃描的時候讀取少量資料塊就取得 10 列資料，這就需要將過濾欄（owner）包含在索引中，排序欄是 object_id，那麼現在我們新建組合索引。

```
SQL> create index idx_page_ownerid on t_page(owner,object_id);

Index created.
```

我們查看強制走索引（idx_page_ownerid）帶有 A-Rows 的執行計畫（省略了部分資料）。

```
SQL> select * from table(dbms_xplan.display_cursor(null,null,'ALLSTATS LAST'));

PLAN_TABLE_OUTPUT
--------------------------------------------------------------------------------
SQL_ID  a1g16uafr05qf, child number 0
-------------------------------------
select *    from (select *             from (select a.*, rownum rn
        from (select /*+ index(t_page idx_page_ownerid) */
            *                          from t_page
      where owner = 'SCOTT'                        order by
object_id) a)          where rownum <= 10)  where rn >= 1

Plan hash value: 4175643597
```

```
--------------------------------------------------------------------------------
| Id |Operation                     |Name             |Starts|E-Rows|A-Rows|Buffers|
--------------------------------------------------------------------------------
|  0 |SELECT STATEMENT              |                 |    1|      |    10|     6|
|* 1 |VIEW                          |                 |    1|    10|    10|     6|
|* 2 | COUNT STOPKEY                |                 |    1|      |    10|     6|
|  3 |  VIEW                        |                 |    1|    57|    10|     6|
|  4 |   COUNT                      |                 |    1|      |    10|     6|
|  5 |    VIEW                      |                 |    1|    57|    10|     6|
|  6 |     TABLE ACCESS BY INDEX ROWID|T_PAGE         |    1|    57|    10|     6|
|* 7 |      INDEX RANGE SCAN        |IDX_PAGE_OWNERID |    1|    57|    10|     3|
--------------------------------------------------------------------------------

Predicate Information (identified by operation id):
---------------------------------------------------

   1 - filter("RN">=1)
   2 - filter(ROWNUM<=10)
   7 - access("OWNER"='SCOTT')
```

從執行計畫中我們可以看到，SQL 跑了索引範圍掃描，從索引中掃描了 10 條資料，一共耗費了 6 個邏輯讀取。這說明該執行計畫是正確的。大家可能會問：可不可以在新建索引的時候將 object_id 放在前面、owner 放在後面？現在我們來新建另外一個索引，將 object_id 欄放在前面，owner 放在後面。

```
SQL> create index idx_page_idowner on t_page(object_id,owner);

Index created.
```

我們查看強制走索引（idx_page_idowner）帶有 A-Rows 的執行計畫（省略了部分資料）。

```
SQL> select * from table(dbms_xplan.display_cursor(null,null,'ALLSTATS LAST'));

PLAN_TABLE_OUTPUT
--------------------------------------------------------------------------------
SQL_ID djdnfyyznp3tf, child number 0
--------------------------------------
select *   from (select *           from (select a.*, rownum rn
        from (select /*+ index(t_page idx_page_idowner) */ *
             from t_page                       where owner =
'SCOTT'                     order by object_id) a)          where
rownum <= 10)  where rn >= 1

Plan hash value: 2811585238


--------------------------------------------------------------------------------
| Id |Operation                     |Name             |Starts|E-Rows|A-Rows|Buffers|
--------------------------------------------------------------------------------
|  0 |SELECT STATEMENT              |                 |    1|      |    10|   224|
|* 1 | VIEW                         |                 |    1|    10|    10|   224|
```

```
|* 2 |   COUNT STOPKEY                |                  |  1|      |  10|  224|
|  3 |    VIEW                        |                  |  1|   57|  10|  224|
|  4 |     COUNT                      |                  |  1|      |  10|  224|
|  5 |      VIEW                      |                  |  1|   57|  10|  224|
|  6 |       TABLE ACCESS BY INDEX ROWID|T_PAGE          |  1|   57|  10|  224|
|* 7 |        INDEX FULL SCAN         |IDX_PAGE_IDOWNER  |  1|  247|  10|  221|
-----------------------------------------------------------------------------

Predicate Information (identified by operation id):
---------------------------------------------------

  1 - filter("RN">=1)
  2 - filter(ROWNUM<=10)
  7 - access("OWNER"='SCOTT')
      filter("OWNER"='SCOTT')
```

從執行計畫中我們看到，SQL 跑了索引全掃描，從索引中掃描了 10 條資料，但是索引全掃描耗費了 221 個邏輯讀取，因為要邊掃描索引邊過濾資料（owner='SCOTT'），SQL 一共耗費了 224 個邏輯讀取，與走 object_id 欄的執行計畫（耗費了 1273 個邏輯讀取）相比，雖然也提升了效能，但是效能最好的是走 idx_page_ownerid 這個索引的執行計畫（邏輯讀取為 6）。

大家可能還會問，可不可以只在 owner 欄新建索引呢？也就是說不將排序欄包含在索引中。如果過濾條件能過濾掉大部分資料（owner='SCOTT'），那麼這時不將排序欄包含在索引中也是可以的，因為這時只需要對少量資料進行排序，少量資料排序幾乎對效能沒有什麼影響。但是如果過濾條件只能過濾掉一部分資料，也就是說返回資料量很多（owner='SYS'），這時我們必須將排序欄包含在索引中，如果不將排序欄包含在索引中，就需要對大量資料進行排序。在實際生產環境中，過濾條件一般都是綁定變數，我們無法控制傳參究竟傳入哪個值，這就不能確定返回資料究竟是多還是少，所以為了保險起見，建議最好將排序欄包含在索引中！

另外要注意，如果排序欄有多個欄位，新建索引的時候，我們要將所有的排序欄包含在索引中，並且要注意排序欄先後順序（語句中是怎麼排序的，新建索引的時候就對應排序），而且還要注意欄位是昇冪還是降冪。如果分頁語句中排序欄只有一個欄位，但是是降冪顯示的，新建索引的時候就沒必要降冪新建了，我們可以使用 HINT: index_desc 讓索引降冪掃描就行。

現有如下分頁語句。

```
select *
  from (select *
```

```
        from (select a.*, rownum rn
              from (select *
                      from t_page
                    order by object_id, object_name desc) a)
        where rownum <= 10)
 where rn >= 1;
```

新建索引的時候，只能是 object_id 欄在前，object_name 欄在後面，另外 object
_name 是降冪顯示的，那麼在新建索引的時候，我們還要指定 object_name 欄降
冪排序。此外該 SQL 沒有過濾條件，在新建索引的時候，我們還要加個常數。
現在我們新建如下索引。

```
SQL> create index idx_page_idname on t_page(object_id,object_name desc,0);

Index created.
```

我們查看強制走索引（idx_page_idname）帶有 A-Rows 的執行計畫（省略了部
分資料）。

```
SQL> select * from table(dbms_xplan.display_cursor(null,null,'ALLSTATS LAST'));

PLAN_TABLE_OUTPUT
-------------------------------------------------------------------------------
SQL_ID  20yk62bptjrs9, child number 0
-------------------------------------
select *   from (select *         from (select a.*, rownum rn
          from (select   /*+ index(t_page idx_page_idname)*/
          *                         from t_page
              order by object_id, object_name desc) a)         where
rownum <= 10)  where rn >= 1

Plan hash value: 445348578


-------------------------------------------------------------------------------
| Id |Operation                     |Name           |Starts|E-Rows| A-Rows |Buffers|
-------------------------------------------------------------------------------
|  0 |SELECT STATEMENT              |               |    1|      |   10 |    5|
|* 1 | VIEW                         |               |    1|    10|   10 |    5|
|* 2 |  COUNT STOPKEY               |               |    1|      |   10 |    5|
|  3 |   VIEW                       |               |    1| 61800|   10 |    5|
|  4 |    COUNT                     |               |    1|      |   10 |    5|
|  5 |     VIEW                     |               |    1| 61800|   10 |    5|
|  6 |      TABLE ACCESS BY INDEX ROWID|T_PAGE      |    1| 61800|   10 |    5|
|  7 |       INDEX FULL SCAN        |IDX_PAGE_IDNAME|    1| 61800|   10 |    3|
-------------------------------------------------------------------------------

Predicate Information (identified by operation id):
-------------------------------------------------

   1 - filter("RN">=1)
   2 - filter(ROWNUM<=10)
```

如果新建索引的時候將 object_name 放在前面，object_id 放在後面，這個時候，索引中欄位先後順序與分頁語句中排序欄先後順序不一致，強制走索引的時候，執行計畫中會出現 SORT ORDER BY 關鍵字。因為索引的順序與排序的順序不一致，所以需要從索引中獲取資料之後再排序，有排序就會出現 SORT ORDER BY。現在我們新建如下索引。

```
SQL> create index idx_page_nameid on t_page(object_name,object_id,0);

Index created.
```

現在查看強制走索引（idx_page_nameid）帶有 A-Rows 的執行計畫（省略了部分資料）。

```
SQL> select * from table(dbms_xplan.display_cursor(null,null,'ALLSTATS LAST'));

PLAN_TABLE_OUTPUT
--------------------------------------------------------------------------------
SQL_ID  8b8nwayah0z68, child number 0
-------------------------------------
select *    from (select *            from (select a.*, rownum rn
         from (select /*+ index(t_page idx_page_nameid)*/
          *                          from t_page
    order by object_id, object_name desc) a)            where rownum <=
10)  where rn >= 1

Plan hash value: 2869317785
```

Id	Operation	Name	Starts	E-Rows	A-Rows	Buffers
0	SELECT STATEMENT		1		10	37397
* 1	VIEW		1	10	10	37397
* 2	COUNT STOPKEY		1		10	37397
3	VIEW		1	61800	10	37397
4	COUNT		1		10	37397
5	VIEW		1	61800	10	37397
6	SORT ORDER BY		1	61800	10	37397
7	TABLE ACCESS BY INDEX ROWID	T_PAGE	1	61800	72608	37397
8	INDEX FULL SCAN	IDX_PAGE_NAMEID	1	61800	72608	431

```
Predicate Information (identified by operation id):
---------------------------------------------------

   1 - filter("RN">=1)
   2 - filter(ROWNUM<=10)
```

如果新建索引的時候沒有指定 object_name 欄降冪排序，那麼執行計畫中也會出現 SORT ORDER BY。因為索引中排序和分頁語句中排序不一致。現在我們新建如下索引。

```
SQL> create index idx_page_idname1 on t_page(object_id,object_name,0);

Index created.
```

我們查看強制走索引（idx_page_idname1）帶有 A-Rows 的執行計畫（省略了部分資料）。

```
SQL> select * from table(dbms_xplan.display_cursor(null,null,'ALLSTATS LAST'));

PLAN_TABLE_OUTPUT
-------------------------------------------------------------------------------
SQL_ID  2dsmtc9b65a7v, child number 0
-------------------------------------
select *    from (select *          from (select a.*, rownum rn
        from (select /*+ index(t_page idx_page_idname1)*/
          *                          from t_page
     order by object_id, object_name desc) a)        where rownum <=
10)  where rn >= 1

Plan hash value: 170538223


-------------------------------------------------------------------------------
| Id |Operation                            | Name              |Starts|E-Rows|A-Rows|Buffers|
-------------------------------------------------------------------------------
|  0 |SELECT STATEMENT                     |                   |    1|      |    10|  1533|
|* 1 |  VIEW                               |                   |    1|    10|    10|  1533|
|* 2 |   COUNT STOPKEY                     |                   |    1|      |    10|  1533|
|  3 |    VIEW                             |                   |    1| 61800|    10|  1533|
|  4 |     COUNT                           |                   |    1|      |    10|  1533|
|  5 |      VIEW                           |                   |    1| 61800|    10|  1533|
|  6 |       SORT ORDER BY                 |                   |    1| 61800|    10|  1533|
|  7 |        TABLE ACCESS BY INDEX ROWID  |T_PAGE             |    1| 61800| 72608|  1533|
|  8 |         INDEX FULL SCAN             |IDX_PAGE_IDNAME1   |    1| 61800| 72608|   430|
-------------------------------------------------------------------------------

Predicate Information (identified by operation id):
-------------------------------------------------

   1 - filter("RN">=1)
   2 - filter(ROWNUM<=10)
```

分頁語句中如果出現了 SORT ORDER BY，這就意味著分頁語句沒有利用到索引已經排序的特性，執行計畫一般是錯誤的，這時需要新建正確的索引。

現有如下 SQL（注意，過濾條件有等值條件，也有非等值條件，當然也有 order by），現在要將查詢結果分頁顯示，每頁顯示 10 條。

```
select * from t_page where owner = 'SYS' and object_id > 1000 order by object_name;
```

大家請思考，應該怎麼新建索引，從而最佳化上面的分頁語句呢？上文提到，如果分頁語句中有排序欄，新建索引的時候，要將排序欄包含在索引中。所以現在我們只需要將過濾欄 owner、object_id 以及排序欄 object_name 組合起來新建索引中即可。

因為 owner 是等值過濾，object_id 是非等值過濾，新建索引的時候，我們要優先將等值過濾欄和排序欄組合在一起，然後再將非等值過濾欄放到後面。

```
SQL> create index idx_ownernameid on t_page(owner,object_name,object_id);

Index created.
```

讓我們查看強制走索引（idx_ownernameid）帶有 A-Rows 的執行計畫（省略了部分資料）。

```
SQL> select * from table(dbms_xplan.display_cursor(null,null,'ALLSTATS LAST'));

PLAN_TABLE_OUTPUT
-----------------------------------------------------------------------------------
SQL_ID  07z0dkm4a9qdz, child number 0
-------------------------------------
select *    from (select *           from (select a.*, rownum rn
        from (select /*+ index(t_page idx_ownernameid) */
            *                        from t_page
      where owner = 'SYS'                        and object_id >
1000                     order by object_name) a)          where
rownum <= 10)   where rn >= 1

Plan hash value: 2090516350


------------------------------------------------------------------------------------
| Id |Operation                      |Name            |Starts|E-Rows| A-Rows |Buffers|
------------------------------------------------------------------------------------
|  0 |SELECT STATEMENT               |                |    1|      |     10 |    14|
|* 1 | VIEW                          |                |    1|    10|     10 |    14|
|* 2 |  COUNT STOPKEY                |                |    1|      |     10 |    14|
|  3 |   VIEW                        |                |    1| 26937|     10 |    14|
|  4 |    COUNT                      |                |    1|      |     10 |    14|
|  5 |     VIEW                      |                |    1| 26937|     10 |    14|
|  6 |      TABLE ACCESS BY INDEX ROWID|T_PAGE        |    1| 26937|     10 |    14|
|* 7 |       INDEX RANGE SCAN        |IDX_OWNERNAMEID |    1|   254|     10 |     4|
------------------------------------------------------------------------------------

Predicate Information (identified by operation id):
---------------------------------------------------

   1 - filter("RN">=1)
   2 - filter(ROWNUM<=10)
   7 - access("OWNER"='SYS' AND "OBJECT_ID">1000)
       filter("OBJECT_ID">1000)
```

執行計畫中沒有 SORT ORDER BY，邏輯讀取也才 14 個，說明執行計畫非常理想。也許大家會問，為何不新建如下這樣索引呢？

```
SQL> create index idx_owneridname on t_page(owner,object_id,object_name);

Index created.
```

我們查看強制走索引（idx_owneridname）帶有 A-Rows 的執行計畫（省略了部分資料）。

```
SQL> select * from table(dbms_xplan.display_cursor(null,null,'ALLSTATS LAST'));

PLAN_TABLE_OUTPUT
-------------------------------------------------------------------------------
SQL_ID  7bm9sf2u94uxa, child number 0
-------------------------------------
select *    from (select *           from (select a.*, rownum rn
         from (select /*+ index(t_page idx_owneridname) */
          *                          from t_page
      where owner = 'SYS'                        and object_id >
1000                       order by object_name) a)          where
rownum <= 10)  where rn >= 1

Plan hash value: 2498002320
```

Id	Operation		Name	Starts	E-Rows	A-Rows	Buffers
0	SELECT STATEMENT			1		10	1002
* 1	VIEW			1	10	10	1002
* 2	COUNT STOPKEY			1		10	1002
3	VIEW			1	26937	10	1002
4	COUNT			1		10	1002
5	VIEW			1	26937	10	1002
6	SORT ORDER BY			1	26937	10	1002
7	TABLE ACCESS BY INDEX ROWID	T_PAGE		1	26937	29919	1002
* 8	INDEX RANGE SCAN	IDX_OWNERIDNAME		1	26937	29919	189

```
Predicate Information (identified by operation id):
--------------------------------------------------

   1 - filter("RN">=1)
   2 - filter(ROWNUM<=10)
   8 - access("OWNER"='SYS' AND "OBJECT_ID">1000 AND "OBJECT_ID" IS NOT NULL)
```

該執行計畫中有 SORT ORDER BY，說明沒有用到索引已經排序特性，而且邏輯讀取為 1002 個，這說明該執行計畫是錯誤的。為什麼該執行計畫是錯誤的呢？這是因為該分頁語句是根據 object_name 進行排序的，但是新建索引的時候是按照 owner、object_id、object_name 順序新建索引的，索引中前 5 條資料如下。

```
SQL> select *
  2    from (select rownum rn, owner, object_id, object_name
  3            from t_page
  4           where owner = 'SYS'
  5             and object_id > 1000
  6           order by owner, object_id, object_name)
  7   where rownum <= 5;

    RN OWNER   OBJECT_ID OBJECT_NAME
---------- ----- ---------- ------------
     1 SYS          1001 NOEXP$
     2 SYS          1002 EXPPKGOBJ$
     3 SYS          1003 I_OBJTYPE
     4 SYS          1004 EXPPKGACT$
     5 SYS          1005 I_ACTPACKAGE
```

在這前 5 條資料中，我們按照分頁語句排序條件 object_name 進行排序，應該是第 4 列資料顯示為第一列資料，但是它在索引中排到了第 4 列，所以索引中資料的順序並不能滿足分頁語句中的排序要求，這就產生了 SORT ORDER BY，進而導致執行計畫錯誤。為什麼按照 owner、object_name、object_id 順序新建索引的執行計畫是對的呢？現在我們取索引中前 5 條資料。

```
SQL> select *
  2    from (select rownum rn, owner, object_id, object_name
  3            from t_page
  4           where owner = 'SYS'
  5             and object_id > 1000
  6           order by owner,object_name,object_id)
  7   where rownum <= 5;

    RN OWNER   OBJECT_ID OBJECT_NAME
---------- ----- ---------- --------------------------------
     1 SYS         34042 /1000323d_DelegateInvocationHa
     2 SYS         44844 /1000e8d1_LinkedHashMapValueIt
     3 SYS         23397 /1005bd30_LnkdConstant
     4 SYS         19737 /10076b23_OraCustomDatumClosur
     5 SYS         45460 /100c1606_StandardMidiFileRead
```

索引中的資料順序完全符合分頁語句中的排序要求，這就不需要我們進行 SORT ORDER BY 了，所以該執行計畫是對的。

現在我們繼續完善分頁語句的最佳化思維：如果分頁語句中有排序（order by），要利用索引已經排序特性，將 order by 的欄按照排序的先後順序包含在索引中，同時要注意排序是昇冪還是降冪。如果分頁語句中有過濾條件，我們要注意過濾條件是否有等值過濾條件，如果有等值過濾條件，要將等值過濾條件優先組合在一起，然後將排序欄放在等值過濾條件後面，最後將非等值過濾欄放排序欄後面。如果分頁語句中沒有等值過濾條件，我們應該先將排序欄放在索引前面，將非等值過濾欄放後面，最後利用 rownum 的 COUNT STOPKEY 特性來最佳化分頁 SQL。如果分頁中沒有排序，可以直接利用 rownum 的 COUNT STOPKEY 特性來最佳化分頁 SQL。

如果我們想一眼看出分頁語句執行計畫是正確還是錯誤的，先看分頁語句有沒有 ORDER BY，再看執行計畫有沒有 SORT ORDER BY，如果執行計畫中有 SORT ORDER BY，執行計畫一般都是錯誤的。

請大家思考一下，如下分頁語句應該如何建立索引（提示：該 SQL 沒有等值過濾）？

```
select *
  from (select *
          from (select a.*, rownum rn
                  from (select *
                          from t_page
                         where owner like 'SYS%'
                           and object_id > 1000
                         order by object_name) a)
         where rownum <= 10)
 where rn >= 1;
```

如果分頁語句中排序的表是分區表，這時我們要看分頁語句中是否有跨分區掃描，如果有跨分區掃描，新建索引一般都新建為 global 索引，如果不新建 global 索引，就無法保證分頁的順序與索引的順序一致。如果就只掃描一個分區，這時可以新建 local 索引。

現在我們新建一個根據 object_id 範圍分區的分區表 p_test，並且插入測試資料。

```
SQL> create table p_test(
  2    OWNER          VARCHAR2(30),
  3    OBJECT_NAME    VARCHAR2(128),
  4    SUBOBJECT_NAME VARCHAR2(30),
  5    OBJECT_ID      NUMBER,
  6    DATA_OBJECT_ID NUMBER,
  7    OBJECT_TYPE    VARCHAR2(19),
  8    CREATED        DATE,
  9    LAST_DDL_TIME  DATE,
 10    TIMESTAMP      VARCHAR2(19),
 11    STATUS         VARCHAR2(7),
 12    TEMPORARY      VARCHAR2(1),
 13    GENERATED      VARCHAR2(1),
 14    SECONDARY      VARCHAR2(1),
 15    NAMESPACE      NUMBER,
 16    EDITION_NAME   VARCHAR2(30)
```

```
17  ) partition by range (object_id)
18  (
19  partition p1 values less than (10000),
20  partition p2 values less than (20000),
21  partition p3 values less than (30000),
22  partition p4 values less than (40000),
23  partition p5 values less than (50000),
24  partition p6 values less than (60000),
25  partition p7 values less than (70000),
26  partition p8 values less than (80000),
27  partition pmax values less than(maxvalue)
28  );

Table created.

SQL> insert into p_test select * from dba_objects;

72662 rows created.

SQL> commit;
```

現有如下分頁語句（根據範圍分區欄排序）。

```
select *
  from (select *
          from (select a.*, rownum rn
                  from (select * from p_test order by object_id) a)
          where rownum <= 10)
 where rn >= 1;
```

該分頁語句沒有過濾條件，因此會掃描表中所有分區。因為排序欄恰好是範圍分區欄，範圍分區每個分區的資料也是遞增的，這時我們新建索引可以新建為 local 索引。但是如果將範圍分區改成 LIST 分區或者 HASH 分區，這時我們就必須新建 global 索引，因為 LIST 分區和 HASH 分區是無序的。

現在我們新建 local 索引。

```
SQL> create index idx_ptest_id on p_test(object_id,0) local;

Index created.
```

我們查看強制走索引（idx_ptest_id）帶有 A-Rows 的執行計畫（省略了部分資料）。

```
SQL> select * from table(dbms_xplan.display_cursor(null,null,'ALLSTATS LAST'));

PLAN_TABLE_OUTPUT
--------------------------------------------------------------------------------
SQL_ID  3rp1uz98fgggq, child number 0
------------------------------------
select *    from (select *            from (select a.*, rownum rn
```

```
          from (select /*+ index(p_test idx_ptest_id) */
              *                      from p_test
   order by object_id) a)          where rownum <= 10)  where rn >= 1

Plan hash value: 1636704844


---------------------------------------------------------------------------
| Id |Operation                              |Name        |Starts|E-Rows|A-ows|Buffers|
---------------------------------------------------------------------------
|  0 |SELECT STATEMENT                       |            |    1|      |   10|      5|
|* 1 | VIEW                                  |            |    1|    10|   10|      5|
|* 2 |  COUNT STOPKEY                        |            |    1|      |   10|      5|
|  3 |   VIEW                                |            |    1| 51888|   10|      5|
|  4 |    COUNT                              |            |    1|      |   10|      5|
|  5 |     VIEW                              |            |    1| 51888|   10|      5|
|  6 |      PARTITION RANGE ALL              |            |    1| 51888|   10|      5|
|  7 |       TABLE ACCESS BY LOCAL INDEX ROWID|P_TEST     |    1| 51888|   10|      5|
|  8 |        INDEX FULL SCAN                |IDX_PTEST_ID|    1| 51888|   10|      3|
---------------------------------------------------------------------------

Predicate Information (identified by operation id):
---------------------------------------------------

   1 - filter("RN">=1)
   2 - filter(ROWNUM<=10)
```

現有如下分頁語句（根據 object_name 排序）。

```
select *
  from (select *
          from (select a.*, rownum rn
                  from (select * from p_test order by object_name) a)
        where rownum <= 10)
 where rn >= 1;
```

這時我們就需要新建 global 索引，如果新建 local 索引會導致產生 SORT ORDER BY。

```
SQL> create index idx_ptest_name on p_test(object_name,0) local;

Index created.
```

現在查看強制走索引（idx_ptest_name）帶有 A-Rows 的執行計畫（省略了部分資料）。

```
SQL> select * from table(dbms_xplan.display_cursor(null,null,'ALLSTATS LAST'));

PLAN_TABLE_OUTPUT
--------------------------------------------------------------------------
SQL_ID  50hgw72gnvs83, child number 0
--------------------------------------
select *    from (select *              from (select a.*, rownum rn
```

```
            from (select /*+ index(p_test idx_ptest_name) */
                *                           from p_test
        order by object_name) a)        where rownum <= 10)  where rn >=1

Plan hash value: 2548872510


---------------------------------------------------------------------------------
| Id |Operation                                    |Name         |Starts|E-Rows|A-Rows|Buffers |
---------------------------------------------------------------------------------
|  0 |SELECT STATEMENT                             |             |    1|      |    10| 35530 |
|* 1 |  VIEW                                       |             |    1|    10|    10| 35530 |
|* 2 |   COUNT STOPKEY                             |             |    1|      |    10| 35530 |
|  3 |    VIEW                                     |             |    1| 51888|    10| 35530 |
|  4 |     COUNT                                   |             |    1|      |    10| 35530 |
|  5 |      VIEW                                   |             |    1| 51888|    10| 35530 |
|  6 |       SORT ORDER BY                         |             |    1| 51888|    10| 35530 |
|  7 |        PARTITION RANGE ALL                  |             |    1| 51888| 72662| 35530 |
|  8 |         TABLE ACCESS BY LOCAL INDEX ROWID|P_TEST       |    9| 51888| 72662| 35530 |
|  9 |          INDEX FULL SCAN                    |IDX_PTEST_NAME|    9| 51888| 72662|   392 |
---------------------------------------------------------------------------------


Predicate Information (identified by operation id):
---------------------------------------------------

   1 - filter("RN">=1)
   2 - filter(ROWNUM<=10)
```

現在我們將索引 idx_ptest_name 重建為 global 索引。

```
SQL> drop index idx_ptest_name;

Index dropped.

SQL> create index idx_ptest_name on p_test(object_name,0);

Index created.
```

查看強制走索引（idx_ptest_name）帶有 A-Rows 的執行計畫（省略了部分資料）。

```
SQL> select * from table(dbms_xplan.display_cursor(null,null,'ALLSTATS LAST'));

PLAN_TABLE_OUTPUT
---------------------------------------------------------------------------------
SQL_ID  50hgw72gnvs83, child number 0
-------------------------------------
select *   from (select *          from (select a.*, rownum rn
         from (select /*+ index(p_test idx_ptest_name) */
            *                          from p_test
       order by object_name) a)        where rownum <= 10)  where rn >=1

Plan hash value: 4135902528
```

```
--------------------------------------------------------------------------------
| Id |Operation                             |Name          |Starts|E-Rows|A-Rows|Buffers|
--------------------------------------------------------------------------------
|  0 |SELECT STATEMENT                      |              |    1|      |   10|   10|
|* 1 | VIEW                                 |              |    1|    10|   10|   10|
|* 2 |  COUNT STOPKEY                       |              |    1|      |   10|   10|
|  3 |   VIEW                               |              |    1| 51888|   10|   10|
|  4 |    COUNT                             |              |    1|      |   10|   10|
|  5 |     VIEW                             |              |    1| 51888|   10|   10|
|  6 |      TABLE ACCESS BY GLOBAL INDEX ROWID|P_TEST      |    1| 51888|   10|   10|
|  7 |       INDEX FULL SCAN                |IDX_PTEST_NAME|    1| 51888|   10|    4|
--------------------------------------------------------------------------------

Predicate Information (identified by operation id):
---------------------------------------------------

   1 - filter("RN">=1)
   2 - filter(ROWNUM<=10)
```

8.3.2　多表關聯分頁最佳化思維

多表關聯分頁語句，要利用索引已經排序特性、ROWNUM 的 COUNT STOPKEY 特性以及巢狀嵌套迴圈傳值特性來最佳化。

現在我們新建另外一個測試表 T_PAGE2。

```
SQL> create table t_page2 as select * from dba_objects;

Table created.
```

現有如下分頁語句。

```
select *
  from (select *
          from (select a.owner,
                       a.object_id,
                       a.subobject_name,
                       a.object_name,
                       rownum rn
                  from (select t1.owner,
                               t1.object_id,
                               t1.subobject_name,
                               t2.object_name
                          from t_page t1, t_page2 t2
                         where t1.object_id = t2.object_id
                         order by t2.object_name) a)
         where rownum <= 10)
 where rn >= 1;
```

分頁語句中排序欄是 t_page2 的 object_name，我們需要對其新建一個索引。

```
SQL> create index idx_page2_name on t_page2(object_name,0);

Index created.
```

現在強制 t_page2 走剛才新建的索引並且讓其作為巢狀嵌套迴圈驅動表，t_page
作為巢狀嵌套迴圈被驅動表，利用 rownum 的 COUNT STOPKEY 特性，掃描到
10 條資料，SQL 就停止。現在我們查看強制走索引，強制走巢狀嵌套迴圈的 A-
ROWS 執行計畫。

```
SQL> select * from table(dbms_xplan.display_cursor(null,null,'ALLSTATS LAST'));

PLAN_TABLE_OUTPUT
--------------------------------------------------------------------------------
SQL_ID  g0gpgftwrfwzt, child number 0
--------------------------------------
select *    from (select *            from (select
a.owner,a.object_id,a.subobject_name,a.object_name, rownum rn
        from (select /*+ index(t2 idx_page2_name) leading(t2) use_nl(t2,t1)  */
t1.owner,t1.object_id,t1.subobject_name,t2.object_name
        from t_page t1, t_page2 t2      where
t1.object_id = t2.object_id      order by
t2.object_name) a)    where rownum <= 10)  where rn >= 1

Plan hash value: 4182646763
```

Id	Operation	Name	Starts	E-Rows	A-Rows	Buffers
0	SELECT STATEMENT		1		10	29
* 1	VIEW		1	10	10	29
* 2	COUNT STOPKEY		1		10	29
3	VIEW		1	61800	10	29
4	COUNT		1		10	29
5	VIEW		1	61800	10	29
6	NESTED LOOPS		1	61800	10	29
7	TABLE ACCESS BY INDEX ROWID	T_PAGE2	1	66557	10	10
8	INDEX FULL SCAN	IDX_PAGE2_NAME	1	66557	10	4
9	TABLE ACCESS BY INDEX ROWID	T_PAGE	10	1	10	19
*10	INDEX RANGE SCAN	IDX_PAGE	10	1	10	13

```
Predicate Information (identified by operation id):
---------------------------------------------------

   1 - filter("RN">=1)
   2 - filter(ROWNUM<=10)
  10 - access("T1"."OBJECT_ID"="T2"."OBJECT_ID")
```

從執行計畫中我們看到，驅動表走的是排序欄的索引，掃描了 10 列資料，傳值
10 次給被驅動表，然後 SQL 停止執行，邏輯讀取一共 29 個，該執行計畫是正
確的，而且是最佳執行計畫。

大家思考一下，對於上面的分頁語句，能否走 HASH 連接？如果 SQL 跑了
HASH 連接，這時兩個表關聯之後得到的結果無法保證是有序的，這就需要關
聯完成後再進行一次排序（SORT ORDER BY），所以不能走 HASH 連接，同理
也不能走排序合併連接。

為什麼多表關聯的分頁語句必須走巢狀嵌套迴圈呢？這是因為巢狀嵌套迴圈是
驅動表傳值給被驅動表，如果驅動表返回的資料是有序的，那麼關聯之後的結
果集也是有序的，這樣就可以消除 SORT ORDER BY。

現有如下分頁語句（排序欄來自兩個表）。

```
select *
  from (select *
          from (select a.owner,
                       a.object_id,
                       a.subobject_name,
                       a.object_name,
                       rownum rn
                  from (select t1.owner,
                               t1.object_id,
                               t1.subobject_name,
                               t2.object_name
                          from t_page t1, t_page2 t2
                         where t1.object_id = t2.object_id
                         order by t2.object_name ,t1.subobject_name) a)
         where rownum <= 10)
 where rn >= 1;
```

因為以上分頁語句排序欄來自多個表，這就需要等兩表關聯完之後再進行排
序，這樣無法消除 SORT ORDER BY，所以以上 SQL 語句無法最佳化，兩表之
間也只能走 HASH 連接。如果想最佳化上面分頁語句，我們可以與業務溝通，
去掉一個表的排序欄，這樣就不需要等兩表關聯完之後再進行排序。

現有如下分頁語句（根據外連接從表排序）。

```
select *
  from (select *
          from (select a.owner,
                       a.object_id,
                       a.subobject_name,
                       a.object_name,
                       rownum rn
                  from (select t1.owner,
                               t1.object_id,
                               t1.subobject_name,
                               t2.object_name
                          from t_page t1 left join t_page2 t2
```

```
                              on t1.object_id = t2.object_id
                              order by t2.object_name) a)
        where rownum <= 10)
where rn >= 1;
```

兩表關聯如果是外連接，當兩表用巢狀嵌套迴圈進行連接的時候，驅動表只能是主表。這裡主表是 t1，但是排序欄來自 t2，在分頁語句中，對哪個表排序，就應該讓其作為巢狀嵌套迴圈驅動表。但是這裡相互矛盾。所以該分頁語句無法最佳化，t1 與 t2 只能走 HASH 連接。如果想要最佳化以上分頁語句，我們只能讓 t1 表中的欄作為排序欄。

分頁語句中也不能有 distinct、group by、max、min、avg、union、union all 等關鍵字。因為當分頁語句中有這些關鍵字，我們需要等表關聯完或者資料都跑完之後再來分頁，這樣效能很差。

最後，我們總結一下多表關聯分頁最佳化思維。多表關聯分頁語句，如果有排序，只能對其中一個表進行排序，讓參與排序的表作為巢狀嵌套迴圈的驅動表，並且要控制驅動表返回的資料順序與排序的順序一致，其餘表的連接欄要新建好索引。如果有外連接，我們只能選擇主表的欄作為排序欄，語句中不能有 distinct、group by、max、min、avg、union、union all，執行計畫中不能出現 SORT ORDER BY。

8.4 使用分析函數最佳化自連接

現有如下 SQL 及其執行計畫。

```
SQL> select ename,deptno,sal
  2    from emp a
  3   where sal = (select max(sal) from emp b where a.deptno = b.deptno);

Execution Plan
----------------------------------------------------------
Plan hash value: 1245077725
-------------------------------------------------------------------------------
| Id  | Operation          | Name    | Rows  | Bytes | Cost (%CPU)| Time     |
-------------------------------------------------------------------------------
|   0 | SELECT STATEMENT   |         |     1 |    39 |     8  (25)| 00:00:01 |
|*  1 |  HASH JOIN         |         |     1 |    39 |     8  (25)| 00:00:01 |
|   2 |   VIEW             | VW_SQ_1 |     3 |    78 |     4  (25)| 00:00:01 |
|   3 |    HASH GROUP BY   |         |     3 |    21 |     4  (25)| 00:00:01 |
```

```
|   4 |     TABLE ACCESS FULL| EMP      |     14 |      98 |     3   (0)| 00:00:01 |
|   5 |     TABLE ACCESS FULL | EMP     |     14 |     182 |     3   (0)| 00:00:01 |
--------------------------------------------------------------------------------

Predicate Information (identified by operation id):
---------------------------------------------------

   1 - access("SAL"="MAX(SAL)" AND "A"."DEPTNO"="ITEM_1")
```

該 SQL 表示查詢員工表中每個部門工資最高的員工的所有資訊，存取了 EMP 表兩次。

我們可以利用分析函數對上面 SQL 進行等價改寫，使 EMP 只存取一次。

分析函數的寫法如下。

```
SQL> select ename, deptno, sal
  2    from (select a.*, max(sal) over(partition by deptno) max_sal from emp a)
  3    where sal = max_sal;


Execution Plan
----------------------------------------------------------
Plan hash value: 4130734685
--------------------------------------------------------------------------------
| Id  | Operation          | Name | Rows  | Bytes | Cost (%CPU)| Time     |
--------------------------------------------------------------------------------
|   0 | SELECT STATEMENT   |      |    14 |   644 |     4  (25)| 00:00:01 |
|*  1 |  VIEW              |      |    14 |   644 |     4  (25)| 00:00:01 |
|   2 |   WINDOW SORT      |      |    14 |   182 |     4  (25)| 00:00:01 |
|   3 |    TABLE ACCESS FULL| EMP |    14 |   182 |     3   (0)| 00:00:01 |
--------------------------------------------------------------------------------

Predicate Information (identified by operation id):
---------------------------------------------------

   1 - filter("SAL"="MAX_SAL")
```

使用分析函數改寫之後，減少了資料表掃描的次數，EMP 表越大，效能提升越明顯。

8.5　超大表與超小表關聯最佳化方法

現有如下 SQL。

```
select * from a,b where a.object_id=b.object_id;
```

表 a 有 30MB，表 b 有 30GB，兩表關聯後返回大量資料，應該走 HASH 連接，因為 a 是小表所以 a 應該作為 HASH JOIN 的驅動表，大表 b 作為 HASH JOIN 的被驅動表。在進行 HASH JOIN 的時候，驅動表會被放到 PGA 中，這裡，因為驅動表 a 只有 30MB，PGA 能夠完全容納下驅動表。因為被驅動表 b 特別大，想要加快 SQL 查詢速度，必須開啟平行查詢。超大表與超小表在進行平行 HASH 連接的時候，可以將小表（驅動表）廣播到所有的查詢進程，然後對大表進行平行隨機掃描，每個查詢進程查詢部分 b 表資料，然後再進行關聯。假設對以上 SQL 啟用 6 個平行進程對 a 表的平行廣播，對 b 表進行隨機平行掃描（每部分記為 b1、b2、b3、b4、b5、b6）其實就相當於將以上 SQL 內部等價改寫為下面 SQL。

```
select * from a,b1 where a.object_id=b1.object_id  ---平行進行
union all
select * from a,b2 where a.object_id=b2.object_id  ---平行進行
union all
select * from a,b3 where a.object_id=b3.object_id  ---平行進行
union all
select * from a,b4 where a.object_id=b4.object_id  ---平行進行
union all
select * from a,b5 where a.object_id=b5.object_id  ---平行進行
union all
select * from a,b6 where a.object_id=b6.object_id; ---平行進行
```

怎麼才能讓 a 表進行廣播呢？我們需要新增 hint ： pq_distribute（驅動表 none，broadcast）。

現在我們來查看 a 表平行廣播的執行計畫（為了方便排版，執行計畫中省略了部分資料）。

```
SQL> explain plan for select
 /*+ parallel(6) use_hash(a,b) pq_distribute(a none,broadcast) */
  2    *
  3    from a, b
  4   where a.object_id = b.object_id;

Explained.
```

```
SQL> select * from table(dbms_xplan.display);

PLAN_TABLE_OUTPUT
--------------------------------------------------------------------------------
Plan hash value: 3536517442
--------------------------------------------------------------------------------
| Id  | Operation               | Name     | Rows  | Bytes |IN-OUT| PQ Distrib |
--------------------------------------------------------------------------------
|   0 | SELECT STATEMENT        |          | 5064K | 1999M |      |            |
|   1 |  PX COORDINATOR         |          |       |       |      |            |
|   2 |   PX SEND QC (RANDOM)   | :TQ10001 | 5064K | 1999M | P->S | QC (RAND)  |
|*  3 |    HASH JOIN            |          | 5064K | 1999M | PCWP |            |
|   4 |     PX RECEIVE          |          | 74893 |   14M | PCWP |            |
|   5 |      PX SEND BROADCAST  | :TQ10000 | 74893 |   14M | P->P | BROADCAST  |
|   6 |       PX BLOCK ITERATOR |          | 74893 |   14M | PCWC |            |
|   7 |        TABLE ACCESS FULL| A        | 74893 |   14M | PCWP |            |
|   8 |     PX BLOCK ITERATOR   |          | 5064K |  999M | PCWC |            |
|   9 |      TABLE ACCESS FULL  | B        | 5064K |  999M | PCWP |            |
--------------------------------------------------------------------------------

Predicate Information (identified by operation id):
---------------------------------------------------

   3 - access("A"."OBJECT_ID"="B"."OBJECT_ID")
```

如果小表進行了廣播，執行計畫 Operation 會出現 PX SEND BROADCAST 關鍵字，PQ Distrib 會出現 BROADCAST 關鍵字。注意：如果是兩個大表關聯，千萬不能讓大表廣播。

8.6　超大表與超大表關聯最佳化方法

現有如下 SQL。

```
select * from a,b where a.object_id=b.object_id;
```

表 a 有 4GB，表 b 有 6GB，兩表關聯後返回大量資料，應該走 HASH 連接。因為 a 比 b 小，所以 a 表應該作為 HASH JOIN 的驅動表。驅動表 a 有 4GB，需要放入 PGA 中。因為 PGA 中 work area 不能超過 2G，所以 PGA 不能完全容納下驅動表，這時有部分資料會溢出到磁片（TEMP）進行 on-disk hash join。我們可以開啟平行查詢加快查詢速度。超大表與超大表在進行平行 HASH 連接的時候，需要將兩個表根據連接欄進行 HASH 運算，然後將運算結果放到 PGA 中，再進行 HASH 連接，這種平行 HASH 連接就叫作平行 HASH HASH 連接。假設對上面 SQL 啟用 6 個平行查詢，a 表會根據連接欄進行 HASH 運算然後拆分為 6 份，記為 a1、a2、a3、a4、a5、a6，b 表也會根據連接欄進行 HASH 運算然後拆分為 6 份，記為 b1、b2、b3、b4、b5、b6。那麼以上 SQL 開啟平行就相當於被改寫成如下 SQL。

```
select * from a1,b1 where a1.object_id=b1.object_id  ---平行進行
union all
select * from a2,b2 where a2.object_id=b2.object_id  ---平行進行
union all
select * from a3,b3 where a3.object_id=b3.object_id  ---平行進行
union all
select * from a4,b4 where a4.object_id=b4.object_id  ---平行進行
union all
select * from a5,b5 where a5.object_id=b5.object_id  ---平行進行
union all
select * from a6,b6 where a6.object_id=b6.object_id; ---平行進行
```

對於上面 SQL，開啟平行查詢就能避免 on-disk hash join，因為表不是特別大，而且被拆分到記憶體中了。怎麼寫 HINT 實作平行 HASH HASH 呢？我們需要新增 hint：pq_distribute（被驅動表 hash,hash）。

現在我們來查看平行 HASH HASH 的執行計畫（為了方便排版，執行計畫中省略了部分資料）。

```
SQL> explain plan for select
/*+ parallel(6) use_hash(a,b) pq_distribute(b hash,hash) */
  2    *
  3    from a, b
  4    where a.object_id = b.object_id;

Explained.

SQL> select * from table(dbms_xplan.display);

PLAN_TABLE_OUTPUT
--------------------------------------------------------------------------------
Plan hash value: 728916813
--------------------------------------------------------------------------------
```

Id	Operation	Name	Rows	Bytes	TempSpc	IN-OUT	PQ Distrib
0	SELECT STATEMENT		3046M	1174G			
1	PX COORDINATOR						
2	PX SEND QC (RANDOM)	:TQ10002	3046M	1174G		P->S	QC (RAND)
* 3	HASH JOIN BUFFERED		3046M	1174G	324M	PCWP	
4	PX RECEIVE		9323K	1840M		PCWP	
5	**PX SEND HASH**	:TQ10000	9323K	1840M		P->P	**HASH**
6	PX BLOCK ITERATOR		9323K	1840M		PCWC	
7	TABLE ACCESS FULL	A	9323K	1840M		PCWP	
8	PX RECEIVE		20M	4045M		PCWP	

```
|  9 |       PX SEND HASH       | :TQ10001 |  20M| 4045M|   | P->P |HASH    |
| 10 |        PX BLOCK ITERATOR |          |  20M| 4045M|   | PCWC |        |
| 11 |         TABLE ACCESS FULL| B        |  20M| 4045M|   | PCWP |        |
---------------------------------------------------------------------------

Predicate Information (identified by operation id):
---------------------------------------------------

   3 - access("A"."OBJECT_ID"="B"."OBJECT_ID")
```

兩表如果進行的是平行 HASH HASH 關聯，執行計畫 Operation 會出現 PX SEND
HASH 關鍵字，PQ Distrib 會出現 HASH 關鍵字。

如果表 a 有 20G，表 b 有 30G，即使採用平行 HASH HASH 連接也很難跑出結
果，因為要把兩個表先映射到 PGA 中，這需要耗費一部分 PGA，之後在進行
HASH JOIN 的時候也需要部分 PGA，此時 PGA 根本就不夠用，如果我們查看
等待事件，會發現進程一直在做 DIRECT PATH READ/WRITE TEMP。

如何解決超級大表（幾十 GB）與超級大表（幾十 GB）關聯的效能問題呢？我
們可以根據平行 HASH HASH 關聯的思維，人工實作平行 HASH HASH。下面
就是人工實作平行 HASH HASH 的過程。

現在我們新建新表 p1，在表 a 的結構上新增一個欄位 HASH_VALUE，同時根
據 HASH_VALUE 進行 LIST 分區。

```
SQL> CREATE TABLE P1(
  2  HASH_VALUE NUMBER,
  3  OWNER VARCHAR2(30),
  4  OBJECT_NAME VARCHAR2(128),
  5  SUBOBJECT_NAME VARCHAR2(30),
  6  OBJECT_ID NUMBER,
  7  DATA_OBJECT_ID NUMBER,
  8  OBJECT_TYPE VARCHAR2(19),
  9  CREATED DATE,
 10  LAST_DDL_TIME DATE,
 11  TIMESTAMP VARCHAR2(19),
 12  STATUS VARCHAR2(7),
 13  TEMPORARY VARCHAR2(1),
 14  GENERATED VARCHAR2(1),
 15  SECONDARY VARCHAR2(1),
 16  NAMESPACE NUMBER,
 17  EDITION_NAME VARCHAR2(30)
 18  )
 19     PARTITION BY  list(HASH_VALUE)
 20  (
 21  partition p0 values (0),
 22  partition p1 values (1),
 23  partition p2 values (2),
```

```
24   partition p3 values (3),
25   partition p4 values (4)
26   );
```

Table created.

然後我們新建新表 p2，在表 b 的結構上新增一個欄位 HASH_VALUE，同時根據 HASH_VALUE 進行 LIST 分區。

```
SQL> CREATE TABLE P2(
  2    HASH_VALUE NUMBER,
  3    OWNER VARCHAR2(30),
  4    OBJECT_NAME VARCHAR2(128),
  5    SUBOBJECT_NAME VARCHAR2(30),
  6    OBJECT_ID NUMBER,
  7    DATA_OBJECT_ID NUMBER,
  8    OBJECT_TYPE VARCHAR2(19),
  9    CREATED DATE,
 10    LAST_DDL_TIME DATE,
 11    TIMESTAMP VARCHAR2(19),
 12    STATUS VARCHAR2(7),
 13    TEMPORARY VARCHAR2(1),
 14    GENERATED VARCHAR2(1),
 15    SECONDARY VARCHAR2(1),
 16    NAMESPACE NUMBER,
 17    EDITION_NAME VARCHAR2(30)
 18    )
 19      PARTITION BY  list(HASH_VALUE)
 20    (
 21    partition p0 values (0),
 22    partition p1 values (1),
 23    partition p2 values (2),
 24    partition p3 values (3),
 25    partition p4 values (4)
 26    );
```

Table created.

請注意，兩個表分區必須一模一樣，如果分區不一樣，就有資料無法關聯上。

我們將 a 表的資料移轉到新表 p1 中。

```
insert into p1
  select ora_hash(object_id, 4), a.* from a; ---注意排除 object_id 為 null 的資料
commit;
```

然後我們將 b 表的資料移轉到新表 p2 中。

```
insert into p2
  select ora_hash(object_id, 4), b.* from b; ---注意排除 object_id 為 null 的資料
commit;
```

下面 SQL 就是平行 HASH HASH 關聯的人工實作。

```sql
select *
  from p1, p2
 where p1.object_id = p2.object_id
   and p1.hash_value = 0
   and p2.hash_value = 0;

select *
  from p1, p2
 where p1.object_id = p2.object_id
   and p1.hash_value = 1
   and p2.hash_value = 1;

select *
  from p1, p2
 where p1.object_id = p2.object_id
   and p1.hash_value = 2
   and p2.hash_value = 2;

select *
  from p1, p2
 where p1.object_id = p2.object_id
   and p1.hash_value = 3
   and p2.hash_value = 3;

select *
  from p1, p2
 where p1.object_id = p2.object_id
   and p1.hash_value = 4
   and p2.hash_value = 4;
```

此方法運用了 ora_hash 函數。Oracle 中的 HASH 分區就是利用的 ora_hash 函數。

ora_hash 使用方法如下：

ora_hash(欄, HASH 桶)，HASH 桶預設是 4294967295，其值可以設定 0～4294967295。

ora_hash(object_id, 4)會把 object_id 的值進行 HASH 運算，然後放到 0、1、2、3、4 這些桶裡面，也就是說 ora_hash(object_id, 4)只會產生 0、1、2、3、4 這幾個值。

將大表（a, b）拆分為分區表（p1, p2）之後，我們只需要依次關聯對應的分區，這樣就不會出現 PGA 不足的問題，從而解決了超級大表關聯查詢的效率問題。在實際生產環境中，需要新增多少分區，請自己判斷。

8.7 LIKE 語句最佳化方法

我們先新建測試表 T。

```
SQL> create table t as select * from dba_objects;
Table created.
```

現在有如下語句。

```
select * from t where object_name like '%SEQ%';
```

因為需要對字串兩邊進行模糊匹配，而索引根塊和分支塊儲存的是首碼資料
（也就是說 object like **'SEQ%'** 才能走索引），所以上面 SQL 查詢無法走索
引。

如果強制走索引，會走 INDEX FULL SCAN。

```
SQL> create index idx_ojbname on t(object_name);
Index created.
```

查看強制走索引的執行計畫。

```
SQL> select /*+ index(t) */ * from t where object_name like '%SEQ%';

208 rows selected.

Execution Plan
----------------------------------------------------------
Plan hash value: 3894507753

--------------------------------------------------------------------------------
| Id | Operation                    |Name        | Rows | Bytes | Cost(%CPU)|Time     |
--------------------------------------------------------------------------------
|  0 | SELECT STATEMENT             |            |  219 | 45333 |  2214  (1)|00:00:27|
|  1 |  TABLE ACCESS BY INDEX ROWID|T           |  219 | 45333 |  2214  (1)|00:00:27|
|* 2 |   INDEX FULL SCAN            |IDX_OJBNAME | 3395 |       |   362  (1)|00:00:05|
--------------------------------------------------------------------------------

Predicate Information (identified by operation id):
---------------------------------------------------

   2 - filter("OBJECT_NAME" LIKE '%SEQ%')
```

INDEX FULL SCAN 是單塊讀取，效能不如全資料表掃描。大家可能會有疑
問，可不可以走 INDEX FAST FULL SCAN 呢？答案是不可以，因為 INDEX
FAST FULL SCAN 不能回表，而上面 SQL 查詢需要回表（select *）。

我們可以新建一個表當索引用，用來代替 INDEX FAST FULL SCAN 不能回表的情況。

```
SQL> create table index_t as select object_name,rowid rid from t;

Table created.
```

現在將 SQL 查詢改寫為如下 SQL。

```
select *
  from t
 where rowid in (select rid from index_t where object_name like '%SEQ%');
```

改寫完 SQL 之後，需要讓 index_t 與 t 走巢狀嵌套迴圈，同時讓 index_t 作為巢狀嵌套迴圈驅動表，這樣就達到了讓 index_t 充當索引的目的。

現在我們來對比兩個 SQL 的 autotrace 執行計畫。

```
SQL> select * from t where object_name like '%SEQ%';

208 rows selected.

Execution Plan
----------------------------------------------------------
Plan hash value: 1601196873

--------------------------------------------------------------------------
| Id  | Operation         | Name | Rows  | Bytes | Cost (%CPU)| Time     |
--------------------------------------------------------------------------
|   0 | SELECT STATEMENT  |      |   135 | 27945 |   235   (1)| 00:00:03 |
|*  1 |  TABLE ACCESS FULL| T    |   135 | 27945 |   235   (1)| 00:00:03 |
--------------------------------------------------------------------------

Predicate Information (identified by operation id):
---------------------------------------------------

   1 - filter("OBJECT_NAME" IS NOT NULL AND "OBJECT_NAME" LIKE '%SEQ%')

Note
-----
   - dynamic sampling used for this statement (level=2)


Statistics
----------------------------------------------------------
          5  recursive calls
          0  db block gets
       1117  consistent gets
          0  physical reads
          0  redo size
      12820  bytes sent via SQL*Net to client
        563  bytes received via SQL*Net from client
         15  SQL*Net roundtrips to/from client
```

```
         0  sorts (memory)
         0  sorts (disk)
       208  rows processed
SQL> select /*+ leading(index_t@a) use_nl(index_t@a,t) */
  2   *
  3    from t
  4   where rowid in (select /*+ qb_name(a) */
  5                    rid
  6                     from index_t
  7                    where object_name like '%SEQ%');

208 rows selected.

Execution Plan
----------------------------------------------------------
Plan hash value: 2608052908

-----------------------------------------------------------------------------------
| Id | Operation                   | Name    | Rows | Bytes | Cost (%CPU)| Time     |
-----------------------------------------------------------------------------------
|  0 | SELECT STATEMENT            |         |   87 | 25839 |   140   (2)| 00:00:02 |
|  1 |  NESTED LOOPS               |         |   87 | 25839 |   140   (2)| 00:00:02 |
|  2 |   SORT UNIQUE               |         |   87 |  6786 |    95   (2)| 00:00:02 |
|* 3 |    TABLE ACCESS FULL        | INDEX_T |   87 |  6786 |    95   (2)| 00:00:02 |
|  4 |   TABLE ACCESS BY USER ROWID| T       |    1 |   219 |     1   (0)| 00:00:01 |
-----------------------------------------------------------------------------------

Predicate Information (identified by operation id):
---------------------------------------------------

   3 - filter("OBJECT_NAME" IS NOT NULL AND "OBJECT_NAME" LIKE '%SEQ%')

Note
-----
   - dynamic sampling used for this statement (level=2)

Statistics
----------------------------------------------------------
         0  recursive calls
         0  db block gets
       499  consistent gets
         0  physical reads
         0  redo size
     12820  bytes sent via SQL*Net to client
       563  bytes received via SQL*Net from client
        15  SQL*Net roundtrips to/from client
         1  sorts (memory)
         0  sorts (disk)
       208  rows processed
```

因為 t 表很小，表字段也不多，所以大家可能感覺效能提升不是特別大。當 t 表越大，效能提升就越明顯。採用這個方法還需要對 index_t 進行資料同步，我們可以將 index_t 新建為實體化檢視，更新方式採用 on commit 更新。

8.8　DBLINK 最佳化

現在有如下兩個表，a 表是遠端表（1800 萬），b 表是本機表（100 列）。

```
SQL> desc a@dblink
 Name            Null?     Type
 -------------------- -------- ------
 ID                        NUMBER
 NAME                      VARCHAR2(100)
 ADDRESS                   VARCHAR2(100)

SQL> select count(*) from a@dblink;

  COUNT(*)
----------
 18550272

SQL> desc b
 Name            Null?     Type
 -------------------- -------- ------
 ID                        NUMBER
 NAME                      VARCHAR2(100)
 ADDRESS                   VARCHAR2(100)

SQL> select count(*) from b;

  COUNT(*)
----------
      100
```

現有如下 SQL。

```
select * from a@dblink, b where a.id = b.id;
```

預設情況下，會將遠端表 a 的資料傳輸到本機，然後再進行關聯，autotrace 的
執行計畫如下。

```
SQL> set timi on
SQL> set autot trace
SQL> select * from a@dblink, b where a.id = b.id;

25600 rows selected.

Elapsed: 00:03:13.80

Execution Plan
----------------------------------------------------------
Plan hash value: 657970699
```

```
--------------------------------------------------------------------------------
| Id | Operation         |Name|Rows | Bytes | Cost (%CPU)| Time     | Inst  |IN-OUT|
--------------------------------------------------------------------------------
|  0 | SELECT STATEMENT  |    |  82| 19188 |   6  (17)| 00:00:01 |       |      |
|* 1 |  HASH JOIN        |    |  82| 19188 |   6  (17)| 00:00:01 |       |      |
|  2 |   REMOTE          |A   |  82|  9594 |   2   (0)| 00:00:01 | DBLINK| R->S |
|  3 |   TABLE ACCESS FULL|B  | 100| 11700 |   3   (0)| 00:00:01 |       |      |
--------------------------------------------------------------------------------

Predicate Information (identified by operation id):
---------------------------------------------------

  1 - access("A"."ID"="B"."ID")

Remote SQL Information (identified by operation id):
---------------------------------------------------

  2 - SELECT "ID","NAME","ADDRESS" FROM "A" "A" (accessing 'DBLINK' )

Statistics
------------------------------------------------------------
       769  recursive calls
         1  db block gets
        15  consistent gets
     91755  physical reads
       212  redo size
   1477532  bytes sent via SQL*Net to client
     19185  bytes received via SQL*Net from client
      1708  SQL*Net roundtrips to/from client
         0  sorts (memory)
         0  sorts (disk)
     25600  rows processed
```

遠端表 a 很大，對資料進行傳輸會耗費大量時間，本機表 b 表很小，而且 a 和 b 關聯之後返回資料量很少，我們可以將本機表 b 傳輸到遠端，在遠端進行關聯，然後再將結果集傳回本機，這時需要使用 hint：driving_site，下面 SQL 就是將 b 傳遞到遠端關聯的範例。

```
select /*+ driving_site(a) */ * from a@dblink, b  where a.id = b.id;
```

autotrace 的執行計畫如下。

```
SQL> select /*+ driving_site(a) */ * from a@dblink, b  where a.id = b.id;

25600 rows selected.

Elapsed: 00:00:06.08

Execution Plan
------------------------------------------------------------
Plan hash value: 4284963264
```

```
---------------------------------------------------------------------------
| Id  | Operation               | Name | Rows  | Bytes | Cost (%CPU)| Inst  |IN-OUT|
---------------------------------------------------------------------------
|  0  | SELECT STATEMENT REMOTE |      | 20931 | 4783K | 25565  (2)|       |      |
|* 1  |  HASH JOIN              |      | 20931 | 4783K | 25565  (2)|       |      |
|  2  |   REMOTE               | B    |    82 |  9594 |     2  (0)|    !  | R->S |
|  3  |   TABLE ACCESS FULL    | A    |   19M | 2173M | 25466  (1)|  ORCL |      |
---------------------------------------------------------------------------

Predicate Information (identified by operation id):
---------------------------------------------------

   1 - access("A2"."ID"="A1"."ID")

Remote SQL Information (identified by operation id):
---------------------------------------------------

   2 - SELECT "ID","NAME","ADDRESS" FROM "B" "A1" (accessing '!' )


Note
-----
   - fully remote statement


Statistics
---------------------------------------------------------------
          6  recursive calls
          0  db block gets
          8  consistent gets
          0  physical reads
          0  redo size
    1428836  bytes sent via SQL*Net to client
      19185  bytes received via SQL*Net from client
       1708  SQL*Net roundtrips to/from client
          0  sorts (memory)
          0  sorts (disk)
      25600  rows processed
```

將本機小表傳輸到遠端關聯，再返回結果只需 6 秒，相比將大表傳輸到本機，在效能上有巨大提升。

現在我們在遠端表 a 的連接欄建立索引。

```
SQL> create index idx_id on a(id);

Index created.
```

因為 b 表只有 100 列資料，a 表有 1800 萬列資料，兩表關聯之後返回 2.5 萬列資料，我們可以讓 a 與 b 走巢狀嵌套迴圈，b 作為驅動表，a 作為被驅動表，而且走連接索引。

```
SQL> select /*+ index(a) use_nl(a,b) leading(b) */ * from a@dblink, b  where a.id =
b.id;

25600 rows selected.

Elapsed: 00:00:00.84

Execution Plan
------------------------------------------------------------
Plan hash value: 1489534455
--------------------------------------------------------------------------------
| Id | Operation          | Name | Rows  | Bytes | Cost (%CPU)| Inst   |IN-OUT|
--------------------------------------------------------------------------------
|  0 | SELECT STATEMENT   |      | 7614K | 1699M | 54680 (100)|        |      |
|  1 |  NESTED LOOPS      |      | 7614K | 1699M | 54680 (100)|        |      |
|  2 |   TABLE ACCESS FULL| B    |   100 | 11700 |     3  (0)|        |      |
|  3 |   REMOTE           | A    | 76146 | 8700K |     3  (0)| DBLINK | R->S |
--------------------------------------------------------------------------------

Remote SQL Information (identified by operation id):
------------------------------------------------------------

   3 - SELECT /*+ USE_NL ("A") INDEX ("A") */ "ID","NAME","ADDRESS" FROM "A" "A"
       WHERE "ID"=:1 (accessing 'DBLINK' )

Statistics
------------------------------------------------------------
        0  recursive calls
        0  db block gets
      106  consistent gets
        0  physical reads
        0  redo size
   349986  bytes sent via SQL*Net to client
    19185  bytes received via SQL*Net from client
     1708  SQL*Net roundtrips to/from client
        0  sorts (memory)
        0  sorts (disk)
    25600  rows processed
```

強制 a 表走索引之後，這時我們只需將索引過濾之後的資料傳輸到本機，而無需將 a 表所有資料傳到本機，效能得到極大提升，SQL 耗時不到 1 秒。

現在我們將 b 表傳輸到遠端，強制 b 表作為巢狀嵌套迴圈驅動表。

```
SQL> select /*+ driving_site(a) use_nl(a,b) leading(b) */ * from a@dblink, b  where
a.id = b.id;

25600 rows selected.

Elapsed: 00:00:02.92

Execution Plan
------------------------------------------------------------
Plan hash value: 557259519
```

```
--------------------------------------------------------------------------------
| Id | Operation                    |Name   |Rows  | Bytes | Cost (%CPU)| Inst  |IN-OUT|
--------------------------------------------------------------------------------
|  0 | SELECT STATEMENT REMOTE      |       |20931 | 4783K | 20182   (1)|       |      |
|  1 |  NESTED LOOPS                |       |      |       |            |       |      |
|  2 |   NESTED LOOPS               |       |20931 | 4783K | 20182   (1)|       |      |
|  3 |    REMOTE                    |B      |   82 | 9594  |     2   (0)|    !  | R->S |
|* 4 |    INDEX RANGE SCAN          |IDX_ID |  255 |       |     2   (0)| ORCL  |      |
|  5 |   TABLE ACCESS BY INDEX ROWID|A      |  255 | 29835 |   246   (0)| ORCL  |      |
--------------------------------------------------------------------------------

Predicate Information (identified by operation id):
---------------------------------------------------

   4 - access("A2"."ID"="A1"."ID")

Remote SQL Information (identified by operation id):
---------------------------------------------------

   3 - SELECT /*+ USE_NL ("A1") */ "ID","NAME","ADDRESS" FROM "B" "A1" (accessing '!' )

Note
-----
   - fully remote statement

Statistics
---------------------------------------------------------
          6  recursive calls
          0  db block gets
          8  consistent gets
          0  physical reads
          0  redo size
     426684  bytes sent via SQL*Net to client
      19185  bytes received via SQL*Net from client
       1708  SQL*Net roundtrips to/from client
          0  sorts (memory)
          0  sorts (disk)
      25600  rows processed
```

該查詢耗時 2.9 秒，主要開銷耗費在網路傳輸上，首先我們要將 b 表傳輸到遠端，然後將 a 與 b 的關聯結果傳輸到本機，網路傳輸耗費了兩次。我們可以設定 arraysize 減少網路交互次數，從而減少網路開銷，如下所示。

```
SQL> set arraysize 1000
SQL> select /*+ driving_site(a) use_nl(a,b) leading(b) */ * from a@dblink, b  where
a.id = b.id;

25600 rows selected.

Elapsed: 00:00:00.29

Execution Plan
---------------------------------------------------------
Plan hash value: 557259519
```

```
-------------------------------------------------------------------
| Id | Operation                |Name  |Rows | Bytes | Cost (%CPU)|Inst  |IN-OUT|
-------------------------------------------------------------------
|  0 | SELECT STATEMENT REMOTE  |      |20931| 4783K| 20182   (1)|      |      |
|  1 |  NESTED LOOPS            |      |     |      |            |      |      |
|  2 |   NESTED LOOPS          |      |20931| 4783K| 20182   (1)|      |      |
|  3 |    REMOTE               |B     |   82| 9594 |    2    (0)|    ! | R->S |
|* 4 |    INDEX RANGE SCAN     |IDX_ID|  255|      |    2    (0)| ORCL|      |
|  5 |   TABLE ACCESS BY INDEX ROWID|A |  255| 29835|  246    (0)| ORCL|      |
-------------------------------------------------------------------

Predicate Information (identified by operation id):
---------------------------------------------------

   4 - access("A2"."ID"="A1"."ID")

Remote SQL Information (identified by operation id):
---------------------------------------------------

   3 - SELECT /*+ USE_NL ("A1") */ "ID","NAME","ADDRESS" FROM "B" "A1" (accessing '!' )

Note
-----
   - fully remote statement

Statistics
-----------------------------------------------------------
        3  recursive calls
        0  db block gets
        8  consistent gets
        0  physical reads
        0  redo size
   137698  bytes sent via SQL*Net to client
      694  bytes received via SQL*Net from client
       27  SQL*Net roundtrips to/from client
        0  sorts (memory)
        0  sorts (disk)
    25600  rows processed
```

注意觀察執行計畫中統計資訊欄目 SQL*Net roundtrips 從 1708 減少到 27。當需要將本機表傳輸到遠端關聯、再將關聯結果傳輸到本機的時候，我們可以設定 arraysize 最佳化 SQL。

如果遠端表 a 很大，本機表 b 也很大，兩表關聯返回資料量多，這時既不能將遠端表 a 傳到本機，也不能將本機表 b 傳到遠端，因為無論採用哪種方法，SQL 都很慢。我們可以在本機新建一個帶有 dblink 的實體化檢視，將遠端表 a 的資料更新到本機，然後再進行關聯。

如果 SQL 語句中有多個 dblink 來源，最好在本機針對每個 dblink 來源建立帶有 dblink 的實體化檢視，因為多個 dblink 來源之間進行資料傳輸，網路資訊交換會導致嚴重效能問題。

有時候會使用 dblink 對資料進行遷移,如果要遷移的資料量很大,我們可以使用批次游標進行遷移。以下是使用批次游標遷移資料的範例(將 a@dblink 的資料移轉到 b)。

```
declare
  cursor cur is
    select id, name, address from a@dblink;
  type cur_type is table of cur%rowtype index by binary_integer;
  v_cur cur_type;
begin
  open cur;
  loop
    fetch cur bulk collect
      into v_cur limit 100000;
    forall i in 1 .. v_cur.count
      insert into b
        (id, name, address)
      values
        (v_cur(i).id, v_cur(i).name, v_cur(i).address);
    commit;
    exit when cur%notfound or cur%notfound is null;
  end loop;
  close cur;
  commit;
end;
```

8.9　對表進行 ROWID 切片

對一個很大的分區表進行 UPDATE、DELETE,想要加快執行速度,可以按照分區,在不同的會話中對每個分區單獨進行 UPDATE、DELETE。但是對一個很大的非分區表進行 UPDATE、DELETE,如果只在一個會話裡面執行 SQL,很容易引發 UNDO 不夠,如果會話連接中斷,會導致大量資料從 UNDO 回滾,這將是一場災難。

對於非分區表,我們可以對表按照 ROWID 切片,然後開啟多個視窗同時執行 SQL,這樣既能加快執行速度,還能減少對 UNDO 的佔用。

Oracle 提供了一個內建函數 DBMS_ROWID.ROWID_CREATE()用於生成 ROWID。對於一個非分區表,一個表就是一個段(Segment),段是由多個區組成,每個區裡面的塊在實體上是連續的。因此,我們可以根據資料字典 DBA_EXTENTS,DBA_OBJECTS 關聯,然後再利用生成 ROWID 的內建函數人工生成 ROWID。

例如，我們對 SCOTT 帳戶下 TEST 表按照每個 Extent 進行 ROWID 切片。

```
select ' and rowid between ' || '''' ||
       dbms_rowid.rowid_create(1,
                                 b.data_object_id,
                                 a.relative_fno,
                                 a.block_id,
                                 0) || '''' || ' and ' || '''' ||
       dbms_rowid.rowid_create(1,
                                 b.data_object_id,
                                 a.relative_fno,
                                 a.block_id + blocks - 1,
                                 999) || ''';'
  from dba_extents a, dba_objects b
 where a.segment_name = b.object_name
   and a.owner = b.owner
   and b.object_name = 'TEST'
   and b.owner = 'SCOTT'
 order by a.relative_fno, a.block_id;
```

切片後生成的部分資料如下所示。

```
and rowid between 'AAASs5AAEAAB+SIAAA' and 'AAASs5AAEAAB+SPAPn';
and rowid between 'AAASs5AAEAAB+SQAAA' and 'AAASs5AAEAAB+SXAPn';
and rowid between 'AAASs5AAEAAB+SYAAA' and 'AAASs5AAEAAB+SfAPn';
and rowid between 'AAASs5AAEAAB+SgAAA' and 'AAASs5AAEAAB+SnAPn';
and rowid between 'AAASs5AAEAAB+SoAAA' and 'AAASs5AAEAAB+SvAPn';
```

假如要執行 delete test where object_id>50000000，test 表有 1 億條資料，要刪除其中 5000 萬列資料，我們根據上述方法對表按照 ROWID 切片。

```
delete test
 where object_id > 50000000
   and rowid between 'AAASs5AAEAAB+SIAAA' and 'AAASs5AAEAAB+SPAPn';
delete test
 where object_id > 50000000
   and rowid between 'AAASs5AAEAAB+SQAAA' and 'AAASs5AAEAAB+SXAPn';
delete test
 where object_id > 50000000
   and rowid between 'AAASs5AAEAAB+SYAAA' and 'AAASs5AAEAAB+SfAPn';
delete test
 where object_id > 50000000
   and rowid between 'AAASs5AAEAAB+SgAAA' and 'AAASs5AAEAAB+SnAPn';
delete test
 where object_id > 50000000
   and rowid between 'AAASs5AAEAAB+SoAAA' and 'AAASs5AAEAAB+SvAPn';
```

最後，我們將上述 SQL 在不同視窗中執行，這樣就能加快 delete 速度，也能減少對 UNDO 的佔用。

上述方法需要手動編輯大量 SQL 腳本，如果表的 Extent 很多，這將帶來大工作量。我們可以編寫儲存過程簡化上述操作。

因為儲存過程需要存取資料字典，我們需要單獨授權查詢資料字典權限。

```
grant select on dba_extents to scott;

grant select on dba_objects to scott;

CREATE OR REPLACE PROCEDURE P_ROWID(RANGE NUMBER, ID NUMBER) IS
  CURSOR CUR_ROWID IS
    SELECT DBMS_ROWID.ROWID_CREATE(1,
                                   B.DATA_OBJECT_ID,
                                   A.RELATIVE_FNO,
                                   A.BLOCK_ID,
                                   0) ROWID1,
           DBMS_ROWID.ROWID_CREATE(1,
                                   B.DATA_OBJECT_ID,
                                   A.RELATIVE_FNO,
                                   A.BLOCK_ID + BLOCKS - 1,
                                   999) ROWID2
      FROM DBA_EXTENTS A, DBA_OBJECTS B
     WHERE A.SEGMENT_NAME = B.OBJECT_NAME
       AND A.OWNER = B.OWNER
       AND B.OBJECT_NAME = 'TEST'
       AND B.OWNER = 'SCOTT'
       AND MOD(A.EXTENT_ID, RANGE) = ID;
  V_SQL VARCHAR2(4000);
BEGIN
  FOR CUR IN CUR_ROWID LOOP
    V_SQL := 'delete test where object_id > 100 and rowid between :1 and :2';
    EXECUTE IMMEDIATE V_SQL
      USING CUR.ROWID1, CUR.ROWID2;
    COMMIT;
  END LOOP;
END;
/
```

如果要將表切分為 6 份，我們可以在 6 個視窗中依次執行。

```
begin
  p_rowid(6, 0);
end;
/
begin
  p_rowid(6, 1);
end;
/
begin
  p_rowid(6, 2);
end;
/
begin
```

```
  p_rowid(6, 3);
end;
/
begin
  p_rowid(6, 4);
end;
/
begin
  p_rowid(6, 5);
end;
/
```

這樣就達到了將表按 ROWID 切片的目的。在工作中，大家可以根據自己的具
體需求對儲存過程稍作修改（陰影部分）。

<h1>8.10　SQL 三段分拆法</h1>

如果要最佳化的 SQL 很長，我們可以將 SQL 拆分為三段，這樣就能快速判斷
SQL 在寫法上是否容易產生效能問題。下面就是 SQL 三段拆分方法。

select ....第一段.... from ....第二段.... where ....第三段....

select 與 from 之間最好不要有純量子查詢，也不要有自訂函數。因為有純量子
查詢或者是自訂函數，會導致子查詢或者函數中的表被反覆掃描。

from 與 where 之間要關注大表，因為大表很容易引起效能問題；同時要留意子
查詢和檢視，如果有子查詢或者檢視，要單獨執行，看執行得快或是慢，如果
執行慢需要單獨最佳化；另外要注意子查詢/檢視是否可以謂詞推入，是否會檢
視合併；最後還要留意表與表之間是內連接還是外連接，因為外連接會導致巢
狀嵌套迴圈無法改驅動表。

where 後面需要特別注意子查詢，要能判斷各種子查詢寫法是否可以展開
（unnest），同時也要注意 where 過濾條件，儘量不要在 where 過濾欄上使用函
數，這樣會導致欄位不走索引。

在工作中，我們要養成利用 SQL 三段分拆方法的習慣，這樣能大大提升 SQL 最
佳化的速度。

第 9 章

SQL 最佳化
案例賞析

本章將會帶大家領略多種多樣的 SQL 最佳化方法，為大家以後最佳化 SQL 提供寶貴的參考意見。

9.1 組合索引最佳化案例

2015 年，一位佛山的朋友說某沙發廠 ERP 系統出現大量 read by other session 等待，前端使用者卡了一天。資料庫版本是 Oracle11gR2，請求協助進行最佳化調校。我們遠端連接到朋友的電腦之後，利用腳本抓出系統目前正在執行的 SQL，如圖 9-1 所示。

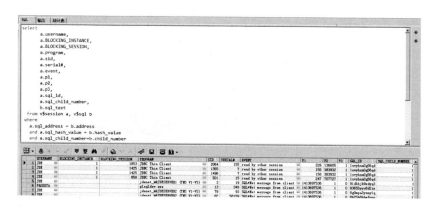

圖 9-1

從上面查詢中我們可以看到，同時執行 SQL：1svyhsn0g56qd，會引發 read by other session 等待，於是從共用池中抓出該 SQL 的執行計畫，如圖 9-2 所示。

```
select * from table(dbms_xplan.display_cursor('1svyhsn0g56qd',0));
```

```
PLAN_TABLE_OUTPUT
SQL_ID  1svyhsn0g56qd, child number 0

SELECT * FROM PRODDTA.F4111 WHERE (ILDCT = :1  AND ILFRTO = :2  AND
ILMCU = :3  AND ILDOC = :4 ) ORDER BY ILUKID ASC

Plan hash value: 4095663298

| Id |  Operation                    | Name   | Rows | Bytes | Cost (%CPU) | Time     |
|----|-------------------------------|--------|------|-------|-------------|----------|
|  0 | SELECT STATEMENT              |        |      |       |   6 (100)   |          |
|  1 |  SORT ORDER BY                |        |    1 |   975 |   6  (17)   | 00:00:01 |
|* 2 |   TABLE ACCESS BY INDEX ROWID | F4111  |    1 |   975 |   5   (0)   | 00:00:01 |
|* 3 |    INDEX RANGE SCAN           | F4111_6|    1 |       |   4   (0)   | 00:00:01 |

Predicate Information (identified by operation id):

   2 - filter(("ILDOC"=:4 AND "ILDCT"=:1 AND "ILFRTO"=:2))
   3 - access("ILMCU"=:3)
```

圖 9-2

SQL 語法文字如下。

```
SELECT *
  FROM PRODDTA.F4111
 WHERE ((ILDCT = :1 AND ILFRTO = :2 AND ILMCU = :3 AND ILDOC = :4))
 ORDER BY ILUKID ASC
```

從執行計畫中 Id=3 我們可以看到，該 SQL 走的是 ILMCU 這個欄的索引。如圖 9-3 所示，表中一共有 2510970 列資料。

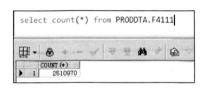

圖 9-3

ILMCU 欄的資料分佈如下，如圖 9-4 所示。

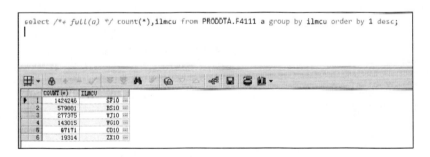

圖 9-4

ILMCU 欄的資料分佈極不均衡。當詢問當天做的是不是 SF10 的業務時，朋友確認做的是 SF10 的業務。這就不難解釋為什麼前端使用者抱怨卡了一天。從 2510970 條資料中查詢 1424246 條資料還走索引，這明顯大錯特錯。這個錯誤的執行計畫會導致產生大量的單塊讀取，因為 SQL 執行緩慢，某些耐不住性子的使用者可能會多次點擊或刷新前端，並且因為做的是 SF10 的業務，前端操作人員可能多達幾十位。正是因為有很多人在同時執行該 SQL，而且該 SQL 跑得很慢，又是單塊讀取，所以就發生了多個處理程序需要同時讀取同一個塊的情況，這就是產生 read by other session 的原因。

該 SQL 一共有 4 個過濾條件，下面我們分別查看剩餘 3 個過濾條件的資料分佈，如圖 9-5、圖 9-6、圖 9-7 所示。

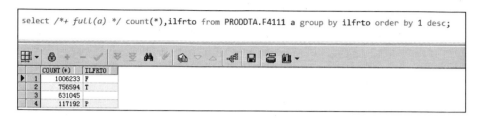

圖 9-5

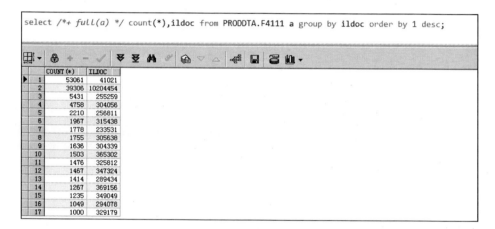

圖 9-6

```
select /*+ full(a) */ count(*),ILDCT from PRODDTA.F4111 a group by ILDCT order by 1 desc;
```

	COUNT (*)	ILDCT
1	482772	IB
2	477818	IM
3	467953	IG
4	456796	IN
5	207296	RI
6	139641	IC
7	113877	OV
8	51044	II
9	39306	UX
10	24557	I2
11	21425	IT
12	15750	IA
13	7821	IE
14	2255	FB
15	1137	S1
16	923	IZ
17	351	S2

圖 9-7

根據以上查詢結果，我們發現，ILDOC 欄的資料分佈最為均勻，ILDCT 欄的資料分佈次之，ILMCU 欄的資料分佈倒數第二，ILFRTO 欄的資料分佈最不均衡。因為 SQL 都是根據這些欄進行等值過濾，於是建立如下組合索引。

```
create index idx_F4111_docdctilmcufrto on F4111(ILDOC,ILDCT,ILMCU,ILFRTO) online
nologging;
```

新建完索引之後，系統中的 read other session 等待陸續消失，系統立刻恢復正常，前端使用者原本執行了一天還沒完成的業務現在可以瞬間完成。

為什麼在查詢 ILMCU 欄的資料分佈的時候會使用 HINT:FULL 呢？這是因為原本的 SQL 走該欄位的索引已經執行不出結果，如果不加 HINT，萬一 SQL 查詢又使用了該索引，這不是火上澆油嗎？至於後面的 HINT，其一是因為複製粘貼，其二是因為表已經全資料表掃描過了，後面的全資料表掃描可以直接從 buffer cache 獲取資料。

雖然透過新建組合索引最佳化了該 SQL，但是，在新建組合索引之前，如果最佳化程式能夠準確地知道 ILMCU 欄的資料分佈，那麼執行計畫也不會走該欄位的索引而會走其他欄位的索引（如果存在索引），或者走全資料表掃描。即使該 SQL 走全資料表掃描，那也比走索引掃描好太多，至少不會被卡死，不會引發前端使用者被卡一天，最多被卡一小會兒。為什麼最佳化程式選擇了走該欄的索引呢？請注意觀察執行計畫中的 Id=3，Rows=1，最佳化程式認為走 ILMCU 欄的索引只返回一列資料。很明顯該表統計資訊有問題，而且該欄很可能沒有收集直方圖。大家特別是 DBA，一定要重視表的統計資訊，另外也要牢牢掌握索引知識，理解透徹了，就能解決 80% 左右的關於 OLTP 的 SQL 效能問題。如果資料庫系統不是 OLTP 系統，而是 ERP 系統，或者是 OLAP 中的報表系統、ETL 系統等，只吃透索引沒太大幫助，必須精通閱讀執行計畫、SQL、各種 SQL 等價改寫，熟悉分區，同時熟悉系統業務，這樣才能遊刃有餘地進行 SQL 最佳化。

9.2 直方圖最佳化案例

本案例發生在 2010 年，當時作者羅老師在惠普擔任開發 DBA，支援寶潔公司的資料倉儲專案。為了避免洩露公司資訊，他對 SQL 語句做了適當修改。ETL 開發人員發來郵件說有個 long running job，執行了兩小時左右還未完成，需要檢查一下。收到郵件後，立即檢查資料庫中正在執行的 SQL，經過與 ETL 開發人員確認，抓出執行計畫（為了配合書本版面大小的呈現，刪除了執行計畫中非關鍵部分）。

```
SQL> select * from table(dbms_xplan.display_cursor('gh1hw18uz6dcm',0));

PLAN_TABLE_OUTPUT
---------------------------------------------------------------------------

SQL_ID  gh1hw18uz6dcm, child number 0
---------------------------------------
create table OPT_REF_BASE_UOM_TEMP_SDIM  parallel 2
  nologging as SELECT PROD_SKID,         RELTV_CURR_QTY,
  STAT_CURR_VAL,          BAR_CURR_CODE   FROM OPT_REF_BASE_UOM_DIM_VW

Plan hash value: 2933813170


---------------------------------------------------------------------------
| Id  | Operation                     | Name                 | Rows | Bytes |
---------------------------------------------------------------------------
|   0 | CREATE TABLE STATEMENT        |                      |      |      |
|   1 |  PX COORDINATOR               |                      |      |      |
|   2 |   PX SEND QC (RANDOM)         | :TQ10001             |   54 |  2916 |
|   3 |    LOAD AS SELECT             |                      |      |      |
|   4 |     HASH GROUP BY             |                      |   54 |  2916 |
|   5 |      PX RECEIVE               |                      |   54 |  2916 |
|   6 |       PX SEND HASH            | :TQ10000             |   54 |  2916 |
|   7 |        HASH GROUP BY          |                      |   54 |  2916 |
|   8 |         NESTED LOOPS          |                      |      |      |
|   9 |          NESTED LOOPS         |                      | 3134 |  165K |
|  10 |           PX BLOCK ITERATOR   |                      |      |      |
|* 11 |            TABLE ACCESS FULL  | OPT_REF_UOM_TEMP_SDIM | 3065 |  104K |
|* 12 |            INDEX RANGE SCAN   | PROD_DIM_PK          |    3 |      |
|* 13 |           TABLE ACCESS BY INDEX ROWID| PROD_DIM      |    1 |   19 |
---------------------------------------------------------------------------

Predicate Information (identified by operation id):
---------------------------------------------------

  11 - access(:Z>=:Z AND :Z<=:Z)
       filter("UOM"."RELTV_CURR_QTY"=1)
  12 - access("PROD"."PROD_SKID"="UOM"."PROD_SKID")
  13 - filter((("PROD"."BUOM_CURR_SKID" IS NOT NULL AND
            "PROD"."PROD_END_DATE"=TO_DATE(' 9999-12-31 00:00:00', 'syyyy-mm-dd
 hh24:mi:ss') AND "PROD"."CURR_IND"='Y' AND "PROD"."BUOM_CURR_SKID"="UOM"."UOM_SKID"))
```

這個工作很簡單，就是 create table .....as select ..... 。

```
create table OPT_REF_BASE_UOM_TEMP_SDIM  parallel 2   nologging
 as SELECT PROD_SKID, RELTV_CURR_QTY, STAT_CURR_VAL, BAR_CURR_CODE
   FROM OPT_REF_BASE_UOM_DIM_VW;
```

OPT_REF_BASE_UOM_DIM_VW 是一個檢視，該檢視定義：

```
SELECT UOM.PROD_SKID,
      MAX (UOM.RELTV_CURR_QTY) RELTV_CURR_QTY,
      MAX (UOM.STAT_CURR_VAL) STAT_CURR_VAL,
      MAX (UOM.BAR_CURR_CODE) BAR_CURR_CODE
FROM OPT_REF_UOM_TEMP_SDIM UOM,
     REF_PROD_DIM PROD
WHERE UOM.RELTV_CURR_QTY = 1
     AND PROD.CURR_IND = 'Y'
     AND PROD.PROD_END_DATE = TO_DATE ('31-12-9999', 'dd-mm-yyyy')
     AND PROD.PROD_SKID = UOM.PROD_SKID
     AND PROD.BUOM_CURR_SKID = UOM.UOM_SKID
GROUP BY UOM.PROD_SKID;
```

這個檢視的查詢效率就直接決定了 ETL JOB 的效率，現在我們查看這個檢視的執行計畫。

```
SQL> explain plan for SELECT UOM.PROD_SKID,
  2          MAX (UOM.RELTV_CURR_QTY) RELTV_CURR_QTY,
  3          MAX (UOM.STAT_CURR_VAL) STAT_CURR_VAL,
  4          MAX (UOM.BAR_CURR_CODE) BAR_CURR_CODE
  5   FROM OPT_REF_UOM_TEMP_SDIM UOM,
  6        REF_PROD_DIM PROD
  7   WHERE UOM.RELTV_CURR_QTY = 1
  8         AND PROD.CURR_IND = 'Y'
  9         AND PROD.PROD_END_DATE = TO_DATE ('31-12-9999', 'dd-mm-yyyy')
 10         AND PROD.PROD_SKID = UOM.PROD_SKID
 11         AND PROD.BUOM_CURR_SKID = UOM.UOM_SKID
 12   GROUP BY UOM.PROD_SKID;

Explained.

SQL> select * from table(dbms_xplan.display);

PLAN_TABLE_OUTPUT
-------------------------------------------------------------------------------

Plan hash value: 3215660883


-------------------------------------------------------------------------------
| Id |Operation              |Name     |Rows | Bytes | Cost(%CPU)|
-------------------------------------------------------------------------------
|  0 |SELECT STATEMENT       |         |  78 |  4212 | 15507  (1)|
|  1 | HASH GROUP BY         |         |  78 |  4212 | 15507  (1)|
|  2 |  NESTED LOOPS         |         |     |       |           |
|  3 |   NESTED LOOPS        |         | 3034|  159K | 15506  (1)|
```

```
|* 4 |    TABLE ACCESS FULL       |OPT_REF_UOM_TEMP_SDIM| 2967|   101K|  650 (14)|
|* 5 |     INDEX RANGE SCAN        |PROD_DIM_PK          |    3|       |   2  (0)|
|* 6 |   TABLE ACCESS BY INDEX ROWID|PROD_DIM            |    1|    19 |   5  (0)|
--------------------------------------------------------------------------------

Predicate Information (identified by operation id):
---------------------------------------------------

  4 - filter("UOM"."RELTV_CURR_QTY"=1)
  5 - access("PROD"."PROD_SKID"="UOM"."PROD_SKID")
  6 - filter("PROD"."BUOM_CURR_SKID" IS NOT NULL AND "PROD"."PROD_END_DATE"=TO_DATE('
          9999-12-31 00:00:00', 'syyyy-mm-dd hh24:mi:ss') AND "PROD"."CURR_IND"='Y'
AND
          "PROD"."BUOM_CURR_SKID"="UOM"."UOM_SKID")

22 rows selected.
```

Id=4 是執行計畫的入口,它是巢狀嵌套迴圈的驅動表。CBO 估算 Id=4 返回
2967 列資料。對於巢狀嵌套迴圈,我們首先要檢查驅動表返回的真實列數是否
與估算的列數有較大偏差,現在查看驅動表總列數。

```
SQL> select count(*) from OPT_REF_UOM_TEMP_SDIM;

  COUNT(*)
----------
   2137706
```

我們查看驅動表返回的真實列數。

```
SQL> select count(*) from OPT_REF_UOM_TEMP_SDIM where "RELTV_CURR_QTY"=1;

  COUNT(*)
----------
    946432
```

驅動表實際上返回了 94 萬列資料,與估算的 2967 相差巨大。巢狀嵌套迴圈
中,驅動表返回多少列資料,被驅動表就會被掃描多少次,這裡被驅動表會被
掃描 94 萬次,這就解釋了為什麼 SQL 執行了兩個小時還沒執成功。顯然執行
計畫是錯誤的,應該走 HASH 連接。

本案例是因為 Rows 估算有嚴重偏差,導致走錯執行計畫。Rows 估算與統計資
訊有關。Id=4 過濾條件是 RELTV_CURR_QTY = 1,現在我們來查看表和欄位
的統計資訊。

```
SQL> select a.table_name name ,a.column_name,b.num_rows,a.num_distinct Cardinality,
  2 a.num_distinct/b.num_rows selectivity,a.histogram from dba_tab_col_statistics a,
  3 dba_tables b where a.owner=b.owner and a.table_name=b.table_name
  4 and a.table_name='OPT_REF_UOM_TEMP_SDIM' and a.column_name='RELTV_CURR_QTY';
```

```
NAME                    COLUMN_NAME    NUM_ROWS CARDINALITY SELECTIVITY HISTOGRAM
----------------------  -------------  -------- ----------- ----------- ---------
OPT_REF_UOM_TEMP_SDIM   RELTV_CURR_QTY  2160000        728   .000337037      NONE
```

統計資訊中表總列數有 2160000 列資料，與真實的列數（2137706）十分接近，
這說明表的統計資訊沒有問題。RELTV_CURR_QTY 欄的基數等於 728，沒有
直方圖（HISTOGRAM=NONE）。為什麼 Id=4 會估算返回 2967 列資料呢？正是
因為 RELTV_CURR_QTY 欄基數太低，而且沒有收集直方圖，CBO 認為該欄資
料分佈是均衡的，導致在估算 Rows 的時候，直接以表總列數/欄基數
=216000/728=2967 來進行估算。所以我們需要對 RELTV_CURR_QTY 欄收集直
方圖。

```
SQL> BEGIN
  2    DBMS_STATS.GATHER_TABLE_STATS(ownname => 'XXXX',
  3    tabname => 'OPT_REF_UOM_TEMP_SDIM',
  4    estimate_percent => 100,
  5    method_opt => 'for columns RELTV_CURR_QTY size skewonly',
  6    degree => DBMS_STATS.AUTO_DEGREE,
  7    cascade=>TRUE
  8    );
  9  END;
 10  /

PL/SQL procedure successfully completed.
```

收集完直方圖之後，我們再來查看執行計畫。

```
SQL> explain plan for SELECT UOM.PROD_SKID,
  2          MAX (UOM.RELTV_CURR_QTY) RELTV_CURR_QTY,
  3          MAX (UOM.STAT_CURR_VAL) STAT_CURR_VAL,
  4          MAX (UOM.BAR_CURR_CODE) BAR_CURR_CODE
  5    FROM OPT_REF_UOM_TEMP_SDIM UOM,
  6         REF_PROD_DIM PROD
  7    WHERE UOM.RELTV_CURR_QTY = 1
  8      AND PROD.CURR_IND = 'Y'
  9      AND PROD.PROD_END_DATE = TO_DATE ('31-12-9999', 'dd-mm-yyyy')
 10      AND PROD.PROD_SKID = UOM.PROD_SKID
 11      AND PROD.BUOM_CURR_SKID = UOM.UOM_SKID
 12    GROUP BY UOM.PROD_SKID;

Explained.

SQL> select * from table(dbms_xplan.display);

PLAN_TABLE_OUTPUT
--------------------------------------------------------------------------------
Plan hash value: 612020119
```

```
-------------------------------------------------------------------------------
| Id |Operation              | Name                  |Rows  | Bytes |TempSpc| Cost(%CPU)|
-------------------------------------------------------------------------------
|  0 |SELECT STATEMENT        |                      |12097|  637K|      | 44911  (5)|
|  1 | HASH GROUP BY          |                      |12097|  637K|      | 44911  (5)|
|* 2 |  HASH JOIN             |                      | 951K|  48M|  29M| 44799  (5)|
|* 3 |   TABLE ACCESS FULL| PROD_DIM              | 998K|  18M|      | 43022  (5)|
|* 4 |   TABLE ACCESS FULL| OPT_REF_UOM_TEMP_SDIM | 951K|  31M|      |   654 (15)|
-------------------------------------------------------------------------------

Predicate Information (identified by operation id):
-------------------------------------------------------------------------------

   2 - access("PROD"."PROD_SKID"="UOM"."PROD_SKID" AND
             "PROD"."BUOM_CURR_SKID"="UOM"."UOM_SKID")
   3 - filter("PROD"."BUOM_CURR_SKID" IS NOT NULL AND "PROD"."PROD_END_DATE"=TO_DATE('
             9999-12-31 00:00:00', 'syyyy-mm-dd hh24:mi:ss') AND PROD"."CURR_IND"='Y')
   4 - filter("UOM"."RELTV_CURR_QTY"=1)

20 rows selected.
```

現在執行計畫自動跑了 HASH 連接，這才是正確的執行計畫，跑了正確的執行計畫之後，SQL 能在 8 分鐘左右執行完畢。

我們也可以換種思考方式來最佳化這個 SQL。該 SQL 屬於 ETL，ETL 一般都需要清洗大量資料，兩表關聯處理大量資料應該走 HASH 連接，所以我們可以直接讓兩個表走 HASH 連接。另外該 SQL 有分組彙總（GROUP BY），需要分組彙總的 SQL 一般也是處理大量資料，基於此該 SQL 也應該走 HASH 連接。

9.3 NL 被驅動表不能走 INDEX SKIP SCAN

有如下執行計畫（從 AWR 中抓出）。

```
SQL> select * from table(dbms_xplan.display_awr('3m7f7xdpkdrtv', NULL, NULL, 'ALL')) ;
SQL_ID 3m7f7xdpkdrtv
--------------------
select a.int_id,a.zh_label,a0.zh_label from VIEW_RMS_POS_PORT a inner
join (select int_id,zh_label from RMS_LOCALNET_POS where
stateflag=:"SYS_B_00") a0 on to_char(a.up_pos_id)=to_char(a0.int_id)
where   a0.zh_label in (:"SYS_B_01",:"SYS_B_02",:"SYS_B_03",:"SYS_B_04",
:"SYS_B_05",:"SYS_B_06",:"SYS_B_07",:"SYS_B_08",:"SYS_B_09",:"SYS_B_10")
 and  :"SYS_B_11"=:"SYS_B_12" and (a.zh_label in  (:"SYS_B_13")) and
a.stateflag=:"SYS_B_14"

Plan hash value: 494215470
```

```
----------------------------------------------------------------------
| Id  | Operation                    | Name                | Rows | Bytes |
----------------------------------------------------------------------
|  0  | SELECT STATEMENT             |                     |      |       |
|  1  |  FILTER                      |                     |      |       |
|  2  |   NESTED LOOPS               |                     |    1 |    94 |
|  3  |    INDEX RANGE SCAN          | RMS_JK_POS_PORT_PK  |    1 |    43 |
|  4  |    TABLE ACCESS BY INDEX ROWID| RMS_LOCALNET_POS   |    1 |    51 |
|  5  |     INDEX SKIP SCAN          | RMS_LOCALNET_POS_PUI|   35 |       |
----------------------------------------------------------------------

Query Block Name / Object Alias (identified by operation id):
------------------------------------------------------------

   1 - SEL$D26F4AE5
   3 - SEL$D26F4AE5 / RMS_JK_POS_PORT@SEL$2
   4 - SEL$D26F4AE5 / RMS_LOCALNET_POS@SEL$3
   5 - SEL$D26F4AE5 / RMS_LOCALNET_POS@SEL$3
```

該 SQL 在 AWR 中屬於 TOP SQL，執行計畫跑了巢狀嵌套迴圈，被驅動表跑了 INDEX SKIP SCAN。在第 5 章中我們講到，巢狀嵌套迴圈被驅動表只能走 INDEX UNIQUE SCAN 或者 INDEX RANGE SCAN。為什麼巢狀嵌套迴圈被驅動表不能走 INDEX SKIP SCAN 呢？這是因為巢狀嵌套迴圈會傳值，從驅動表傳值給被驅動表，傳值相當於過濾條件。有過濾條件但是跑了 INDEX SKIP SCAN，很有可能是被驅動表連接欄沒包含在索引中，或者連接欄在索引中放錯了位置。

被驅動表連接欄是 int_id，現在我們查看索引 RMS_LOCALNET_POS_PUI 具體情況。

```
SQL> SELECT DBMS_METADATA.GET_DDL('INDEX','RMS_LOCALNET_POS_PUI','HBRMW6') FROM DUAL;

  CREATE INDEX "HBRMW6"."RMS_LOCALNET_POS_PUI" ON "HBRMW6"."RMS_LOCALNET_POS" ("PRO_
TASK_ID", "STATEFLAG")
  PCTFREE 10 INITRANS 2 MAXTRANS 255 COMPUTE STATISTICS
  STORAGE(INITIAL 65536 NEXT 1048576 MINEXTENTS 1 MAXEXTENTS 2147483645
  PCTINCREASE 0 FREELISTS 1 FREELIST GROUPS 1
  BUFFER_POOL DEFAULT FLASH_CACHE DEFAULT CELL_FLASH_CACHE DEFAULT)
  TABLESPACE "HBRMW_TBS"
```

被驅動表索引中竟然沒有包含連接欄。這說明該執行計畫是錯誤的。我們將連接欄和過濾欄組合起來新建組合索引，從而解決該 SQL 效能問題。

9.4 最佳化 SQL 需要注意表與表之間關係

一位上海的朋友說以下 SQL 執行不出結果。

```
with tab as (
select bb.card_no cashier_shop_no, aa.card_open_owner merch_id, aa.card_no, bb.txn_
date, bb.last_txn_date, bb.merch_loc_name
 from tb_card aa join
(select t.card_no,a.merch_id,a.merch_loc_name ,t.cust_id txn_date,
to_char(last_day(add_months(to_date(t.cust_id,'yyyymmdd'),1)) ,'yyyymmdd') last_txn_
date
from tb_bill_test t join tb_merch a on t.card_no=a.cashier_shop_no
where t.nbr_group='161' and a.merch_id not like '0%' )bb
on aa.card_open_owner=bb.merch_id
where aa.mbr_reg_date between bb.txn_date and  bb.last_txn_date )
select  bb.cashier_shop_no, bb.merch_loc_name,aa.txn_date,
case when aa.merch_id=bb.merch_id and aa.card_no=bb.card_no then '本店會員' else '他店
會員' end shop_no,
  count(distinct aa.card_no) card_num,
  sum( case when aa.p_code in ('7646','7686','7208') then -1 else 1 end ) count_num,
  sum(case when  aa.p_code in ('7646','7686','7208') then 0-
    case when aa.txn_amt>aa.earning_amt then aa.txn_amt else aa.earning_amt end
     else  case when aa.txn_amt>aa.earning_amt then aa.txn_amt else aa.earning_amt end
end) txn_amt
 from tb_trans aa join tab bb on aa.merch_id=bb.merch_id
where  aa.txn_date between bb.txn_date and bb.last_txn_date and
aa.p_code in ('7647','7687','7207','7646','7686','7208')
and aa.status in ('1','R')
group by bb.cashier_shop_no, bb.merch_loc_name,aa.txn_date,aa.merch_id,
case when aa.merch_id=bb.merch_id and aa.card_no=bb.card_no then '本店會員' else '他店
會員' end
order by aa.merch_id, aa.txn_date;
```

執行計畫如下。

```
Plan hash value: 4271695044

-------------------------------------------------------------------------------
| Id |Operation                      |Name             |Rows|Bytes|Cost(%CPU)|
-------------------------------------------------------------------------------
|  0 |SELECT STATEMENT               |                 |  15|1650| 96737  (1)|
|  1 | SORT GROUP BY                 |                 |  15|1650| 96737  (1)|
|  2 |  VIEW                         |VW_DAG_0         |  15|1650| 96735  (1)|
|  3 |   HASH GROUP BY               |                 |  15|2430| 96735  (1)|
|  4 |    NESTED LOOPS               |                 |  15| 430| 96734  (1)|
|  5 |     NESTED LOOPS              |                 |2213|2430| 96734  (1)|
|  6 |      NESTED LOOPS             |                 |   1| 103|  542  (1)|
|  7 |       NESTED LOOPS            |                 |   1|  65|   58  (0)|
|  8 |        TABLE ACCESS BY INDEX ROWID|TB_BILL_TEST |  36| 864|   20  (0)|
|* 9 |         INDEX RANGE SCAN      |TMP_INDEX_BILL_01|  37|    |    3  (0)|
|*10 |        TABLE ACCESS BY INDEX ROWID|TB_MERCH     |   1|  41|    3  (0)|
|*11 |         INDEX RANGE SCAN      |I1_MERCH         |   1|    |    1  (0)|
```

```
|*12 |          TABLE ACCESS BY INDEX ROWID    |TB_CARD            |    2|  76|   484  (1)|
|*13 |            INDEX RANGE SCAN              |I1_CARD_OPEN_OWNER|3855|    |    24  (0)|
|*14 |            INDEX RANGE SCAN              |I2_TRANS          |2213|    | 95972  (1)|
|*15 |          TABLE ACCESS BY GLOBAL INDEX ROWID|TB_TRANS        |   56|3304| 96193  (1)|
------------------------------------------------------------------------------------

Predicate Information (identified by operation id):
---------------------------------------------------

  9 - access("T"."NBR_GROUP"='161')
      filter("T"."CARD_NO" IS NOT NULL)
 10 - filter("A"."MERCH_ID" NOT LIKE 'O%')
 11 - access("T"."CARD_NO"="A"."CASHIER_SHOP_NO")
 12 - filter("AA"."MBR_REG_DATE">="T"."CUST_ID" AND "AA"."MBR_REG_DATE"<=
TO_CHAR(LAST_DAY(ADD_MONTHS
      (TO_DATE("T"."CUST_ID",'yyyymmdd'),1)),'yyyymmdd'))
 13 - access("AA"."CARD_OPEN_OWNER"="A"."MERCH_ID")
      filter("AA"."CARD_OPEN_OWNER" IS NOT NULL)
 14 - access("AA"."TXN_DATE">="T"."CUST_ID" AND "AA"."MERCH_ID"="AA"."CARD_OPEN_OWNER"
AND "AA"."TXN_DATE"<=TO_CHAR(LAST_DAY(ADD_MONTHS(TO_DATE("T"."CUST_ID", 'yyyymmdd'),
1)), 'yyyymmdd'))
      filter("AA"."MERCH_ID"="AA"."CARD_OPEN_OWNER")
 15 - filter((("AA"."P_CODE"='7207' OR "AA"."P_CODE"='7208' OR "AA"."P_CODE"='7646' OR
"AA"."P_CODE"='7647'
      OR "AA"."P_CODE"='7686' OR "AA"."P_CODE"='7687') AND ("AA"."STATUS"='1' OR "AA".
"STATUS"='R'))
```

我們拿到一條需要最佳化的 SQL 語句，怎麼入手呢？首先要看 SQL 寫法。可以利用 SQL 三段分拆方法，先觀察 SQL 語句。該 SQL 語句有個 with as 子句取名為 tab，主查詢中就是 tb_trans 與 tab 進行關聯。with as 子句一共返回 6000 多列資料，可以 1 秒內出結果，tb_trans 有兩億條資料。執行計畫中，with as 子查詢作為一個整體並且作為巢狀嵌套迴圈驅動表，tb_trans 作為巢狀嵌套迴圈被驅動表，乍一看，這也符合巢狀嵌套迴圈關聯原則，小表驅動大表，大表走索引。**但是該 SQL 執行不出結果**，最大的可能就是 tab 與 tb_trans 關聯之後返回資料量太多，因為返回結果集太多，被驅動表走索引，也就是說該 SQL 可能是被驅動表走索引返回資料量太多導致效能問題。於是檢查被驅動表連接欄 merch_id 基數，基數很低，tab:tb_trans 是 1 比幾十萬的關係。

因為被驅動表 tb_trans 與 tab 是幾十萬比 1 的關係，這時就不能走巢狀嵌套迴圈了，只能走 HASH 連接，於是使用 HINT：use_hash(aa,bb) 最佳化 SQL，最終該 SQL 可以在 1 小時左右執行完畢。如果開啟平行查詢可以更快。

9.5 INDEX FAST FULL SCAN 最佳化案例

2016 年，北京一位遊戲公司的朋友說以下 SQL 最慢的時候要執行 40 分鐘，最快的時候只需要幾秒至十來秒就可以執行完畢。

```
idle> SELECT COUNT(DISTINCT IDFA)
  FROM SYS_ACTIVATION_SDK_IOS T1
 WHERE CREATE_TIME >= TRUNC(sysdate)
   AND CREATE_TIME < TRUNC(sysdate) + 1
   AND GAME_ID = 153
   AND NOT EXISTS (SELECT /*+ hash_aj */ IDFA
        FROM SYS_ACTIVATION_SDK_IOS T2
       WHERE CREATE_TIME < TRUNC(sysdate)-1
         AND T2.GAME_ID = 153
          AND T1.IDFA = T2.IDFA) ;
```

執行計畫如下。

```
Execution Plan
----------------------------------------------------------------
Plan hash value: 3686453232
----------------------------------------------------------------

| Id  | Operation          | Name                      | Rows| Bytes |

|   0 | SELECT STATEMENT   |                           |   1 |    76 |
|   1 |  SORT GROUP BY     |                           |   1 |    76 |
|*  2 |   FILTER           |                           |     |       |
|*  3 |    HASH JOIN ANTI  |                           |  93 |  7068 |
|*  4 |     INDEX RANGE SCAN| SYS_ACTIVATION_SDK_IOS_IDX1| 304 | 11552 |
|*  5 |     INDEX RANGE SCAN| SYS_ACTIVATION_SDK_IOS_IDX1| 888K|   32M |
----------------------------------------------------------------

Predicate Information (identified by operation id):
---------------------------------------------------

   2 - filter(TRUNC(SYSDATE@!)<TRUNC(SYSDATE@!)+1)
   3 - access("T1"."IDFA"="T2"."IDFA")
   4 - access("GAME_ID"=153 AND "CREATE_TIME">=TRUNC(SYSDATE@!) AND
       "CREATE_TIME"<TRUNC(SYSDATE@!)+1)
   5 - access("T2"."GAME_ID"=153 AND "CREATE_TIME"<TRUNC(SYSDATE@!)-1)
       filter("T2"."IDFA" IS NOT NULL)
```

該 SQL 是一個自關聯，SQL 語句裡面有 HASH: HASH_AJ 提示 SQL 採用 HASH ANTI JOIN 進行關聯。該 SQL 的確走的是 HASH ANTI JOIN，而且都是透過同一個索引存取資料，沒有回表。表 SYS_ACTIVATION_SDK_IOS 有 14G，索引 SYS_ACTIVATION_SDK_IOS_IDX1 有 2.5G，根據（game_id,create_time,idfa）新建。

兩表關聯，我們要搞清楚表大小以及表過濾之後返回的列數。這裡表的大小已
經很清楚。

查看 T1 返回列數。

```
SELECT  COUNT(DISTINCT IDFA)
  FROM SYS_ACTIVATION_SDK_IOS T1
 WHERE CREATE_TIME >= TRUNC(sysdate)
   AND CREATE_TIME < TRUNC(sysdate) + 1
   AND GAME_ID = 153;
```

T1 返回 11799 列資料。我們查看 T2 返回列數。

```
select count(*)
  from (SELECT IDFA
          FROM SYS_ACTIVATION_SDK_IOS T2
         WHERE CREATE_TIME < TRUNC(sysdate) - 1
           AND T2.GAME_ID = 153);
```

T2 返回 1251009 列資料。現在我們得到資訊，小表 T1（11799）與較大表 T2
（1251009）進行關聯。一般情況下，小表與大表關聯，可以讓小表作為 NL 驅
動表，大表走連接欄索引。在確定能否走 NL 之前，要先檢查兩個表之間的關
係，同時檢查表連接欄的資料分佈，於是我們執行下面的 SQL。

```
SELECT IDFA, COUNT(*)
  FROM SYS_ACTIVATION_SDK_IOS
 GROUP BY IDFA
 ORDER BY 2 DESC;
```

我們發現 IDFA 基數很低，資料分佈不均衡。因為 IDFA 基數很低，所以不能讓
T1 與 T2 走巢狀嵌套迴圈，只能走 HASH 連接。執行計畫中，T1 與 T2 本來就
是走 HASH 連接的，連接方式是正確的，所以問題只能出現在存取路徑上。T1
走的是 INDEX RANGE SCAN，返回了 11799 列資料，T2 走的也是 INDEX
RANGE SCAN，返回了 1251009 列資料。INDEX RANGE SCAN 是單塊讀取，
一般用於返回少量資料，這裡返回 1251009 列資料顯然不合適，因為 INDEX
RANGE SCAN 沒有回表，所以應該讓其走 INDEX FAST FULL SCAN。

```
SELECT COUNT(DISTINCT IDFA)
  FROM SYS_ACTIVATION_SDK_IOS T1
 WHERE CREATE_TIME >= TRUNC(sysdate)
   AND CREATE_TIME < TRUNC(sysdate) + 1
   AND GAME_ID = 153
   AND NOT EXISTS (SELECT /*+ hash_aj index_ffs(t2) */
          IDFA
           FROM SYS_ACTIVATION_SDK_IOS T2
          WHERE CREATE_TIME < TRUNC(sysdate) - 1
```

```
              AND T2.GAME_ID = 153
              AND T1.IDFA = T2.IDFA);
```

最終該 SQL 可以在 1 分鐘內執行完畢。該 SQL 跑得慢根本原因就是 INDEX RANGE SCAN 是單塊讀取。

為什麼該 SQL 有時要執行 40 多分鐘，而有時只需要執行幾秒至十來秒呢？原因在於 buffer cache 快取。當 buffer cache 快取了索引 SYS_ACTIVATION_SDK_IOS_IDX1，SQL 就能在幾秒至十幾秒執行完畢；如果 buffer cache 沒有快取 SYS_ACTIVATION_SDK_IOS_IDX1，執行計畫中 Id=5 走的是 INDEX RANGE SCAN，導致大量單塊讀取，所以會執行 40 分鐘左右。更正了執行計畫之後，該 SQL 最慢可以在 1 分鐘內執行完畢。

9.6 分頁語句最佳化案例

2013 年一唯品會的朋友有如下語句需要最佳化。

```
select *
  from (select f.*
          from tms.inf_b2c_djwlzt_f f
          inner join tms.orderstatus os on f.transport_code = os.statuscode
          where f.warehouse = 'VIP_BJ'
            and f.is_send = 0
          order by f.created_dtm_loc, os.Sort_No asc)
 where rownum <= 500;
```

該 SQL 類似分頁語句，因此我們可以用分頁語句最佳化思考方式對其進行最佳化。拿到分頁語句，我們首先應該檢查分頁語句是否符合分頁語句編寫規範。這裡該 SQL 排序欄來自兩個表，不符合分頁語句編寫規範。我們在第 8 章中講到，分頁語句只能對一個表的欄位進行排序。該 SQL 排序欄來自 f 和 os，並且顯示的時候只有 f 表的資料。因此我們建議去掉 os 表的排序欄位，如下所示。

```
select *
  from (select f.*
          from tms.inf_b2c_djwlzt_f f
          inner join tms.orderstatus os on f.transport_code = os.statuscode
          where f.warehouse = 'VIP_BJ'
            and f.is_send = 0
          order by f.created_dtm_loc)
 where rownum <= 500;
```

排序欄來自 f 表，需要對 f 表新建索引，**因為過濾條件是等值存取，我們可以把過濾條件放在前面，排序欄放在後面**，於是新建如下索引。

```
create index idx_f_inf on inf_b2c_djwlzt_f(warehouse,is_send,created_dtm_loc);
```

然後強制 f 表與 os 走巢狀嵌套迴圈，同時讓 f 表作為巢狀嵌套迴圈驅動表，走剛才新建的索引。

```
select *
  from (select /*+ use_nl(f,os) leading(f) */
          f.*
          from tms.inf_b2c_djwlzt_f f
         inner join tms.orderstatus os on f.transport_code = os.statuscode
         where f.warehouse = 'VIP_BJ'
           and f.is_send = 0
         order by f.created_dtm_loc)
 where rownum <= 500;
```

執行計畫如下。

```
---------------------------------------------------------------------------------
| Id |Operation                      | Name             | Rows  | Bytes | Cost(%CPU)|
---------------------------------------------------------------------------------
|  0 |SELECT STATEMENT               |                  |   500 |  725K |   754  (1)|
|* 1 | COUNT STOPKEY                 |                  |       |       |           |
|  2 |  VIEW                         |                  |   502 |  728K |   754  (1)|
|  3 |   NESTED LOOPS                |                  |   502 |  121K |   754  (1)|
|  4 |    TABLE ACCESS BY INDEX ROWID| INF_B2C_DJWLZT_F | 2419K |  562M |    71  (0)|
|* 5 |     INDEX RANGE SCAN          | IDX_F_INF        |   502 |       |     5  (0)|
|* 6 |    TABLE ACCESS FULL          | ORDERSTATUS      |     1 |     3 |     1  (0)|
---------------------------------------------------------------------------------

Predicate Information (identified by operation id):
---------------------------------------------------

   1 - filter(ROWNUM<=500)
   5 - access("F"."WAREHOUSE"='VIP_BJ' AND "F"."IS_SEND"=0)
   6 - filter("F"."TRANSPORT_CODE"="OS"."STATUSCODE")

Statistics
----------------------------------------------------------
         1  recursive calls
         0  db block gets
      1736  consistent gets
         2  physical reads
         0  redo size
     67968  bytes sent via SQL*Net to client
       883  bytes received via SQL*Net from client
        35  SQL*Net roundtrips to/from client
         0  sorts (memory)
```

```
     0  sorts (disk)
   500  rows processed
```

從執行計畫中，我們看到被驅動表跑了全資料表掃描，巢狀嵌套迴圈被驅動表不能走全資料表掃描，必須走索引，於是新建如下索引。

```
create index STATUSCODE_IDX on ORDERSTATUS(STATUSCODE);
```

新建索引之後的執行計畫如下。

```
--------------------------------------------------------------------------------
| Id |Operation                      | Name            | Rows  | Bytes | Cost(%CPU)|
--------------------------------------------------------------------------------
|  0 |SELECT STATEMENT               |                 |  500  |  725K |  71  (0)|
|* 1 |  COUNT STOPKEY                |                 |       |       |         |
|  2 |   VIEW                        |                 |  502  |  728K |  71  (0)|
|  3 |    NESTED LOOPS               |                 |  502  |  121K |  71  (0)|
|  4 |     TABLE ACCESS BY INDEX ROWID| INF_B2C_DJWLZT_F| 2419K |  562M |  71  (0)|
|* 5 |      INDEX RANGE SCAN         | IDX_F_INF       |  502  |       |   5  (0)|
|* 6 |      INDEX RANGE SCAN         | STATUSCODE_IDX  |   1   |    3  |   0  (0)|
--------------------------------------------------------------------------------

Predicate Information (identified by operation id):
---------------------------------------------------

   1 - filter(ROWNUM<=500)
   5 - access("F"."WAREHOUSE"='VIP_BJ' AND "F"."IS_SEND"=0)
   6 - access("F"."TRANSPORT_CODE"="OS"."STATUSCODE")

Statistics
-----------------------------------------------------------
       1  recursive calls
       0  db block gets
     247  consistent gets
       0  physical reads
       0  redo size
   60433  bytes sent via SQL*Net to client
     883  bytes received via SQL*Net from client
      35  SQL*Net roundtrips to/from client
       0  sorts (memory)
       0  sorts (disk)
     500  rows processed
```

最佳化完畢之後，該 SQL 邏輯讀取只有 247 個，最終該 SQL 可以秒殺。

9.7 ORDER BY 取別名欄最佳化案例

2017 年，網路最佳化班的學生問該怎麼最佳化以下語句。

```sql
select rownum as r, a.*
  from (select npai.AREA_ID,
               npai.PSO_ID,
               npai.RO_ID,
               npai.NO,
               npai.ADDR,
               to_char(npai.CRTD_DT, 'yyyy-mm-dd hH24:mi:ss') as CRTD_DT,
               to_char(npai.CMPLT_DT, 'yyyy-mm-dd hH24:mi:ss') as CMPLT_DT,
               npai.CRM_PROD_ID,
               npai.PROD_SERV_SPEC_ID,
               npai.PROD_SERV_SPEC_NAME,
               npai.ACTION_TP_ID,
               npai.ACTION_TP_NAME
          from NT_PSO_ARCH_INFO npai
         where npai.crtd_dt >= to_date('2017-01-01', 'yyyy-mm-dd')
           and npai.crtd_dt <= to_date('2017-02-01', 'yyyy-mm-dd')
           and local_area_id = 3
         order by crtd_dt) a
 where rownum <= 20;
```

執行計畫如下。

```
Plan hash value: 2467293374

---------------------------------------------------------------------------------------------
| Id |Operation                            |Name             |Rows |Bytes|Cost(%CPU)|
---------------------------------------------------------------------------------------------
|  0 |SELECT STATEMENT                     |                 |  20 |28160|  489K (1)|
|* 1 | COUNT STOPKEY                       |                 |     |     |          |
|  2 |  VIEW                               |                 |950K |1276M|  489K (1)|
|* 3 |   SORT ORDER BY STOPKEY             |                 |950K |  85M|  489K (1)|
|  4 |    PARTITION LIST SINGLE            |                 |950K |  85M|  469K (1)|
|  5 |     TABLE ACCESS BY LOCAL INDEX ROWID|NT_PSO_ARCH_INFO|950K |  85M|  469K (1)|
|* 6 |      INDEX RANGE SCAN               |IDX_NTPAI_CRDT   |950K |     | 2581  (1)|
---------------------------------------------------------------------------------------------

Predicate Information (identified by operation id):
---------------------------------------------------

   1 - filter(ROWNUM<=20)
   3 - filter(ROWNUM<=20)
   6 - access("NPAI"."CRTD_DT">=TO_DATE(' 2017-01-01 00:00:00', 'syyyy-mm-dd hh24:mi:ss')
           AND "NPAI"."CRTD_DT"<=TO_DATE('2017-02-01 00:00:00', 'syyyy-mm-dd hh24:mi:ss'))
```

該 SQL 類似分頁語句。拿到分頁語句，我們應該先查看分頁語句是否符合分頁
編碼規範。這裡，SQL 完全符合分頁語句編碼規範。

該 SQL 排序欄是 crtd_dt，執行計畫中走的也是 crtd_dt 欄的索引。表 nt_pso_arch_info 是 LIST 分區表，分區欄是 local_area_id，從執行計畫中（Id=4）看到只掃描了一個分區。按道理該 SQL 不應該出現 SORT ORDER BY。為什麼執行計畫中有 SORT ORDER BY 呢？我們仔細觀察，SQL 語句中 order by 的欄 crtd_dt 在 select 中進行了 to_char 格式化，格式化之後取了別名，但是別名居然與欄名一樣。正是因為別名與欄名一樣，才導致無法消除 SORT ORDER BY。

現在我們另外取一個別名（CRTD_DT1）。

```
select rownum as r, a.*
  from (select npai.AREA_ID,
               npai.PSO_ID,
               npai.RO_ID,
               npai.NO,
               npai.ADDR,
               to_char(npai.CRTD_DT, 'yyyy-mm-dd hH24:mi:ss') as CRTD_DT1,
               to_char(npai.CMPLT_DT, 'yyyy-mm-dd hH24:mi:ss') as CMPLT_DT,
               npai.CRM_PROD_ID,
               npai.PROD_SERV_SPEC_ID,
               npai.PROD_SERV_SPEC_NAME,
               npai.ACTION_TP_ID,
               npai.ACTION_TP_NAME
          from NT_PSO_ARCH_INFO npai
         where npai.crtd_dt >= to_date('2017-01-01', 'yyyy-mm-dd')
           and npai.crtd_dt <= to_date('2017-02-01', 'yyyy-mm-dd')
           and local_area_id = 3
         order by crtd_dt) a
 where rownum <= 20;
```

我們再次查看執行計畫。

```
Plan hash value: 3066843972

--------------------------------------------------------------------------------
| Id |Operation                           |Name            |Rows |Bytes| Cost(%CPU)|
--------------------------------------------------------------------------------
|  0 |SELECT STATEMENT                    |                |  20|28160|    489K (1)|
|* 1 | COUNT STOPKEY                      |                |    |     |            |
|  2 |  VIEW                              |                |950K|1276M|    489K (1)|
|  3 |   PARTITION LIST SINGLE            |                |950K|  85M|    469K (1)|
|  4 |    TABLE ACCESS BY LOCAL INDEX ROWID|NT_PSO_ARCH_INFO|950K|  85M|    469K (1)|
|* 5 |     INDEX RANGE SCAN               |IDX_NTPAI_CRDT  |950K|     |   2581 (1)|
--------------------------------------------------------------------------------

Predicate Information (identified by operation id):
---------------------------------------------------

   1 - filter(ROWNUM<=20)
   5 - access("NPAI"."CRTD_DT">=TO_DATE(' 2017-01-01 00:00:00', 'syyyy-mm-dd hh24:mi:ss')
       AND "NPAI"."CRTD_DT"<=TO_DATE(' 2017-02-01 00:00:00', 'syyyy-mm-dd hh24:mi:ss'))
```

更改別名之後，消除了 SORT ORDER BY，從而達到了最佳化的目的。為什麼必須要更改別名呢？這是因為如果不更改別名，order by crtd_dt 就相當於 order by 別名，也就是 order by to_char (npai.CRTD_DT, 'yyyy-mm-dd hH24:mi:ss')，而索引中記錄的是 date 型別，現在排序變成了按照 char 型別排序，如果不更改別名執行計畫就無法消除 SORT ORDER BY。

在 2014 年的時候也遇到一個類似案例，但是該案例 SQL 和執行計畫太長，無法呈現在本書中。大家如有興趣，可以看部落格：http://blog.csdn.net/robinson 1988/article/details/40870901。

9.8　半連接反向驅動主表案例一

2015 年，網路最佳化班的學生提問要如何最佳化以下的 SQL。

```
SQL> explain plan for
  2  select gcode,name,idcode,address,noroom,etime from
  3    LY_T_CHREC t where gcode in (
  4  select gcode from LY_T_CHREC t where name='張三' and bdate ='19941109') a
  5  ;

Explained

SQL> select * from table(dbms_xplan.display(null,null,'ADVANCED -PROJECTION'));

PLAN_TABLE_OUTPUT
----------------------------------------------------------------------------
Plan hash value: 953100977

----------------------------------------------------------------------------
| Id  | Operation                            | Name                | Rows  |
----------------------------------------------------------------------------
|   0 | SELECT STATEMENT                     |                     |    2 |
|*  1 |  HASH JOIN RIGHT SEMI                |                     |    2 |
|*  2 |   TABLE ACCESS BY GLOBAL INDEX ROWID | LY_T_CHREC          |    1 |
|*  3 |    INDEX RANGE SCAN                  | IDX_LY_T_CHREC_NAME |   15 |
|   4 |   PARTITION HASH ALL                 |                     | 200M |
|   5 |    TABLE ACCESS FULL                 | LY_T_CHREC          | 200M |
----------------------------------------------------------------------------
Query Block Name / Object Alias (identified by operation id):
----------------------------------------------------------------------------
  1 - SEL$5DA710D3
  2 - SEL$5DA710D3 / T@SEL$2
  3 - SEL$5DA710D3 / T@SEL$2
  5 - SEL$5DA710D3 / T@SEL$1
```

```
Outline Data
-------------
  /*+
      BEGIN_OUTLINE_DATA
      SWAP_JOIN_INPUTS(@"SEL$5DA710D3" "T"@"SEL$2")
      USE_HASH(@"SEL$5DA710D3" "T"@"SEL$2")
      LEADING(@"SEL$5DA710D3" "T"@"SEL$1" "T"@"SEL$2")
      INDEX_RS_ASC(@"SEL$5DA710D3" "T"@"SEL$2" ("LY_T_CHREC"."NAME"))
      FULL(@"SEL$5DA710D3" "T"@"SEL$1")
      OUTLINE(@"SEL$2")
      OUTLINE(@"SEL$1")
      UNNEST(@"SEL$2")
      OUTLINE_LEAF(@"SEL$5DA710D3")
      ALL_ROWS
      DB_VERSION('11.2.0.3')
      OPTIMIZER_FEATURES_ENABLE('11.2.0.3')
      IGNORE_OPTIM_EMBEDDED_HINTS
      END_OUTLINE_DATA
  */

Predicate Information (identified by operation id):
---------------------------------------------------
  1 - access("GCODE"="GCODE")
  2 - filter("BDATE"='19941109')
  3 - access("NAME"='張三')
```

朋友提供的資訊：子查詢返回一個人開房的房號記錄，共返回 63 列。該 SQL 就是查與某人相同的房間號的他人的記錄。LY_T_CHREC 表有兩億條記錄。整個 SQL 執行了 30 分鐘還沒出結果，子查詢可以秒出結果，GCODE、NAME、IDCODE、ADDRESS、NOROOM、ETIME、BDATE 都有索引。

根據以上資訊我們得出：該 SQL 主表 LY_T_CHREC 有兩億條資料，沒有過濾條件，IN 子查詢過濾之後返回 63 列資料，關聯欄是房間號（GCODE）。LY_T_CHREC 應該存放的是開房記錄資料，GCODE 欄基數應該比較高。在本書中我們反覆強調：小表與大表關聯，如果大表連接欄基數比較高，可以走巢狀嵌套迴圈，讓小表驅動大表，大表走連接欄的索引。這裡小表就是 IN 子查詢，大表就是主表，我們讓 IN 子查詢作為 NL 驅動表。

```
select /*+ leading(t@a) use_nl(t@a,t) */
 gcode, name, idcode, address, noroom, etime
  from zhxx_lgy.LY_T_CHREC t
 where gcode in (select /*+ qb_name(a) */
                   gcode
                   from zhxx_lgy.LY_T_CHREC t
                  where name = '張三'
                    and bdate = '19941109');
```

最終該 SQL 可以秒出。

半連接反向驅動主表案例二

2014 年，一位物流業的朋友說下列的 SQL 要執行 4 個多小時。

```sql
SELECT "VOUCHER".FID "ID",
       "ENTRIES".FID "ENTRIES.ID",
       "ENTRIES".FEntryDC "ENTRIES.ENTRYDC",
       "ACCOUNT".FID "ACCOUNT.ID",
       "ENTRIES".FCurrencyID "CURRENCY.ID",
       "PERIOD".FNumber "PERIOD.NUMBER",
       "ENTRIES".FSeq "ENTRIES.SEQ",
       "ENTRIES".FLocalExchangeRate "LOCALEXCHANGERATE",
       "ENTRIES".FReportingExchangeRate "REPORTINGEXCHANGERATE",
       "ENTRIES".FMeasureUnitID "ENTRYMEASUREUNIT.ID",
       "ASSISTRECORDS".FID "ASSISTRECORDS.ID",
       "ASSISTRECORDS".FSeq "ASSISTRECORDS.SEQ",
       CASE
         WHEN (("ACCOUNT".FCAA IS NULL) AND
               ("ACCOUNT".FhasUserProperty <> 1)) THEN
           "ENTRIES".FOriginalAmount
         ELSE
           "ASSISTRECORDS".FOriginalAmount
       END "ASSISTRECORDS.ORIGINALAMOUNT",
       CASE
         WHEN (("ACCOUNT".FCAA IS NULL) AND
               ("ACCOUNT".FhasUserProperty <> 1)) THEN
           "ENTRIES".FLocalAmount
         ELSE
           "ASSISTRECORDS".FLocalAmount
       END "ASSISTRECORDS.LOCALAMOUNT",
       CASE
         WHEN (("ACCOUNT".FCAA IS NULL) AND
               ("ACCOUNT".FhasUserProperty <> 1)) THEN
           "ENTRIES".FReportingAmount
         ELSE
           "ASSISTRECORDS".FReportingAmount
       END "ASSISTRECORDS.REPORTINGAMOUNT",
       CASE
         WHEN (("ACCOUNT".FCAA IS NULL) AND
               ("ACCOUNT".FhasUserProperty <> 1)) THEN
           "ENTRIES".FQuantity
         ELSE
           "ASSISTRECORDS".FQuantity
       END "ASSISTRECORDS.QUANTITY",
       CASE
         WHEN (("ACCOUNT".FCAA IS NULL) AND
               ("ACCOUNT".FhasUserProperty <> 1)) THEN
           "ENTRIES".FStandardQuantity
         ELSE
           "ASSISTRECORDS".FStandardQuantity
       END "ASSISTRECORDS.STANDARDQTY",
       CASE
```

```
            WHEN (("ACCOUNT".FCAA IS NULL) AND
                  ("ACCOUNT".FhasUserProperty <> 1)) THEN
              "ENTRIES".FPrice
            ELSE
              "ASSISTRECORDS".FPrice
          END "ASSISTRECORDS.PRICE",
          CASE
            WHEN ("ACCOUNT".FCAA IS NULL) THEN
              NULL
            ELSE
              "ASSISTRECORDS".FAssGrpID
          END "ASSGRP.ID"
   FROM T_GL_Voucher "VOUCHER"
   LEFT OUTER JOIN T_BD_Period "PERIOD" ON "VOUCHER".FPeriodID =
                                          "PERIOD".FID
  INNER JOIN T_GL_VoucherEntry "ENTRIES" ON "VOUCHER".FID =
                                            "ENTRIES".FBillID
  INNER JOIN T_BD_AccountView "ACCOUNT" ON "ENTRIES".FAccountID =
                                           "ACCOUNT".FID
   LEFT OUTER JOIN T_GL_VoucherAssistRecord "ASSISTRECORDS" ON "ENTRIES".FID =
                                                "ASSISTRECORDS".FEntryID
WHERE "VOUCHER".FID IN
      (SELECT "VOUCHER".FID "ID"
         FROM T_GL_Voucher "VOUCHER"
         INNER JOIN T_GL_VoucherEntry "ENTRIES" ON "VOUCHER".FID =
                                                   "ENTRIES".FBillID
         INNER JOIN T_BD_AccountView "ACCOUNT" ON "ENTRIES".FAccountID =
                                                  "ACCOUNT".FID
         INNER JOIN t_bd_accountview PAV ON ((INSTR("ACCOUNT".flongnumber,
                                             pav.flongnumber) = 1 AND
                                       pav.faccounttableid =
                                       "ACCOUNT".faccounttableid) AND
                                       pav.fcompanyid =
                                       "ACCOUNT".fcompanyid)
         WHERE (("VOUCHER".FCompanyID IN ('fSSF82rRSKexM3KKN1d0tMznrtQ=')) AND
               (("VOUCHER".FBizStatus IN (5)) AND
               ((("VOUCHER".FPeriodID IN ('+wQxkBFVRiKnV7OniceMDoI4jEw=')) AND
               "ENTRIES".FCurrencyID =
               'dfd38d11-00fd-1000-e000-1ebdc0a8100dDEB58FDC') AND
               (pav.FID IN ('vyPiKexLRXiyMb41VSVVzJ2pmCY='))))))
ORDER BY "ID" ASC, "ENTRIES.SEQ" ASC, "ASSISTRECORDS.SEQ" ASC;
```

執行計畫如下。

```
----------------------------------------------------------------------------
| Id |Operation                    |Name       |Rows|Bytes|Cost (%CPU)|
----------------------------------------------------------------------------
|  0 |SELECT STATEMENT             |           | 13| 5733|  486    (1)|
|  1 | SORT ORDER BY               |           | 13| 5733|  486    (1)|
|  2 |  VIEW                       |VM_NWVW_2  | 13| 5733|  486    (1)|
|  3 |   HASH UNIQUE               |           | 13|11115|  486    (1)|
|  4 |    NESTED LOOPS OUTER       |           | 13|11115|  485    (1)|
|  5 |     NESTED LOOPS            |           |  9| 6606|  471    (1)|
|  6 |      NESTED LOOPS           |           |  9| 6057|  467    (1)|
|  7 |       MERGE JOIN OUTER      |           |  1|  473|  459    (1)|
```

```
|  8 |        HASH JOIN                    |                    |   1|  427|  458  (1)|
|  9 |         NESTED LOOPS                |                    |    |     |          |
| 10 |          NESTED LOOPS              |                    | 258|83850|  390  (0)|
| 11 |           NESTED LOOPS             |                    |   6| 1332|    3  (0)|
| 12 |            TABLE ACCESS BY INDEX ROWID|T_BD_ACCOUNTVIEW  |   1|  111|    2  (0)|
| 13 |             INDEX UNIQUE SCAN      |PK_BD_ACCOUNTVIEW   |   1|     |    1  (0)|
| 14 |            INDEX RANGE SCAN        |IX_BD_ACTCOMLNUM    |   6|  666|    1  (0)|
| 15 |           INDEX RANGE SCAN         |IX_GL_VCHAACCT      | 489|     |    1  (0)|
| 16 |          TABLE ACCESS BY INDEX ROWID|T_GL_VOUCHERENTRY  |  42| 4326|   65  (0)|
| 17 |           INDEX RANGE SCAN         |IX_GL_VCH_11        |7536| 750K|   68  (0)|
| 18 |         BUFFER SORT                |                    |   1|   46|  391  (0)|
| 19 |          INDEX RANGE SCAN          |IX_PERIOD_ENC       |   1|   46|    1  (0)|
| 20 |        TABLE ACCESS BY INDEX ROWID |T_GL_VOUCHERENTRY   |  17| 3400|    8  (0)|
| 21 |         INDEX RANGE SCAN           |IX_GL_VCHENTRYFQ1   |  17|     |    1  (0)|
| 22 |       TABLE ACCESS BY INDEX ROWID  |T_BD_ACCOUNTVIEW    |   1|   61|    1  (0)|
| 23 |        INDEX UNIQUE SCAN           |PK_BD_ACCOUNTVIEW   |   1|     |    1  (0)|
| 24 |      TABLE ACCESS BY INDEX ROWID   |T_GL_VOUCHERASSISTRECORD|1| 121|    2  (0)|
| 25 |       INDEX RANGE SCAN             |IX_GL_VCHASSREC_11  |   2|     |    1  (0)|
-------------------------------------------------------------------------------------

Note
-----
   - 'PLAN_TABLE' is old version
```

執行計畫中居然是'PLAN_TABLE' is old version，無法看到謂詞資訊，這需要重建 PLAN_TABLE。因為沒有謂詞資訊，所以就不打算從執行計畫來進行 SQL 的最佳化了，而是選擇直接分析 SQL，從 SQL 層面來進行最佳化。

SQL 語句中，select 到 from 之間沒有純量子查詢，沒有自訂函數，from 後面有 5 個表關聯，where 條件中只有一個 in（子查詢），沒有其他過濾條件。SQL 語句中用到的表大小如圖 9-8 所示。

#	Table Name	Owner	Num Rows	Table Sample Size	Last Analyzed	Ind
1	T_BD_ACCOUNTVIEW	DEPPON2011	1466547	1466547	04-JAN-14 23:31:43	
2	T_BD_PERIOD	DEPPON2011	134	134	05-JAN-14 00:05:24	
3	T_GL_VOUCHER	DEPPON2011	3578789	3578789	08-JAN-14 23:49:42	
4	T_GL_VOUCHERASSISTRECORD	DEPPON2011	86095467	86095467	05-JAN-14 07:37:22	
5	T_GL_VOUCHERENTRY	DEPPON2011	61165543	61165543	05-JAN-14 08:34:32	

圖 9-8

SQL 語句中有 4 個表都是大表，只有一個表 T_BD_PERIOD 是小表，在 SQL 語句中與 T_GL_VOUCHER 外關聯，是外連接的從表。如果走巢狀嵌套迴圈，T_BD_PERIOD 只能作為被驅動表，因此排除了讓小表 T_BD_PERIOD 作為巢狀嵌套迴圈驅動表的可能性。如果該 SQL 沒有過濾條件，以上 SQL 只能走 HASH 連接。

SQL 語句中唯一的過濾條件就是 in（子查詢），因此只能把最佳化 SQL 的希望寄託在子查詢身上。in（子查詢）與表 T_GL_VOUCHER 進行關聯，T_GL_VOUCHER 同時也是外連接的主表，如果 in（子查詢）能過濾掉 T_GL_VOUCHER 大量資料，那麼可以讓 T_GL_VOUCHER 作為巢狀嵌套迴圈驅動表，一直與後面的表 NL 下去，這樣或許能最佳化 SQL。如果 in（子查詢）不能過濾掉大量資料，那麼 SQL 就無法最佳化，最終只能全走 HASH。詢問 in（子查詢）返回多少列、執行多久，得到回饋：in（子查詢）返回 16880 條資料，耗時 23 秒。於是我們將 SQL 改寫為 with as 子句，而且實體化（/*+ materialize */）with as 子查詢，讓 with as 子句作為巢狀嵌套迴圈驅動表。

```
with x as (
SELECT /*+ materialize */  "VOUCHER".FID "ID"
         FROM T_GL_Voucher "VOUCHER"
         INNER JOIN T_GL_VoucherEntry "ENTRIES" ON "VOUCHER".FID =
                                              "ENTRIES".FBillID
         INNER JOIN T_BD_AccountView "ACCOUNT" ON "ENTRIES".FAccountID =
                                              "ACCOUNT".FID
         INNER JOIN t_bd_accountview PAV ON ((INSTR("ACCOUNT".flongnumber,
                                              pav.flongnumber) = 1 AND
                                      pav.faccounttableid =
                                      "ACCOUNT".faccounttableid) AND
                                      pav.fcompanyid =
                                      "ACCOUNT".fcompanyid)
       WHERE (("VOUCHER".FCompanyID IN ('fSSF82rRSKexM3KKN1d0tMznrtQ=')) AND
              (("VOUCHER".FBizStatus IN (5)) AND
              ((("VOUCHER".FPeriodID IN ('+wQxkBFVRiKnV7OniceMDoI4jEw=')) AND
              "ENTRIES".FCurrencyID =
              'dfd38d11-00fd-1000-e000-1ebdc0a8100dDEB58FDC') AND
              (pav.FID IN ('vyPiKexLRXiyMb41VSVVzJ2pmCY=')))))
)
SELECT "VOUCHER".FID "ID",
      "ENTRIES".FID "ENTRIES.ID",
      "ENTRIES".FEntryDC "ENTRIES.ENTRYDC",
      "ACCOUNT".FID "ACCOUNT.ID",
      "ENTRIES".FCurrencyID "CURRENCY.ID",
      "PERIOD".FNumber "PERIOD.NUMBER",
      "ENTRIES".FSeq "ENTRIES.SEQ",
      "ENTRIES".FLocalExchangeRate "LOCALEXCHANGERATE",
      "ENTRIES".FReportingExchangeRate "REPORTINGEXCHANGERATE",
      "ENTRIES".FMeasureUnitID "ENTRYMEASUREUNIT.ID",
      "ASSISTRECORDS".FID "ASSISTRECORDS.ID",
      "ASSISTRECORDS".FSeq "ASSISTRECORDS.SEQ",
      CASE
        WHEN (("ACCOUNT".FCAA IS NULL) AND
            ("ACCOUNT".FhasUserProperty <> 1)) THEN
        "ENTRIES".FOriginalAmount
        ELSE
        "ASSISTRECORDS".FOriginalAmount
      END "ASSISTRECORDS.ORIGINALAMOUNT",
```

```
            CASE
              WHEN (("ACCOUNT".FCAA IS NULL) AND
                    ("ACCOUNT".FhasUserProperty <> 1)) THEN
                "ENTRIES".FLocalAmount
              ELSE
                "ASSISTRECORDS".FLocalAmount
            END "ASSISTRECORDS.LOCALAMOUNT",
            CASE
              WHEN (("ACCOUNT".FCAA IS NULL) AND
                    ("ACCOUNT".FhasUserProperty <> 1)) THEN
                "ENTRIES".FReportingAmount
              ELSE
                "ASSISTRECORDS".FReportingAmount
            END "ASSISTRECORDS.REPORTINGAMOUNT",
            CASE
              WHEN (("ACCOUNT".FCAA IS NULL) AND
                    ("ACCOUNT".FhasUserProperty <> 1)) THEN
                "ENTRIES".FQuantity
              ELSE
                "ASSISTRECORDS".FQuantity
            END "ASSISTRECORDS.QUANTITY",
            CASE
              WHEN (("ACCOUNT".FCAA IS NULL) AND
                    ("ACCOUNT".FhasUserProperty <> 1)) THEN
                "ENTRIES".FStandardQuantity
              ELSE
                "ASSISTRECORDS".FStandardQuantity
            END "ASSISTRECORDS.STANDARDQTY",
            CASE
              WHEN (("ACCOUNT".FCAA IS NULL) AND
                    ("ACCOUNT".FhasUserProperty <> 1)) THEN
                "ENTRIES".FPrice
              ELSE
                "ASSISTRECORDS".FPrice
            END "ASSISTRECORDS.PRICE",
            CASE
              WHEN ("ACCOUNT".FCAA IS NULL) THEN
                NULL
              ELSE
                "ASSISTRECORDS".FAssGrpID
            END "ASSGRP.ID"
 FROM T_GL_Voucher "VOUCHER"
 LEFT OUTER JOIN T_BD_Period "PERIOD" ON "VOUCHER".FPeriodID =
                                        "PERIOD".FID
INNER JOIN T_GL_VoucherEntry "ENTRIES" ON "VOUCHER".FID =
                                          "ENTRIES".FBillID
INNER JOIN T_BD_AccountView "ACCOUNT" ON "ENTRIES".FAccountID =
                                         "ACCOUNT".FID
 LEFT OUTER JOIN T_GL_VoucherAssistRecord "ASSISTRECORDS" ON "ENTRIES".FID =
                                              "ASSISTRECORDS".FEntryID
WHERE "VOUCHER".FID IN
      (select id from x)
ORDER BY "ID" ASC, "ENTRIES.SEQ" ASC, "ASSISTRECORDS.SEQ" ASC;
```

改寫後的執行計畫如下。

```
-------------------------------------------------------------------------------------
|Id |Operation                     |Name                       |Rows |Bytes|Cost(%CPU)|
-------------------------------------------------------------------------------------
|  0|SELECT STATEMENT              |                           |   24|11208| 506   (1)|
|  1| TEMP TABLE TRANSFORMATION    |                           |     |     |          |
|  2|  LOAD AS SELECT              |SYS_TEMP_0FD9D6853_1AD5C99D|     |     |          |
|  3|   HASH JOIN                  |                           |    1|  415| 458   (1)|
|  4|    NESTED LOOPS              |                           |     |     |          |
|  5|     NESTED LOOPS             |                           |  258|83850| 390   (0)|
|  6|      NESTED LOOPS            |                           |    6| 1332|   3   (0)|
|  7|       TABLE ACCESS BY INDEX ROWID|T_BD_ACCOUNTVIEW       |    1|  111|   2   (0)|
|  8|        INDEX UNIQUE SCAN     |PK_BD_ACCOUNTVIEW          |    1|     |   1   (0)|
|  9|       INDEX RANGE SCAN       |IX_BD_ACTCOMLNUM           |    6|  666|   1   (0)|
| 10|      INDEX RANGE SCAN        |IX_GL_VCHAACCT             |  489|     |   1   (0)|
| 11|     TABLE ACCESS BY INDEX ROWID|T_GL_VOUCHERENTRY        |   42| 4326|  65   (0)|
| 12|    INDEX RANGE SCAN          |IX_GL_VCH_11               | 7536| 662K|  68   (0)|
| 13|  SORT ORDER BY               |                           |   24|11208|  48   (5)|
| 14|   NESTED LOOPS OUTER         |                           |   24|11208|  47   (3)|
| 15|    NESTED LOOPS             |                           |   17| 6086|  21   (5)|
| 16|     NESTED LOOPS            |                           |   17| 5253|  13   (8)|
| 17|      NESTED LOOPS OUTER      |                           |    1|  121|   5  (20)|
| 18|       NESTED LOOPS          |                           |    1|   87|   4  (25)|
| 19|        VIEW                 |VW_NSO_1                   |    1|   29|   2   (0)|
| 20|         HASH UNIQUE         |                           |    1|   24|          |
| 21|          VIEW              |                           |    1|   24|   2   (0)|
| 22|           TABLE ACCESS FULL |SYS_TEMP_0FD9D6853_1AD5C99D|    1|   29|   2   (0)|
| 23|        INDEX RANGE SCAN     |IX_GL_VCH_FIDCMPNUM        |    1|   58|   1   (0)|
| 24|       INDEX RANGE SCAN      |IX_PERIOD_ENC              |    1|   34|   1   (0)|
| 25|      TABLE ACCESS BY INDEX ROWID|T_GL_VOUCHERENTRY      |   17| 3196|   8   (0)|
| 26|       INDEX RANGE SCAN      |IX_GL_VCHENTRYFQ1          |   17|     |   1   (0)|
| 27|     TABLE ACCESS BY INDEX ROWID|T_BD_ACCOUNTVIEW        |    1|   49|   1   (0)|
| 28|      INDEX UNIQUE SCAN      | PK_BD_ACCOUNTVIEW         |    1|     |   1   (0)|
| 29|    TABLE ACCESS BY INDEX ROWID|T_GL_VOUCHERASSISTRECORD |    1|  109|   2   (0)|
| 30|     INDEX RANGE SCAN        |IX_GL_VCHASSREC_11         |    2|     |   1   (0)|
-------------------------------------------------------------------------------------
```

將 SQL 改寫之後，能在 1 分鐘內執行完畢，最終 SQL 返回 42956 條資料。

為什麼要將 in 子查詢改寫為 with as 呢？這是因為原始 SQL 中，in 子查詢比較複雜，想直接使用 HINT 讓 in 子查詢作為巢狀嵌套迴圈驅動表反向驅動主表比較困難，所以將 in 子查詢改寫為 with as。需要注意的是 with as 子句中必須要新增 HINT:/*+ materialize */，同時主表與子查詢關聯欄必須有索引，如果不新增 HINT: /*+ materialize */，如果主表與子查詢關聯欄沒有索引，最佳化程式就不會自動將 with as 作為巢狀嵌套迴圈驅動表。with as 子句新增了/*+ materialize */會生成一個臨時表，這時，就將複雜的 in 子查詢簡單化了，之後最佳化程式會將 with as 子句展開（unnesting），將子查詢展開一般是子查詢與主表進行 HASH 連接，或者是子查詢作為巢狀嵌套迴圈驅動表與主表進行關聯，一般不會是主表作為巢狀嵌套迴圈驅動表，因為主表作為巢狀嵌套迴圈驅動表可以直接走 Filter，不用展開。最佳化程式發現 with as 子句資料量較小，而主表較大，而且主表連接欄有索引，於是自動讓 with as 子句實體化的結果作為了巢狀嵌套迴圈驅動表。

9.10　連接欄資料分佈不均衡導致效能問題

2016 年，一網際網路彩票業的朋友說下列的 SQL 要跑幾十分鐘（資料庫環境為 Oracle11gR2）。

```
select count(distinct a.user_name), count(distinct a.invest_id)
  from base_data_login_info@agent a
 where a.str_day <= '20160304'
   and a.str_day >= '20160301'
   and a.channel_id in (select channel_rlat
                          from tb_user_channel a, tb_channel_info b
                         where a.channel_id = b.channel_id
                           and a.user_id = 5002)
   and a.platform = a.platform;

Plan hash value: 2367445948

---------------------------------------------------------------------
| Id | Operation           | Name               | Rows  | Bytes | Cost (%CPU)|
---------------------------------------------------------------------
|  0 | SELECT STATEMENT    |                    |     1 |   130 |   754   (2)|
|  1 |  SORT GROUP BY      |                    |     1 |   130 |            |
|* 2 |   HASH JOIN         |                    | 4067K |  504M |   754   (2)|
|* 3 |    HASH JOIN        |                    | 11535 |  360K |   258   (1)|
|* 4 |     TABLE ACCESS FULL| TB_USER_CHANNEL   | 11535 |  157K |    19   (0)|
|  5 |     TABLE ACCESS FULL| TB_CHANNEL_INFO   | 11767 |  206K |   238   (0)|
|  6 |    REMOTE           | BASE_DATA_LOGIN_INFO| 190K |   17M |   486   (1)|
---------------------------------------------------------------------

Predicate Information (identified by operation id):
---------------------------------------------------

  2 - access("A"."CHANNEL_ID"="CHANNEL_RLAT")
  3 - access("A"."CHANNEL_ID"="B"."CHANNEL_ID")
  4 - filter("A"."USER_ID"=5002)

Remote SQL Information (identified by operation id):
---------------------------------------------------

  6 - SELECT "USER_NAME","INVEST_ID","STR_DAY","CHANNEL_ID","PLATFORM" FROM
      "BASE_DATA_LOGIN_INFO" "A" WHERE "STR_DAY"<='20160304' AND "STR_DAY">='20160301'
       AND "PLATFORM" IS NOT NULL (accessing 'AGENT' )
```

想要最佳化SQL，必須要知道表大小。TB_USER_CHANNEL有1萬列的資料，TB_CHANNEL_INFO 有 1 萬列左右，BASE_DATA_LOGIN_INFO 有 19 萬列，過濾之後剩下 4 萬列左右。執行計畫走的是 HASH 連接，每個表都只掃描一次，雖然是全資料表掃描，但是最大表才19萬列，按道理說不應該執行幾十分鐘，正常情況下應該可以1秒左右出結果。起初我們懷疑是 SQL 中 DBLINK 傳輸資料導致效能問題，於是在本機新建一個一模一樣的表，但是該 SQL 還是執行緩慢。

我們只能一步一步逐個審查 SQL 哪裡出了問題，讓朋友執行下面的 SQL。

```
select count(*) ---改動了這裡
  from base_data_login_info@agent a
 where a.str_day <= '20160304'
   and a.str_day >= '20160301'
   and a.channel_id in (select channel_rlat
                          from tb_user_channel a, tb_channel_info b
                         where a.channel_id = b.channel_id
                           and a.user_id = 5002)
   and a.platform = a.platform;
```

上面 SQL 可以秒出。於是朋友繼續執行下面的 SQL。

```
select count(a.user_name) ---改動了這裡
  from base_data_login_info@agent a
 where a.str_day <= '20160304'
   and a.str_day >= '20160301'
   and a.channel_id in (select channel_rlat
                          from tb_user_channel a, tb_channel_info b
                         where a.channel_id = b.channel_id
                           and a.user_id = 5002)
   and a.platform = a.platform;
```

上面 SQL 也可以秒出。我們繼續逐個審查。

```
select count(a.user_name), count(a.invest_id) ---改動了這裡
  from base_data_login_info@agent a
 where a.str_day <= '20160304'
   and a.str_day >= '20160301'
   and a.channel_id in (select channel_rlat
                          from tb_user_channel a, tb_channel_info b
                         where a.channel_id = b.channel_id
                           and a.user_id = 5002)
   and a.platform = a.platform;
```

以上 SQL 還是可以秒出，我們繼續逐個審查。

```
select count(distinct a.user_name), count(a.invest_id) ---改動了這裡
  from base_data_login_info@agent a
```

```
where a.str_day <= '20160304'
  and a.str_day >= '20160301'
  and a.channel_id in (select channel_rlat
                        from tb_user_channel a, tb_channel_info b
                       where a.channel_id = b.channel_id
                         and a.user_id = 5002)
  and a.platform = a.platform;
```

上面 SQL 依然可以秒出。現在我們找到引起 SQL 慢的原因了，select 中同時
count(distinct a.user_name)，count(distinct a.invest_id) 導致 SQL 查詢緩慢。

在實際工作中，要優先解決問題，再去尋找問題的根本原因。我們將 SQL 進行
如下改寫。

```
with t1 as
(select /*+ materialize */
 a.user_name, a.invest_id
 from base_data_login_info@agent a
where a.str_day <= '20160304'
  and a.str_day >= '20160301'
  and a.channel_id in (select channel_rlat
                        from tb_user_channel a, tb_channel_info b
                       where a.channel_id = b.channel_id
                         and a.user_id = 5002)
  and a.platform = a.platform)
select count(distinct user_name) ,count(distinct invest_id) from t1;
```

為什麼改寫成以上 SQL 能解決效能問題呢？因為在逐個審查問題的時候 count
不加 distinct 是可以秒出的，所以我們先將能秒出的 SQL 放到 with as 子句，透
過新增 HINT：/*+ materialize */ 生成臨時表，再對臨時表進行 count(distinct...),
count(distinct)，這樣就能解決問題。改寫後的 SQL 執行計畫如下。

```
Plan hash value: 901326807

---------------------------------------------------------------------------
| Id |Operation                    | Name                     | Rows  |Bytes|Cost(%CPU)|
---------------------------------------------------------------------------
|  0 |SELECT STATEMENT             |                          |     1 |   54| 1621 (1)|
|  1 | TEMP TABLE TRANSFORMATION|                          |       |     |         |
|  2 |  LOAD AS SELECT             | SYS_TEMP_0FD9D6720_EB8EA |       |     |         |
|* 3 |   HASH JOIN RIGHT SEMI      |                          |  190K |  22M|  744 (1)|
|  4 |    VIEW                     | VW_NSO_1                 | 11535 | 304K|  258 (1)|
|* 5 |     HASH JOIN               |                          | 11535 | 360K|  258 (1)|
|* 6 |      TABLE ACCESS FULL      | TB_USER_CHANNEL          | 11535 | 157K|   19 (0)|
|  7 |      TABLE ACCESS FULL      | TB_CHANNEL_INFO          | 11767 | 206K|  238 (0)|
|  8 |    REMOTE                   | BASE_DATA_LOGIN_INFO     |  190K |  17M|  486 (1)|
|  9 | SORT GROUP BY               |                          |     1 |   54|         |
| 10 |  VIEW                       |                          |  190K |   9M|  878 (1)|
| 11 |   TABLE ACCESS FULL         | SYS_TEMP_0FD9D6720_EB8EA |  190K |   9M|  878 (1)|
---------------------------------------------------------------------------
```

```
Predicate Information (identified by operation id):
---------------------------------------------------

   3 - access("A"."CHANNEL_ID"="CHANNEL_RLAT")
   5 - access("A"."CHANNEL_ID"="B"."CHANNEL_ID")
   6 - filter("A"."USER_ID"=5002)

Remote SQL Information (identified by operation id):
---------------------------------------------------

   8 - SELECT "USER_NAME","INVEST_ID","STR_DAY","CHANNEL_ID","PLATFORM" FROM
"BASE_DATA_LOGIN_INFO"
      "A" WHERE "STR_DAY"<='20160304' AND "STR_DAY">='20160301'
      AND "PLATFORM" IS NOT NULL (accessing 'AGENT' )
```

解決問題之後，現在我們來尋找 SQL 緩慢的根本原因。現在對比緩慢 SQL 的執行計畫與秒出 SQL 的執行計畫，緩慢 SQL 的執行計畫如下。

Id	Operation	Name	Rows	Bytes	Cost (%CPU)
0	SELECT STATEMENT		1	130	754 (2)
1	SORT GROUP BY		1	130	
* 2	HASH JOIN		4067K	504M	754 (2)
* 3	HASH JOIN		11535	360K	258 (1)
* 4	TABLE ACCESS FULL	TB_USER_CHANNEL	11535	157K	19 (0)
5	TABLE ACCESS FULL	TB_CHANNEL_INFO	11767	206K	238 (0)
6	REMOTE	BASE_DATA_LOGIN_INFO	190K	17M	486 (1)

秒出 SQL 的執行計畫如下。

Id	Operation	Name	Rows	Bytes	Cost(%CPU)
0	SELECT STATEMENT		1	54	1621 (1)
1	TEMP TABLE TRANSFORMATION				
2	LOAD AS SELECT	SYS_TEMP_0FD9D6720_EB8EA			
* 3	HASH JOIN RIGHT SEMI		190K	22M	744 (1)
4	VIEW	VW_NSO_1	11535	304K	258 (1)
* 5	HASH JOIN		11535	360K	258 (1)
* 6	TABLE ACCESS FULL	TB_USER_CHANNEL	11535	157K	19 (0)
7	TABLE ACCESS FULL	TB_CHANNEL_INFO	11767	206K	238 (0)
8	REMOTE	BASE_DATA_LOGIN_INFO	190K	17M	486 (1)
9	SORT GROUP BY		1	54	
10	VIEW		190K	9M	878 (1)
11	TABLE ACCESS FULL	SYS_TEMP_0FD9D6720_EB8EA	190K	9M	878 (1)

我們注意仔細對比執行計畫，緩慢 SQL 的執行計畫中 Id=2 是 HASH JOIN，而秒出 SQL 的執行計畫中 Id=3 是 HASH JOIN RIGHT SEMI。SEMI 是半連接特有

關鍵字，緩慢 SQL 的執行計畫中沒有 SEMI 關鍵字，這說明 CBO 將半連接等價改寫成了內連接；秒出 SQL 的執行計畫有 SEMI 關鍵字，這說明 CBO 沒有將半連接等價改寫成內連接。**現在我們得到結論，該 SQL 查詢緩慢是因為 CBO 內部將半連接改寫為內連接導致。**

大家還記得半連接與內連接的區別嗎？半連只返回一個表的資料，關聯之後資料量不會翻番，內連接表關聯之後資料量可能會翻番。該 SQL 查詢緩慢是被改成內連接導致，現在我們有充分理由懷疑內連接關聯之後返回的資料量太大，因為如果關聯返回的資料量很少是不可能出效能問題的。於是檢查兩個表連接欄的資料分佈。

```
select channel_id, count(*)
  from base_data_login_info
 group by channel_id
 order by 2;

CHANNEL_ID                                         COUNT(*)
-------------------------------------------------- ----------
011a1                                                      2
003a1                                                      3
021a1                                                      3
006a1                                                     12
024h2                                                     16
013a1                                                     19
007a1                                                     24
012a1                                                     25
005a1                                                     27
EPT01                                                     36
028h2                                                    109
008a1                                                    139
029a1                                                    841
009a1                                                    921
014a1                                                   1583
000a1                                                   1975
a0001                                                   2724
004a1                                                   5482
001a1                                                  16329
026h2                                                 160162
```

in 子查詢關聯欄資料分佈如下。

```
select channel_rlat, count(*)
  from tb_user_channel a, tb_channel_info b
 where a.channel_id = b.channel_id
   and a.user_id = 5002
 group by channel_rlat
 order by 2 desc;

channel_rlat        count(*)
```

026h2	**10984**
024h2	7
002h2	6
023a2	2
007s001022001	1
007s001022002	1
007s001024007	1
007s001024009	1
007s001022009	1
001s001006	1
001s001008	1
001s001001001	1
001s001001003	1
001s001001007	1
001s001001014	1
007s001018003	1
007s001018007	1
007s001019005	1
007s001019008	1
001s001002011	1
007s001011003	1
007s001034	1
007s001023005	1

兩表的資料分佈果然有問題，其中 026h2 這條資料分佈傾斜得特別明顯。如果
讓兩表進行內連接，026h2 這條資料關聯之後返回結果應該是 160162*10984，
現在我們終於發現該 SQL 執行緩慢的根本原因，是因為兩個表的連接欄中有部
分資料傾斜非常嚴重。

最初採用的是 with as 子句加 /*+ materialize */ 臨時解決 SQL 的效能問題，我們
也可以使用 rownum 最佳化 SQL，rownum 可以讓一個查詢被當成一個整體。

```
with t1 as
(select
 a.user_name, a.invest_id
  from base_data_login_info@agent a
 where a.str_day <= '20160304'
   and a.str_day >= '20160301'
   and a.channel_id in (select channel_rlat
                          from tb_user_channel a, tb_channel_info b
                         where a.channel_id = b.channel_id
                           and a.user_id = 5002)
   and a.platform = a.platform and rownum>0)
select count(distinct user_name) ,count(distinct invest_id) from t1;
```

如果大家想模擬本案例，可以跟著下面實驗步驟執行（請在 11g 中模擬）。

我們先新建如下兩個測試表。

```
create table a as select * from dba_objects;
create table b as select * from dba_objects;
```

要執行的緩慢的 SQL 如下。

```
select count(distinct owner), count(distinct object_name)
  from a
 where owner in (select owner from b);
```

最佳化改寫之後的 SQL 如下。

```
with t as(select owner, object_name
            from a
          where owner in (select owner from b)
            and rownum > 0)
select count(distinct owner), count(distinct object_name)
  from t;
```

我們也可以對子查詢先去除重複，將子查詢變成 1 的關係，這樣也能最佳化 SQL。

```
select count(distinct owner), count(distinct object_name)
  from a
 where owner in (select owner from b group by owner);
```

請思考為什麼 Oracle11g CBO 會將 SQL 改寫為內連接？大家是否還記得第 5.6.1 節內容？

select ... from 1 的表 where owner in (select owner from n 的表) 改寫為內連接，需要加 distinct。

select ... from n 的表 where owner in (select owner from 1 的表) 改寫為內連接，不需要加 distinct。

我們的 SQL 是 select count(distinct),count(distinct)，所以 CBO 直接將 SQL 改寫為 select count(distinct a.owner),count(distinct object_name) from a,b where a.owner=b.owner；這個問題在 12c 中已得到糾正。最後我們想說的就是，不管以後最佳化程式進步有多大，我們始終不能依賴最佳化程式，唯一可以依靠的就是自己所掌握的知識。

9.11 Filter 最佳化經典案例

2012 年，一朋友發來資訊說以下 SQL 要跑 5 個小時，請求最佳化。

```
SELECT
        B.AREA_ID,
        A.PARTY_ID,
        B.AREA_NAME,
        C.NAME          CHANNEL_NAME,
        B.NAME          PARTY_NAME,
        B.ACCESS_NUMBER,
        B.PROD_SPEC,
        B.START_DT,
        A.BO_ACTION_NAME,
        A.SO_STAFF_ID,
        A.ATOM_ACTION_ID,
        A.PROD_ID
FROM    DW_CHANNEL      C,
        DW_CRM_DAY_USER B,
        DW_BO_ORDER     A
WHERE   A.PROD_ID = B.PROD_ID AND
        A.CHANNEL_ID = C.CHANNEL_ID AND
        A.SO_STAFF_ID LIKE '36%' AND
        A.BO_ACTION_NAME IN ('新裝','移機','資費變更') AND
        B.PROD_SPEC IN ('普通電話', 'ADSL','LAN', '手機',
                'E8－2S','E6 行動版', 'E9 版 1M(老版)',
                '普通 E9','普通新版 E8',
                '全省_緊密融合型 E9 套餐產品規格',
                '(新) 全省_緊密融合型 E9 套餐產品規格',
                '新春歡樂送之 E8 套餐',
                '新春歡樂送之 E6 套餐') AND
        NOT  EXISTS (SELECT  *
            FROM    DW_BO_ORDER D
            WHERE   D.STAFF_ID LIKE '36%' AND
                    A.PARTY_ID = D.PARTY_ID AND
                    A.BO_ID != D.BO_ID AND
                    A.PROD_ID != D.PROD_ID AND
                    A.BO_ACTION_NAME IN
                    ('新裝', '移機','資費變更') AND
                    A.COMPLETE_DT - INTERVAL '7' DAY < D.COMPLETE_DT);
```

執行計畫如下。

```
Plan hash value: 2142862569
```

Id	Operation	Name	Rows	Bytes	Cost (%CPU)	Time
0	SELECT STATEMENT		905	121K	4152K (2)	13:50:32
* 1	FILTER					
* 2	HASH JOIN		905	121K	12616 (2)	00:02:32
* 3	HASH JOIN		905	99550	12448 (2)	00:02:30

```
|  4 |    PARTITION RANGE ALL|              | 1979  |  108K|  9168   (2)| 00:01:51 |
|* 5 |     TABLE ACCESS FULL |DW_BO_ORDER   | 1979  |  108K|  9168   (2)| 00:01:51 |
|* 6 |     TABLE ACCESS FULL |DW_CRM_DAY_USER| 309K |  15M |  3277   (2)| 00:00:40 |
|  7 |     TABLE ACCESS FULL |DW_CHANNEL    | 48425 | 1276K|  168    (1)| 00:00:03 |
|* 8 |    FILTER             |              |       |      |            |          |
|  9 |     PARTITION RANGE ALL|             |   1   |   29 |  9147   (2)| 00:01:50 |
|*10 |      TABLE ACCESS FULL |DW_BO_ORDER  |   1   |   29 |  9147   (2)| 00:01:50 |
---------------------------------------------------------------------------------

Predicate Information (identified by operation id):
---------------------------------------------------

   1 - filter( NOT EXISTS (SELECT /*+ */ 0 FROM "DW_BO_ORDER" "D" WHERE (
           :B1='新裝' OR :B2='移機'OR :B3='資費變更') AND "D"."PARTY_ID"=:B4 AND
           TO_CHAR("D"."STAFF_ ID") LIKE '36%' AND "D"."COMPLETE_DT">:
           B5-INTERVAL'+07 00:00:00' DAY(2) TO SECOND(0) AND
           "D"."PROD_ID"<>:B6 AND "D"."BO_ID"<>:B7))
   2 - access("A"."CHANNEL_ID"="C"."CHANNEL_ID")
   3 - access("A"."PROD_ID"="B"."PROD_ID")
   5 - filter("A"."PROD_ID" IS NOT NULL AND ("A"."BO_ACTION_NAME"='新裝' OR
           "A"."BO_ACTION_NAME"='移機'  OR "A"."BO_ACTION_NAME"='資費變更') AND
           TO_CHAR("A"."SO_STAFF_ID") LIKE '36%')
   6 - filter("B"."PROD_SPEC"='(新) 全省_緊密融合型 E9 套餐產品規格' OR "B"."PROD_SPEC"
           ='ADSL' OR "B"."PROD_SPEC"='E6 行動版' OR "B"."PROD_SPEC"='E8 - 2S' OR
           "B"."PROD_SPEC"='E9 版 1M(老版)' OR "B"."PROD_SPEC"='LAN' OR
           "B". "PROD_SPEC"='普通 E9' OR "B"."PROD_SPEC"='普通電話' OR
           "B"."PROD_SPEC"='普通新版 E8' OR "B"."PROD_SPEC"='全省_緊密融合型 E9 套餐產
           品規格' OR "B"."PROD_SPEC"='手機' OR
           "B"."PROD_SPEC"='新春歡樂送之 E6 套餐' OR "B"."PROD_SPEC"='新春歡樂送之 E8
           套餐')
   8 - filter(:B1='新裝' OR :B2='移機' OR :B3='資費變更')
  10 - filter("D"."PARTY_ID"=:B1 AND TO_CHAR("D"."STAFF_ID") LIKE '36%' AND
           "D"."COMPLETE_DT">:B2-INTERVAL'+07 00:00:00' DAY(2) TO SECOND(0) AND
           "D"."PROD_ID"<>:B3 AND "D"."BO_ID"<>:B4)
```

最佳化 SQL 必須看表大小，表大小資訊如下。

```
SQL> select count(*) from dw_bo_order; ----200 萬列資料

  COUNT(*)
----------
   2282548

SQL> select count(*) from dw_crm_day_user; ----40 萬列資料

  COUNT(*)
----------
    420918

SQL> select count(*) from dw_channel;  ---4 萬列資料

  COUNT(*)
----------
     48031
```

SQL 語句中最大表 DW_BO_ORDER 才 200 萬列資料，但是 SQL 執行了 5 個多小時，顯然執行計畫有問題。執行計畫中，Id=1 是 Filter，而且 Filter 對應的謂詞資訊有 EXISTS（子查詢:B1），這說明該 Filter 類似巢狀嵌套迴圈。Id=2 和 Id=8 是 Id=1 的兒子，因為這裡的 Filter 類似巢狀嵌套迴圈，Id=2 就相當於 NL 驅動表，Id=8 相當於 NL 被驅動表，Id=8 是全資料表掃描過濾後的資料，所以 Id=8 可以看作全資料表掃描。本書反覆強調過，NL 被驅動表必須走索引。但是 Id=10 並沒有走索引。Id=2 估算返回 905 列資料，一般情況下 Rows 會算少，這裡就暫且認為 Id=2 返回 905 列資料，那麼 Id=8 會被掃描 905 次，也就是說 DW_BO_ORDER 這個 200 萬列大表會被掃描 905 次，而且每次都是全資料表掃描，這就是為什麼 SQL 會執行 5 個多小時。

找到 SQL 的效能瓶頸之後，我們就可以想辦法最佳化 SQL。**本案例有兩種最佳化思考方式，其一是讓大表只被掃描一次，其二是不減少掃描次數，但是減少大表每次被掃描的體積。**最優的解決方案是，想辦法讓 Id=2 和 Id=8 走 HASH 連接消除 Filter，這樣就只需要掃描 1 次大表，因為當時資料庫版本是 Oracle10g，where 子查詢中有主表的過濾條件，在 not exists 子查詢中新增 HINT：HASH_AJ 無法更改執行計畫。我們可以將 not exists 改寫為「外連接+子表連接欄 is null」的形式，讓其走 HASH 連接，但是當時沒有採用這種改寫方式。因為大表要被掃描 905 次，每次都是全資料表掃描，如果能減少掃描的體積，也能最佳化 SQL。我們可以在大表上建立一個組合索引，這樣就能避免大表每次全資料表掃描，從而達到減少掃描體積的目的，但是當時朋友沒權限建立索引。最終選擇使用 with as 子句最佳化上述 SQL。

```
SQL> set timi on
SQL> WITH D AS
  2    (SELECT /*+ materialize */
  3      PARTY_ID,
  4      BO_ID,
  5      PROD_ID,
  6      COMPLETE_DT
  7     FROM   DW_BO_ORDER
  8     WHERE  STAFF_ID LIKE '36%' AND
  9            BO_ACTION_NAME IN ('新裝',
 10                               '移機',
 11                               '資費變更'))
 12  SELECT
 13             B.AREA_ID,
 14             A.PARTY_ID,
 15             B.AREA_NAME,
 16             C.NAME           CHANNEL_NAME,
 17             B.NAME           PARTY_NAME,
```

```
18              B.ACCESS_NUMBER,
19              B.PROD_SPEC,
20              B.START_DT,
21              A.BO_ACTION_NAME,
22              A.SO_STAFF_ID,
23              A.ATOM_ACTION_ID,
24              A.PROD_ID
25      FROM    DW_CHANNEL       C,
26              DW_CRM_DAY_USER B,
27              DW_BO_ORDER     A
28      WHERE   A.PROD_ID = B.PROD_ID AND
29              A.CHANNEL_ID = C.CHANNEL_ID AND
30              A.SO_STAFF_ID LIKE '36%' AND
31              A.BO_ACTION_NAME IN ('新裝','移機','資費變更') AND
32              B.PROD_SPEC IN ('普通電話', 'ADSL','LAN','手機',
33                  'E8 - 2S','E6 行動版','E9 版 1M(老版)',
34                  '普通 E9','普通新版 E8',
35                  '全省_緊密融合型 E9 套餐產品規格',
36                  '(新) 全省_緊密融合型 E9 套餐產品規格',
37                  '新春歡樂送之 E8 套餐',
38                  '新春歡樂送之 E6 套餐') AND
39          NOT  EXISTS (SELECT  *
40            FROM  D
41          WHERE  A.PARTY_ID = D.PARTY_ID AND
42                 A.BO_ID != D.BO_ID AND
43                 A.PROD_ID != D.PROD_ID AND
44                 A.COMPLETE_DT - INTERVAL '7' DAY < D.COMPLETE_DT);
```

已選擇 49245 列。

已用時間：00: 00: 12.37。

執行計畫如下。

```
--------------------------------------------------------------------------
Plan hash value: 2591883460
--------------------------------------------------------------------------
| Id |Operation                      |Name             |Rows |Bytes| Cost(%CPU)|
--------------------------------------------------------------------------
|  0 |SELECT STATEMENT               |                 |  905| 121K| 62428  (2)|
|  1 | TEMP TABLE TRANSFORMATION     |                 |     |     |           |
|  2 |  LOAD AS SELECT               |DW_BO_ORDER      |     |     |           |
|  3 |   PARTITION RANGE ALL         |                 | 114K|3228K|  9127  (2)|
|* 4 |    TABLE ACCESS FULL          |DW_BO_ORDER      | 114K|3228K|  9127  (2)|
|* 5 |  FILTER                       |                 |     |     |           |
|* 6 |   HASH JOIN                   |                 |  905| 121K| 12616  (2)|
|* 7 |    HASH JOIN                  |                 |  905|99550| 12448  (2)|
|  8 |     PARTITION RANGE ALL       |                 | 1979| 108K|  9168  (2)|
|* 9 |      TABLE ACCESS FULL        |DW_BO_ORDER      | 1979| 108K|  9168  (2)|
|*10 |     TABLE ACCESS FULL         |DW_CRM_DAY_USER  | 309K|  15M|  3277  (2)|
| 11 |    TABLE ACCESS FULL          |DW_CHANNEL       |48425|1276K|   168  (1)|
|*12 |   FILTER                      |                 |     |     |           |
|*13 |    VIEW                       |                 | 114K|6791K|    90  (3)|
```

```
| 14 |    TABLE ACCESS FULL    |SYS_TEMP_OFD9D662E_D625B872| 114K|3228K|    90  (3)|
--------------------------------------------------------------------------------------

Predicate Information (identified by operation id):
---------------------------------------------------

   4 - filter(TO_CHAR("STAFF_ID") LIKE '36%')
   5 - filter( NOT EXISTS (SELECT /*+ */ 0 FROM  (SELECT /*+ CACHE_TEMP_TABLE ("T1") */ "C0"
         "STAFF_ID","C1" "PARTY_ID","C2" "BO_ID","C3" "PROD_ID","C4" "COMPLETE_DT" FROM
         "SYS"."SYS_TEMP_OFD9D662E_D625B872" "T1") "D" WHERE (:B1='新裝' OR :B2='移機'
         OR :B3='資費變更') AND TO_CHAR("D"."STAFF_ID") LIKE '36%' AND
         "D"."PARTY_ID"=:B4  AND "D"."BO_ID"<>:B5 AND "D"."PROD_ID"<>:B6 AND
         "D"."COMPLETE_DT">:B7-INTERVAL'+07 00:00:00' DAY(2) TO SECOND(0)))
   6 - access("A"."CHANNEL_ID"="C"."CHANNEL_ID")
   7 - access("A"."PROD_ID"="B"."PROD_ID")
   9 - filter("A"."PROD_ID" IS NOT NULL AND ("A"."BO_ACTION_NAME"='新裝' OR "A".
         "BO_ACTION_NAME"='移機' OR "A"."BO_ACTION_NAME"='資費變更') AND
         TO_CHAR("A"."SO_STAFF_ID") LIKE '36%')
  10 - filter("B"."PROD_SPEC"='(新) 全省_緊密融合型 E9 套餐產品規格' OR
         "B"."PROD_SPEC"= 'ADSL' OR "B"."PROD_SPEC"='E6 行動版' OR
         "B"."PROD_SPEC"='E8 - 2S' OR "B"."PROD_ SPEC"='E9 版 1M(老版)' OR
         "B"."PROD_SPEC"='LAN' OR "B"."PROD_SPEC"='普通 E9' OR "B". "PROD_SPEC"=
         '普通電話' OR "B"."PROD_SPEC"='普通新版 E8' OR "B"."PROD_SPEC"=
         '全省_緊密融合型 E9 套餐產品規格' OR "B"."PROD_SPEC"='手機' OR
         "B"."PROD_SPEC"='新春歡樂送之 E6 套餐' OR "B"."PROD_SPEC"='新春歡樂送之 E8
套餐')
  12 - filter(:B1='新裝' OR :B2='移機' OR :B3='資費變更')
  13 - filter(TO_CHAR("D"."STAFF_ID") LIKE '36%' AND "D"."PARTY_ID"=:B1 AND
         "D"."BO_ID"<>:B2 AND
         "D"."PROD_ID"<>:B3 AND "D"."COMPLETE_DT">:B4-INTERVAL'+07 00:00:00'
         DAY(2) TO SECOND(0))


統計資訊
-------------------------------------------------------------
        2  recursive calls
       29  db block gets
   110506  consistent gets
       22  physical reads
      656  redo size
  2438096  bytes sent via SQL*Net to client
      449  bytes received via SQL*Net from client
       11  SQL*Net roundtrips to/from client
        0  sorts (memory)
        0  sorts (disk)
    49245  rows processed
```

使用 with as 子句將大表要被存取的欄位查詢出來，一共 4 個欄位，然後過濾掉
不需要的資料，新增 HINT:MATERIALIZE 將 with as 子句查詢結果實體化為臨
時表，這樣就達到了減少掃描體積的目的。假設 200 萬列的大表 DW_BO_
ORDER 有佔用 2GB 儲存空間，表有 40 個欄位，透過 with as 子句改寫之後，
只需要儲存 4 個欄位資料，這時只需 200MB 儲存空間，而且 with as 子句中還

有過濾條件，又可以過濾掉一部分資料，這時 with as 子句可能就只需要幾十兆儲存空間。雖然被掃描的次數沒有改變，但是每次被掃描的體積大大減少，這樣就解決了 SQL 查詢效能。最終 SQL 可以在 12 秒左右跑完，一共返回 4.9 萬列資料。

9.12　樹狀查詢最佳化案例

2013 年，有位朋友諮詢要如何最佳化下面的樹狀查詢。

```
select rownum, adn, zdn, 'cable'
  from (select distinct connect_by_root(t.tdl_a_dn) adn, t.tdl_z_dn zdn
          from AGGR_1 t
         where t.tdl_operation <> 2
           and exists (select 1
                         from CABLE_1 a
                        where a.tdl_operation <> 2
                          and a.tdl_dn = t.tdl_z_dn)
         start with exists (select 1
                              from RESOURCE_FACING_SERVICE1_1 b
                             where b.tdl_operation <> 2
                               and t.tdl_a_dn = b.tdl_dn)
        connect by nocycle prior t.tdl_z_dn = t.tdl_a_dn);
```

執行計畫如下。

```
SQL> select * from table(DBMS_XPLAN.DISPLAY);
Plan hash value: 1439701716


-------------------------------------------------------------------------------
| Id |Operation                               |Name                    |Rows |Bytes |
-------------------------------------------------------------------------------
|  0 |SELECT STATEMENT                        |                        |31125|  59M|
|  1 | COUNT                                  |                        |     |     |
|  2 |  VIEW                                  |                        |31125|  59M|
|  3 |   HASH UNIQUE                          |                        |31125|  59M|
|* 4 |    FILTER                              |                        |     |     |
|* 5 |     CONNECT BY NO FILTERING WITH SW (UNIQUE)|                   |     |     |
|  6 |      TABLE ACCESS FULL                 |AGGR_1                  | 171K|4353K|
|* 7 |      TABLE ACCESS FULL                 |RESOURCE_FACING_SERVICE1_1|   1|  18 |
|* 8 |      TABLE ACCESS FULL                 |CABLE_1                 |    1|  14 |
-------------------------------------------------------------------------------

Predicate Information (identified by operation id):
-------------------------------------------------------------------------------

  4 - filter("T"."TDL_OPERATION"<>2 AND  EXISTS (SELECT 0 FROM "CABLE_1" "A" WHERE
```

```
"A"."TDL_DN"=:B1
                AND  "A"."TDL_OPERATION"<>2))
   5 - access("T"."TDL_A_DN"=PRIOR "T"."TDL_Z_DN")
                filter( EXISTS (SELECT 0 FROM "RESOURCE_FACING_SERVICE1_1" "B" WHERE
"B"."TDL_DN"=:B1
                AND "B"."TDL_OPERATION"<>2))
   7 - filter("B"."TDL_DN"=:B1 AND "B"."TDL_OPERATION"<>2)
   8 - filter("A"."TDL_DN"=:B1 AND "A"."TDL_OPERATION"<>2)

25 rows selected.
```

閱讀過本章 Filter 最佳化經典案例的讀者能很快發現：執行計畫中，Id=4 是
Filter，Id=5 和 Id=8 是 Id=4 的兒子，這說明 Id=8 會被多次反覆掃描，Id=8 走的
是全資料表掃描，這顯然不對。

在進行 SQL 最佳化的時候，我們需要特別留意執行計畫中的謂詞過濾資訊。執
行計畫中 Id=7 的謂詞過濾中有綁定變數:B1，但是 SQL 語句中並沒有綁定變
數。大家是否還記得 5.5 節講到:B1 表示傳值。如果 SQL 語句本身沒有綁定變
數，但是執行計畫中謂詞過濾資訊又有綁定變數（:B1, :B2, B3..），這說明有綁
定變數這步驟需要傳值。典型的需要傳值的有純量子查詢、Filter 以及樹狀查詢
中 start with 子查詢。**當執行計畫中某個步驟需要傳值，這個步驟就會被掃描多
次**。執行計畫中，Id=7 謂詞有綁定變數，這說明 Id=7 與 Id=8 一樣，要被多次
掃描。另外請注意，執行計畫中 Id=4 也有綁定變數，但是 Id=4 的綁定變數與
Id=8 是成對出現，Id=5 的綁定變數與 Id=7 也是成對出現，對於成對出現的綁定
變數情況，關注有表對應的 Id 即可，這裡有表對應的 Id 就是 7 和 8。

透過上面分析，我們知道 SQL 的效能瓶頸在 Id=7 和 Id=8 這兩步。對於樹狀查
詢，很難透過 SQL 改寫減少 start with 子查詢中表被多次掃描，所以只能想辦
法減少表被掃描的體積。我們可以新建下面兩個索引來最佳化 SQL。

```
create index idx_a on CABLE_1(tdl_dn,tdl_operation);

create index idx_b on RESOURCE_FACING_SERVICE1_1(tdl_dn,tdl_operation);
```

本案例也可以使用 with as 子句改寫，然後將子查詢生成臨時表來進行最佳化，
但是 with as 子句改寫最佳化的效能沒有新建索引最佳化的效能高，因為走索引
可以進行 INDEX RANGE SCAN，而且不需要回表，而 with as 子句需要對臨時
表進行全資料表掃描。本案例的目的是讓大家重視執行計畫中的謂詞資訊！

還有一個比較經典的案例也需要關注謂詞資訊才能最佳化 SQL，但是限於 SQL 實在太長，我們無法在書中展現，有興趣的讀者可以查看部落格：http://blog.csdn.net/robinson1988/article/details/7002545。

9.13　本機索引最佳化案例

2012 年，有位朋友請求最佳化下面的 SQL，該 SQL 在 RAC 環境中執行，時快時慢，最快時 1 秒，最慢是 3 秒。SQL 語句如下。

```
SELECT /*+INDEX(TMS,IDX1_TB_EVT_DLV_W)*/
 TMS.MAIL_NUM,
 TMS.DLV_BUREAU_ORG_CODE AS DLVORGCODE,
 RO.ORG_SNAME AS DLVORGNAME,
 TMS.DLV_PSEG_CODE AS DLVSECTIONCODE,
 TMS.DLV_PSEG_NAME AS DLVSECTIONNAME,
 TO_CHAR(TMS.DLV_DATE, 'YYYY-MM-DD HH24:MI:SS') AS RECTIME,
 TMS.DLV_STAFF_CODE AS HANDOVERUSERCODE,
 TU2.REALNAME AS HANDOVERUSERNAME,
 DECODE(TMS.DLV_STS_CODE, 'I', '妥投', 'H', '未妥投', TMS.DLV_STS_CODE) AS
DLV_STS_CODE,
 CASE
   WHEN TMS.MAIL_NUM LIKE 'EC%' THEN
    '代收'
   WHEN TMS.MAIL_NUM LIKE 'ED%CW' THEN
    '代收'
   WHEN TMS.MAIL_NUM LIKE 'FJ%' THEN
    '代收'
   WHEN TMS.MAIL_NUM LIKE 'GC%' THEN
    '代收'
   ELSE
    '非代收'
 END MAIL_NUM_TYPE
  FROM TB_EVT_DLV_W TMS
  LEFT JOIN RES_ORG RO ON TMS.DLV_BUREAU_ORG_CODE = RO.ORG_CODE
  LEFT JOIN TB_USER TU2 ON TU2.DELVORGCODE = TMS.DLV_BUREAU_ORG_CODE
                       AND TU2.USERNAME = TMS.DLV_STAFF_CODE
WHERE NOT EXISTS
(SELECT /*+INDEX(TDW,IDX1_TB_MAIL_SECTION_STORE)*/
        MAIL_NUM
         FROM TB_MAIL_SECTION_STORE TDW
        WHERE TDW.MAIL_NUM = TMS.MAIL_NUM
          AND TDW.DLVORGCODE = TMS.DLV_BUREAU_ORG_CODE
          and TDW.DLVORGCODE = '35000133'
          AND TDW.RECTIME >=
              TO_DATE('2012-11-01 00:00', 'YYYY-MM-DD HH24:MI:SS')
          AND TO_DATE('2012-11-08 15:15', 'YYYY-MM-DD HH24:MI:SS') >=
```

```
                TDW.RECTIME
          and rownum = 1)
   AND TMS.DLV_BUREAU_ORG_CODE = '35000133'
   AND TMS.DLV_DATE >= TO_DATE('2012-11-01 00:00', 'YYYY-MM-DD HH24:MI:SS')
   AND TO_DATE('2012-11-08 15:15', 'YYYY-MM-DD HH24:MI:SS') >= TMS.DLV_DATE
   AND ('' IS NULL OR TMS.DLV_STAFF_CODE = '')
   AND ('' IS NULL OR TU2.REALNAME LIKE '%%')
   AND TMS.REC_AVAIL_FLAG = '1';
```

執行計畫如下。

```
Plan hash value: 1159587453

-------------------------------------------------------------------------------------
| Id|Operation                                |Name                       |Rows|Bytes|
-------------------------------------------------------------------------------------
|  0|SELECT STATEMENT                         |                           |    |     |
|* 1| FILTER                                  |                           |    |     |
|  2|  NESTED LOOPS OUTER                     |                           | 131|13493|
|* 3|   HASH JOIN RIGHT OUTER                 |                           | 129|10191|
|* 4|    TABLE ACCESS BY INDEX ROWID          |EMS_USER                   |   6|  120|
|* 5|     INDEX RANGE SCAN                    |EMS_USER_NEW_INX_ORG       |   7|     |
|* 6|    TABLE ACCESS BY GLOBAL INDEX ROWID   |TB_EVT_DLV_W               | 129| 7611|
|* 7|     INDEX RANGE SCAN                    |IDX1_TB_EVT_DLV_W          | 586|     |
|* 8|      COUNT STOPKEY                      |                           |    |     |
|* 9|       FILTER                            |                           |    |     |
| 10|        PARTITION RANGE ITERATOR         |                           |   1|   31|
|*11|         TABLE ACCESS BY LOCAL INDEX ROWID|TB_MAIL_SECTION_STORE     |   1|   31|
|*12|          INDEX RANGE SCAN               |IDX1_TB_MAIL_SECTION_STORE|   1|     |
| 13|   TABLE ACCESS BY INDEX ROWID           |RES_ORG                    |   1|   24|
|*14|    INDEX RANGE SCAN                     |IDX_RES_ORG                |   1|     |
-------------------------------------------------------------------------------------

Predicate Information (identified by operation id):
---------------------------------------------------

   1 - filter(TO_DATE('2012-11-01 00:00','YYYY-MM-DD HH24:MI:SS')<=TO_DATE('2012-11-08
           15:15','YYYY-MM-DD HH24:MI:SS'))
   3 - access("EU"."USERNAME"="TMS"."DLV_STAFF_CODE" AND
           "EU"."DELVORGCODE"="TMS"."DLV_BUREAU_ORG_CODE")
   4 - filter("EU"."POSTMANKIND"<>5)
   5 - access("EU"."DELVORGCODE"='35000133')
   6 - filter(("TMS"."DLV_DATE">=TO_DATE('2012-11-01 00:00','YYYY-MM-DD HH24:MI:SS')
           AND "TMS"."REC_AVAIL_FLAG"='1' AND "TMS"."DLV_DATE"<=TO_DATE('2012-11-08
           15:15','YYYY-MM-DD HH24:MI:SS')))
   7 - access("TMS"."DLV_BUREAU_ORG_CODE"='35000133')  filter( IS NULL)
   8 - filter(ROWNUM=1)
   9 - filter((TO_DATE('2012-11-01 00:00','YYYY-MM-DD HH24:MI:SS')<=TO_DATE('2012-11-08
           15:15','YYYY-MM-DD HH24:MI:SS') AND :B1='35000133'))
  11 - filter(("TDW"."RECTIME">=TO_DATE('2012-11-01 00:00','YYYY-MM-DD HH24:MI:SS') AND
           "TDW"."RECTIME"<=TO_DATE('2012-11-08 15:15','YYYY-MM-DD HH24:MI:SS')))
  12 - access("TDW"."DLVORGCODE"=:B1 AND "TDW"."MAIL_NUM"=:B2)
  14 - access("TMS"."DLV_BUREAU_ORG_CODE"="RO"."ORG_CODE")
```

首先我們排除執行計畫中 Id=8 到 Id=12 會影響 SQL 效能的可能性，因為 Id=8 到 Id=12 只返回 1 列（Id=8，COUNT STOPKEY，ROWNUM=1）資料，返回 1 列資料不可能產生效能問題。執行計畫的入口是 Id=5，走的是索引範圍掃描，過濾條件是 "EU"."DELVORGCODE"='35000133'，Id=4 是 Id=5 中索引範圍掃描的回表操作，在回表的時候還進行了過濾 "EU". "POSTMANKIND" <>5。如果要追求完美，我們可以將 POSTMANKIND 欄放到 Id=5 中的索引中，新建組合索引。Id=5 返回的資料量較少，因此排除了 Id=5 和 Id=4 產生效能問題的可能性。現在我們將目光轉移到 Id=7 和 Id=6 上面來。Id=7 走的是索引範圍掃描，過濾條件是 "TMS"."DLV_BUREAU_ORG_ CODE"='35000133'，Id=6 是 Id=7 的索引回表操作，注意 Id=6，Operation 中出現了 GLOBAL 關鍵字，這說明 TB_EVT_DLV_W 是一個分區表，而且 Id=7 中的索引是全域索引。Id=6 中出現了時間過濾，一般的分區表都是根據時間欄位進行分區的。於是我們詢問朋友 TB_EVT_ DLV_W 是不是根據 DLV_DATE 進行分區的，朋友回答是。得到朋友的肯定回答，我們就知道該 SQL 的效能問題出自於何處了，問題出在 Id=7 和 Id=6 上。

我們應該將 Id=7 的全域（global）索引改成本機（local）索引。

```
create index IDX2_TB_EVT_DLV_W on TB_EVT_DLV_W(DLV_BUREAU_ORG_CODE) local;
```

改成本機索引之後，Id=6 就不會再去進行時間過濾了。相比掃描全域索引，掃描本機索引只需要到對應的索引分區中進行掃描，掃描的葉子塊數量也大大減少。建立本機索引之後，SQL 多次執行都能穩定在 1 秒內。

如果過濾條件中有分區欄位，一般都新建本機索引。

如果過濾條件中沒有分區欄位，一般都新建 global 索引，如果這時新建成 local 索引，會掃描所有的索引分區，分區數量越多，效能下降越明顯。假設有 1000 個分區，在進行索引掃描的時候會掃描 1000 個索引分區，此時相比 global 索引，會額外多讀取至少 1000 個索引塊。

假設表按月分區，一個月大概幾百萬列資料，但只查詢幾小時的資料，資料也就幾千列，這時我們需要將分區欄包含在索引中，這樣的索引就是有首碼的本機索引。假設表按月分區，但是查詢經常按月查詢或者跨月查詢，這時我們就不需要將分區欄包含在索引中，這樣新建的本機索引就是非首碼的本機索引。

9.14 純量子查詢最佳化案例

9.14.1 案例一

2011 年，有位稅務局的朋友請求最佳化下面的 SQL。

```sql
select *
  from (select t.zxid,
               t.gh,
               t.xm,
               t.bm,
               t.fzjgdm,
               (select count(a.session_id)
                  from test_v a
                 where to_char(t.zxid) = a.ZCRYZH) slzl,
               (select count(a.session_id)
                  from test_v a
                 where to_char(t.zxid) = a.ZCRYZH
                   and a.myd = '0') 無評價,
               (select count(a.session_id)
                  from test_v a
                 where to_char(t.zxid) = a.ZCRYZH
                   and a.myd = '1') 滿意,
               (select count(a.session_id)
                  from test_v a
                 where to_char(t.zxid) = a.ZCRYZH
                   and a.myd = '2') 較滿意,
               (select count(a.session_id)
                  from test_v a
                 where to_char(t.zxid) = a.ZCRYZH
                   and a.myd = '3') 一般,
               (select count(a.session_id)
                  from test_v a
                 where to_char(t.zxid) = a.ZCRYZH
                   and a.myd = '4') 較不滿意,
               (select count(a.session_id)
                  from test_v a
                 where to_char(t.zxid) = a.ZCRYZH
                   and a.myd = '5') 不滿意
          from CC_ZXJBXX t
         WHERE t.yxbz = 'Y')
 where slzl <> 0;
```

該 SQL 有 7 個純量子查詢，在 5.5 節中講到，純量子查詢類似巢狀嵌套迴圈，如果主表返回資料很多並且主表連接欄基數很高，會導致子查詢被多次掃描。該 SQL 竟然有 7 個純量子查詢，而且每個純量子查詢除了過濾條件不一樣，其他都一樣，顯然我們可以將純量子查詢等價改寫為外連接，從而最佳化 SQL，等價改寫之後的寫法如下。

```
SELECT T.ZXID,
       T.GH,
       T.XM,
       T.BM,
       T.FZJGDM,
       SUM(1) SLZL,
       SUM(DECODE(A.MYD, '0', 1, 0)) 無評價,
       SUM(DECODE(A.MYD, '1', 1, 0)) 滿意,
       SUM(DECODE(A.MYD, '2', 1, 0)) 較滿意,
       SUM(DECODE(A.MYD, '3', 1, 0)) 一般,
       SUM(DECODE(A.MYD, '4', 1, 0)) 較不滿意,
       SUM(DECODE(A.MYD, '5', 1, 0)) 不滿意
  FROM CC_ZXJBXX T, test_v A
 where A.ZCRYZH = T.ZXID
   and T.YXBZ = 'Y'
GROUP BY T.ZXID, T.GH, T.XM, T.BM, T.FZJGDM;
```

SQL 改寫之後，因為兩表只有關聯條件，沒有過濾條件，所以兩表關聯走 HASH 連接，test_v 也只需要被掃描一次，從而大大提升 SQL 效能。

上述 SQL 其實是一個典型的報表開發初學者在剛開始工作的時候編寫的，強烈建議大家要加強 SQL 程式設計技能。

9.14.2 案例二

本案例發生在 2017 年，是一個比較經典的純量子查詢改寫最佳化的案例。SQL 和執行計畫如下。

```
SELECT A.LXR_ID,
       A.SR,
       (SELECT C.JGID || '@' || C.DLS_BM || '@' || C.DLS_MC
          FROM KHGL_DLSJBXX C, KHGL_ZJKJ ZJKJ
         WHERE C.JGID = ZJKJ.JGID
           AND EXISTS (SELECT 1
                        FROM LXR_YH YH
                       WHERE YH.KH_ID = ZJKJ.KJ_ID
                         AND YH.KHLX = '2'
                         AND YH.LXR_ID = A.LXR_ID)) AS ZJJGXX
  FROM LXR_JBXX A
 WHERE A.STATUS = '1'
   AND A.GRDM = :v1
   AND EXISTS (SELECT 1
                FROM LXR_YH YH, KHGL_GRDLXX GRDL
               WHERE YH.FZGS_DM = :v2
                 AND YH.KHLX = '2'
                 AND YH.LXR_ID = A.LXR_ID
                 AND GRDL.GRDL_ID = YH.KH_ID
                 AND GRDL.STATUS = '1')
   AND ROWNUM < 21;
Execution Plan
```

```
-------------------------------------------------------------
Plan hash value: 704492369

-------------------------------------------------------------------------------
| Id | Operation                       | Name                 | Rows  | Bytes | Cost (%CPU)| Time     |
-------------------------------------------------------------------------------
|  0 | SELECT STATEMENT                |                      |     1 |    41 |    12   (0)| 00:00:01 |
|* 1 |  FILTER                         |                      |       |       |            |          |
|* 2 |   HASH JOIN                     |                      | 28114 | 3761K |   156   (2)| 00:00:02 |
|  3 |    TABLE ACCESS FULL            | KHGL_DLSJBXX         | 15342 | 1063K |    89   (2)| 00:00:02 |
|  4 |    TABLE ACCESS FULL            | KHGL_ZJKJ            | 28114 | 1812K |    66   (0)| 00:00:01 |
|* 5 |   INDEX RANGE SCAN              | LXR_YH_ID_LX         |     1 |    68 |     4   (0)| 00:00:01 |
|* 6 |  COUNT STOPKEY                  |                      |       |       |            |          |
|  7 |   NESTED LOOPS SEMI             |                      |     1 |    41 |    12   (0)| 00:00:01 |
|* 8 |    TABLE ACCESS BY INDEX ROWID  | LXR_JBXX             |     1 |    39 |     5   (0)| 00:00:01 |
|* 9 |     INDEX RANGE SCAN            | IDX_LXR_JBXX_GRDM    |     1 |       |     3   (0)| 00:00:01 |
| 10 |    VIEW PUSHED PREDICATE        | VW_SQ_1              |     1 |     2 |     7   (0)| 00:00:01 |
| 11 |     NESTED LOOPS                |                      |     1 |   110 |     7   (0)| 00:00:01 |
| 12 |      TABLE ACCESS BY INDEX ROWID| LXR_YH               |     1 |    75 |     5   (0)| 00:00:01 |
|* 13 |      INDEX RANGE SCAN          | IDX_KHGL_LXRYH_FZGSDM|     1 |       |     4   (0)| 00:00:01 |
|* 14 |      INDEX RANGE SCAN          | IDX_GRDLXX_XZQH_FZGS |     1 |    35 |     2   (0)| 00:00:01 |
-------------------------------------------------------------------------------

Predicate Information (identified by operation id):
-------------------------------------------------

   1 - filter( EXISTS (SELECT 0 FROM "LXR_YH" "YH" WHERE "YH"."LXR_ID"=:B1 AND
"YH"."KHLX"='2'
              AND "YH"."KH_ID"=:B2))
   2 - access("C"."JGID"="ZJKJ"."JGID")
   5 - access("YH"."KH_ID"=:B1 AND "YH"."KHLX"='2' AND "YH"."LXR_ID"=:B2)
   6 - filter(ROWNUM<21)
   8 - filter("A"."STATUS"='1')
   9 - access("A"."GRDM"=:V1)
  13 - access("YH"."FZGS_DM"=:V2 AND "YH"."LXR_ID"="A"."LXR_ID" AND "YH"."KHLX"='2')
  14 - access("GRDL"."GRDL_ID"="YH"."KH_ID" AND "GRDL"."STATUS"='1')
              filter("GRDL"."STATUS"='1')


Statistics
-------------------------------------------------
         1  recursive calls
         2  db block gets
    103172  consistent gets
     21144  physical reads
         0  redo size
       533  bytes sent via SQL*Net to client
       472  bytes received via SQL*Net from client
         2  SQL*Net roundtrips to/from client
         0  sorts (memory)
         0  sorts (disk)
         1  rows processed
```

該 SQL 只返回 1 列資料，但是邏輯讀取為 103172，顯然 SQL 還能進一步最佳化。從執行計畫中可以看到，Id=1 是 Filter，Filter 下面有兩個兒子，這屬於有害的 Filter。Id=3 和 Id=4 的兩個表走的是全資料表掃描，並且這兩個表 Id 前面沒有*，也就是說這兩個表沒有過濾條件。SQL 的邏輯讀取絕大部分應該是由 Id=1 的 Filter，以及 Id=3 和 Id=4 這兩個表貢獻而來的。

Id=3 和 Id=4 這兩個表來自於純量子查詢。注意觀察原始 SQL，在純量子查詢中，Id=3 與 Id=4 這兩個表與主表 LXR_JBXX 沒有直接關聯，主表是與純量子查詢中的半連接進行關聯的 (**YH.LXR_ID = A.LXR_ID**)。

大家還記得純量子查詢的原理嗎？純量子查詢類似巢狀嵌套迴圈，主表透過連接欄傳值給子查詢。因為本案例 SQL 比較特殊，主表是與純量子查詢中的半連接的表進行關聯的，主表沒有直接與純量子查詢中 From 後面的表進行關聯，這就導致了純量子查詢中 From 後面的表沒能透過連接欄進行傳值，從而導致 Id=3 和 Id=4 的表跑了全資料表掃描，也導致 SQL 使用了 Filter，進而使整個 SQL 執行緩慢。

為了消除 Filter，同時也為了能使 Id=3 和 Id=4 的兩個表能走索引，需要對 SQL 進行等價改寫，將純量子查詢中的半連接改寫為內連接就能使 Id=3 和 Id=4 的兩個表使用索引了。在純量子查詢章節中提到過，純量子查詢可以等價改寫為外連接。**因為純量子查詢中沒有彙總函式，因此判斷 Id=3 與 Id=4 兩表關聯之後應該是返回 1 的關係，因為如果兩表關聯後返回 n 的關係，SQL 會報錯。**那麼現在只需要考慮將純量子查詢的半連接等價改寫為內連接即可。因為原始的 SQL 寫的是半連接，沒有寫成內連接，因此我們判斷純量子查詢中的半連接應該是屬於 n 的關係，將半連接改寫為內連接，如果半連接屬於 n 的關係，要先將半連接變成 1 的關係。所以原始 SQL 可以等價改寫為下面 SQL：

```sql
SELECT A.LXR_ID, A.SR, B.MSG AS ZJJGXX
  FROM LXR_JBXX A,
       (SELECT C.JGID || '@' || C.DLS_BM || '@' || C.DLS_MC AS MSG,
               YH.LXR_ID
          FROM KHGL_DLSJBXX C,
               KHGL_ZJKJ ZJKJ,
               (SELECT LXR_ID, KH_ID
                  FROM LXR_YH
                 WHERE KHLX = '2'
                 GROUP BY LXR_ID, KH_ID) YH --對連接欄分組將 n 的關係變為 1 的關係
         WHERE C.JGID = ZJKJ.JGID
           AND YH.KH_ID = ZJKJ.KJ_ID) B
 WHERE A.LXR_ID = B.LXR_ID(+)
```

```
    AND A.STATUS = '1'
    AND A.GRDM = :v1
    AND EXISTS (SELECT 1
          FROM LXR_YH YH, KHGL_GRDLXX GRDL
        WHERE YH.FZGS_DM = :v2
          AND YH.KHLX = '2'
          AND YH.LXR_ID = A.LXR_ID
          AND GRDL.GRDL_ID = YH.KH_ID
          AND GRDL.STATUS = '1')
    AND ROWNUM < 21;
```

改寫之後，SQL 的執行計畫如下：

```
SQL> /

Elapsed: 00:00:00.01

Execution Plan
----------------------------------------------------------
Plan hash value: 2638330795

--------------------------------------------------------------------------------
| Id  | Operation                        | Name                  | Rows | Bytes | Cost (%CPU)| Time     |
--------------------------------------------------------------------------------
|   0 | SELECT STATEMENT                 |                       |    1 |   124 |   87   (3)| 00:00:02 |
|*  1 |  COUNT STOPKEY                   |                       |      |       |           |          |
|   2 |   NESTED LOOPS OUTER             |                       |    1 |   124 |   87   (3)| 00:00:02 |
|   3 |    NESTED LOOPS SEMI             |                       |    1 |    41 |   12   (0)| 00:00:01 |
|*  4 |     TABLE ACCESS BY INDEX ROWID  | LXR_JBXX              |    1 |    39 |    5   (0)| 00:00:01 |
|*  5 |      INDEX RANGE SCAN            | IDX_LXR_JBXX_GRDM     |    1 |       |    3   (0)| 00:00:01 |
|   6 |     VIEW PUSHED PREDICATE        | VW_SQ_1               |    1 |     2 |    7   (0)| 00:00:01 |
|   7 |      NESTED LOOPS                |                       |    1 |   110 |    7   (0)| 00:00:01 |
|   8 |       TABLE ACCESS BY INDEX ROWID| LXR_YH                |    1 |    75 |    5   (0)| 00:00:01 |
|*  9 |        INDEX RANGE SCAN          | IDX_KHGL_LXRYH_FZGSDM |    1 |       |    4   (0)| 00:00:01 |
|* 10 |       INDEX RANGE SCAN           | IDX_GRDLXX_XZQH_FZGS  |    1 |    35 |    2   (0)| 00:00:01 |
|  11 |    VIEW PUSHED PREDICATE         |                       |    1 |    83 |   75   (3)| 00:00:01 |
|  12 |     NESTED LOOPS                 |                       |      |       |           |          |
|  13 |      NESTED LOOPS                |                       |    1 |   203 |   75   (3)| 00:00:01 |
|* 14 |       HASH JOIN                  |                       |    1 |   132 |   74   (3)| 00:00:01 |
|  15 |        VIEW                      |                       |    1 |    66 |    7  (15)| 00:00:01 |
|  16 |         SORT GROUP BY            |                       |    1 |    68 |    7  (15)| 00:00:01 |
|* 17 |          TABLE ACCESS BY INDEX ROWID| LXR_YH             |    1 |    68 |    6   (0)| 00:00:01 |
|* 18 |           INDEX RANGE SCAN       | IDX_KHGL_LXRYH_LXRID  |    1 |       |    4   (0)| 00:00:01 |
|  19 |        TABLE ACCESS FULL         | KHGL_ZJKJ             |28114 | 1812K |   66   (0)| 00:00:01 |
|* 20 |      INDEX UNIQUE SCAN           | KHGL_DLSJBXX_PK       |    1 |       |    0   (0)| 00:00:01 |
|  21 |     TABLE ACCESS BY INDEX ROWID  | KHGL_DLSJBXX          |    1 |    71 |    1   (0)| 00:00:01 |
--------------------------------------------------------------------------------

Predicate Information (identified by operation id):
----------------------------------------------------------

   1 - filter(ROWNUM<21)
   4 - filter("A"."STATUS"='1')
   5 - access("A"."GRDM"=:V1)
   9 - access("YH"."FZGS_DM"=:V2 AND "YH"."LXR_ID"="A"."LXR_ID" AND "YH"."KHLX"='2')
```

```
10 - access("GRDL"."GRDL_ID"="YH"."KH_ID" AND "GRDL"."STATUS"='1')
     filter("GRDL"."STATUS"='1')
14 - access("YH"."KH_ID"="ZJKJ"."KJ_ID")
17 - filter("KHLX"='2')
18 - access("LXR_ID"="A"."LXR_ID")
20 - access("C"."JGID"="ZJKJ"."JGID")


Statistics
-------------------------------------------------------------
         0  recursive calls
         1  db block gets
       400  consistent gets
         0  physical reads
         0  redo size
       533  bytes sent via SQL*Net to client
       472  bytes received via SQL*Net from client
         2  SQL*Net roundtrips to/from client
         1  sorts (memory)
         0  sorts (disk)
         1  rows processed
```

對 SQL 進行等價改寫之後，SQL 的邏輯讀取下降到 400，本次最佳化也就到此為止。

透過本案例，各位讀者應該對 SQL 等價改寫引起足夠重視，同時也要掌握純量子查詢等價改寫為外連接、半連接等價改寫為內連接、反連接改寫為外連接等最基本的 SQL 改寫技巧，另外，大家還要對表與表之間關係引起足夠重視。

9.15 關聯更新最佳化案例

本案例發生在 2011 年，當時作者羅老師在惠普擔任開發 DBA，支撐寶潔公司的資料倉儲專案。為了避免洩露資訊，他對 SQL 語句做了適當修改。ETL 開發人員發來郵件問能不能想辦法提升下面 UPDATE 語句效能，該 UPDATE 執行了 30 分鐘還沒執行完畢，SQL 語句如下。

```
UPDATE OPT_ACCT_FDIM A
   SET ACCT_SKID = (SELECT ACCT_SKID
                      FROM OPT_ACCT_FDIM_BKP B
                     WHERE A.ACCT_ID = B.ACCT_ID);
```

OPT_ACCT_FDIM 有 226474 列資料，OPT_ACCT_FDIM_BKP 有 227817 列資料。UPDATE 後面跟子查詢類似巢狀嵌套迴圈，它的演算法與純量子查詢，

Filter 一模一樣。也就是說 OPT_ACCT_FDIM 表相當於巢狀嵌套迴圈的驅動表，OPT_ACCT_FDIM_BKP 相當於巢狀嵌套迴圈的被驅動表，那麼這裡表 OPT_ACCT_FDIM_BKP 就會被掃描 20 多萬次。OPT_ACCT_FDIM_BKP 是透過 CTAS 新建的備份表來備份 OPT_ACCT_FDIM 表的資料。巢狀嵌套迴圈被驅動表應該走索引，但是 OPT_ACCT_FDIM_BKP 是透過 CTAS 新建的，僅僅用於備份，該表上面沒有任何索引，這就是說 OPT_ACCT_FDIM_BKP 要被掃描 20 多萬次，而且每次都是全資料表掃描，這就是為什麼 UPDATE 執行了 30 分鐘還沒執行完畢。我們可以新建一個索引（ACCT_ID，ACCT_SKID）從而避免 OPT_ACCT_FDIM_BKP 每次被全資料表掃描，雖然這種方法能最佳化該 SQL，但是此時索引會被掃描 20 多萬次。如果要更新的表有幾千萬列甚至上億列資料，顯然不能透過新建索引的方法來最佳化 SQL。考慮到 ETL 開發人員後續還有類似需求，筆者決定採用儲存過程並且利用 ROWID 對關聯更新進行最佳化。儲存過程程式碼如下。

```
SQL> DECLARE
  2    CURSOR CUR_B IS
  3      SELECT
  4        B.ACCT_ID, B.ACCT_SKID, A.ROWID ROW_ID
  5        FROM OPT_ACCT_DIM A, OPT_ACCT_DIM_BKP B
  6       WHERE A.ACCT_ID = B.ACCT_ID
  7       ORDER BY A.ROWID;
  8    V_COUNTER NUMBER;
  9  BEGIN
 10    V_COUNTER := 0;
 11    FOR ROW_B IN CUR_B LOOP
 12      UPDATE OPT_ACCT_DIM
 13        SET ACCT_SKID = ROW_B.ACCT_SKID
 14       WHERE ROWID = ROW_B.ROW_ID;
 15      V_COUNTER := V_COUNTER + 1;
 16      IF (V_COUNTER >= 1000) THEN
 17        COMMIT;
 18        V_COUNTER := 0;
 19      END IF;
 20    END LOOP;
 21    COMMIT;
 22  END;
 23  /

PL/SQL procedure successfully completed.

Elapsed: 00:01:21.58
```

將關聯更新改寫成儲存過程，利用 ROWID 進行更新只需要 1 分 22 秒就可執行完畢。當時並沒有採用批次游標方式進行更新，如果採用批次游標，速度更快。以下是批次游標的 PLSQL 程式碼。

```
declare
  maxrows         number default 100000;
  rowid_table     dbms_sql.urowid_table;
  acct_skid_table dbms_sql.Number_Table;
  cursor cur_update is
    SELECT B.ACCT_SKID, A.ROWID ROW_ID
      FROM OPT_ACCT_DIM A, OPT_ACCT_DIM_BKP B
     WHERE A.ACCT_ID = B.ACCT_ID
     ORDER BY A.ROWID;
begin
  open cur_update;
  loop
    EXIT WHEN cur_update%NOTFOUND;
    FETCH cur_update bulk collect
      into acct_skid_table, rowid_table limit maxrows;
    forall i in 1 .. rowid_table.count
      update OPT_ACCT_DIM
         set acct_skid = acct_skid_table(i)
       where rowid = rowid_table(i);
    commit;
  end loop;
  close cur_update;
end;
/
```

細心的讀者會發現，在游標定義中，我們對要更新的表根據 ROWID 進行排序操作，這是為什麼呢？同一個塊中 ROWID 是連續的，實體上連續的塊組成了區，那麼同一個區裡面 ROWID 也是連續的。**對 ROWID 進行排序是為了保證在更新表的時候，被更新的塊儘量不被刷出 buffer cache，從而減少實體 I/O。**假設要被更新的表有 20GB，資料庫的 buffer cache 只有 10GB，這時 buffer cache 不能完全容納要被更新的表，有部分塊會被擠壓出 buffer cache。這時如果不對 ROWID 進行排序，被更新的塊有可能會被反覆讀取入 buffer cache，然後擠壓出 buffer cache，然後重複讀取入、擠壓，此時會引發大量的 I/O 讀取寫操作。假設一個塊儲存 200 列資料，最極端的情況就是每個塊要被讀取入/寫出到磁碟 200 次，這樣讀取的表就不是 20GB，而是（200×20）GB。如果對 ROWID 進行排序，這樣就能保證一個塊只需被讀取入 buffer cache 一次，這樣就避免了大量的 I/O 讀取寫操作。有讀者會問，排序不也耗費資源嗎？這時排序耗費的資源遠遠低於資料塊被反覆擠壓出 buffer cache 所耗費的開銷。如果要被更新的表很小，buffer cache 能完全容納下要被更新的表，這時就不要對 ROWID 進行排序了，因為 buffer cache 很大，塊不會被擠壓出 buffer cache，此時對 ROWID 排序反而會影響效能。大家以後遇到類似需求，要先比較被更新的表與 buffer cache 大小，同時也要考慮資料庫繁忙程度、buffer cache 還剩餘多少空閒塊等一系列因素。

下面實驗驗證如果不對 ROWID 排序，塊有可能被反覆掃描的觀點。

我們先新建兩個表，分別取名為 a、b，為了模擬實際情況，將 a、b 中資料隨機打亂儲存。

```
create table a as select * from dba_objects order by dbms_random.value;
create table b as select * from dba_objects order by dbms_random.value;
```

查看返回結果如下。

```
SQL> select owner,rid as "ROWID",block#
  2    from (SELECT B.owner,
  3                 A.ROWID rid,
  4                 dbms_rowid.rowid_block_number(A.rowid) block#
  5           FROM A, B
  6          WHERE A.object_id = B.object_id)
  7   where rownum <= 10;

OWNER            ROWID                  BLOCK#
---------------- -------------------- ----------
PUBLIC           AAAS+CAAEAACEPdAAs     541661
PUBLIC           AAAS+CAAEAACEp2AAP     543350
SYS              AAAS+CAAEAACEgFAAJ     542725
SYS              AAAS+CAAEAACEu9AAc     543677
MDSYS            AAAS+CAAEAACEknAAi     543015
SYS              AAAS+CAAEAACEutAA9     543661
SYS              AAAS+CAAEAACEhRAA4     542801
SYSMAN           AAAS+CAAEAACEvzAAC     543731
PUBLIC           AAAS+CAAEAACElBAAj     543041
PUBLIC           AAAS+CAAEAACEwUAAy     543764
```

從 SQL 查詢結果中我們可以看到，返回的資料是無序的。如果關聯的兩個表連接欄本身是有序遞增的，比如序列值、時間，這時兩表關聯返回的結果是部分有序的，可以不用排序，在實際工作中，要具體情況具體分析。

本案例也可以採用 MERGE INTO 對 UPDATE 子查詢進行等價改寫。

```
merge into OPT_ACCT_FDIM A
  using OPT_ACCT_FDIM_BKP B
on (A.ACCT_ID = B.ACCT_ID)
  when mached then update set a.ACCT_SKID = B.ACCT_SKID;
```

MERGE INTO 可以自由控制走巢狀嵌套迴圈或者走 HASH 連接，而且 MERGE INTO 可以開啟平行 DML、平行查詢，而採用 PLSQL 更新不能開啟平行，所以 MERGE INTO 在速度上有優勢。PLSQL 更新可以批次提交，對 UNDO 佔用小，而 MERGE INTO 要等提交的時候才會釋放 UNDO。採用 PLSQL 更新不需要擔心處理程序突然斷開連接，MERGE INTO 更新如果處理程序斷開連接會導致

UNDO 很難釋放。所以，如果追求更新速度且被更新的表併發量很小，可以考慮採用 MERGE INTO，如果追求安全、平穩，可以採用 PLSQL 更新。

9.16 外連接有 OR 關聯條件只能走 NL

下面的 SQL 有 OR 關聯條件。

```
SELECT A.CONTRACT_ID, B.BORROWER_ID
  FROM blfct.bl_rtl_con_overdue_fact A
  LEFT JOIN BLpub.Bl_Contract_Dim B ON A.DEALER_ID = B.DEALER_ID
                                    OR A.OVERDUE_DD = B.Overdue_Dd
 WHERE A.ETL_DATE BETWEEN DATE '2016-12-19' AND DATE '2016-12-20';
```

執行計畫如下。

```
Plan hash value: 121649910

------------------------------------------------------------------------------
| Id | Operation            | Name                  | Rows | Bytes | Cost (%CPU)|
------------------------------------------------------------------------------
|  0 | SELECT STATEMENT     |                       | 163M | 5469M | 4421M  (1)|
|  1 |  NESTED LOOPS OUTER   |                       | 163M | 5469M | 4421M  (1)|
|* 2 |   TABLE ACCESS FULL   | BL_RTL_CON_OVERDUE_FACT| 181K | 3898K | 2192K  (2)|
|  3 |   VIEW                |                       | 903  | 11739 | 24354  (1)|
|* 4 |    TABLE ACCESS FULL  | BL_CONTRACT_DIM       | 903  | 12642 | 24354  (1)|
------------------------------------------------------------------------------

Predicate Information (identified by operation id):
---------------------------------------------------

   2 - filter("A"."ETL_DATE">=TO_DATE(' 2016-12-19 00:00:00', 'syyyy-mm-dd
            hh24:mi:ss') AND "A"."ETL_DATE"<=TO_DATE(' 2016-12-20 00:00:00',
'syyyy-mm-dd
            hh24:mi:ss'))
   4 - filter("A"."OVERDUE_DD"="B"."OVERDUE_DD" OR "A"."DEALER_ID"="B"."DEALER_ID")
```

從執行計畫中看到，兩表走的是巢狀嵌套迴圈。當兩表用外連接進行關聯，關聯條件中有 OR 關聯條件，那麼這時只能走巢狀嵌套迴圈，而且驅動表固定為主表，此時不能走 HASH 連接，即使透過 HINT：USE_HASH 也無法修改執行計畫。如果主表資料量很大，那麼這時就會出現嚴重效能問題。我們可以將外連接的 OR 關聯/過濾條件放到查詢中，用 case when 進行過濾，從而讓 SQL 可以走 HASH 連接。

```
EXPLAIN PLAN FOR
SELECT A.CONTRACT_ID,
       case
          when A.DEALER_ID = B.DEALER_ID OR A.OVERDUE_DD = B.Overdue_Dd then
             B.BORROWER_ID
          end
  FROM blfct.bl_rtl_con_overdue_fact A
  LEFT JOIN BLpub.Bl_Contract_Dim B ON A.DEALER_ID = B.DEALER_ID
 WHERE A.ETL_DATE BETWEEN DATE '2016-12-19' AND DATE '2016-12-20';
```

執行計畫如下。

```
select * from table(dbms_xplan.display());

Plan hash value: 3927476067

-----------------------------------------------------------------------------
| Id |Operation             | Name                     |Rows | Bytes |TempSpc|Cost(%CPU)|
-----------------------------------------------------------------------------
|  0 |SELECT STATEMENT      |                          | 57M| 1965M|       | 2218K (2)|
|* 1 | HASH JOIN OUTER      |                          | 57M| 1965M| 6032K| 2218K (2)|
|* 2 |  TABLE ACCESS FULL| BL_RTL_CON_OVERDUE_FACT | 181K| 3898K|       | 2192K (2)|
|  3 |  TABLE ACCESS FULL| BL_CONTRACT_DIM         | 640K| 8763K|       |24349  (1)|
-----------------------------------------------------------------------------

  Predicate Information (identified by operation id):
  ---------------------------------------------------

    1 - access("A"."DEALER_ID"="B"."DEALER_ID"(+))
    2 - filter("A"."ETL_DATE">=TO_DATE(' 2016-12-19 00:00:00', 'syyyy-mm-dd
hh24:mi:ss') AND
              "A"."ETL_DATE"<=TO_DATE(' 2016-12-20 00:00:00', 'syyyy-mm-dd
hh24:mi:ss'))
```

利用 case when 改寫外連接 OR 連接條件有個限制：從表只能是 1 的關係，不能是 n 的關係，從表要展示多少個欄，就要寫多少個 case when。我們利用 EMP 與 DEPT 進行講解。EMP 與 DEPT 是 n:1 關係，現有下面的 SQL。

```
select e.*, d.deptno deptno2, d.loc
  from scott.emp e
  left join scott.dept d on d.deptno = e.deptno
                     and (d.deptno >= e.sal and e.sal < 1000 or
                          e.ename like '%0%');
```

執行計畫如下。

```
-----------------------------------------------------------------------------
Plan hash value: 2962868874
```

```
--------------------------------------------------------------------------------
| Id | Operation                      | Name    | Rows | Bytes | Cost(%CPU)|Time     |
--------------------------------------------------------------------------------
|  0 | SELECT STATEMENT               |         |   14 |   826 |   17  (0)|00:00:01|
|  1 |  NESTED LOOPS OUTER            |         |   14 |   826 |   17  (0)|00:00:01|
|  2 |   TABLE ACCESS FULL            | EMP     |   14 |   532 |    3  (0)|00:00:01|
|  3 |   VIEW                         |         |    1 |    21 |    1  (0)|00:00:01|
|* 4 |    TABLE ACCESS BY INDEX ROWID| DEPT    |    1 |    11 |    1  (0)|00:00:01|
|* 5 |     INDEX UNIQUE SCAN          | PK_DEPT |    1 |       |    0  (0)|00:00:01|
--------------------------------------------------------------------------------

Predicate Information (identified by operation id):
---------------------------------------------------

   4 - filter("E"."ENAME" IS NOT NULL AND "E"."ENAME" IS NOT NULL AND
           "E"."ENAME" LIKE '%O%' OR "D"."DEPTNO">="E"."SAL" AND "E"."SAL"<1000)
   5 - access("D"."DEPTNO"="E"."DEPTNO")
```

執行計畫中兩表關聯走的是巢狀嵌套迴圈，驅動表是主表 EMP。現在我們新增 HINT：USE_HASH 嘗試改變表連接方式。

```
SQL> select /*+ use_hash(e,d) */
  2    e.*, d.deptno deptno2, d.loc
  3    from scott.emp e
  4    left join scott.dept d on d.deptno = e.deptno
  5                   and (d.deptno >= e.sal and e.sal < 1000 or
  6                        e.ename like '%O%');

14 rows selected.

Execution Plan
----------------------------------------------------------
Plan hash value: 2962868874

--------------------------------------------------------------------------------
| Id | Operation                      | Name    | Rows | Bytes | Cost(%CPU)|Time     |
--------------------------------------------------------------------------------
|  0 | SELECT STATEMENT               |         |   14 |   826 |   17  (0)|00:00:01|
|  1 |  NESTED LOOPS OUTER            |         |   14 |   826 |   17  (0)|00:00:01|
|  2 |   TABLE ACCESS FULL            | EMP     |   14 |   532 |    3  (0)|00:00:01|
|  3 |   VIEW                         |         |    1 |    21 |    1  (0)|00:00:01|
|* 4 |    TABLE ACCESS BY INDEX ROWID| DEPT    |    1 |    11 |    1  (0)|00:00:01|
|* 5 |     INDEX UNIQUE SCAN          | PK_DEPT |    1 |       |    0  (0)|00:00:01|
--------------------------------------------------------------------------------

Predicate Information (identified by operation id):
---------------------------------------------------

   4 - filter("E"."ENAME" IS NOT NULL AND "E"."ENAME" IS NOT NULL AND
           "E"."ENAME" LIKE '%O%' OR "D"."DEPTNO">="E"."SAL" AND "E"."SAL"<1000)
   5 - access("D"."DEPTNO"="E"."DEPTNO")
```

新增 HINT 無法更改執行計畫。因為 SQL 語句中從表 DEPT 屬於 1 的關係，從表 DEPT 要展示兩個欄，需要對應寫上兩個 case when。改寫的 SQL 如下。

```
select e.*,
       case
         when (d.deptno >= e.sal and e.sal < 1000 or e.ename like '%0%') then
           d.deptno
       end deptno2,
       case
         when (d.deptno >= e.sal and e.sal < 1000 or e.ename like '%0%') then
           d.loc
       end loc
  from scott.emp e
  left join scott.dept d on d.deptno = e.deptno;
```

改寫後的執行計畫如下。

```
SQL> select e.*,
  2         case
  3           when (d.deptno >= e.sal and e.sal < 1000 or e.ename like '%0%') then
  4             d.deptno
  5         end deptno2,
  6         case
  7           when (d.deptno >= e.sal and e.sal < 1000 or e.ename like '%0%') then
  8             d.loc
  9         end loc
 10    from scott.emp e
 11    left join scott.dept d on d.deptno = e.deptno;

14 rows selected.


Execution Plan
----------------------------------------------------------
Plan hash value: 3387915970


----------------------------------------------------------------------------
| Id  | Operation          | Name | Rows | Bytes | Cost (%CPU)| Time     |
----------------------------------------------------------------------------
|   0 | SELECT STATEMENT   |      |   14 |   686 |     7  (15)| 00:00:01 |
|*  1 |  HASH JOIN OUTER   |      |   14 |   686 |     7  (15)| 00:00:01 |
|   2 |   TABLE ACCESS FULL| EMP  |   14 |   532 |     3   (0)| 00:00:01 |
|   3 |   TABLE ACCESS FULL| DEPT |    4 |    44 |     3   (0)| 00:00:01 |
----------------------------------------------------------------------------

Predicate Information (identified by operation id):
---------------------------------------------------

   1 - access("D"."DEPTNO"(+)="E"."DEPTNO")
```

用 case when 改寫之後，兩表自動跑了 HASH 連接。

如果主表屬於 1 的關係，從表屬於 n 的關係，我們就不能用 case when 進行等價改寫，例子如下。

```
select d.*, e.deptno deptno2, e.ename, e.sal
  from dept d
  left join emp e on d.deptno = e.deptno
                and (d.deptno >= e.sal and e.sal < 1000 or
                        e.ename like '%0%');
```

SQL 中 DEPT 是主表，EMP 是從表，DEPT 與 EMP 是 1:n 的關係，此時不能將 SQL 改寫為如下寫法。

```
select d.*,
       case
         when (d.deptno >= e.sal and e.sal < 1000 or e.ename like '%0%') then
           e.deptno
       end deptno2,
       case
         when (d.deptno >= e.sal and e.sal < 1000 or e.ename like '%0%') then
           e.ename
       end ename,
       case
         when (d.deptno >= e.sal and e.sal < 1000 or e.ename like '%0%') then
           e.sal
       end sal
  from dept d
  left join emp e on d.deptno = e.deptno;
```

我們可以將 SQL 改寫為如下寫法。

```
select b.*, a.deptno, a.ename, a.sal
  from dept b
  left join (select d.deptno, e.ename, e.sal
               from dept d, emp e
              where d.deptno = e.deptno
                and (d.deptno >= e.sal and e.sal < 1000 or
                        e.ename like '%0%')) a on b.deptno = a.deptno;
```

如果兩表是 n:n 關係，這時就無法對 SQL 進行改寫了，在日常工作中一般也遇不到 n:n 關係。

9.17　把腦袋當 CBO

2012 年，一位女性朋友 DBA 請求協助最佳化下面的 SQL。

```
SELECT "A1"."CODE", "A1"."DEVICE_ID", "A1"."SIDEB_PORT_ID", "A1"."VERSION"
  FROM (SELECT
          "A2"."CODE" "CODE",
          "A2"."DEVICE_ID" "DEVICE_ID",
```

```
        "A2"."SIDEB_PORT_ID" "SIDEB_PORT_ID",
        "A3"."VERSION" "VERSION",
        ROW_NUMBER() OVER(PARTITION BY "A4"."PROD_ID" ORDER BY "A4"."HIST_TIME" DESC)
"RN"
          FROM "RM"."H_PROD_2_RF_SERV"            "A4",
               "RM"."H_RSC_FACING_SERV_LINE_ITEM" "A3",
               "RM"."CONNECTOR"                   "A2"
        WHERE "A4"."SERV_ID" = "A3"."SERV_ID"
          AND "A3"."LINE_ID" = "A2"."CONNECTOR_ID"
          AND EXISTS (SELECT 0
                  FROM "RM"."DEVICE_ITEM" "A5"
                WHERE "A5"."DEVICE_ID" = "A2"."DEVICE_ID"
                  AND "A5"."ITEM_SPEC_ID" = 200006
                  AND "A5"."VALUE" ='7')
          AND "A4"."PROD_ID" = 313) "A1"
WHERE "A1"."RN" = 1;
```

執行計畫如下。

```
-------------------------------------------------------------------------------------
| Id |Operation                     |Name                         |Rows|Bytes| Cost (%CPU)|
-------------------------------------------------------------------------------------
|  0 |SELECT STATEMENT              |                             |  1| 175|  20  (10)|
|* 1 | VIEW                         |                             |  1| 175|  20  (10)|
|* 2 |  WINDOW SORT PUSHED RANK     |                             |  1| 109|  20  (10)|
|  3 |   NESTED LOOPS               |                             |  1| 109|  19   (6)|
|  4 |    NESTED LOOPS              |                             |  1|  80|  17   (6)|
|  5 |     MERGE JOIN CARTESIAN     |                             |  1|  60|  13   (8)|
|  6 |      SORT UNIQUE             |                             |  1|  36|   6   (0)|
|* 7 |       TABLE ACCESS BY INDEX ROWID|DEVICE_ITEM             |  1|  36|   6   (0)|
|* 8 |        INDEX RANGE SCAN      |IDX_DEVICE_ITEM_VALE         |  9|    |   4   (0)|
|  9 |      BUFFER SORT             |                             |  4|  96|   7  (15)|
| 10 |       TABLE ACCESS BY INDEX ROWID|H_PROD_2_RF_SERV        |  4|  96|   6   (0)|
|*11 |        INDEX RANGE SCAN      |IDX_HP2RS_PRODID_SERVID      |  4|    |   2   (0)|
| 12 |     TABLE ACCESS BY INDEX ROWID|H_RSC_FACING_SERV_LINE_ITEM|  2|  40|   4   (0)|
|*13 |      INDEX RANGE SCAN        |IDX_HRFSLI_SERV              |  2|    |   2   (0)|
|*14 |    TABLE ACCESS BY INDEX ROWID|CONNECTOR                   |  1|  29|   2   (0)|
|*15 |     INDEX UNIQUE SCAN        |PK_CONNECTOR                 |  1|    |   1   (0)|
-------------------------------------------------------------------------------------

Predicate Information (identified by operation id):
---------------------------------------------------

   1 - filter("A1"."RN"=1)
   2 - filter(ROW_NUMBER() OVER ( PARTITION BY "A4"."PROD_ID" ORDER BY
             INTERNAL_FUNCTION("A4"."HIST_TIME") DESC )<=1)
   7 - filter("A5"."ITEM_SPEC_ID"=200006)
   8 - access("A5"."VALUE"='7')
  11 - access("A4"."PROD_ID"=313)
  13 - access("A4"."SERV_ID"="A3"."SERV_ID")
  14 - filter("A5"."DEVICE_ID"="A2"."DEVICE_ID")
  15 - access("A3"."LINE_ID"="A2"."CONNECTOR_ID")

Statistics
---------------------------------------------------------------
```

```
        0   recursive calls
        0   db block gets
  2539920   consistent gets
        0   physical reads
        0   redo size
      735   bytes sent via SQL*Net to client
      492   bytes received via SQL*Net from client
        2   SQL*Net roundtrips to/from client
        3   sorts (memory)
        0   sorts (disk)
        1   rows processed
```

該 SQL 要執行 9.437 秒，只返回一列資料，其中 A5 有 48194511 列資料，A2 有 35467304 列資料，其餘表都是小表。

首先，筆者運用 SQL 三段分拆方法來檢查 SQL 寫法，經過檢查，SQL 寫法沒有問題。

其次筆者檢查執行計畫。執行計畫中 Id=5 出現了 MERGE JOIN CARTESIAN，這一般都是統計資訊收集不準確，將離 MERGE JOIN CARTESIAN 關鍵字最近的表 (Id=7)Rows 估算為 1 所導致。

正常情況下，應該先檢查 SQL 中所有表的統計資訊是否過期，如果統計資訊過期了應該立即收集。因為做了太多的 SQL 最佳化，遇到 SQL 出現了效能問題，已經形成條件反射想要立刻最佳化它，所以，當時沒有立即對表收集統計資訊。

如果想要從執行計畫入手最佳化 SQL，我們一般要從執行計畫的入口開始檢查，檢查 Rows 估算是否準確。當然了，如果執行計畫中有明顯值得懷疑的地方，我們也可以直接檢查值得懷疑之處。

執行計畫的入口是 Id=8，Id=8 是索引範圍掃描，透過 Id=7 回表。於是讓朋友執行下面的 SQL。

```
SELECT COUNT(*)
  FROM "RM"."DEVICE_ITEM" "A5"
 WHERE "A5"."ITEM_SPEC_ID" = 200006
   AND "A5"."VALUE" = '7';
```

得到回饋，上面查詢返回 68384 列資料。其次，查詢執行計畫中 Id=11 和 Id=10 應該返回多少資料（A4），執行下面的 SQL。

```
select count(*) from H_PROD_2_RF_SERV where prod_id = 313;
```

得到回饋，上面查詢返回 6 列資料。根據以上資訊，我們知道應該怎麼最佳化上述 SQL 了。我們再來查看原始 SQL 的部分程式碼。

```
FROM "RM"."H_PROD_2_RF_SERV"              "A4",
          "RM"."H_RSC_FACING_SERV_LINE_ITEM" "A3",
          "RM"."CONNECTOR"                    "A2"
      WHERE "A4"."SERV_ID" = "A3"."SERV_ID"
        AND "A3"."LINE_ID" = "A2"."CONNECTOR_ID"
        AND EXISTS (SELECT 0
              FROM "RM"."DEVICE_ITEM" "A5"
              WHERE "A5"."DEVICE_ID" = "A2"."DEVICE_ID"
                AND "A5"."ITEM_SPEC_ID" = 200006
                AND "A5"."VALUE" ='7')
        AND "A4"."PROD_ID" = 313)
```

A4 過濾後只返回 6 列資料，A3 是小表，A2 有 35467304 列資料，A5 過濾後返回 6 萬列資料，其中 A3、A2 都沒有過濾條件。

SQL 語句中 A4 與 A3 進行關聯，因為 A4 過濾後返回 6 列資料，A3 是小表，所以讓 A4 作為驅動表 leading(a4)，與 A3 使用巢狀嵌套迴圈 use_nl(a4,a3) 方式進行關聯，關聯之後得到一個結果集，因為 A4 與 A3 返回資料量都很小，所以關聯之後的結果集也必然很小。

因為 A2 表很大，而且 A2 沒有過濾條件，所以我們不能讓 A2 走 HASH 連接，因為沒有過濾條件，使用 HASH 進行關聯只能走全資料表掃描。如果讓 A2 走巢狀嵌套迴圈，作為巢狀嵌套迴圈被驅動表，那麼我們可以讓 A2 走連接欄的索引，這樣就避免了大表 A2 因為沒有過濾條件而走全資料表掃描。因此，我們將 A4 與 A3 關聯之後的結果集作為巢狀嵌套迴圈驅動表，然後再與 A2 使用巢狀嵌套迴圈進行關聯：use_nl(a3,a2)。

因為 A5 過濾後有 6 萬列資料，所以我們讓 A5 與 A2 進行 HASH 連接，最終新增如下 HINT。

```
SELECT "A1"."CODE", "A1"."DEVICE_ID", "A1"."SIDEB_PORT_ID", "A1"."VERSION"
  FROM (SELECT /*+ leading(a4) use_nl(a4,a3) use_nl(a3,a2) */
        "A2"."CODE" "CODE",
        "A2"."DEVICE_ID" "DEVICE_ID",
        "A2"."SIDEB_PORT_ID" "SIDEB_PORT_ID",
        "A3"."VERSION" "VERSION",
        ROW_NUMBER() OVER(PARTITION BY "A4"."PROD_ID" ORDER BY "A4"."HIST_TIME" DESC) "RN"
        FROM "RM"."H_PROD_2_RF_SERV"              "A4",
            "RM"."H_RSC_FACING_SERV_LINE_ITEM" "A3",
            "RM"."CONNECTOR"                    "A2"
      WHERE "A4"."SERV_ID" = "A3"."SERV_ID"
        AND "A3"."LINE_ID" = "A2"."CONNECTOR_ID"
```

```
        AND EXISTS (SELECT /*+ hash_sj */ 0
                FROM "RM"."DEVICE_ITEM" "A5"
              WHERE "A5"."DEVICE_ID" = "A2"."DEVICE_ID"
                AND "A5"."ITEM_SPEC_ID" = 200006
                AND "A5"."VALUE" ='7')
            AND "A4"."PROD_ID" = 313) "A1"
  WHERE "A1"."RN" = 1;
```

執行計畫如下。

```
---------------------------------------------------------------------------------------
| Id|Operation                         |Name                         |Rows|Bytes|Cost(%CPU)|
---------------------------------------------------------------------------------------
|  0|SELECT STATEMENT                  |                             |  1| 175|  40   (3)|
|* 1| VIEW                             |                             |  1| 175|  40   (3)|
|* 2|  WINDOW SORT PUSHED RANK         |                             |  1| 109|  40   (3)|
|* 3|   HASH JOIN SEMI                 |                             |  1| 109|  39   (0)|
|  4|    NESTED LOOPS                  |                             |  7| 511|  33   (0)|
|  5|     NESTED LOOPS                 |                             |  7| 308|  19   (0)|
|  6|      TABLE ACCESS BY INDEX ROWID |H_PROD_2_RF_SERV             |  4|  96|   7   (0)|
|* 7|       INDEX RANGE SCAN           |IDX_HP2RS_PRODID_SERVID      |  4|    |   3   (0)|
|  8|      TABLE ACCESS BY INDEX ROWID |H_RSC_FACING_SERV_LINE_ITEM  |  2|  40|   4   (0)|
|* 9|       INDEX RANGE SCAN           |IDX_HRFSLI_SERV              |  2|    |   2   (0)|
| 10|     TABLE ACCESS BY INDEX ROWID  |CONNECTOR                    |  1|  29|   2   (0)|
|*11|      INDEX UNIQUE SCAN           |PK_CONNECTOR                 |  1|    |   1   (0)|
|*12|    TABLE ACCESS BY INDEX ROWID   |DEVICE_ITEM                  |  1|  36|   6   (0)|
|*13|     INDEX RANGE SCAN             |IDX_DEVICE_ITEM_VALE         |  9|    |   4   (0)|
---------------------------------------------------------------------------------------

Predicate Information (identified by operation id):
---------------------------------------------------

   1 - filter("A1"."RN"=1)
   2 - filter(ROW_NUMBER() OVER ( PARTITION BY "A4"."PROD_ID" ORDER BY
              INTERNAL_FUNCTION("A4"."HIST_TIME") DESC )<=1)
   3 - access("A5"."DEVICE_ID"="A2"."DEVICE_ID")
   7 - access("A4"."PROD_ID"=313)
   9 - access("A4"."SERV_ID"="A3"."SERV_ID")
  11 - access("A3"."LINE_ID"="A2"."CONNECTOR_ID")
  12 - filter("A5"."ITEM_SPEC_ID"=200006)
  13 - access("A5"."VALUE"='7')

Statistics
-----------------------------------------------------------
        0  recursive calls
        0  db block gets
    14770  consistent gets
        0  physical reads
        0  redo size
      735  bytes sent via SQL*Net to client
      492  bytes received via SQL*Net from client
        2  SQL*Net roundtrips to/from client
        1  sorts (memory)
        0  sorts (disk)
        1  rows processed
```

最終該 SQL 只需 0.188 秒就能出結果，邏輯讀取從最開始的 2539920 下降到 14770。

當具備一定的最佳化理論知識之後，我們可以不看執行計畫，直接根據 SQL 寫法找到 SQL 語句中返回資料量最小的表作為驅動表，然後看它與誰進行關聯，根據關聯返回的資料量判斷走 NL 還是 HASH，然後一直這樣進行下去，直到 SQL 語句中所有表都關聯完畢。如果大家長期採用此方法進行鍛煉，久而久之，你自己的腦袋就是 CBO。

9.18 擴展統計資訊最佳化案例

本案例發生在 2011 年，當時作者羅老師在惠普擔任開發 DBA，支撐寶潔公司的資料倉儲專案。為了避免洩露資訊，他對 SQL 語句做了適當修改。Obiee 終端使用者發來郵件說某報表執行了 30 分鐘還沒有結果，請求協助。透過與 Obiee 開發人員合作，找到報表 SQL 語句如下。

```
select sum(T2083114.MANUL_COST_OVRRD_AMT) as c1,
sum(nvl(T2083114.REVSD_VAR_ESTMT_COST_AMT , 0)) as c2,
T2084525.ACCT_LONG_NAME as c3,
T2084525.NAME as c4,
T2083424.PRMTN_NAME as c5,
T2083424.PRMTN_ID as c6,
case  when case  when T2083424.CORP_PRMTN_TYPE_CODE = 'Target Account'
then 'Corporate' else T2083424.CORP_PRMTN_TYPE_CODE end  is null
then 'Private' else case  when T2083424.CORP_PRMTN_TYPE_CODE = 'Target Account'
then 'Corporate' else T2083424.CORP_PRMTN_TYPE_CODE end  end  as c7,
T2083424.PRMTN_STTUS_CODE as c8,
T2083424.APPRV_BY_DESC as c9,
T2083424.APPRV_STTUS_CODE as c10,
T2083424.AUTO_UPDT_GTIN_IND as c11,
T2083424.CREAT_DATE as c12,
T2083424.PGM_START_DATE as c13,
T2083424.PGM_END_DATE as c14,
nvl(case  when T2083424.PRMTN_STTUS_CODE = 'Confirmed'
then cast(( TRUNC( TO_DATE('2011-06-07' , 'YYYY-MM-DD') ) - TRUNC(T2083424.PGM_END_
DATE )) as  VARCHAR (10)) end, '') as c15,
T2083424.PRMTN_STOP_DATE as c16,
T2083424.SHPMT_START_DATE as c17,
T2083424.SHPMT_END_DATE as c18,
T2083424.CNBLN_WK_CNT as c19,
T2083424.ACTVY_DETL_POP as c20,
T2083424.CMMNT_DESC as c21,
```

```
T2083424.PRMTN_AVG_POP as c22,
T2084525.CHANL_TYPE_DESC as c23,
T2083424.PRMTN_SKID as c24
from
OPT_ACCT_FDIM T2084525 /* OPT_ACCT_PRMTN_FDIM */ ,
OPT_BUS_UNIT_FDIM T2083056,
OPT_CAL_MASTR_DIM T2083357 /* OPT_CAL_MASTR_DIM01 */ ,
OPT_PRMTN_FDIM T2083424,
OPT_ACTVY_FCT T2083114
where  (T2083056.BUS_UNIT_SKID = T2083114.BUS_UNIT_SKID and T2083114.BUS_UNIT_SKID =
T2084525.BUS_UNIT_SKID
and T2083114.DATE_SKID = T2083357.CAL_MASTR_SKID and T2083114.BUS_UNIT_SKID =
T2083424.BUS_UNIT_SKID
and T2083114.PRMTN_SKID = T2083424.PRMTN_SKID and T2083056.BUS_UNIT_NAME = 'Chile'
and T2083114.ACCT_PRMTN_SKID = T2084525.ACCT_SKID and T2083357.FISC_YR_ABBR_NAME =
'FY10/11'
and T2084525.ACCT_LONG_NAME is not null and (case  when T2083424.CORP_PRMTN_TYPE_CODE =
'Target Account'
then 'Corporate' else T2083424.CORP_PRMTN_TYPE_CODE end  in ('Alternate BDF',
'Corporate', 'Private'))
and (T2084525.ACCT_LONG_NAME in ('ADELCO - CHILE - 0066009018', 'ALIMENTOS FRUNA -
CHILE - 0066009049',
'CENCOSUD - CHILE - 0066009007', 'COMERCIAL ALVI - CHILE - 0066009070', 'D&S - CHILE -
0066009008',
'DIPAC - CHILE - 0066009024', 'DIST. COMERCIAL - CHILE - 0066009087', 'DISTRIBUCION
LAGOS S.A. - CHILE - 2001146505',
'ECOMMERCE ESCALA 1 - 1900001746', 'EMILIO SANDOVAL - CHILE - 2000402293', 'F. AHUMADA
- CHILE - 0066009023',
'FALABELLA - CHILE - 2000406971', 'FRANCISCO LEYTON - CHILE - 0066009142', 'MAICAO -
CHILE - 0066009135',
'MARGARITA UAUY - CHILE - 0066009146', 'PREUNIC - CHILE - 0066009032', 'PRISA
DISTRIBUCION - CHILE - 2001419970',
'RABIE - CHILE - 0066009015', 'S Y B FARMACEUTICA S.A. - CHILE - 2000432938',
'SOC. INV. LA MUNDIAL LTDA - CHILE - 2001270967', 'SOCOFAR - CHILE - 0066009028',
'SODIMAC - CHILE - 2000402358', 'SOUTHERN CROSS - CHILE - 2002135799',
'SUPERM. MONSERRAT - CHILE - 0066009120', 'TELEMERCADOS EUROPA - CHILE - 0066009044'))
and T2083424.PRMTN_LONG_NAME in (select distinct T2083424.PRMTN_LONG_NAME as c1
from
OPT_ACCT_FDIM T2084525 /* OPT_ACCT_PRMTN_FDIM */ ,
OPT_BUS_UNIT_FDIM T2083056,
OPT_CAL_MASTR_DIM T2083357 /* OPT_CAL_MASTR_DIM01 */ ,
OPT_PRMTN_FDIM T2083424,
OPT_PRMTN_PROD_FLTR_LKP T2083698
where  ( T2083056.BUS_UNIT_SKID = T2083698.BUS_UNIT_SKID and T2083357.CAL_MASTR_SKID =
T2083698.DATE_SKID
and T2083698.ACCT_PRMTN_SKID = T2084525.ACCT_SKID and T2083424.PRMTN_SKID =
T2083698.PRMTN_SKID
and T2083424.BUS_UNIT_SKID = T2083698.BUS_UNIT_SKID and T2083056.BUS_UNIT_NAME =
'Chile'
and T2083357.FISC_YR_ABBR_NAME = 'FY10/11' and T2083698.BUS_UNIT_SKID =
T2084525.BUS_UNIT_SKID
and (case  when T2083424.CORP_PRMTN_TYPE_CODE = 'Target Account' then 'Corporate'
else T2083424.CORP_PRMTN_TYPE_CODE end  in ('Alternate BDF', 'Corporate', 'Private'))
and (T2084525.ACCT_LONG_NAME in ('ADELCO - CHILE - 0066009018',
'ALIMENTOS FRUNA - CHILE - 0066009049', 'CENCOSUD - CHILE - 0066009007',
```

```
'COMERCIAL ALVI - CHILE - 0066009070', 'D&S - CHILE - 0066009008',
'DIPAC - CHILE - 0066009024', 'DIST. COMERCIAL - CHILE - 0066009087',
'DISTRIBUCION LAGOS S.A. - CHILE - 2001146505', 'ECOMMERCE ESCALA 1 - 1900001746',
'EMILIO SANDOVAL - CHILE - 2000402293', 'F. AHUMADA - CHILE - 0066009023',
'FALABELLA - CHILE - 2000406971', 'FRANCISCO LEYTON - CHILE - 0066009142',
'MAICAO - CHILE - 0066009135', 'MARGARITA UAUY - CHILE - 0066009146',
'PREUNIC - CHILE - 0066009032', 'PRISA DISTRIBUCION - CHILE - 2001419970',
'RABIE - CHILE - 0066009015', 'S Y B FARMACEUTICA S.A. - CHILE - 2000432938',
'SOC. INV. LA MUNDIAL LTDA - CHILE - 2001270967', 'SOCOFAR - CHILE - 0066009028',
'SODIMAC - CHILE - 2000402358', 'SOUTHERN CROSS - CHILE - 2002135799',
'SUPERM. MONSERRAT - CHILE - 0066009120', 'TELEMERCADOS EUROPA - CHILE -
0066009044')) ) ) )
group by T2083424.PRMTN_SKID, T2083424.PRMTN_ID, T2083424.PRMTN_NAME,
T2083424.SHPMT_END_DATE,
T2083424.SHPMT_START_DATE, T2083424.PRMTN_STTUS_CODE, T2083424.APPRV_STTUS_CODE,
T2083424.CMMNT_DESC,
T2083424.PGM_START_DATE, T2083424.PGM_END_DATE, T2083424.CREAT_DATE,
T2083424.APPRV_BY_DESC,
T2083424.AUTO_UPDT_GTIN_IND, T2083424.PRMTN_STOP_DATE, T2083424.ACTVY_DETL_POP,
T2083424.CNBLN_WK_CNT,
T2083424.PRMTN_AVG_POP, T2084525.NAME, T2084525.CHANL_TYPE_DESC,
T2084525.ACCT_LONG_NAME,
case  when case  when T2083424.CORP_PRMTN_TYPE_CODE = 'Target Account' then 'Corporate'
else T2083424.CORP_PRMTN_TYPE_CODE end  is null then 'Private' else case
when T2083424.CORP_PRMTN_TYPE_CODE = 'Target Account' then 'Corporate'
else T2083424.CORP_PRMTN_TYPE_CODE end  end ,
nvl(case  when T2083424.PRMTN_STTUS_CODE = 'Confirmed'
then cast(( TRUNC( TO_DATE('2011-06-07', 'YYYY-MM-DD')) - TRUNC(T2083424.PGM_END_
DATE)) as VARCHAR(10)) end , '')
order by c24, c3;
```

該 SQL 是 Obiee 報表工具自動生成的，所以看起來有些淩亂。對於很長的 SQL，我們可以運用 SQL 三段分拆方法，快速查看 SQL 寫法有沒有效能問題。經過檢查，SQL 寫法沒有任何問題。檢查完 SQL 寫法之後，我們沒有直接檢查執行計畫，因為執行計畫也比較長，因此使用自己編寫的腳本抓出該 SQL 要用到的表資訊，如下所示。

TABLE_NAME	Size(Mb)	PARTITIONED	DEGREE	NUM_ROWS
*OPT_BUS_UNIT_FDIM	.001037598	NO	1	16
*OPT_CAL_MASTR_DIM	38.1284523	NO	1	37435
OPT_CAL_MASTR_DIM	38.1284523	NO	1	37435
*OPT_PRMTN_FDIM	74.6365929	YES	1	52140
OPT_PRMTN_FDIM	74.6365929	YES	1	52140
OPT_ACTVY_FCT	19.3430614	YES	1	157230
*OPT_ACCT_FDIM	36.6709185	YES	2	95415
OPT_ACCT_FDIM	36.6709185	YES	2	95415
OPT_PRMTN_PROD_FLTR_LKP	1523.87207	YES	2	30148975

「＊」號表示該表在執行計畫中使用到了索引。一般情況下，只有大表才會引發 SQL 效能問題，SQL 中 OPT_PRMTN_PROD_FLTR_LKP 表走的是全資料表

掃描，有 3000 萬列資料、1.5GB，其他表都是小表。需要說明的是，表 OPT_
PRMTN_PROD_FLTR_LKP 大小應該不止 1.5GB，因為當時沒有透過 DBA_
SEGMENTS 來獲取表大小，而是透過 DBA_TABLES 中 NUM_ROWS* AVG_
ROW_LEN* 估算得來，因為 OPT_PRMTN_PROD_FLTR_LKP 是一個分區表，
DBA_TABLES 中的統計不是十分準確。找到大表之後，在我們查看執行計畫的
時候首先就應該關注大表，SQL 的執行計畫如圖 9-9 所示（因為執行計畫比較
長，所以採用截圖方式並且省略了謂詞）。

```
| Id  | Operation                                 | Name                 | Rows  | Bytes | Cost (%CPU)| Time     | Pstart  | Pstop   |
|   0 | SELECT STATEMENT                          |                      |     1 |   352 | 1551  (17)| 00:00:07 |         |         |
|   1 |  SORT GROUP BY                            |                      |     1 |   352 | 1551  (17)| 00:00:07 |         |         |
|   2 |   VIEW                                     | VM_NWVW_2            |     1 |   352 | 1550  (17)| 00:00:07 |         |         |
|   3 |    HASH UNIQUE                             |                      |     1 |   652 | 1550  (17)| 00:00:07 |         |         |
|   4 |     NESTED LOOPS                           |                      |       |       |           |          |         |         |
|   5 |      NESTED LOOPS                          |                      |     1 |   652 | 1549  (17)| 00:00:07 |         |         |
|   6 |       NESTED LOOPS                         |                      |     1 |   639 | 1548  (17)| 00:00:07 |         |         |
|   7 |        NESTED LOOPS                        |                      |     2 |  1180 | 1546  (17)| 00:00:07 |         |         |
|   8 |         NESTED LOOPS                       |                      |     1 |   568 |  130   (5)| 00:00:01 |         |         |
|   9 |          NESTED LOOPS                      |                      |     1 |   509 |  109   (6)| 00:00:01 |         |         |
|  10 |           NESTED LOOPS                     |                      |     1 |   484 |  108   (6)| 00:00:01 |         |         |
|* 11 |            HASH JOIN                       |                      |     5 |   830 |  103   (6)| 00:00:01 |         |         |
|  12 |             PARTITION LIST SUBQUERY        |                      |    47 |  4089 |   82   (3)| 00:00:01 | KEY(SQ) | KEY(SQ) |
|  13 |              INLIST ITERATOR               |                      |       |       |           |          |         |         |
|  14 |               TABLE ACCESS BY LOCAL INDEX ROWID | OPT_ACCT_FDIM   |    47 |  4089 |   82   (3)| 00:00:01 | KEY(SQ) | KEY(SQ) |
|* 15 |                INDEX RANGE SCAN            | OPT_ACCT_FDIM_NX2   |    47 |       |   43   (5)| 00:00:01 | KEY(SQ) | KEY(SQ) |
|  16 |             NESTED LOOPS                   |                      | 10482 |  808K |   20  (15)| 00:00:01 |         |         |
|  17 |              NESTED LOOPS                  |                      |     1 |    40 |    2   (0)| 00:00:01 |         |         |
|* 18 |               INDEX RANGE SCAN            | OPT_BUS_UNIT_FDIM_UX2|     1 |    26 |    1   (0)| 00:00:01 |         |         |
|* 19 |               INDEX RANGE SCAN            | OPT_BUS_UNIT_FDIM_UX2|     1 |    14 |    1   (0)| 00:00:01 |         |         |
|  20 |              PARTITION LIST ITERATOR       |                      | 10482 | 1699K |   18  (17)| 00:00:01 | KEY     | KEY     |
|* 21 |               TABLE ACCESS FULL           | OPT_ACTVY_FCT       | 10482 | 1699K |   18  (17)| 00:00:01 | KEY     | KEY     |
|* 22 |            TABLE ACCESS BY GLOBAL INDEX ROWID | OPT_PRMTN_FDIM   |     1 |   318 |    1   (0)| 00:00:01 | ROWID   | ROWID   |
|* 23 |             INDEX UNIQUE SCAN             | OPT_PRMTN_FDIM_PK   |     1 |       |    0   (0)| 00:00:01 |         |         |
|  24 |          TABLE ACCESS BY INDEX ROWID       | OPT_CAL_MASTR_DIM   |     1 |    25 |    1   (0)| 00:00:01 |         |         |
|* 25 |           INDEX UNIQUE SCAN               | OPT_CAL_MASTR_DIM_PK|     1 |       |    0   (0)| 00:00:01 |         |         |
|  26 |         PARTITION LIST ALL                 |                      |     1 |    59 |   21   (0)| 00:00:01 |     1   |    17   |
|* 27 |          TABLE ACCESS BY LOCAL INDEX ROWID | OPT_PRMTN_FDIM      |     1 |    59 |   21   (0)| 00:00:01 |     1   |    17   |
|* 28 |           INDEX RANGE SCAN                | OPT_PRMTN_FDIM_NX3  |     4 |       |   17   (0)| 00:00:01 |     1   |    17   |
|  29 |        PARTITION LIST ITERATOR             |                      |    39 |   858 | 1416  (18)| 00:00:07 | KEY     | KEY     |
|  30 |         TABLE ACCESS FULL                  | OPT_PRMTN_PROD_FLTR_LKP |  39 |  858 | 1416  (18)| 00:00:07 | KEY     | KEY     |
|* 31 |       TABLE ACCESS BY GLOBAL INDEX ROWID   | OPT_ACCT_FDIM       |     1 |    49 |    1   (0)| 00:00:01 | ROWID   | ROWID   |
|* 32 |        INDEX UNIQUE SCAN                   | OPT_ACCT_FDIM_PK    |     1 |       |    0   (0)| 00:00:01 |         |         |
|* 33 |      INDEX UNIQUE SCAN                     | OPT_CAL_MASTR_DIM_PK|     1 |       |    0   (0)| 00:00:01 |         |         |
|* 34 |     TABLE ACCESS BY INDEX ROWID            | OPT_CAL_MASTR_DIM   |     1 |    13 |    1   (0)| 00:00:01 |         |         |
```

圖 9-9　SQL 執行計畫

Id=30 就是大表在執行計畫中的位置，Id=29 是 Id=30 的父親，它與 Id=8 對齊。
Id=7 是巢狀嵌套迴圈，它是 Id=8 與 Id=29 的父親。透過分析執行計畫，我們發
現 OPT_PRMTN_PROD_FLTR_ LKP 做了巢狀嵌套迴圈（Id=7）的被驅動表，
而且沒有走索引，這就是為什麼 Obiee 報表執行了 30 分鐘還沒執行完畢。我們
查看 Id=30 的過濾條件如下。

```
30 - filter("T2083056"."BUS_UNIT_SKID"="T2083698"."BUS_UNIT_SKID" AND
            "T2083424"."PRMTN_SKID"="T2083698"."PRMTN_SKID" AND
            "T2083424"."BUS_UNIT_SKID"="T2083698"."BUS_UNIT_SKID")
```

我們根據過濾條件新建索引從而讓 NL 被驅動表走索引。

```
SQL> create index OPT_PRMTN_PROD_FLTR_LKP_NX1 ON OPT_PRMTN_PROD_FLTR_LKP(BUS_UNIT_
SKID,PRMTN_SKID) nologging parallel ;
```

```
Index created.

Elapsed: 00:00:33.04
```

新建索引花了 33 分鐘，如圖 9-10 所示，我們再來看一下 SQL 的執行計畫，查看帶有 A-TIME 的執行計畫。

新建完索引之後，Obiee 報表能在 4 分鐘內執行完所有資料。我們仔細觀察執行計畫 Id=11，最佳化程式評估返回 5 列資料，但是實際上返回了 11248 列資料，這導致後續表連接方式全採用了巢狀嵌套迴圈。Id=11 是兩表 HASH 連接之後的結果集，如果能夠糾正 Id=11 估算 Rows 的誤差，那麼最佳化程式應該能夠自我最佳化該報表。Id=11 是兩個表中兩個欄位關聯的結果集，最佳化程式一般對多個欄位進行 Rows 估算的時候通常容易算錯，於是對 Id=11 中兩個表的連接欄收集了擴展統計資訊。

Id	Operation	Name	Starts	E-Rows	A-Rows	A-Time
0	SELECT STATEMENT		1		1324	00:02:42.23
1	SORT GROUP BY		1	1	1324	00:02:42.23
2	VIEW	VM_NWVW_2	1	1	6808	00:02:42.18
3	HASH UNIQUE		1	1	6808	00:02:42.18
4	NESTED LOOPS		1		5220K	00:02:21.06
5	NESTED LOOPS		1	1	5220K	00:02:00.18
6	NESTED LOOPS		1	1	5220K	00:01:49.74
7	NESTED LOOPS		1	2	5220K	00:01:18.42
8	NESTED LOOPS		1	1	6808	00:01:01.62
9	NESTED LOOPS		1	1	6808	00:00:00.54
10	NESTED LOOPS		1	1	11248	00:00:00.40
* 11	HASH JOIN		1	5	11248	00:00:00.07
12	PARTITION LIST SUBQUERY		1	47	25	00:00:00.01
13	INLIST ITERATOR		1		25	00:00:00.01
14	TABLE ACCESS BY LOCAL INDEX ROWID	OPT_ACCT_FDIM	25	47	25	00:00:00.01
* 15	INDEX RANGE SCAN	OPT_ACCT_FDIM_NX2	25	47	25	00:00:00.01
16	NESTED LOOPS		1	10482	12788	00:00:00.03
17	NESTED LOOPS		1	1	1	00:00:00.01
* 18	INDEX RANGE SCAN	OPT_BUS_UNIT_FDIM_UX2	1	1	1	00:00:00.01
* 19	INDEX RANGE SCAN	OPT_BUS_UNIT_FDIM_UX2	1	1	1	00:00:00.01
20	PARTITION LIST ITERATOR		1	10482	12788	00:00:00.03
* 21	TABLE ACCESS FULL	OPT_ACTVY_FCT	1	10482	12788	00:00:00.03
* 22	TABLE ACCESS BY GLOBAL INDEX ROWID	OPT_PRMTN_FDIM	11248	1	11248	00:00:00.31
* 23	INDEX UNIQUE SCAN	OPT_PRMTN_FDIM_PK	11248	1	11248	00:00:00.12
* 24	TABLE ACCESS BY INDEX ROWID	OPT_CAL_MASTR_DIM	11248	1	6808	00:00:00.14
* 25	INDEX UNIQUE SCAN	OPT_CAL_MASTR_DIM_PK	11248	1	11248	00:00:00.05
26	PARTITION LIST ALL		6808	1	6808	00:00:01.08
* 27	TABLE ACCESS BY LOCAL INDEX ROWID	OPT_PRMTN_FDIM	115K	1	6808	00:00:01.05
* 28	INDEX RANGE SCAN	OPT_PRMTN_FDIM_NX3	115K	4	6808	00:00:00.78
29	TABLE ACCESS BY GLOBAL INDEX ROWID	OPT_PRMTN_PROD_FLTR_LKP	6808	39	5220K	00:01:19.79
* 30	INDEX RANGE SCAN	OPT_PRMTN_PROD_FLTR_LKP_NX1	6808	3	5220K	00:00:43.96
* 31	TABLE ACCESS BY GLOBAL INDEX ROWID	OPT_ACCT_FDIM	5220K	1	5220K	00:00:23.79
* 32	INDEX UNIQUE SCAN	OPT_ACCT_FDIM_PK	5220K	1	5220K	00:00:08.38
* 33	INDEX UNIQUE SCAN	OPT_CAL_MASTR_DIM_PK	5220K	1	5220K	00:00:07.58
* 34	TABLE ACCESS BY INDEX ROWID	OPT_CAL_MASTR_DIM	5220K	1	5220K	00:00:17.28

```
Predicate Information (identified by operation id):

   11 - access("T2083114"."BUS_UNIT_SKID"="T2084525"."BUS_UNIT_SKID" AND "T2083114"."ACCT_PRMTN_SKID"="T2084525"."ACCT_SKID")
```

圖 9-10

```
SQL> SELECT DBMS_STATS.CREATE_EXTENDED_STATS(USER, 'OPT_ACCT_FDIM', '(BUS_UNIT_SKID,
ACCT_SKID)') FROM DUAL;

DBMS_STATS.CREATE_EXTENDED_STATS(USER,'OPT_ACCT_FDIM','(BUS_UNIT_SKID,ACCT_SKID)')
```

```
--------------------------------------------------------------------------------
SYS_STUJ8OD#X2IPA_B9_CHOOBO46T

SQL> SELECT DBMS_STATS.CREATE_EXTENDED_STATS(USER, 'OPT_ACTVY_FCT', '(BUS_UNIT_SKID,
ACCT_PRMTN_SKID)') FROM DUAL;

DBMS_STATS.CREATE_EXTENDED_STATS(USER,'OPT_ACTVY_FCT','(BUS_UNIT_SKID,ACCT_PRMTN_SKID)'
)
--------------------------------------------------------------------------------
SYS_STU#CVQNKK5CCMOW2XEQWSRXSM

SQL> BEGIN
  2  DBMS_STATS.GATHER_TABLE_STATS(ownname => 'XXXXX', ---為了保密，使用者名做了更改
  3  tabname => 'OPT_ACCT_FDIM',
  4  estimate_percent => 20,
  5  method_opt => 'for all columns size auto',
  6  degree => 6,
  7  granularity => 'ALL',
  8  cascade=>TRUE
  9  );
 10  END;
 11  /

PL/SQL procedure successfully completed.

Elapsed: 00:00:57.76

SQL> BEGIN
  2  DBMS_STATS.GATHER_TABLE_STATS(ownname => 'XXXX', ---為了保密，使用者名做了更改
  3  tabname => 'OPT_ACTVY_FCT',
  4  estimate_percent => 20,
  5  method_opt => 'for all columns size auto',
  6  degree => 6,
  7  granularity => 'ALL',
  8  cascade=>TRUE
  9  );
 10  END;
 11  /

PL/SQL procedure successfully completed.

Elapsed: 00:01:15.10
```

收集完擴展統計資訊之後，SQL 能在 1 秒左右執行完畢，帶有 A-Time 的執行
計畫如圖 9-11 所示。

Id	Operation	Name	Starts	E-Rows	A-Rows	A-Time	Buffers
0	SELECT STATEMENT		1		1324	00:00:01.85	210K
1	SORT GROUP BY		1	1	1324	00:00:01.85	210K
* 2	FILTER		1		6808	00:00:01.84	210K
3	NESTED LOOPS		1		6808	00:00:00.04	52722
4	NESTED LOOPS		1	4	11248	00:00:00.03	41474
5	NESTED LOOPS		1	12	11248	00:00:00.02	30247
* 6	HASH JOIN		1	403	11248	00:00:00.01	172
7	PARTITION LIST SUBQUERY		1	47	25	00:00:00.01	50
8	INLIST ITERATOR		1		25	00:00:00.01	47
9	TABLE ACCESS BY LOCAL INDEX ROWID	OPT_ACCT_FDIM	25	47	25	00:00:00.01	47
* 10	INDEX RANGE SCAN	OPT_ACCT_FDIM_NX2	25	47	25	00:00:00.01	27
11	NESTED LOOPS		1	10508	12788	00:00:00.01	122
* 12	INDEX RANGE SCAN	OPT_BUS_UNIT_FDIM_UX2	1	1	1	00:00:00.01	0
13	PARTITION LIST ITERATOR		1	10508	12788	00:00:00.01	121
* 14	TABLE ACCESS FULL	OPT_ACTVY_FCT	1	10508	12788	00:00:00.01	121
* 15	TABLE ACCESS BY GLOBAL INDEX ROWID	OPT_PRMTN_FDIM	11248	1	11248	00:00:00.01	30075
* 16	INDEX UNIQUE SCAN	OPT_PRMTN_FDIM_PK	11248	1	11248	00:00:00.01	11250
* 17	INDEX UNIQUE SCAN	OPT_CAL_MASTR_DIM_PK	11248	1	11248	00:00:00.01	11227
* 18	TABLE ACCESS BY INDEX ROWID	OPT_CAL_MASTR_DIM	11248	1	6808	00:00:00.01	11248
19	NESTED LOOPS		6206		6206	00:00:01.79	158K
20	NESTED LOOPS		6206		6206	00:00:01.79	151K
21	NESTED LOOPS		6206	1	6206	00:00:01.79	145K
22	NESTED LOOPS		6206	5	6206	00:00:01.79	128K
23	NESTED LOOPS		6206	1	6206	00:00:01.79	103K
* 24	INDEX RANGE SCAN	OPT_BUS_UNIT_FDIM_UX2	6206	1	6206	00:00:00.01	6206
25	PARTITION LIST ALL		6206	1	6206	00:00:00.09	97324
* 26	TABLE ACCESS BY LOCAL INDEX ROWID	OPT_PRMTN_FDIM	49648	1	6206	00:00:00.09	97324
* 27	INDEX RANGE SCAN	OPT_PRMTN_FDIM_NX3	49648	4	6206	00:00:00.08	86887
28	TABLE ACCESS BY GLOBAL INDEX ROWID	OPT_PRMTN_PROD_FLTR_LKP	6206	39	6206	00:00:01.69	24825
* 29	INDEX RANGE SCAN	OPT_PRMTN_PROD_FLTR_LKP_NX1	6206	3	6206	00:00:01.53	18618
* 30	TABLE ACCESS BY GLOBAL INDEX ROWID	OPT_ACCT_FDIM	6206	1	6206	00:00:00.01	17241
* 31	INDEX UNIQUE SCAN	OPT_ACCT_FDIM_PK	6206	1	6206	00:00:00.01	11035
32	INDEX UNIQUE SCAN	OPT_CAL_MASTR_DIM_PK	6206	1	6206	00:00:00.01	6211
* 33	TABLE ACCESS BY INDEX ROWID	OPT_CAL_MASTR_DIM	6206	1	6206	00:00:00.01	6206

圖 9-11

大家在工作中如果遇到多欄過濾或者多欄關聯 Rows 估算出現較大偏差的時候，不妨收集擴展統計資訊試一試。

其實當時是專案經理找到作者羅老師來最佳化 SQL 的，當時他應該是被美國寶潔的客戶批評了。客戶的原話是說：「我已經抽完一支煙了，報表還沒打開，我原本以為當我抽完第二支煙的時候報表能打開，誰知當我抽完第三支煙的時候報表還沒打開！」羅老師最佳化完報表之後，幽默地說了句，現在客戶可以在掏打火機、煙還沒點燃之前就能打開報表了。

9.19 使用 LISGAGG 分析函數最佳化 WMSYS.WM_CONCAT

2016 年，在上週末最佳化班的時候，一個同學請求現場最佳化下面的 SQL。

```
with temp as
        (select sgd.detail_id id,
               wmsys.wm_concat(distinct(sg.gp_name)) groupnames,
               wmsys.wm_concat(distinct(su.user_name)) usernames
           from sgd
           left join  sg
             on sg.id = sgd.gp_id
           left join  sug
```

```
                   on sg.id = sug.gp_id
            left join  su
                   on sug.user_id = su.id
          group by sgd.detail_id)
       select zh.id,
              zh.id detailid,
              zh.name detailname,
              zh.p_level hospitallevel,
              zh.type hospitaltype,
              dza.name region,
              temp.groupnames,
              temp.usernames,
              (case
                 when gd.gp_id is null then
                   0
                 else
                   1
                 end) isalloted
         from   zh
         left join  dza
           on zh.area_id = dza.id
         left join temp
           on zh.id = temp.id
       left join (select gp_id, detail_id from sys_gp_detail where gp_Id = :0) gd
           on zh.id = gd.detail_id order by length(id),zh.id asc;
```

該 SQL 返回 20779 列資料，要執行 4 分 32 秒。該執行計畫中全是 HASH JOIN，
這裡就不貼執行計畫了。

首先這條 SQL 最終返回 20779 列資料，該 SQL 語句最後部分沒有 GROUP BY，
表與表之間關聯全是外連接，主表 zh 沒有過濾條件，因此判斷 zh 表最多 20779
列資料，因為它是外連接的主表，不管關聯有沒有關聯上，zh 會返回表中全部
資料，如果 zh 與 dza 是 1:n 關係，那麼 zh 表總列數還將少於 20779 列資料。同
時也判定 dza、TEMP 資料量都不大，因為所有表關聯完只返回 20779 列資料。
既然都是小表，為什麼最終要執行 4 分 32 秒呢？遇到此類問題，我們需要將
SQL 拆開，分步執行，這樣就能判斷 SQL 中哪一步是效能瓶頸。9.10 節中案例
也是採用分步執行方法找到問題根本原因。

SQL 語句中有個 with as 子句，對其單獨執行，發現要執行兩分鐘左右。with as
子句中有兩個欄轉列函數：wmsys.wm_concat，將其注釋之後 with as 子句能秒
出。現在我們定位到 SQL 效能問題是由 wmsys.wm_concat 導致。對於欄轉列，
Oracle 還提供了 Listagg 分析函數，wmsys.wm_concat 從 Oracle11g 之後返回的
是 Clob 型別，而 Listagg 返回的是 varchar2 型別。因此我們嘗試對 with as 子句
進行等價改寫，利用分析函數 Listagg 代替 wmsys.wm_concat，以驗證改寫之後
是否還會出現效能問題。with as 子句原始 SQL 如下。

```
select sgd.detail_id id,
       wmsys.wm_concat(distinct(sg.gp_name)) groupnames,
       wmsys.wm_concat(distinct(su.user_name)) usernames
  from sgd
  left join sg on sg.id = sgd.gp_id
  left join sug on sg.id = sug.gp_id
  left join su on sug.user_id = su.id
 group by sgd.detail_id;
```

因為 with as 子句中有兩個 wmsys.wm_concat，而且 wmsys.wm_concat 中又有 distinct，而 Listagg 並不支援 distinct，所以我們只能一個一個去掉 wmsys.wm_concat。現在將 with as 子句中 wmsys.wm_concat(distinct(su.user_name)) usernames 去掉，只保留 wmsys.wm_concat(distinct(sg.gp_name)) groupnames。因為 usernames 關聯了 su、sug，而現在只保留 groupnames，所以我們需要將 su 和 sug 去掉，其 SQL 語法如下。

```
select sgd.detail_id id, wmsys.wm_concat(distinct(sg.gp_name)) groupnames
  from sys_gp_detail sgd
  left join sys_gp sg on sg.id = sgd.gp_id
 group by sgd.detail_id;
```

其執行計畫如下。

```
已用時間：00: 00: 58.04.
執行計畫
--------------------------------------------------------------
Plan hash value: 3491823204


--------------------------------------------------------------------------
| Id | Operation             | Name          | Rows  | Bytes |TempSpc| Cost (%CPU)|
--------------------------------------------------------------------------
|  0 | SELECT STATEMENT      |               | 20584 |  824K |       | 1308    (8)|
|  1 |  SORT GROUP BY        |               | 20584 |  824K |  15M  | 1308    (8)|
|* 2 |   HASH JOIN RIGHT OUTER|              |  313K |   12M |       |  449    (6)|
|  3 |    TABLE ACCESS FULL  | SYS_GP        |     3 |   69  |       |    3    (0)|
|  4 |    TABLE ACCESS FULL  | SYS_GP_DETAIL |  313K | 5518K |       |  438    (5)|
--------------------------------------------------------------------------

Predicate Information (identified by operation id):
--------------------------------------------------

   2 - access("SG"."ID"(+)="SGD"."GP_ID")


統計資訊
--------------------------------------------------------------
         1  recursive calls
    249348  db block gets
     44447  consistent gets
         0  physical reads
         0  redo size
```

```
9993548  bytes sent via SQL*Net to client
6067828  bytes received via SQL*Net from client
  83118  SQL*Net roundtrips to/from client
      1  sorts (memory)
      0  sorts (disk)
```

執行計畫中的 db block gets 來自於 Clob。因為 Listagg 不支援 distinct，所以我們需要先去除重複，再採用 Listagg，Listagg 改寫的 SQL 如下。

```
select detail_id, listagg(gp_name, ',') within
 group(
 order by null)
  from (select sgd.detail_id, sg.gp_name
        from sys_gp_detail sgd
        left join sys_gp sg on sg.id = sgd.gp_id
       group by sgd.detail_id, sg.gp_name)
 group by detail_id;
```

改寫後的執行計畫如下。

```
已用時間：00：00：01.12
執行計畫
----------------------------------------------------------
Plan hash value: 147456425

-----------------------------------------------------------------------------------
| Id | Operation               | Name         | Rows  | Bytes |TempSpc| Cost(%CPU)|
-----------------------------------------------------------------------------------
|  0 | SELECT STATEMENT        |              | 20584 | 1547K |       |  1467  (7)|
|  1 |  SORT GROUP BY          |              | 20584 | 1547K |       |  1467  (7)|
|  2 |   VIEW                  | VM_NWVW_0    | 43666 | 3283K |       |  1467  (7)|
|  3 |    HASH GROUP BY        |              | 43666 | 1748K |  15M  |  1467  (7)|
|* 4 |     HASH JOIN RIGHT OUTER|             |  313K |  12M  |       |   449  (6)|
|  5 |      TABLE ACCESS FULL  | SYS_GP       |    3  |  69   |       |     3  (0)|
|  6 |      TABLE ACCESS FULL  | SYS_GP_DETAIL|  313K | 5518K |       |   438  (5)|
-----------------------------------------------------------------------------------

Predicate Information (identified by operation id):
---------------------------------------------------

   4 - access("SG"."ID"(+)="SGD"."GP_ID")


統計資訊
----------------------------------------------------------
       1  recursive calls
       0  db block gets
    2775  consistent gets
       0  physical reads
       0  redo size
  450516  bytes sent via SQL*Net to client
   15595  bytes received via SQL*Net from client
    1387  SQL*Net roundtrips to/from client
```

```
    1  sorts (memory)
    0  sorts (disk)
20779  rows processed
```

使用 Listagg 改寫之後，SQL 能在 1 秒執行完畢，而採用 wmsys.wm_concat 需要 58 秒，這說明採用 Listagg 代替 wmsys.wm_concat 能達到最佳化目的。

下面我們改寫另外一個 wmsys.wm_concat，改寫的思考方式一模一樣，先去除重複，再使用 Listagg。

```
select detail_id, listagg(user_name, ',') within
 group(
 order by null)
  from (select sgd.detail_id id, su.user_name
        from sgd
        left join sg on sg.id = sgd.gp_id
        left join sug on sg.id = sug.gp_id
        left join su on sug.user_id = su.id
        group by sgd.detail_id, su.user_name)
 group by detail_id;
```

最終的 with as 子句如下。

```
select a.detail_id id , a.groupnames, b.usernames
  from (select detail_id, listagg(gp_name, ',') within
        group(
        order by null) groupnames
         from (select sgd.detail_id, sg.gp_name
                from sys_gp_detail sgd
                left join sys_gp sg on sg.id = sgd.gp_id
                group by sgd.detail_id, sg.gp_name)
        group by detail_id) a,
      (select detail_id, listagg(user_name, ',') within
        group(
        order by null) usernames
         from (select sgd.detail_id, su.user_name
                from sgd
                left join sg on sg.id = sgd.gp_id
                left join sug on sg.id = sug.gp_id
                left join su on sug.user_id = su.id
               group by sgd.detail_id, su.user_name)
        group by detail_id) b
 where a.. detail_id = b.detail_id;
```

用改寫後的 with as 子句替換原始 SQL 中的 with as 子句，最終 SQL 能在兩秒左右執行完畢。

在工作中儘量使用 Listagg 代替 wmsys.wm_concat。

9.20 INSTR 非等值關聯最佳化案例

在 2014 年曾遇到一個 INSTR 的最佳化案例。因為當初 SQL 程式碼並非執行在
Oracle 中，所以，在 Oracle 中新建測試資料以便示範此案例，不管是 Oracle 資
料庫還是其他資料庫，最佳化的思維都是一樣的。

需求是這樣的：尋找事實表中 URL 欄位包含了維度表中 URL 的記錄，然後進
行彙總統計。

新建事實表如下。

```
create table T_FACT
(msisdn number(11),
url varchar2(50)
);
```

插入測試資料。

```
insert into T_FACT
  select '139' || chr(dbms_random.value(48, 57)) ||
         chr(dbms_random.value(48, 57)) || chr(dbms_random.value(48, 57)) ||
         chr(dbms_random.value(48, 57)) || chr(dbms_random.value(48, 57)) ||
         chr(dbms_random.value(48, 57)) || chr(dbms_random.value(48, 57)),
         lpad(chr(dbms_random.value(97, 122)),
              dbms_random.value(1, 20),
              chr(dbms_random.value(97, 122))) ||
         lpad(chr(dbms_random.value(97, 122)) ||
              chr(dbms_random.value(97, 122)) ||
              chr(dbms_random.value(97, 122)) ||
              chr(dbms_random.value(97, 122)),
              dbms_random.value(4, 20),
              chr(dbms_random.value(97, 122)))
    from dual
  connect by rownum <= 10000;
```

反覆插入資料，直到表中一共有 128 萬條資料。

```
begin
  for i in 1..7 loop
    insert into T_FACT
      select * from T_FACT;
    commit;
  end loop;
end;
```

在實際案例中事實表有上億條資料，展示只取 100 萬條資料。

新建維度表如下。

```
create table T_DIM as
    select cast(rownum as number(6)) code,cast(c1 as varchar2(50)) url
from (
    select distinct substr(url, -dbms_random.value(2, length(url) - 3)) c1
  from T_FACT);
```

新建彙總統計表。

```
create table T_RESULT
(
msisdn number(11),
code number(6),
url varchar2(50),
cnt number(6)
);
```

現在我們要執行下面的 SQL，統計 T_FACT 表中 URL 包含了 T_DIM 的記錄。

```
insert into T_RESULT
  (msisdn, code, url, cnt)
  select t1.msisdn, t2.code, t2.url, sum(1)
    from T_FACT t1
  inner join T_DIM t2 on instr(t1.url, t2.url) > 0
  group by t1.msisdn, t2.code, t2.url;
```

因為 SQL 中關聯條件是 instr，這時只能走巢狀嵌套迴圈，不能走 HASH 連接，也不能走排序合併連接，排序合併連接一般用於 >=、>、<、<=。以上 SQL 執行計畫如下。

```
SQL> select * from table(dbms_xplan.display);

PLAN_TABLE_OUTPUT
-------------------------------------------------------------------------------
Plan hash value: 2285685195


-------------------------------------------------------------------------------
| Id  | Operation                  | Name      | Rows  | Bytes | Cost (%CPU)| Time     |
-------------------------------------------------------------------------------
|   0 | INSERT STATEMENT           |           |   10G |  798G |  134M   (3)|448:22:51 |
|   1 |  LOAD TABLE CONVENTIONAL   | T_RESULT  |       |       |            |          |
|   2 |   HASH GROUP BY            |           |   10G |  798G |  134M   (3)|448:22:51 |
|   3 |    NESTED LOOPS            |           |   10G |  798G |  133M   (2)|445:43:32 |
|   4 |     TABLE ACCESS FULL      | T_FACT    | 1192K |   45M |  1363   (1)| 00:00:17 |
|*  5 |     TABLE ACCESS FULL      | T_DIM     |  8993 |  351K |   112   (2)| 00:00:02 |
-------------------------------------------------------------------------------

Predicate Information (identified by operation id):
-------------------------------------------------------------------------------

   5 - filter(INSTR("T1"."URL","T2"."URL")>0)
```

本書反覆強調，巢狀嵌套迴圈被驅動表必須走索引。但是，如果執行計畫是因為INSTR、LIKE、REGEXP_LIK等而導致的巢狀嵌套迴圈，這時被驅動表反而不能走索引。INSTR、LIKE、REGEXP_LIKE 會匹配所有資料，走索引的存取路徑只能是 INDEX FULL SCAN，而 INDEX FULL SCAN 是單塊讀取，全資料表掃描是多塊讀取。如果 INDEX FULL SCAN 需要回表，這時效率遠遠不如全資料表掃描效率高。如果被驅動表走 INDEX FULL SCAN 不回表，這時我們也可以根據索引中的索引欄，建立一個臨時表，將需要的欄包含在臨時表中，用臨時表代替 INDEX FULL SCAN，因為臨時表不像索引那樣需要儲存根、分支、葉子節點，臨時表相比索引體積反而更小，這樣可以減少被驅動表每次被掃描的體積。被驅動表因為要被反覆掃描多次，buffer cache 最好要有足夠的空間用於存放被驅動表，從而避免被驅動表每次被掃描都需要實體 I/O。

經過上面分析，如果從執行計畫方向入手，我們無法最佳化 SQL。我們再來看一下原始 SQL 語句。

```
insert into T_RESULT
  (msisdn, code, url, cnt)
  select t1.msisdn, t2.code, t2.url, sum(1)
    from T_FACT t1
  inner join T_DIM t2 on instr(t1.url, t2.url) > 0
  group by t1.msisdn, t2.code, t2.url;
```

SQL 語句中有 GROUP BY（彙總），事實表與維度表一般都是 N:1 關係，因為 SQL 語句中有彙總，我們可以先對事實表進行彙總，去掉重復資料，然後再與維度表關聯。因為執行計畫中事實表是驅動表，維度表是被驅動表，將事實表提前彙總可以將資料量大為減少，這樣我們就可以減少巢狀嵌套迴圈的迴圈次數，從而達到最佳化目的。

事實表原始資料為 128 萬列，我們對事實表提前彙總。

```
create table T_MIDDLE as select
    msisdn,url,sum(1) cnt
    from  T_FACT group by msisdn,url;
```

提前彙總之後，資料從 128 萬列減少到 1 萬列。

```
SQL> select count(*) from  T_MIDDLE;

  COUNT(*)
----------
    10000
```

改寫後的 SQL 如下。

```
insert into T_RESULT
  (msisdn, code, url, cnt)
  select t1.msisdn, t2.code, t2.url, sum(cnt)
    from T_MIDDLE t1
   inner join T_DIM t2 on instr(t1.url, t2.url) > 0
   group by t1.msisdn, t2.code, t2.url;
```

對資料進行提前彙總之後，被驅動表 T_DIM 只需要迴圈 1 萬次，而之前需要迴圈 128 萬次，效能得到極大提升。

如果想要最大程度最佳化 INSTR、LIKE、REGEXP_LIKE 等非等值關聯，我們只能從業務角度入手，設法從業務本身、資料本身著手，使其進行等值連接，從而可以走 HASH 連接。

如果業務手段無法最佳化，除了上面講到的提前彙總資料，我們還可以開啟平行查詢（平行廣播），從而最佳化 SQL。如果不想開啟平行查詢，我們可以對表進行拆分（類似平行廣播），人工類比平行查詢，從而最佳化 SQL。我們可以對驅動表進行拆分，也可以對被驅動表進行拆分，但是最好不要同時拆分驅動表和被驅動表，因為連接條件是非等值連接，同時拆分驅動表和被驅動表會導致交叉關聯（將驅動表和被驅動表都拆分為 6 份，會關聯 36 次）。如果表是非分區表，我們可以利用 ROWID 進行拆分。如果表是分區表，我們可以針對分區進行拆分。關於具體的拆分方法，請大家閱讀 8.5 節內容。

9.21 REGEXP_LIKE 非等值關聯最佳化案例

本案例為好友南京越煙（QQ：843999405）所分享。

一個儲存過程從週五晚上執行了到了週一還沒有執行完，儲存過程程式碼如下。

```
declare
  isMatch    Boolean := false;
  dealPnCnt number(10) := 0;
begin
  for c_no_data in (select nbn.no, 69 as partition_id
                      from TMP_NBR_NO_XXXX nbn
                     where nbn.level_id = 1
```

```
                      and length(nbn.no) = 8) loop
    dealPnCnt := dealPnCnt + 1;
    for c_data in (select nli.*, nl.nbr_level_id
                     from tmp_xxx_item nli,
                          a_level_item nl2i,
                          b_level_item nl,
                          c_level_item ns2l
                    where nli.nbr_level_item_id = nl2i.nbr_level_item_id
                      and nl2i.nbr_level_id = nl.nbr_level_id
                      and nl.nbr_level_id = ns2l.nbr_level_id
                      and ns2l.area_id = c_no_data.partition_id
                      and ns2l.res_spec_id = 6039
                      and ns2l.nbr_level_id between 201 and 208
                    order by nl2i.priority) loop
      if (regexp_like(c_no_data.no, c_data.expression)) then
        update TMP_NBR_NO_XXXX n
          set n.level_id = c_data.nbr_level_id
          where n.no = c_no_data.no;
        exit;
      end if;
    end loop;
    if mod(dealPnCnt, 5000) = 0 then
      commit;
    end if;
  end loop;
end;
```

TMP_NBR_NO_XXXX 共有 400w 列資料，180MB。

```
select nli.*, nl.nbr_level_id
  from tmp_xxx_item nli,
       a_level_item nl2i,
       b_level_item nl,
       c_level_item ns2l
 where nli.nbr_level_item_id = nl2i.nbr_level_item_id
   and nl2i.nbr_level_id = nl.nbr_level_id
   and nl.nbr_level_id = ns2l.nbr_level_id
   and ns2l.area_id = c_no_data.partition_id
   and ns2l.res_spec_id = 6039
   and ns2l.nbr_level_id between 201 and 208
 order by nl2i.priority;
```

上面 SQL 查詢返回 43 列資料。

在 5.1 節提到過，巢狀嵌套迴圈就是一個 LOOP 迴圈，LOOP 套 LOOP 相當於笛卡兒積。該 PLSQL 程式碼中有 LOOP 套 LOOP 的情況，這就導致 UPDATE TMP_NBR_NO_XXXX 要執行（400 萬*43）次，TMP_NBR_NO_XXXX.no 欄沒有索引，TMP_NBR_NO_XXXX 每次更新都要進行全資料表掃描。這就是為什麼儲存過程從週五執行到週一還沒執行完。

大家可能會問，為什麼不用 MERGE INTO 對 PLSQL 程式碼進行改寫呢？
PLSQL 程式碼中是用 regexp_like(c_no_data.no, c_data.expression) 進行關聯的，
使用 like，regexp_like 關聯，無法走 HASH 連接，也無法走排序合併連接，兩
表只能走巢狀嵌套迴圈並且被驅動表無法走索引。如果強行使用 MERGE INTO
進行改寫，因為該 SQL 執行時間很長，會導致 UNDO 不釋放，所以，我們沒
有採用 MERGE INTO 對程式碼進行改寫。

大家可能也會問，為什麼不對 TMP_NBR_NO_XXXX.no 建立索引呢？這是因為
關聯更新可以採用 ROWID 批次更新，所以沒有採用建立索引方法最佳化。

下面我們採用 ROWID 批次更新方法改寫上面 PLSQL，為了方便大家閱讀
PLSQL 程式碼，先新建一個臨時表用於儲存 43 記錄。

```sql
create table TMP_DATE_TEST
(
  expression   VARCHAR2(255) not null,
  nbr_level_id NUMBER(9) not null,
  priority     NUMBER(8) not null
);
insert into  TMP_DATE_TEST
  select  nli.expression, nl.nbr_level_id, priority    from tmp_xxx_item   nli,
                               a_level_item nl2i,
                               b_level_item       nl,
                               c_level_item ns2l
             where nli.nbr_level_item_id = nl2i.nbr_level_item_id
               and nl2i.nbr_level_id = nl.nbr_level_id
               and nl.nbr_level_id = ns2l.nbr_level_id
               and ns2l.area_id = 69
               and ns2l.res_spec_id = 6039
               and ns2l.nbr_level_id between 201 and 208;
```

我們新建另一個臨時表，用於儲存要被更新的表的 ROWID 和過濾條件欄位。

```sql
create table TMP_NBR_NO_XXXX_TEXT
(
  rid  ROWID,
  no   VARCHAR2(255),
);

 insert into   TMP_NBR_NO_XXXX_TEXT
   select rowid rid,  nbn.no, from   TMP_NBR_NO_XXXX nbn where  nbn.level_id=1 and
length(nbn.no)= 8 ;
```

改寫之後的 PLSQL 程式碼如下。

```sql
declare
  type rowid_table_type is table of rowid index by pls_integer;
```

```
  updateCur sys_refcursor;
  v_rowid    rowid_table_type;
  v_rowid2   rowid_table_type;

begin
  for c_no_data in (select t.expression, t.nbr_level_id, t.priority
                      from TMP_DATE_TEST t
                     order by 3) loop
    open updateCur for
      select rid
        from TMP_NBR_NO_XXXX_TEXT nbn
       where regexp_like(nbn.no, c_no_data.expression);
    loop
      fetch updateCur bulk collect
        into v_rowid LIMIT 20000;
      forall i in v_rowid.FIRST .. v_rowid.LAST
        update TMP_NBR_NO_XXXX
           set level_id = c_no_data.nbr_level_id
         where rowid = v_rowid(i);
      commit;
      exit when updateCur%notfound;
    end loop;
    CLOSE updateCur;
  end loop;
end;
```

改寫後的 PLSQL 能在 4 小時左右執行完。有沒有什麼辦法進一步最佳化呢？單個處理程序能在 4 小時左右執行完，如果開啟 8 個平行處理程序，那應該能在 30 分鐘左右執行完。但是 PLSQL 怎麼開啟平行呢？正常情況下 PLSQL 是無法開啟平行的，如果我們直接在多個視窗中執行同一個 PLSQL 程式碼，會遇到鎖爭用，如果能解決鎖爭用，在多個視窗中執行同一個 PLSQL 程式碼，這樣就變相實作了 PLSQL 開平行功能。在第 8 章提到過，可以利用 ROWID 切片變相實作平行。

```
select DBMS_ROWID.ROWID_CREATE(1, c.oid, e.RELATIVE_FNO, e.BLOCK_ID, 0) minrid,
       DBMS_ROWID.ROWID_CREATE(1,
                               c.oid,
                               e.RELATIVE_FNO,
                               e.BLOCK_ID + e.BLOCKS - 1,
                               10000) maxrid
  from dba_extents e,
       (select max(data_object_id) oid
          from dba_objects
         where object_name = upper('TMP_NBR_NO_XXXX_TEXT')
           and owner = upper('RESCZ2')
           and data_object_id is not null) c
 where e.segment_name = 'TMP_NBR_NO_XXXX_TEXT'
   and e.owner = 'RESCZ2';
```

但是這時我們發現，切割出來的資料分佈嚴重不均衡，這是因為新建表空間的時候沒有指定 uniform size 的 Extent。於是我們新建一個表空間，指定採用 uniform size 方式管理 Extent。

```
create tablespace TBS_BSS_FIXED  datafile
            '/oradata/osstest2/tbs_bss_fixed_500.dbf'
       size 500M extent management local uniform size 128k;
```

我們重建一個表用來儲存要被更新的 ROWID。

```
create table RID_TABLE
(
  rowno  NUMBER,
  minrid VARCHAR2(18),
  maxrid VARCHAR2(18)
) ;
```

我們將 ROWID 插入到新表中。

```
insert into rid_table
  select rownum rowno,
        DBMS_ROWID.ROWID_CREATE(1, c.oid, e.RELATIVE_FNO, e.BLOCK_ID, 0) minrid,
        DBMS_ROWID.ROWID_CREATE(1,
                               c.oid,
                               e.RELATIVE_FNO,
                               e.BLOCK_ID + e.BLOCKS - 1,
                               10000) maxrid
   from dba_extents e,
        (select max(data_object_id) oid
          from dba_objects
          where object_name = upper('TMP_NBR_NO_XXXX_TEXT')
            and owner = upper('RESCZ2')
            and data_object_id is not null) c
  where e.segment_name = 'TMP_NBR_NO_XXXX_TEXT'
    and e.owner = 'RESCZ2';
```

這樣 RID_TABLE 中每列指定的資料都很均衡，大概為 4035 條資料。最終更改的 PLSQL 程式碼如下。

```
create or replace  procedure  pro_phone_grade(flag_num in number)
as
 type rowid_table_type is table of  rowid index  by  pls_integer;
  updateCur  sys_refcursor;
 v_rowid  rowid_table_type;
 v_rowid2  rowid_table_type;
begin
for  rowid_cur in (select  *  from  rid_table  where mod(rowno, 8)=flag_num
 loop
    for c_no_data in (select t.expression, t.nbr_level_id, t.priority  from
TMP_DATE_TEST t order by 3 )
      loop
        open  updateCur  for  select rid,rowid  from TMP_NBR_NO_XXXX_TEXT  nbn
```

```
          where rowid between rowid_cur.minrid and rowid_cur.maxrid
          and regexp_like(nbn.no, c_no_data.expression);
          loop
            fetch updateCur  bulk collect  into  v_rowid, v_rowid2  LIMIT 20000;
              forall i in v_rowid.FIRST ..v_rowid.LAST
              update TMP_NBR_NO_XXXX  set  level_id = c_no_data.nbr_level_id  where
rowid = v_rowid(i);
                commit;
              exit when  updateCur%notfound;
          end loop;
          CLOSE updateCur;
        end loop;
    end loop;
end;
```

然後我們在 8 個視窗中同時執行以上 PLSQL 程式碼。

```
begin
pro_phone_grade(0);
end;

begin
pro_phone_grade(1);
end;

begin
pro_phone_grade(2);
end;

.....

begin
pro_phone_grade(7);
end;
```

最終我們能在 29 分鐘左右執行完所有儲存過程。本案例經典之處就在於 ROWID 切片實作平行，同時考慮到了資料分佈對平行的影響，其次還使用了 ROWID 關聯更新技巧。

9.22　ROW LEVEL SECURITY 最佳化案例

在做報表開發的時候，有時我們會遇到這樣的需求：不同權限的帳戶各自對應不同的權限，從而看到不同的資料，這時我們一般會採用 Row Level Security 實作這樣的需求。2011 年，作者羅老師在惠普的時候，遇到過多起 Row Level Security 引發的 SQL 效能問題。

Obiee 報表開發人員發來郵件反映，使用權限較低的帳戶打開報表非常緩慢，報表執行了 15 分鐘還沒回應；而使用權限最高的帳戶，報表可以在 16 秒內執行完畢。執行緩慢的 SQL 程式碼如下。

```
select sum(nvl(T1796547.ACTL_GIV_AMT , 0)) as c1,
T1792779.ACCT_LONG_NAME as c2,
T1792779.NAME as c3,
T1796631.PRMTN_NAME as c4,
T1796631.PRMTN_ID as c5,
case  when case  when T1796631.CORP_PRMTN_TYPE_CODE = 'Target Account' then 'Corporate'
else T1796631.CORP_PRMTN_TYPE_CODE end  is null then 'Private' else
case  when T1796631.CORP_PRMTN_TYPE_CODE = 'Target Account' then 'Corporate' else
T1796631.CORP_PRMTN_TYPE_CODE end  end  as c6,
T1796631.PRMTN_STTUS_CODE as c7,
T1796631.APPRV_BY_DESC as c8,
T1796631.APPRV_STTUS_CODE as c9,
T1796631.AUTO_UPDT_GTIN_IND as c10,
T1796631.CREAT_DATE as c11,
T1796631.PGM-START_DATE as c12,
T1796631.PGM_END_DATE as c13,
nvl(case  when T1796631.PRMTN_STTUS_CODE = 'Confirmed' then cast((TRUNC( TO_DATE(
'2011-04-26', 'YYYY-MM-DD') ) - TRUNC( T1796631.PGM_END_DATE ) ) as
VARCHAR ( 10 ) ) end  , '') as c14,
T1796631.PRMTN_STOP_DATE as c15,
T1796631.SHPMT_START_DATE as c16,
T1796631.SHPMT_END_DATE as c17,
T1796631.CNBLN_WK_CNT as c18,
T1796631.ACTVY_DETL_POP as c19,
T1796631.CMMNT_DESC as c20,
T1796631.PRMTN_AVG_POP as c21,
T1792779.CHANL_TYPE_DESC as c22,
T1796631.PRMTN_SKID as c23
from
OPT_ACCT_FDIM T1792779 /* OPT_ACCT_PRMTN_FDIM */ ,
OPT_BUS_UNIT_FDIM T1796263,
OPT_CAL_MASTR_DIM T1796564 /* OPT_CAL_MASTR_DIM01 */ ,
OPT_PRMTN_FDIM T1796631,
OPT_BASLN_FCT T1796547
where  ( T1792779.ACCT_SKID = T1796547.ACCT_SKID
and T1792779.BUS_UNIT_SKID = T1796547.BUS_UNIT_SKID
and T1796263.BUS_UNIT_SKID = T1796547.BUS_UNIT_SKID
and T1796547.WK_SKID = T1796564.CAL_MASTR_SKID
and T1796547.BUS_UNIT_SKID = T1796631.BUS_UNIT_SKID
and T1792779.ACCT_LONG_NAME = 'FN-AEON_GROUP(JUSCOJ4)(C005) - 1900001326'
and T1796263.BUS_UNIT_NAME = 'Japan'
and T1796547.PRMTN_SKID = T1796631.PRMTN_SKID
and T1796564.FISC_YR_ABBR_NAME = 'FY10/11'
and T1792779.ACCT_LONG_NAME is not null
-- add RLS
and T1796547.acct_skid IN (select  org.org_skid from (SELECT DISTINCT ap.org_skid
    FROM opt_acct_postn_lkp ap, opt_party_persn_lkp pp, opt_user_lkp u
    WHERE ap.postn_id = pp.party_id
      AND pp.persn_id = u.user_id
```

```
      AND u.login_name = 'BT0016'
    union select 0 as org_skid
    from sys.dual) org
  )
and T1792779.bus_unit_skid IN
(0,11769,11772,11774,11777,11779,11780,14329,14334,14339,14340,14341,14350,14800,14801)
and T1796547.bus_unit_skid IN
(0,11769,11772,11774,11777,11779,11780,14329,14334,14339,14340,14341,14350,14800,14801)
and T1796263.bus_unit_skid IN
(0,11769,11772,11774,11777,11779,11780,14329,14334,14339,14340,14341,14350,14800,14801)
and T1796631.bus_unit_skid IN
(0,11769,11772,11774,11777,11779,11780,14329,14334,14339,14340,14341,14350,14800,14801)
-- end RLS
and (case  when T1796631.CORP_PRMTN_TYPE_CODE = 'Target Account' then 'Corporate'
else T1796631.CORP_PRMTN_TYPE_CODE end  in ('Corporate', 'Planned', 'Private'))
and T1796631.PRMTN_LONG_NAME in (select distinct T1796631.PRMTN_LONG_NAME as c1
from
OPT_ACCT_FDIM T1792779 /* OPT_ACCT_PRMTN_FDIM */ ,
OPT_BUS_UNIT_FDIM T1796263,
OPT_CAL_MASTR_DIM T1796564 /* OPT_CAL_MASTR_DIM01 */ ,
OPT_PRMTN_FDIM T1796631,
OPT_PRMTN_PROD_FLTR_LKP T1796906
where  ( T1792779.ACCT_SKID = T1796906.ACCT_PRMTN_SKID
and T1792779.BUS_UNIT_SKID = T1796906.BUS_UNIT_SKID
and T1796263.BUS_UNIT_SKID = T1796906.BUS_UNIT_SKID
and T1796564.CAL_MASTR_SKID = T1796906.DATE_SKID
and T1796631.PRMTN_SKID = T1796906.PRMTN_SKID
and T1792779.ACCT_LONG_NAME = 'FN-AEON_GROUP(JUSCOJ4)(C005) - 1900001326'
and T1796263.BUS_UNIT_NAME = 'Japan' and T1796564.FISC_YR_ABBR_NAME = 'FY10/11'
and T1796631.BUS_UNIT_SKID = T1796906.BUS_UNIT_SKID
and (case  when T1796631.CORP_PRMTN_TYPE_CODE = 'Target Account' then 'Corporate' else
T1796631.CORP_PRMTN_TYPE_CODE end  in ('Corporate', 'Planned',
'Private')) and ROWNUM >= 1 ) ) )
group by T1792779.NAME, T1792779.CHANL_TYPE_DESC,
T1792779.ACCT_LONG_NAME, T1796631.PRMTN_SKID,
T1796631.PRMTN_ID, T1796631.PRMTN_NAME,
T1796631.SHPMT_END_DATE, T1796631.SHPMT_START_DATE,
T1796631.PRMTN_STTUS_CODE, T1796631.APPRV_STTUS_CODE,
T1796631.CMMNT_DESC, T1796631.PGM_START_DATE,
T1796631.PGM_END_DATE, T1796631.CREAT_DATE,
T1796631.APPRV_BY_DESC, T1796631.AUTO_UPDT_GTIN_IND,
T1796631.PRMTN_STOP_DATE, T1796631.ACTVY_DETL_POP,
T1796631.CNBLN_WK_CNT, T1796631.PRMTN_AVG_POP,
case  when case
when T1796631.CORP_PRMTN_TYPE_CODE = 'Target Account'
then 'Corporate' else T1796631.CORP_PRMTN_TYPE_CODE end  is null
then 'Private' else case  when
T1796631.CORP_PRMTN_TYPE_CODE = 'Target Account' then 'Corporate'
else T1796631.CORP_PRMTN_TYPE_CODE end end , nvl(case  when
T1796631.PRMTN_STTUS_CODE = 'Confirmed'
then cast(( TRUNC( TO_DATE('2011-04-26' , 'YYYY-MM-DD') ) - TRUNC( T1796631.PGM_END_
DATE ) ) as  VARCHAR ( 10 ) )
end , '')
order by c23, c2;
```

執行緩慢的 SQL 與執行較快的 SQL 相比，緩慢的 SQL 在 where 條件中多了以下部分程式碼。

```
-- add RLS
and T1796547.acct_skid IN (select  org.org_skid from (SELECT DISTINCT ap.org_skid
    FROM opt_acct_postn_lkp ap, opt_party_persn_lkp pp, opt_user_lkp u
    WHERE ap.postn_id = pp.party_id
      AND pp.persn_id = u.user_id
      AND u.login_name = 'BT0016'
    union select 0 as org_skid
    from sys.dual) org
    )
and T1792779.bus_unit_skid IN
(0,11769,11772,11774,11777,11779,11780,14329,14334,14339,14340,14341,14350,14800,14801)
and T1796547.bus_unit_skid IN
(0,11769,11772,11774,11777,11779,11780,14329,14334,14339,14340,14341,14350,14800,14801)
and T1796263.bus_unit_skid IN
(0,11769,11772,11774,11777,11779,11780,14329,14334,14339,14340,14341,14350,14800,14801)
and T1796631.bus_unit_skid IN
(0,11769,11772,11774,11777,11779,11780,14329,14334,14339,14340,14341,14350,14800,14801)
-- end RLS
```

這部分程式碼就是實作 Row Level Security 功能的程式碼，對於權限較低的帳戶過濾掉一部分資料，而對於權限最高的帳號不做過濾。如果不加 RLS 程式碼，報表能在 16 秒內執行完畢，但是增加了 RLS 程式碼，報表執行了 15 分鐘跑不出結果。透過以上資訊，我們判斷是由於增加了 RLS 程式碼，導致執行計畫發生了變化，從而導致 SQL 效能問題。

RLS 程式碼中有一個 in 子查詢，in 子查詢中有 union 關鍵字。在第 7 章中講到過子查詢非巢狀嵌套，當 where 條件中有子查詢，最佳化程式會嘗試將子查詢展開，從而消除 Filter。in 子查詢中有 union 是可以展開的（unnest），而 exists 子查詢中有 union 是不可以展開的。如果 where 條件中的子查詢不能展開（no_unnest），執行計畫中會出現 Filter，Filter 一般是在 SQL 的最後階段執行。如果 where 條件中的子查詢展開了，子查詢會與主表提前關聯。

因為增加 RLS 程式碼導致 SQL 產生了效能問題，RLS 程式碼中有 in 子查詢，因為 in 子查詢可以展開（unnest），所以我們推斷是最佳化程式的子查詢非巢狀嵌套（Subquery Unnesting）導致產生的效能問題，讓 Obiee 開發人員在 in 子查詢中新增 HINT：NO_UNNEST，讓子查詢不展開。子查詢不展開，執行計畫中就會出現 Filter，但是 Filter 是在最後進行過濾，子查詢不展開就不會干擾原始的（跑得快的）執行計畫，只是在跑得快的執行計畫的最後一步新增 Filter 過濾而已。新增完 HINT 之後，SQL 能在 12 秒內執行完畢。

因為子查詢中有 union，這裡也可以不新增 HINT：NO_UNNEST，將 in 改寫為 exists，這時最佳化程式會自動走 Filter，也能達到最佳化目的。需要提醒大家的是，千萬不要因為我們將 in 改寫為 exists、exists 執行快就說 exists 效能比 in 高。如果有誰遇到本案例，將 in 改寫為 exists，然後發佈部落格說今天又用 exists 最佳化了 in 子查詢，這只會讓人貽笑大方。

羅老師的個人技術部落格中還記錄了另一個 RLS 引發的效能問題，大家如有興趣也可以查看網頁：http://blog.csdn.net/robinson1988/article/details/8644565。

9.23　子查詢非巢狀嵌套最佳化案例一

2011 年，一位朋友請求最佳化下面的 SQL。

```
select tpc.policy_id,
       tcm.policy_code,
       tpf.organ_id,
       to_char(tpf.insert_time, 'YYYY-MM-DD') As insert_time,
       tpc.change_id,
       d.policy_code,
       e.company_name,
       f.real_name,
       tpf.fee_type,
       sum(tpf.pay_balance) as pay_balance,
       c.actual_type,
       tpc.notice_code,
       d.policy_type,
       g.mode_name as pay_mode
  from t_policy_change    tpc,
       t_contract_master  tcm,
       t_policy_fee       tpf,
       t_fee_type         c,
       t_contract_master  d,
       t_company_customer e,
       t_customer         f,
       t_pay_mode         g
 where tpc.change_id = tpf.change_id
   and tpf.policy_id = d.policy_id
   and tcm.policy_id = tpc.policy_id
   and tpf.receiv_status = 1
   and tpf.fee_status = 1
   and tpf.payment_id is null
   and tpf.fee_type = c.type_id
   and tpf.pay_mode = g.mode_id
   and d.company_id = e.company_id(+)
```

```
    and d.applicant_id = f.customer_id(+)
    and tpf.organ_id in
       (select
          organ_id
          from t_company_organ
          start with organ_id = '101'
        connect by prior organ_id = parent_id)
group by tpc.policy_id,
         tpc.change_id,
         tpf.fee_type,
         to_char(tpf.insert_time, 'YYYY-MM-DD'),
         c.actual_type,
         d.policy_code,
         g.mode_name,
         e.company_name,
         f.real_name,
         tpc.notice_code,
         d.policy_type,
         tpf.organ_id,
         tcm.policy_code
order by change_id, fee_type;
```

執行計畫如下。

```
SQL> select * from table(dbms_xplan.display);

PLAN_TABLE_OUTPUT
```

Id	Operation	Name	Rows	Bytes	TempSpc	Cost (%CPU)
0	SELECT STATEMENT		45962	11M		45650 (0)
1	SORT GROUP BY		45962	11M	23M	45650 (0)
* 2	HASH JOIN		45962	11M		43908 (0)
3	INDEX FULL SCAN	T_FEE_TYPE_IDX_003	106	636		1 (0)
4	NESTED LOOPS OUTER		45962	11M		43906 (0)
* 5	HASH JOIN		45962	7271K	6824K	43905 (0)
6	NESTED LOOPS		45961	6283K		42312 (0)
* 7	HASH JOIN SEMI		45961	5655K	50M	33120 (1)
* 8	HASH JOIN OUTER		400K	45M	44M	32315 (1)
* 9	HASH JOIN		400K	39M	27M	26943 (0)
*10	HASH JOIN		400K	23M		16111 (0)
11	TABLE ACCESS FULL	T_PAY_MODE	25	525		2 (0)
*12	TABLE ACCESS FULL	T_POLICY_FEE	400K	15M		16107 (0)
13	TABLE ACCESS FULL	T_CONTRACT_MASTER	1136K	46M		9437 (0)
14	VIEW	index_join_007	2028K	30M		
*15	HASH JOIN		400K	45M	44M	32315 (1)
16	INDEX FAST FULL SCAN	PK_T_CUSTOMER	2028K	30M		548 (0)
17	INDEX FAST FULL SCAN	IDX_CUSTOMER__BIR_REAL_GEN	2028K	30M		548 (0)
18	VIEW	VW_NSO_1	7	42		
*19	CONNECT BY WITH FILTERING					
20	NESTED LOOPS					
*21	INDEX UNIQUE SCAN	PK_T_COMPANY_ORGAN	1	6		
22	TABLE ACCESS BY USER ROWID	T_COMPANY_ORGAN				
23	NESTED LOOPS					
24	BUFFER SORT		7	70		

```
| 25|        CONNECT BY PUMP       |                      |      |    |   |  1   (0)|
|*26|        INDEX RANGE SCAN      |T_COMPANY_ORGAN_IDX_002|    7|  70|   |  1   (0)|
| 27| TABLE ACCESS BY INDEX ROWID  |T_POLICY_CHANGE       |    1|  14|   |  2  (50)|
|*28|        INDEX UNIQUE SCAN     |PK_T_POLICY_CHANGE    |    1|    |   |  1   (0)|
| 29|      INDEX FAST FULL SCAN    |IDX1_ACCEPT_DATE      |1136K| 23M|   |899   (0)|
| 30| TABLE ACCESS BY INDEX ROWID  |T_COMPANY_CUSTOMER    |    1|  90|   |  2  (50)|
|*31|        INDEX UNIQUE SCAN     |PK_T_COMPANY_CUSTOMER |    1|    |   |         |
---------------------------------------------------------------------------------
Predicate Information (identified by operation id):
---------------------------------------------------------------------------------

   2 - access("TPF"."FEE_TYPE"="C"."TYPE_ID")
   5 - access("TCM"."POLICY_ID"="TPC"."POLICY_ID")
   7 - access("TPF"."ORGAN_ID"="VW_NSO_1"."$nso_col_1")
   8 - access("D"."APPLICANT_ID"="F"."CUSTOMER_ID"(+))
   9 - access("TPF"."POLICY_ID"="D"."POLICY_ID")
  10 - access("TPF"."PAY_MODE"="G"."MODE_ID")
  12 - filter("TPF"."CHANGE_ID" IS NOT NULL AND TO_NUMBER("TPF"."RECEIV_STATUS")=1 AND
"TPF"."FEE_STATUS"=1 AND
            "TPF"."PAYMENT_ID" IS NULL)
  15 - access("indexjoin_alias_012".ROWID="indexjoin_alias_011".ROWID)
  19 - filter("T_COMPANY_ORGAN"."ORGAN_ID"='101')
  21 - access("T_COMPANY_ORGAN"."ORGAN_ID"='101')
  26 - access("T_COMPANY_ORGAN"."PARENT_ID"=NULL)
  28 - access("TPC"."CHANGE_ID"="TPF"."CHANGE_ID")
  31 - access("D"."COMPANY_ID"="E"."COMPANY_ID"(+))


55 rows selected

Statistics
---------------------------------------------------------------------------------
        21  recursive calls
         0  db block gets
    125082  consistent gets
     21149  physical reads
         0  redo size
      2448  bytes sent via SQL*Net to client
       656  bytes received via SQL*Net from client
         2  SQL*Net roundtrips to/from client
         4  sorts (memory)
         0  sorts (disk)
        11  rows processed
```

上述 SQL 要執行 12 秒左右，邏輯讀取 12 萬。該 SQL 中，t_policy_fee tpf 有 400 萬列，t_contract_master tcm 有 1000 萬列。其餘表都是小表。

根據 SQL 三段分拆方法首先檢查了 SQL 寫法，SQL 寫法沒有明顯不妥之處。然後開始檢查執行計畫。我們注意觀察執行計畫的統計資訊（Statistics），該 SQL 最終只返回 11 列資料（11 rows processed）。**SQL 中有 13 個 GROUP BY 欄位，一般而言，GROUP BY 欄位越少，去除重複的能力越強；GROUP BY 欄位越多，去除重複的能力越弱。因此，我們判斷該 SQL 在 GROUP BY 之前只**

返回少量資料，返回少量資料應該走巢狀嵌套迴圈，而不是走 HASH 連接。 既然推斷出該 SQL 最終返回資料量較少，那麼 SQL 中的大表都應該走索引，但是 SQL 語句中的兩個大表 t_policy_fee tpf 與 t_contract_master tcm 都是走的全資料表掃描，這顯然不對。它們應該走索引，或者作為巢狀嵌套迴圈的被驅動表。

根據上面分析，我們將注意力集中在了大表（Id=12 和 Id=13）上，同時也將注意力集中在了 HASH 連接上。執行計畫中 Id=12 有 TO_NUMBER("TPF"."RECEIV_STATUS")=1，開發人員少寫了引號，這可能導致 SQL 不走索引。Id=13 前面沒有「*」號，這說明 T_CONTRACT_MASTER 沒有過濾條件，如果走 HASH 連接，那麼該表只能走全資料表掃描。但是該表有 1000 萬條資料，所以只能讓它作為巢狀嵌套迴圈被驅動表，然後走連接欄的索引。

SQL 語句中有個 in 子查詢，並且子查詢中有實體化子查詢關鍵字 start with，在 7.1 節中講到，in 子查詢中有實體化子查詢關鍵字，子查詢可以展開（unnest）。這個 in 子查詢只返回 1 列資料，在執行計畫中它屬於 Id=18，然後它與 Id=8 進行的是 HASH 連接。Where 子查詢 unnest 之後，一般都會打亂執行計畫，也就是說 Id=8、Id=9、Id=10、Id=11、Id=12、Id=13、Id=14 的執行計畫都會因為子查詢被展開而在一起關聯的。

我們再回去看原始 SQL，原始 SQL 中只有 tpf 表有過濾條件，其他表均無過濾條件。而 tpf 表的過濾條件要麼是狀態欄位過濾（tpf.receiv_status = 1 and tpf.fee_status = 1），要麼是組織編號過濾 tpf.organ_id in（子查詢）。因此判斷這些過濾條件並不能過濾掉大部分資料。SQL 中有兩處外連結，d.company_id = e.company_id(+)、d.applicant_id = f.customer_id(+)，如果走巢狀嵌套迴圈，外連接無法更改驅動表。如果走 HASH 連接，外連接可以更改驅動表。

因為 SQL 最終只返回少量資料，我們判斷執行計畫應該走巢狀嵌套迴圈。走巢狀嵌套迴圈首先要確定好誰做驅動表。根據上面的分析 e、f 首先被排除掉做驅動表的可能性，因為它們是外連接的從表，tpf、tcm 也被排除掉作為驅動表的可能性，因為它們是大表。現在只剩下 tpc、c 和 g 可以作為驅動表候選，tpc、c、g 都是與 tpf 關聯的，只需要看誰最小，誰就作為驅動表。而在原始執行計畫中，因為 in 子查詢被展開了，擾亂了執行計畫，導致 Id=11、Id=12、Id=13 跑了 HASH 連接，所以筆者對子查詢新增了 HINT：NO_UNNEST，讓子查詢不展開，從而不去干擾執行計畫，新增 HINT 後的 SQL 如下。

```
select  tpc.policy_id,
        tcm.policy_code,
        tpf.organ_id,
        to_char(tpf.insert_time, 'YYYY-MM-DD') As insert_time,
        tpc.change_id,
        d.policy_code,
        e.company_name,
        f.real_name,
        tpf.fee_type,
        sum(tpf.pay_balance) as pay_balance,
        c.actual_type,
        tpc.notice_code,
        d.policy_type,
        g.mode_name as pay_mode
  from  t_policy_change     tpc,
        t_contract_master   tcm,
        t_policy_fee        tpf,
        t_fee_type          c,
        t_contract_master   d,
        t_company_customer  e,
        t_customer          f,
        t_pay_mode          g
 where  tpc.change_id = tpf.change_id
   and  tpf.policy_id = d.policy_id
   and  tcm.policy_id = tpc.policy_id
   and  tpf.receiv_status = '1'    ---這裡原來沒引號，是開發忘了寫''
   and  tpf.fee_status = 1
   and  tpf.payment_id is null
   and  tpf.fee_type = c.type_id
   and  tpf.pay_mode = g.mode_id
   and  d.company_id = e.company_id(+)
   and  d.applicant_id = f.customer_id(+)
   and  tpf.organ_id in
        (select /*+ no_unnest */
          organ_id
          from t_company_organ
          start with organ_id = '101'
         connect by prior organ_id = parent_id)
 group by tpc.policy_id,
         tpc.change_id,
         tpf.fee_type,
         to_char(tpf.insert_time, 'YYYY-MM-DD'),
         c.actual_type,
         d.policy_code,
         g.mode_name,
         e.company_name,
         f.real_name,
         tpc.notice_code,
         d.policy_type,
         tpf.organ_id,
         tcm.policy_code
 order by change_id, fee_type
```

執行計畫如下。

- 315 -

```
SQL> select * from table(dbms_xplan.display);

PLAN_TABLE_OUTPUT
-------------------------------------------------------------------------------
| Id|Operation                       | Name               |Rows |Bytes| Cost (%CPU)|
-------------------------------------------------------------------------------
|  0|SELECT STATEMENT                |                    |20026|4928K| 68615  (30)|
|  1| SORT GROUP BY                  |                    |20026|4928K| 28563   (0)|
|* 2|  FILTER                        |                    |     |     |            |
|  3|   NESTED LOOPS                 |                    |20026|4928K| 27812   (0)|
|  4|    NESTED LOOPS                |                    |20026|4498K| 23807   (0)|
|  5|     NESTED LOOPS OUTER         |                    |20026|4224K| 19802   (0)|
|  6|      NESTED LOOPS OUTER        |                    |20026|3911K| 15797   (0)|
|  7|       NESTED LOOPS            |                    |20026|2151K| 15796   (0)|
|* 8|        HASH JOIN               |                    |20026|1310K| 11791   (0)|
|  9|         INDEX FULL SCAN        |T_FEE_TYPE_IDX_003  |  106|  636|     1   (0)|
|*10|         HASH JOIN              |                    |20026|1192K| 11789   (0)|
| 11|          TABLE ACCESS FULL     |T_PAY_MODE          |   25|  525|     2   (0)|
|*12|          TABLE ACCESS BY INDEX ROWID|T_POLICY_FEE  |20026| 782K| 11786   (0)|
|*13|           INDEX RANGE SCAN     |IDX_POLICY_FEE__RECEIV_STATUS|1243K|| 10188   (0)|
| 14|        TABLE ACCESS BY INDEX ROWID |T_CONTRACT_MASTER|   1|   43|     2  (50)|
|*15|         INDEX UNIQUE SCAN      |PK_T_CONTRACT_MASTER|    1|     |     1   (0)|
| 16|       TABLE ACCESS BY INDEX ROWID |T_COMPANY_CUSTOMER|  1|   90|     2  (50)|
|*17|        INDEX UNIQUE SCAN       |PK_T_COMPANY_CUSTOMER|   1|     |            |
| 18|      TABLE ACCESS BY INDEX ROWID |T_CUSTOMER        |    1|   16|     2  (50)|
|*19|       INDEX UNIQUE SCAN        |PK_T_CUSTOMER       |    1|     |     1   (0)|
| 20|     TABLE ACCESS BY INDEX ROWID |T_POLICY_CHANGE    |    1|   14|     2  (50)|
|*21|      INDEX UNIQUE SCAN         |PK_T_POLICY_CHANGE  |    1|     |     1   (0)|
| 22|    TABLE ACCESS BY INDEX ROWID |T_CONTRACT_MASTER   |    1|   22|     2  (50)|
|*23|     INDEX UNIQUE SCAN          |PK_T_CONTRACT_MASTER|    1|     |     1   (0)|
|*24|   FILTER                       |                    |     |     |            |
|*25|    CONNECT BY WITH FILTERING   |                    |     |     |            |
| 26|     NESTED LOOPS               |                    |     |     |            |
|*27|      INDEX UNIQUE SCAN         |PK_T_COMPANY_ORGAN  |    1|    6|            |
| 28|      TABLE ACCESS BY USER ROWID|T_COMPANY_ORGAN     |     |     |            |
| 29|     NESTED LOOPS               |                    |     |     |            |
| 30|      BUFFER SORT               |                    |    7|   70|            |
| 31|       CONNECT BY PUMP          |                    |     |     |            |
|*32|      INDEX RANGE SCAN          |T_COMPANY_ORGAN_IDX_002|  7|  70|     1   (0)|
-------------------------------------------------------------------------------

Predicate Information (identified by operation id):
---------------------------------------------------

   2 - filter( EXISTS (SELECT /*+ NO_UNNEST */ 0 FROM "T_COMPANY_ORGAN"
          "T_COMPANY_ORGAN" WHERE "T_COMPANY_ORGAN"."PARENT_ID"=NULL AND
          ("T_COMPANY_ORGAN"."ORGAN_ID"=:B1)))
   8 - access("SYS_ALIAS_1"."FEE_TYPE"="C"."TYPE_ID")
  10 - access("SYS_ALIAS_1"."PAY_MODE"="G"."MODE_ID")
  12 - filter("SYS_ALIAS_1"."CHANGE_ID" IS NOT NULL AND "SYS_ALIAS_1"."FEE_STATUS"=1
          AND "SYS_ALIAS_1"."PAYMENT_ID" IS NULL)
  13 - access("SYS_ALIAS_1"."RECEIV_STATUS"='1')
  15 - access("SYS_ALIAS_1"."POLICY_ID"="D"."POLICY_ID")
  17 - access("D"."COMPANY_ID"="E"."COMPANY_ID"(+))
  19 - access("D"."APPLICANT_ID"="F"."CUSTOMER_ID"(+))
  21 - access("TPC"."CHANGE_ID"="SYS_ALIAS_1"."CHANGE_ID")
```

```
  23 - access("TCM"."POLICY_ID"="TPC"."POLICY_ID")
  24 - filter("T_COMPANY_ORGAN"."ORGAN_ID"=:B1)
  25 - filter("T_COMPANY_ORGAN"."ORGAN_ID"='101')
  27 - access("T_COMPANY_ORGAN"."ORGAN_ID"='101')
  32 - access("T_COMPANY_ORGAN"."PARENT_ID"=NULL)

58 rows selected.

Statistics
-----------------------------------------------------------
          0  recursive calls
          0  db block gets
       2817  consistent gets
          0  physical reads
          0  redo size
       2268  bytes sent via SQL*Net to client
        656  bytes received via SQL*Net from client
          2  SQL*Net roundtrips to/from client
         40  sorts (memory)
          0  sorts (disk)
          9  rows processed
```

新增完 HINT 之後，SQL 能在 1 秒內執行完畢，邏輯讀取也降低到 2817。如果不想新增 HINT，我們可以將 in 改成 exists，因為子查詢中有實體化子查詢關鍵字，這時 SQL 不能展開，會自動走 Filter，也能達到新增 HINT：NO_UNNEST 的效果，但是，這並不是說 exists 比 in 效能好！

我們推薦大家在 Oracle 中使用 in 而不是使用 exists。因為 exists 子查詢中有實體化子查詢關鍵字會自動走 Filter，想要消除 Filter 只能改寫 SQL。in 可以控制走 Filter 或者不走，in 執行計畫可控，而 exists 執行計畫不可控。

對於 in 子查詢，我們一定要搞清楚 in 子查詢返回多少資料，究竟能起到多大的過濾作用。如果 in 子查詢能過濾掉主表大量資料，這時我們一定要讓 in 子查詢展開並且作為 NL 驅動表反向驅動主表，主表作為 NL 被驅動表，走連接欄索引。如果 in 子查詢不能過濾掉主表大量資料，這時要檢查 in 子查詢返回資料量多少，如果返回資料量很少，in 子查詢即使不展開，走 Filter 也不大會影響 SQL 效能。如果 in 子查詢返回資料量很多，但是並不能過濾掉主表大量資料，這時一定要讓 in 子查詢展開並且與主表走 HASH 連接。

本案例中，in 子查詢返回資料量很少，只有 1 列資料，但是主表並不能用子查詢過濾大量資料，因為過濾條件是 tpf.organ_id，組織關係 id 這種欄一般基數很低。其實原始 SQL 相當於如下寫法。

```
select tpc.policy_id,
       tcm.policy_code,
```

```
          tpf.organ_id,
          to_char(tpf.insert_time, 'YYYY-MM-DD') As insert_time,
          tpc.change_id,
          d.policy_code,
          e.company_name,
          f.real_name,
          tpf.fee_type,
          sum(tpf.pay_balance) as pay_balance,
          c.actual_type,
          tpc.notice_code,
          d.policy_type,
          g.mode_name as pay_mode
   from t_policy_change      tpc,
        t_contract_master    tcm,
        t_policy_fee         tpf,
        t_fee_type           c,
        t_contract_master    d,
        t_company_customer   e,
        t_customer           f,
        t_pay_mode           g
 where tpc.change_id = tpf.change_id
   and tpf.policy_id = d.policy_id
   and tcm.policy_id = tpc.policy_id
   and tpf.receiv_status = 1
   and tpf.fee_status = 1
   and tpf.payment_id is null
   and tpf.fee_type = c.type_id
   and tpf.pay_mode = g.mode_id
   and d.company_id = e.company_id(+)
   and d.applicant_id = f.customer_id(+)
   and tpf.organ_id in ('xxx')  ---將子查詢換成具體值，這樣就不會干擾執行計畫
 group by tpc.policy_id,
          tpc.change_id,
          tpf.fee_type,
          to_char(tpf.insert_time, 'YYYY-MM-DD'),
          c.actual_type,
          d.policy_code,
          g.mode_name,
          e.company_name,
          f.real_name,
          tpc.notice_code,
          d.policy_type,
          tpf.organ_id,
          tcm.policy_code
 order by change_id, fee_type;
```

因為原始 SQL 本意相當於以上 SQL，子查詢只起過濾作用，所以使用
HINT:NO_UNNEST，讓子查詢不去干擾正常執行計畫，從而達到最佳化的目
的。

9.24　子查詢非巢狀嵌套最佳化案例二

本案例與上一個案例是同一個人的最佳化請求，SQL 語句如下。

```
select distinct decode(length(a.category_id),
                       5,
                       decode(a.origin_type, 801, 888888, 999999),
                       a.category_id) category_id,
              a.notice_code,
              a.treat_status,
              lr.real_name as receiver_name,
              f.send_code,
              f.policy_code,
              g.real_name agent_name,
              f.organ_id,
              f.dept_id,
              a.policy_id,
              a.change_id,
              a.case_id,
              a.group_policy_id,
              a.fee_id,
              a.auth_id,
              a.pay_id,
              cancel_appoint.appoint_time cancel_appoint_time,
              a.insert_time,
              a.send_time,
              a.end_time,
              f.agency_code,
              a.REPLY_TIME,
              a.REPLY_EMP_ID,
              a.FIRST_DUTY,
              a.NEED_SEND_PRINT,
              11 source
  from t_policy_problem      a,
       t_policy              f,
       t_agent               g,
       t_letter_receiver     lr,
       t_problem_category    pc,
       t_policy_cancel_appoint cancel_appoint
 where f.agent_id = g.agent_id(+)
   and a.policy_id = f.policy_id(+)
   and lr.main_receiver = 'Y'
   and a.category_id = pc.category_id
   and a.item_id = lr.item_id
   and a.policy_id = cancel_appoint.policy_id(+)
   and a.Item_Id = (Select Max(item_id)
                      From t_Policy_Problem
                     Where notice_code = a.notice_code)
   and a.policy_id is not null
   and a.notice_code is not null
   and a.change_id is null
   and a.case_id is null
```

```
and a.group_policy_id is null
and a.origin_type not in (801, 802)
and a.pay_id is null
and a.category_id not in (130103, 130104, 130102, 140102, 140101)
and f.policy_type = '1'
and (a.fee_id is null or (a.fee_id is not null and a.origin_type = 701))
and exists((select  1
            from t_dept
          where f.dept_id = dept_id
          start with dept_id = '1020200028'
          connect by parent_id = prior dept_id))
and exists (select 1
        from T_COMPANY_ORGAN
      where f.organ_id = organ_id
      start with organ_id = '10202'
    connect by parent_id = prior organ_id)
and pc.NEED_PRITN = 'Y';
```

朋友說這個 SQL 執行不出結果。執行計畫如下。

```
PLAN_TABLE_OUTPUT
---------------------------------------------------------------------------
| Id |Operation                     | Name                    |Rows |Bytes|Cost(%CPU)|
---------------------------------------------------------------------------
|  0 |SELECT STATEMENT              |                         |   1|  236| 741  (1)|
|  1 | SORT UNIQUE                  |                         |   1|  236| 681  (0)|
|* 2 |  FILTER                      |                         |    |     |         |
|  3 |   NESTED LOOPS               |                         |   1|  236| 666  (1)|
|  4 |    NESTED LOOPS OUTER        |                         |   1|  219| 665  (1)|
|  5 |     NESTED LOOPS             |                         |   1|  203| 664  (1)|
|  6 |      NESTED LOOPS OUTER      |                         |   1|  196| 663  (1)|
|  7 |       NESTED LOOPS          |                         |   1|  182| 662  (1)|
|* 8 |        TABLE ACCESS FULL     |T_POLICY_PROBLEM         |   1|  107| 660  (0)|
|* 9 |        TABLE ACCESS BY INDEX ROWID|T_POLICY            |   1|   75|   2 (50)|
|*10 |         INDEX UNIQUE SCAN    |PK_T_POLICY              |   1|     |   1  (0)|
| 11 |       TABLE ACCESS BY INDEX ROWID|T_POLICY_CANCEL_APPOINT|   1|   14|   2 (50)|
|*12 |        INDEX UNIQUE SCAN     |UK1_POLICY_CANCEL_APPOINT|   1|     |         |
|*13 |      TABLE ACCESS BY INDEX ROWID|T_PROBLEM_CATEGORY   |   1|    7|   2 (50)|
|*14 |       INDEX UNIQUE SCAN      |PK_T_PROBLEM_CATEGORY    |   1|     |         |
| 15 |     TABLE ACCESS BY INDEX ROWID|T_AGENT                |   1|   16|   2 (50)|
|*16 |      INDEX UNIQUE SCAN       |PK_T_AGENT               |   1|     |         |
|*17 |    INDEX RANGE SCAN          |T_LETTER_RECEIVER_IDX_001|   1|   17|   2  (0)|
| 18 |   SORT AGGREGATE             |                         |   1|   21|         |
| 19 |    TABLE ACCESS BY INDEX ROWID|T_POLICY_PROBLEM        |   1|   21|   2 (50)|
|*20 |     INDEX RANGE SCAN         |IDX_POLICY_PROBLEM__N_CODE|  1|     |   3  (0)|
|*21 |   FILTER                     |                         |    |     |         |
|*22 |    CONNECT BY WITH FILTERING |                         |    |     |         |
| 23 |     NESTED LOOPS             |                         |    |     |         |
|*24 |      INDEX UNIQUE SCAN       |PK_T_DEPT                |   1|   17|   1  (0)|
| 25 |      TABLE ACCESS BY USER ROWID|T_DEPT                 |    |     |         |
| 26 |     HASH JOIN                |                         |    |     |         |
| 27 |      CONNECT BY PUMP         |                         |    |     |         |
| 28 |      TABLE ACCESS FULL       |T_DEPT                   |30601| 896K|  56  (0)|
|*29 |   FILTER                     |                         |    |     |         |
|*30 |    CONNECT BY WITH FILTERING |                         |    |     |         |
```

```
| 31 |      NESTED LOOPS              |                        |    |    |    |       |
|*32 |       INDEX UNIQUE SCAN        |PK_T_COMPANY_ORGAN      |  1 |  6 |    |       |
| 33 |       TABLE ACCESS BY USER ROWID|T_COMPANY_ORGAN        |    |    |    |       |
| 34 |      NESTED LOOPS              |                        |    |    |    |       |
| 35 |       BUFFER SORT              |                        |  7 | 70 |    |       |
| 36 |        CONNECT BY PUMP         |                        |    |    |    |       |
|*37 |        INDEX RANGE SCAN        |T_COMPANY_ORGAN_IDX_002 |  7 | 70 |  1 | (0)   |
-------------------------------------------------------------------------------------

   2 - filter("SYS_ALIAS_1"."ITEM_ID"= (SELECT /*+ */ MAX("T_POLICY_PROBLEM"."ITEM_ID")
           FROM "T_POLICY_PROBLEM" "T_POLICY_PROBLEM" WHERE
           "T_POLICY_PROBLEM"."NOTICE_CODE"=:B1) AND EXISTS (SELECT/*+ */ 0 FROM
           "T_DEPT" "T_DEPT" AND ("T_DEPT"."DEPT_ID"=:B2)) AND  EXISTS
           (SELECT /*+ */ 0 FROM"T_COMPANY_ORGAN" "T_COMPANY_ORGAN" WHERE
           "T_COMPANY_ORGAN"."PARENT_ID"=NULL AND
           ("T_COMPANY_ORGAN"."ORGAN_ID"=:B3)))
   8 - filter("SYS_ALIAS_1"."POLICY_ID" IS NOT NULL AND "SYS_ALIAS_1"."NOTICE_CODE"
           IS NOT NULL AND "SYS_ALIAS_1"."CHANGE_ID" IS NULL AND
           "SYS_ALIAS_1"."CASE_ID" IS NULL AND "SYS_ALIAS_1"."GROUP_POLICY_ID"
           IS NULL AND TO_NUMBER("SYS_ALIAS_1"."ORIGIN_TYPE")<>801 AND
           TO_NUMBER("SYS_ALIAS_1"."ORIGIN_TYPE")<>802 AND "SYS_ALIAS_1"."PAY_ID"
           IS NULL AND "SYS_ALIAS_1"."CATEGORY_ID"<>130103 AND
           "SYS_ALIAS_1"."CATEGORY_ID"<>130104 AND
           "SYS_ALIAS_1"."CATEGORY_ID"<>130102 AND
           "SYS_ALIAS_1"."CATEGORY_ID"<>140102 AND
           "SYS_ALIAS_1"."CATEGORY_ID"<>140101 AND
           ("SYS_ALIAS_1"."FEE_ID" IS NULL OR "SYS_ALIAS_1"."FEE_ID" IS NOT NULL AND
           TO_NUMBER("SYS_ALIAS_1"."ORIGIN_TYPE")=701))
   9 - filter(TO_NUMBER("SYS_ALIAS_3"."POLICY_TYPE")=1)
  10 - access("SYS_ALIAS_1"."POLICY_ID"="SYS_ALIAS_3"."POLICY_ID")
  12 - access("SYS_ALIAS_1"."POLICY_ID"="CANCEL_APPOINT"."POLICY_ID"(+))
  13 - filter("PC"."NEED_PRITN"='Y')
  14 - access("SYS_ALIAS_1"."CATEGORY_ID"="PC"."CATEGORY_ID")
       filter("PC"."CATEGORY_ID"<>130103 AND "PC"."CATEGORY_ID"<>130104 AND
              "PC"."CATEGORY_ID"<>130102 AND "PC"."CATEGORY_ID"<>140102 AND
              "PC"."CATEGORY_ID"<>140101)
  16 - access("SYS_ALIAS_3"."AGENT_ID"="G"."AGENT_ID"(+))
  17 - access("LR"."MAIN_RECEIVER"='Y' AND "SYS_ALIAS_1"."ITEM_ID"="LR"."ITEM_ID")
  20 - access("T_POLICY_PROBLEM"."NOTICE_CODE"=:B1)
  21 - filter("T_DEPT"."DEPT_ID"=:B1)
  22 - filter("T_DEPT"."DEPT_ID"='1020200028')
  24 - access("T_DEPT"."DEPT_ID"='1020200028')
  29 - filter("T_COMPANY_ORGAN"."ORGAN_ID"=:B1)
  30 - filter("T_COMPANY_ORGAN"."ORGAN_ID"='10202')
  32 - access("T_COMPANY_ORGAN"."ORGAN_ID"='10202')
  37 - access("T_COMPANY_ORGAN"."PARENT_ID"=NULL)

77 rows selected.
```

從執行計畫中 Id=2 看到，該 SQL 跑了 Filter，Id=3、Id=18、Id=21、Id=29 都是 Id=2 的兒子。因為 Filter 類似巢狀嵌套迴圈，如果 Id=3 返回大量資料，會導致 Id=18、Id=21、Id=29 被多次掃描，正是因為 SQL 走的是 Filter，才導致 SQL 執行不出結果。

為什麼會走 Filter 呢？我們注意查看 SQL 寫法，SQL 語句中有兩個 exists（子查詢），子查詢中有實體化子查詢關鍵字 start with，正是因為 SQL 寫成了 exists，才導致跑了 Filter。於是我們用 in 改寫 exists。

```
select distinct decode(length(a.category_id),
                      5,
                      decode(a.origin_type, 801, 888888, 999999),
                      a.category_id) category_id,
             a.notice_code,
             a.treat_status,
             lr.real_name as receiver_name,
             f.send_code,
             f.policy_code,
             g.real_name agent_name,
             f.organ_id,
             f.dept_id,
             a.policy_id,
             a.change_id,
             a.case_id,
             a.group_policy_id,
             a.fee_id,
             a.auth_id,
             a.pay_id,
             cancel_appoint.appoint_time cancel_appoint_time,
             a.insert_time,
             a.send_time,
             a.end_time,
             f.agency_code,
             a.REPLY_TIME,
             a.REPLY_EMP_ID,
             a.FIRST_DUTY,
             a.NEED_SEND_PRINT,
             11 source
  from t_policy_problem       a,
       t_policy               f,
       t_agent                g,
       t_letter_receiver      lr,
       t_problem_category     pc,
       t_policy_cancel_appoint cancel_appoint
 where f.agent_id = g.agent_id(+)
   and a.policy_id = f.policy_id(+)
   and lr.main_receiver = 'Y'
   and a.category_id = pc.category_id
   and a.item_id = lr.item_id
   and a.policy_id = cancel_appoint.policy_id(+)
   And a.Item_Id = (Select Max(item_id)
                      From t_Policy_Problem
                     Where notice_code = a.notice_code)
   and a.policy_id is not null
   and a.notice_code is not null
   and a.change_id is null
   and a.case_id is null
   and a.group_policy_id is null
```

```
and a.origin_type not in (801, 802)
and a.pay_id is null
and a.category_id not in (130103, 130104, 130102, 140102, 140101)
and f.policy_type = '1'
and (a.fee_id is null or (a.fee_id is not null and a.origin_type = 701))
and f.dept_id in (select dept_id
            from t_dept
            start with dept_id = '1020200028'
          connect by parent_id = prior dept_id))
and f.organ_id in (select organ_id
        from T_COMPANY_ORGAN
      start with organ_id = '10202'
    connect by parent_id = prior organ_id)
and pc.NEED_PRITN = 'Y';
```

改寫後的執行計畫如下。

Id	Operation	Name	Rows	Bytes	Cost(%CPU)
0	SELECT STATEMENT		1	259	742 (1)
1	SORT UNIQUE		1	259	740 (0)
* 2	FILTER				
* 3	HASH JOIN		1	259	725 (1)
4	NESTED LOOPS		1	253	723 (1)
5	NESTED LOOPS		1	236	722 (1)
6	NESTED LOOPS OUTER		1	229	721 (1)
7	NESTED LOOPS OUTER		1	215	720 (1)
* 8	HASH JOIN		1	199	719 (1)
9	NESTED LOOPS		1	182	662 (1)
*10	TABLE ACCESS FULL	T_POLICY_PROBLEM	1	107	660 (0)
*11	TABLE ACCESS BY INDEX ROWID	T_POLICY	1	75	2 (50)
*12	INDEX UNIQUE SCAN	PK_T_POLICY	1		1 (0)
13	VIEW	VW_NSO_1	30601	508K	
*14	CONNECT BY WITH FILTERING				
15	NESTED LOOPS				
*16	INDEX UNIQUE SCAN	PK_T_DEPT	1	17	1 (0)
17	TABLE ACCESS BY USER ROWID	T_DEPT			
18	HASH JOIN				
19	CONNECT BY PUMP				
20	TABLE ACCESS FULL	T_DEPT	30601	896K	56 (0)
21	TABLE ACCESS BY INDEX ROWID	T_AGENT	1	16	2 (50)
*22	INDEX UNIQUE SCAN	PK_T_AGENT	1		
23	TABLE ACCESS BY INDEX ROWID	T_POLICY_CANCEL_APPOINT	1	14	2 (50)
*24	INDEX UNIQUE SCAN	UK1_POLICY_CANCEL_APPOINT	1		
*25	TABLE ACCESS BY INDEX ROWID	T_PROBLEM_CATEGORY	1	7	2 (50)
*26	INDEX UNIQUE SCAN	PK_T_PROBLEM_CATEGORY	1		
*27	INDEX RANGE SCAN	T_LETTER_RECEIVER_IDX_001	1	17	2 (0)
28	VIEW	VW_NSO_2	7	42	
*29	CONNECT BY WITH FILTERING				
30	NESTED LOOPS				
*31	INDEX UNIQUE SCAN	PK_T_COMPANY_ORGAN	1	6	
32	TABLE ACCESS BY USER ROWID	T_COMPANY_ORGAN			
33	NESTED LOOPS				
34	BUFFER SORT		7	70	

```
| 35|        CONNECT BY PUMP              |                        |    |    |        |
|*36|        INDEX RANGE SCAN             |T_COMPANY_ORGAN_IDX_002 |  7| 70|  1  (0)|
| 37|      SORT AGGREGATE                 |                        |  1| 21|        |
| 38|      TABLE ACCESS BY INDEX ROWID    |T_POLICY_PROBLEM        |  1| 21|  2 (50)|
|*39|        INDEX RANGE SCAN             |IDX_POLICY_PROBLEM__N_CODE|  1|  |  3  (0)|
-------------------------------------------------------------------------------------
```

```
Predicate Information (identified by operation id):
---------------------------------------------------

   2 - filter("SYS_ALIAS_1"."ITEM_ID"= (SELECT /*+ */ MAX("T_POLICY_PROBLEM"."ITEM_ID")
           FROM "T_POLICY_PROBLEM" "T_POLICY_PROBLEM" WHERE
           "T_POLICY_PROBLEM"."NOTICE_CODE"=:B1))
   3 - access("F"."ORGAN_ID"="VW_NSO_2"."$nso_col_1")
   8 - access("F"."DEPT_ID"="VW_NSO_1"."$nso_col_1")
  10 - filter("SYS_ALIAS_1"."POLICY_ID" IS NOT NULL AND "SYS_ALIAS_1"."NOTICE_CODE" IS
NOT NULL AND
           "SYS_ALIAS_1"."CHANGE_ID" IS NULL AND "SYS_ALIAS_1"."CASE_ID" IS NULL AND
           "SYS_ALIAS_1"."GROUP_POLICY_ID"
           IS NULL AND TO_NUMBER("SYS_ALIAS_1"."ORIGIN_TYPE")<>801 AND
           TO_NUMBER("SYS_ALIAS_1"."ORIGIN_TYPE")<>802
           AND "SYS_ALIAS_1"."PAY_ID" IS NULL AND "SYS_ALIAS_1"."CATEGORY_ID"
           <>130103 AND "SYS_ALIAS_1"."CATEGORY_ID"<>130104 AND
           "SYS_ALIAS_1"."CATEGORY_ID"<>130102 AND
           "SYS_ALIAS_1"."CATEGORY_ID"<>140102 AND
           "SYS_ALIAS_1"."CATEGORY_ID"<>140101 AND
           ("SYS_ALIAS_1"."FEE_ID" IS NULL OR "SYS_ALIAS_1"."FEE_ID" IS NOT NULL AND
           TO_NUMBER("SYS_ALIAS_1"."ORIGIN_TYPE")=701))
  11 - filter("F"."POLICY_TYPE"='1')
  12 - access("SYS_ALIAS_1"."POLICY_ID"="F"."POLICY_ID")
  14 - filter("T_DEPT"."DEPT_ID"='1020200028')
  16 - access("T_DEPT"."DEPT_ID"='1020200028')
  22 - access("F"."AGENT_ID"="G"."AGENT_ID"(+))
  24 - access("SYS_ALIAS_1"."POLICY_ID"="CANCEL_APPOINT"."POLICY_ID"(+))
  25 - filter("PC"."NEED_PRITN"='Y')
  26 - access("SYS_ALIAS_1"."CATEGORY_ID"="PC"."CATEGORY_ID")
       filter("PC"."CATEGORY_ID"<>130103 AND "PC"."CATEGORY_ID"<>130104 AND
"PC"."CATEGORY_ID"<>130102
           AND "PC"."CATEGORY_ID"<>140102 AND "PC"."CATEGORY_ID"<>140101)
  27 - access("LR"."MAIN_RECEIVER"='Y' AND "SYS_ALIAS_1"."ITEM_ID"="LR"."ITEM_ID")
  29 - filter("T_COMPANY_ORGAN"."ORGAN_ID"='10202')
  31 - access("T_COMPANY_ORGAN"."ORGAN_ID"='10202')
  36 - access("T_COMPANY_ORGAN"."PARENT_ID"=NULL)
  39 - access("T_POLICY_PROBLEM"."NOTICE_CODE"=:B1)
```

SQL 改寫之後，可以在 35 秒左右跑出結果，而之前是很久跑不出結果。用 in 代替 exists 之後，兩個 in 子查詢因為進行了 Subquery Unnesting，消除了 Filter。從執行計畫中我們可以看到，兩個子查詢都走的是 HASH 連接，這樣兩個 in 子查詢都只會被掃描一次。用 in 代替 exists 之後，執行計畫中還有 Filter，這時的 Filter 來自於 t_Policy_Problem 自關聯。

```
And a.Item_Id = (Select Max(item_id)
                 From t_Policy_Problem
                 Where notice_code = a.notice_code)
```

在第 8 章中曾講過，可以利用分析函數改寫自關聯。因為當時朋友對 35 秒跑出結果已經很滿意，所以我們沒有進一步改寫 SQL。本以為能逃過幫忙改寫 SQL 「一劫」，但是 2012 年剛過完春節，就被朋友騷擾了，朋友要求繼續最佳化，有興趣的讀者可以查看部落格：http://blog.csdn.net/robinson1988/article/details/7219958。

透過閱讀本案例，相信大家應該糾正了 exists 效率比 in 高這種錯誤認識。如果 where 子查詢中沒有實體化子查詢關鍵字，不管寫成 in 還是寫成 exists，效率都是一樣的，因為 CBO 始終能將子查詢展開（unnest）。如果 where 子查詢中有實體化子查詢關鍵字，這時我們最好用 in 而不是 exists，因為 in 可以控制子查詢是否展開，而 exists 無法展開。至於 where 子查詢是展開效能好還是不展開效能好，我們要具體情況具體分析。

9.25　濫用外連接導致無法謂詞推入

2015 年，一位甲骨文公司的朋友請求協助最佳化。有個 SQL 單次執行需要 26.57 秒，一共要執行 226 次，如圖 9-12 所示。

SQL ordered by Elapsed Time

- Resources reported for PL/SQL code includes the resources used by all SQL statements called by the code.
- % Total DB Time is the Elapsed Time of the SQL statement divided into the Total Database Time multiplied by 100
- %Total - Elapsed Time as a percentage of Total DB time
- %CPU - CPU Time as a percentage of Elapsed Time
- %IO - User I/O Time as a percentage of Elapsed Time
- Captured SQL account for 42.5% of Total DB Time (s): 55,134
- Captured PL/SQL account for 4.3% of Total DB Time (s): 55,134

Elapsed Time (s)	Executions	Elapsed Time per Exec (s)	%Total	%CPU	%IO	SQL Id	SQL Module	SQL Text
6,004.97	226	26.57	10.89	11.55	60.07	3am568cdg5g6k	JDBC Thin Client	SELECT view_xj_ct.ybjshj FROM ...

圖 9-12

SQL 程式碼如下。

```
SELECT view_xj_ct.ybjshj  FROM view_xj_ct
WHERE view_xj_ct.ct_code = :1 AND view_xj_ct.pk_corp = :2
```

view_xj_ct 是一個檢視，檢視定義如下。

```
CREATE OR REPLACE FORCE VIEW "JXNC"."VIEW_XJ_CT" ("CT_CODE", "PK_CT_MANAGE", "YBJSHJ",
"FKHJ", "KPJE", "JE", "PK_CORP") AS
  select a."CT_CODE",
      a."PK_CT_MANAGE",
      a."YBJSHJ",
      a."FKHJ",
      b.kpje,
      (case
        when b.kpje >= a.ybjshj then
          b.kpje
        else
          a.ybjshj
      end) je,
      pk_corp
  from (select cth.ct_code,
            cth.pk_ct_manage,
            sum(ctb.oritaxsummny) ybjshj,
            sum(ctv.ljfk) fkhj,
            ctb.pk_corp
        from ct_manage_b ctb
        left join ct_manage cth
          on ctb.pk_ct_manage = cth.pk_ct_manage
        left join view_xj_ct_fukuan ctv
          on ctv.pk_ct_manage_b = ctb.pk_ct_manage_b
          and ctv.pk_ct_manage = cth.pk_ct_manage
        where activeflag = 0
          and cth.dr = 0
          and ctb.dr = 0
        group by cth.ct_code, cth.pk_ct_manage, ctb.pk_corp) a
  left join (select cth.pk_ct_manage, sum(fp.noriginalsummny) kpje
            from po_invoice_b fp
            left join po_order_b dd
              on fp.csourcebillrowid = dd.corder_bid
            left join ct_manage_b ct
              on ct.pk_ct_manage_b = dd.csourcerowid
            left join ct_manage cth
              on ct.pk_ct_manage = cth.pk_ct_manage
            where fp.dr = 0
              and dd.cupsourcebilltype = 'Z2'
            group by cth.pk_ct_manage) b
    on b.pk_ct_manage = a.pk_ct_manage;
```

程式碼中：表 ct_manage_b 有資料 266274（26 萬條記錄），表 ct_manage 有資料 88563（8.8 萬條記錄），表 po_invoice_b 有資料 294467（29 萬條記錄），表 po_order_b 有資料 143122（14 萬條記錄）。

上面檢視 view_xj_ct 中又內嵌一個檢視 view_xj_ct_fukuan，檢視程式碼如下。

```
CREATE OR REPLACE FORCE VIEW "JXNC"."VIEW_XJ_CT_FUKUAN" ("DDHH", "PK_CORP",
"PK_CT_MANAGE_B", "PK_CT_MANAGE", "LJFK", "CT_CODE") AS
  select ddhh,
      a.pk_corp,
      a.pk_ct_manage_b,
```

```
        ctb.pk_ct_manage,
        sum(a.ljfk) ljfk,
        cth.ct_code
  from (select a.ddhh,
               a.dwbm pk_corp,
               a.zyx5 pk_ct_manage_b,
               a.jfybje ljfk
          from arap_djfb a
          left join arap_djzb b on a.vouchid = b.vouchid
         where a.dr = 0
           and b.dr = 0
           and a.djlxbm = 'D3'
           and a.jsfsbm in ('Z2', 'Z5','D1')
           and b.djzt not in ('-99', '1')) a
  left join ct_manage_b ctb on ctb.pk_ct_manage_b = a.pk_ct_manage_b
  left join ct_manage cth on cth.pk_ct_manage = ctb.pk_ct_manage
 group by ddhh, a.pk_corp, a.pk_ct_manage_b, ctb.pk_ct_manage, cth.ct_code
 order by a.pk_ct_manage_b;
```

其中：表 arap_djfb 有資料 1175707（117 萬條記錄），表 arap_djzb 有資料 149157（15 萬條記錄），表 ct_manage_b 有資料 266274（26 萬條記錄），表 ct_manage 有資料 88563（8.8 萬條記錄）。

SQL 語句的執行計畫如下。

```
SQL> explain plan for SELECT view_xj_ct.ybjshj  FROM view_xj_ct
  2  WHERE view_xj_ct.ct_code = :1 AND view_xj_ct.pk_corp = :2;

Explained.

SQL> select * from table(dbms_xplan.display);

PLAN_TABLE_OUTPUT
--------------------------------------------------------------------------------
Plan hash value: 3563589558

--------------------------------------------------------------------------------
```

Id	Operation	Name	Rows	Bytes	TempSpc	Cost(%CPU)	Time
0	SELECT STATEMENT		1	57		49994 (1)	00:10:00
* 1	HASH JOIN OUTER		1	57		49994 (1)	00:10:00
2	VIEW		1	35		32190 (1)	00:06:27
3	HASH GROUP BY		1	74		32190 (1)	00:06:27
* 4	HASH JOIN OUTER		1	74		32189 (1)	00:06:27
5	VIEW		1	35		2 (0)	00:00:01
6	NESTED LOOPS						
7	NESTED LOOPS		1	95		2 (0)	00:00:01
* 8	TABLE ACCESS BY INDEX ROWID	CT_MANAGE	1	40		1 (0)	00:00:01
* 9	INDEX RANGE SCAN	I_CT_M_1	2			1 (0)	00:00:01
*10	INDEX RANGE SCAN	I_CT_M_B_1	3			1 (0)	00:00:01
*11	TABLE ACCESS BY INDEX ROWID	CT_MANAGE_B	1	55		1 (0)	00:00:01
12	VIEW	VIEW_XJ_CT_FUKUAN	39191	1492K		32186 (1)	00:06:27
13	HASH GROUP BY		39191	6468K	6976K	32186 (1)	00:06:27
*14	HASH JOIN RIGHT OUTER		39191	6468K	3976K	30726 (1)	00:06:09

15	TABLE ACCESS FULL	CT_MANAGE	88505	2938K		1621	(2)	00:00:20
*16	HASH JOIN OUTER		39191	5166K	4024K	28636	(1)	00:05:44
*17	HASH JOIN		39191	3559K	2952K	23574	(1)	00:04:43
18	INLIST ITERATOR						
*19	TABLE ACCESS BY INDEX ROWID	ARAP_DJFB	39191	2487K		20692	(1)	00:04:09
*20	INDEX RANGE SCAN	I_ARAP_DJFB_JSZC02	337K			251	(2)	00:00:04
*21	TABLE ACCESS FULL	ARAP_DJZB	127K	3476K		2494	(2)	00:00:30
22	TABLE ACCESS FULL	CT_MANAGE_B	266K	10M		4179	(2)	00:00:51
23	VIEW		88480	1900K		17802	(1)	00:03:34
24	HASH GROUP BY		88480	10M	16M	17802	(1)	00:03:34
*25	HASH JOIN		120K	14M	5024K	14906	(1)	00:02:59
*26	TABLE ACCESS FULL	PO_INVOICE_B	138K	3389K		5263	(1)	00:01:04
*27	HASH JOIN RIGHT OUTER		98165	9M	2856K	8850	(1)	00:01:47
28	INDEX FAST FULL SCAN	PK_CT_MANAGE	88505	1815K		107	(2)	00:00:02
*29	HASH JOIN OUTER		98165	8052K	5184K	8154	(2)	00:01:38
*30	TABLE ACCESS FULL	PO_ORDER_B	98165	4026K		3035	(1)	00:00:37
31	TABLE ACCESS FULL	CT_MANAGE_B	266K	10M		4179	(2)	00:00:51

```
Predicate Information (identified by operation id):
---------------------------------------------------

   1 - access("B"."PK_CT_MANAGE"(+)="A"."PK_CT_MANAGE")
   4 - access("CTV"."PK_CT_MANAGE"(+)="CTH"."PK_CT_MANAGE" AND
              "CTV"."PK_CT_MANAGE_B"(+)="CTB"."PK_CT_MANAGE_B")
   8 - filter("CTH"."DR"=0 AND "CTH"."ACTIVEFLAG"=0)
   9 - access("CTH"."CT_CODE"=:1)
  10 - access("CTB"."PK_CT_MANAGE"="CTH"."PK_CT_MANAGE")
  11 - filter("CTB"."PK_CORP"=:2 AND "CTB"."DR"=0)
  14 - access("CTH"."PK_CT_MANAGE"(+)="CTB"."PK_CT_MANAGE")
  16 - access("CTB"."PK_CT_MANAGE_B"(+)="A"."ZYX5")
  17 - access("A"."VOUCHID"="B"."VOUCHID")
  19 - filter("A"."DJLXBM"='D3' AND "A"."DR"=0)
  20 - access("A"."JSFSBM"='D1' OR "A"."JSFSBM"='Z2' OR "A"."JSFSBM"='Z5')
  21 - filter("B"."DR"=0 AND "B"."DJZT"<>1 AND "B"."DJZT"<>(-99))
  25 - access("FP"."CSOURCEBILLROWID"="DD"."CORDER_BID")
  26 - filter("FP"."CSOURCEBILLROWID" IS NOT NULL AND "FP"."DR"=0)
  27 - access("CT"."PK_CT_MANAGE"="CTH"."PK_CT_MANAGE"(+))
  29 - access("CT"."PK_CT_MANAGE_B"(+)="DD"."CSOURCEROWID")
  30 - filter("DD"."CUPSOURCEBILLTYPE"='Z2')

60 rows selected.
```

對於上述的執行計畫，甲骨文公司的朋友新建了一個 index。

```
create index idx_jszc1026 on ARAP_djfb(jsfsbm,djlxbm,dr);
```

之前大約 26 秒出結果，新建新 index 後速度是 2.6 秒跑出結果，新建索引後的執行計畫如下。

```
PLAN_TABLE_OUTPUT
--------------------------------------------------------------------------------
Plan hash value: 2820245905
```

```
---------------------------------------------------------------------------------
| Id|Operation                          |Name          |Rows |Bytes|TempSpc|Cost(%CPU)|Time     |
---------------------------------------------------------------------------------
|  0|SELECT STATEMENT                   |              |    1|   57|       |32043  (1)|00:06:25|
|* 1| HASH JOIN OUTER                   |              |    1|   57|       |32043  (1)|00:06:25|
|  2|  VIEW                             |              |    1|   35|       |14239  (2)|00:02:51|
|  3|   HASH GROUP BY                   |              |    1|   74|       |14239  (2)|00:02:51|
|* 4|    HASH JOIN OUTER                |              |    1|   74|       |14238  (2)|00:02:51|
|  5|     VIEW                          |              |    1|   35|       |    2  (0)|00:00:01|
|  6|      NESTED LOOPS                 |              |     |     |       |          |        |
|  7|       NESTED LOOPS                |              |    1|   95|       |    2  (0)|00:00:01|
|* 8|        TABLE ACCESS BY INDEX ROWID|CT_MANAGE     |    1|   40|       |    1  (0)|00:00:01|
|* 9|         INDEX RANGE SCAN          |I_CT_M_1      |    2|     |       |    1  (0)|00:00:01|
|*10|        INDEX RANGE SCAN           |I_CT_M_B_1    |    3|     |       |    1  (0)|00:00:01|
|*11|       TABLE ACCESS BY INDEX ROWID |CT_MANAGE_B   |    1|   55|       |    1  (0)|00:00:01|
| 12|     VIEW                          |VIEW_XJ_CT_FUKUAN|39191|1492K|    |14234  (2)|00:02:51|
| 13|      HASH GROUP BY                |              |39191|6468K|6976K|14234  (2)|00:02:51|
|*14|       HASH JOIN RIGHT OUTER       |              |39191|6468K|3976K|12775  (2)|00:02:34|
| 15|        TABLE ACCESS FULL          |CT_MANAGE     |88505|2938K|     | 1621  (2)|00:00:20|
|*16|        HASH JOIN OUTER            |              |39191|5166K|4024K|10685  (2)|00:02:09|
|*17|         HASH JOIN                 |              |39191|3559K|2952K| 5622  (1)|00:01:08|
| 18|          INLIST ITERATOR          |              |     |     |     |          |        |
| 19|           TABLE ACCESS BY INDEX ROWID|ARAP_DJFB  |39191|2487K|     | 2740  (1)|00:00:33|
|*20|            INDEX RANGE SCAN       |IDX_JSZC1026  |39212|     |     |   43  (3)|00:00:01|
|*21|          TABLE ACCESS FULL        |ARAP_DJZB     |127K|3476K|     | 2494  (2)|00:00:30|
| 22|         TABLE ACCESS FULL         |CT_MANAGE_B   |266K|  10M|     | 4179  (2)|00:00:51|
| 23|  VIEW                             |              |88480|1900K|     |17802  (1)|00:03:34|
| 24|   HASH GROUP BY                   |              |88480|  10M| 16M|17802  (1)|00:03:34|
|*25|    HASH JOIN                      |              |120K|  14M|5024K|14906  (1)|00:02:59|
|*26|     TABLE ACCESS FULL             |PO_INVOICE_B  |138K|3389K|     | 5263  (1)|00:01:04|
|*27|     HASH JOIN RIGHT OUTER         |              |98165|   9M|2856K| 8850  (2)|00:01:47|
| 28|      INDEX FAST FULL SCAN         |PK_CT_MANAGE  |88505|1815K|     |  107  (2)|00:00:02|
|*29|      HASH JOIN OUTER              |              |98165|8052K|5184K| 8154  (2)|00:01:38|
|*30|       TABLE ACCESS FULL           |PO_ORDER_B    |98165|4026K|     | 3035  (1)|00:00:37|
| 31|       TABLE ACCESS FULL           |CT_MANAGE_B   |266K|  10M|     | 4179  (2)|00:00:51|
---------------------------------------------------------------------------------

Predicate Information (identified by operation id):
---------------------------------------------------

   1 - access("B"."PK_CT_MANAGE"(+)="A"."PK_CT_MANAGE")
   4 - access("CTV"."PK_CT_MANAGE"(+)="CTH"."PK_CT_MANAGE" AND
             "CTV"."PK_CT_MANAGE_B"(+)="CTB"."PK_CT_MANAGE_B")
   8 - filter("CTH"."DR"=0 AND "CTH"."ACTIVEFLAG"=0)
   9 - access("CTH"."CT_CODE"=:1)
  10 - access("CTB"."PK_CT_MANAGE"="CTH"."PK_CT_MANAGE")
  11 - filter("CTB"."PK_CORP"=:2 AND "CTB"."DR"=0)
  14 - access("CTH"."PK_CT_MANAGE"(+)="CTB"."PK_CT_MANAGE")
  16 - access("CTB"."PK_CT_MANAGE_B"(+)="A"."ZYX5")
  17 - access("A"."VOUCHID"="B"."VOUCHID")
  20 - access(("A"."JSFSBM"='D1' OR "A"."JSFSBM"='Z2' OR "A"."JSFSBM"='Z5') AND
"A"."DJLXBM"='D3' AND
             "A"."DR"=0)
  21 - filter("B"."DR"=0 AND "B"."DJZT"<>1 AND "B"."DJZT"<>(-99))
  25 - access("FP"."CSOURCEBILLROWID"="DD"."CORDER_BID")
  26 - filter("FP"."CSOURCEBILLROWID" IS NOT NULL AND "FP"."DR"=0)
```

```
27 - access("CT"."PK_CT_MANAGE"="CTH"."PK_CT_MANAGE"(+))
29 - access("CT"."PK_CT_MANAGE_B"(+)="DD"."CSOURCEROWID")
30 - filter("DD"."CUPSOURCEBILLTYPE"='Z2')
```

60 rows selected.

如圖 9-13 所示，做一筆單據在後端要多次呼叫這個語句。

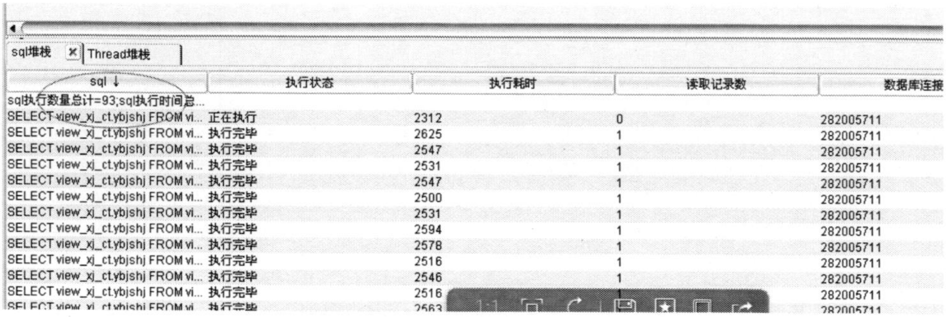

圖 9-13

100 個 SQL 語句每個執行 2.6 秒，全部執行就要 260 秒，將近 4 分鐘。到這裡，甲骨文的朋友問能否進一步最佳化該 SQL。

下面是分析過程。

在嘗試最佳化 SQL 之前，首先詢問該 SQL 返回多少列資料，甲骨文的朋友回答返回 1 列資料。在進行 SQL 最佳化的時候，我們必須知道一個 SQL 最終應該返回多少列資料，因為知道了 SQL 最終返回資料，就能判斷表連接究竟是採用巢狀嵌套迴圈還是採用 HASH 連接，這至關重要。因為 SQL 最終返回一列資料，所以判斷 SQL 的執行計畫應該走巢狀嵌套迴圈。但是本 SQL 執行計畫中幾乎全是 HASH 連接。根據 SQL 語句過濾條件入手，一步一步分析執行計畫，看哪裡出了問題。

SQL 語句的過濾條件是 WHERE view_xj_ct.ct_code = :1 AND view_xj_ct.pk_corp = :2。

這兩個過濾條件已經在書中用加粗部分標注，為了方便讀者查看現將其摘錄如下。

```
select cth.ct_code,
             cth.pk_ct_manage,
             sum(ctb.oritaxsummny) ybjshj,
             sum(ctv.ljfk) fkhj,
             ctb.pk_corp
       from ct_manage_b ctb
       left join ct_manage cth
         on ctb.pk_ct_manage = cth.pk_ct_manage
       left join view_xj_ct_fukuan ctv
         on ctv.pk_ct_manage_b = ctb.pk_ct_manage_b
        and ctv.pk_ct_manage = cth.pk_ct_manage
      where activeflag = 0
        and cth.dr = 0
        and ctb.dr = 0
      group by cth.ct_code, cth.pk_ct_manage, ctb.pk_corp
```

過濾條件分別針對 cth 和 ctb 進行過濾，執行計畫中 Id=9 走的是 cth.ct_code 的
索引，這說明此處發生了常數謂詞推入，將過濾條件 (常數過濾條件) 推入到檢
視中進行了過濾。Id=9 屬於 cth，它與 id=10(ctb)走的是巢狀嵌套迴圈。cth 與
ctb 關聯的結果集在執行計畫中是 Id=5 這步，Id=5 與 Id=12(view_xj_ct_fukuan)
進行的是 HASH 連接。Id=12 是一個檢視。因為該 SQL 最終只返回 1 列資料，
應該全走巢狀嵌套迴圈才對，但是關聯到檢視 view_xj_ct_fukuan 的時候居然走
的是 HASH 連接，所以筆者判斷 Id=5 與 Id=12 關聯方式出錯。SQL 語句中，檢
視 view_xj_ct_fukuan 的別名是 ctv，ctv 分別與 cth 和 ctb 進行了關聯。

```
left join view_xj_ct_fukuan ctv
   on ctv.pk_ct_manage_b = ctb.pk_ct_manage_b
  and ctv.pk_ct_manage = cth.pk_ct_manage
```

如果能讓 cth 與 ctb 關聯之後得到的結果集透過 ctv 的連接欄傳值給 ctv，透過連
接欄將資料推入到檢視中，這樣就可以讓檢視走巢狀嵌套迴圈了，這種方式就
是連接欄謂詞推入，但是執行計畫並沒有這樣做。

於是查看如下檢視 view_xj_ct_fukuan 的原始程式碼。

```
CREATE OR REPLACE FORCE VIEW "JXNC"."VIEW_XJ_CT_FUKUAN" ("DDHH", "PK_CORP",
"PK_CT_MANAGE_B", "PK_CT_MANAGE", "LJFK", "CT_CODE") AS
  select ddhh,
       a.pk_corp,
       a.pk_ct_manage_b,
       ctb.pk_ct_manage,
       sum(a.ljfk) ljfk,
       cth.ct_code
  from (select a.ddhh,
               a.dwbm pk_corp,
               a.zyx5 pk_ct_manage_b,
               a.jfybje ljfk
         from arap_djfb a
```

```
              left join arap_djzb b on a.vouchid = b.vouchid
        where a.dr = 0
          and b.dr = 0
          and a.djlxbm = 'D3'
          and a.jsfsbm in ('Z2', 'Z5','D1')
          and b.djzt not in ('-99', '1')) a
 left join ct_manage_b ctb on ctb.pk_ct_manage_b = a.pk_ct_manage_b
 left join ct_manage cth on cth.pk_ct_manage = ctb.pk_ct_manage
 group by ddhh, a.pk_corp, a.pk_ct_manage_b, ctb.pk_ct_manage, cth.ct_code
 order by a.pk_ct_manage_b;
```

檢視 ctv.pk_ct_manage 欄位來自於 ctb，而 ctb 與 a 是外連接，而且 ctb 是從表，並不是主表。

正是因為 ctb 是檢視中外連接的從表，而且檢視 ctv 也是外連接的從表，所以導致 cth 不能透過連接欄 pk_ct_manage 將謂詞推入到 ctv.pk_ct_manage 中，從而導致跑了 HASH 連接。

```
left join view_xj_ct_fukuan ctv
  on ctv.pk_ct_manage_b = ctb.pk_ct_manage_b
 and ctv.pk_ct_manage = cth.pk_ct_manage
```

如果能將檢視中的外連接改成內連接，就可以將謂詞推入到 ctv 中，從而走巢狀嵌套迴圈。

透過反覆分析 SQL 寫法，我們確認可以將檢視中的外連接改寫為內連接。於是新建了一個檢視，專門用於本 SQL，將外連接改寫為內連接，而且將後面的子查詢也改成了內連接。最終 SQL 能在 0.01 秒內執行完畢，執行 100 個 SQL 也僅需耗時 1 秒，從而將原本要執行 4 分鐘的單據業務最佳化到 1 秒。

接下來，我們透過實驗為大家類比當時情況。

```
SQL> create table emp_new as select * from emp;

Table created.

SQL> create index idx_ename on emp(ename);

Index created.
```

檢視（e）裡面表關聯是外連接，而且檢視（e）作為外連接從表，檢視（e）連接欄來自從表。

```
select /*+  push_pred(e) */ *
  from emp_new a
  left join (select d.dname, e.ename, sum(e.sal) total_sal
                from dept d
```

```
                left join emp e on d.deptno = e.deptno
                group by dname, ename) e on a.ename = e.ename
  where empno = 7900;
```

執行計畫如下。

```
SQL> select /*+  push_pred(e) */ *
  2    from emp_new a
  3    left join (select d.dname, e.ename, sum(e.sal) total_sal
  4                 from dept d
  5                 left join emp e on d.deptno = e.deptno
  6               group by dname, ename) e on a.ename = e.ename
  7    where empno = 7900;
```

Execution Plan

Plan hash value: 3023292314

Id	Operation	Name	Rows	Bytes	Cost (%CPU)	Time
0	SELECT STATEMENT		1	116	10 (30)	00:00:01
* 1	HASH JOIN OUTER		1	116	10 (30)	00:00:01
* 2	TABLE ACCESS FULL	EMP_NEW	1	87	2 (0)	00:00:01
3	VIEW		14	406	7 (29)	00:00:01
4	HASH GROUP BY		14	364	7 (29)	00:00:01
5	MERGE JOIN OUTER		14	364	6 (17)	00:00:01
6	TABLE ACCESS BY INDEX ROWID	DEPT	4	52	2 (0)	00:00:01
7	INDEX FULL SCAN	PK_DEPT	4		1 (0)	00:00:01
* 8	SORT JOIN		14	182	4 (25)	00:00:01
9	TABLE ACCESS FULL	EMP	14	182	3 (0)	00:00:01

Predicate Information (identified by operation 1d):

```
   1 - access("A"."ENAME"="E"."ENAME"(+))
   2 - filter("A"."EMPNO"=7900)
   8 - access("D"."DEPTNO"="E"."DEPTNO"(+))
       filter("D"."DEPTNO"="E"."DEPTNO"(+))
```

當檢視裡面的表關聯是外連接，而且檢視與其他表關聯作為外連接從表，檢視連接欄來自檢視裡面的從表，此時不能謂詞推入。

我們將檢視裡面的表關聯改成內連接。

```
select /*+  push_pred(e) */ *
  from emp_new a
  left join (select d.dname, e.ename, sum(e.sal) total_sal
               from dept d
               join emp e on d.deptno = e.deptno
             group by dname, ename) e on a.ename = e.ename
 where empno = 7900;
```

執行計畫如下。

```
SQL> select /*+  push_pred(e) */ *
  2    from emp_new a
  3    left join (select d.dname, e.ename, sum(e.sal) total_sal
  4                 from dept d
  5                  join emp e on d.deptno = e.deptno
  6               group by dname, ename) e on a.ename = e.ename
  7   where empno = 7900;

Execution Plan
----------------------------------------------------------
Plan hash value: 3258229530

----------------------------------------------------------------------------------
| Id|Operation                       |Name      |Rows | Bytes | Cost(%CPU)| Time     |
----------------------------------------------------------------------------------
|  0|SELECT STATEMENT                 |          |   1 |  111  |   6  (17)| 00:00:01 |
|  1| NESTED LOOPS OUTER              |          |   1 |  111  |   6  (17)| 00:00:01 |
|* 2|  TABLE ACCESS FULL              |EMP_NEW   |   1 |   87  |   2   (0)| 00:00:01 |
|  3|  VIEW PUSHED PREDICATE          |          |   1 |   24  |   4  (25)| 00:00:01 |
|  4|   SORT GROUP BY                 |          |   1 |   26  |   4  (25)| 00:00:01 |
|  5|    NESTED LOOPS                 |          |     |       |          |          |
|  6|     NESTED LOOPS                |          |   1 |   26  |   3   (0)| 00:00:01 |
|  7|      TABLE ACCESS BY INDEX ROWID|EMP       |   1 |   13  |   2   (0)| 00:00:01 |
|* 8|       INDEX RANGE SCAN          |IDX_ENAME |   1 |       |   1   (0)| 00:00:01 |
|* 9|      INDEX UNIQUE SCAN          |PK_DEPT   |   1 |       |   0   (0)| 00:00:01 |
| 10|     TABLE ACCESS BY INDEX ROWID |DEPT      |   1 |   13  |   1   (0)| 00:00:01 |
----------------------------------------------------------------------------------

Predicate Information (identified by operation id):
---------------------------------------------------

  2 - filter("A"."EMPNO"=7900)
  8 - access("E"."ENAME"="A"."ENAME")
  9 - access("D"."DEPTNO"="E"."DEPTNO")
```

將檢視裡面的外連接改成內連接之後，我們就可以將謂詞推入到檢視中了。

如果不改檢視中的外連接，將 SQL 語句中的外連接改成內連接也可以將謂詞推入檢視。

```
select /*+  push_pred(e) */ *
  from emp_new a
  join (select d.dname, e.ename, sum(e.sal) total_sal
          from dept d
          left join emp e on d.deptno = e.deptno
        group by dname, ename) e on a.ename = e.ename
where empno = 7900;
```

執行計畫如下。

```
SQL> select /*+ push_pred(e) */ *
  2    from emp_new a
  3    join (select d.dname, e.ename, sum(e.sal) total_sal
  4            from dept d
  5            left join emp e on d.deptno = e.deptno
  6            group by dname, ename) e on a.ename = e.ename
  7   where empno = 7900;

Execution Plan
----------------------------------------------------------
Plan hash value: 3747089680

-----------------------------------------------------------------------------
| Id|Operation                      |Name       | Rows | Bytes | Cost(%CPU)| Time     |
-----------------------------------------------------------------------------
|  0|SELECT STATEMENT               |           |   1  |  125  |   5  (20)| 00:00:01 |
|  1| HASH GROUP BY                 |           |   1  |  125  |   5  (20)| 00:00:01 |
|  2|  NESTED LOOPS                 |           |      |       |          |          |
|  3|   NESTED LOOPS                |           |   1  |  125  |   4   (0)| 00:00:01 |
|  4|    NESTED LOOPS               |           |   1  |  112  |   3   (0)| 00:00:01 |
|* 5|     TABLE ACCESS FULL         |EMP_NEW    |   1  |   99  |   2   (0)| 00:00:01 |
|  6|     TABLE ACCESS BY INDEX ROWID|EMP       |   1  |   13  |   1   (0)| 00:00:01 |
|* 7|      INDEX RANGE SCAN         |IDX_ENAME  |   1  |       |   0   (0)| 00:00:01 |
|* 8|     INDEX UNIQUE SCAN         |PK_DEPT    |   1  |       |   0   (0)| 00:00:01 |
|  9|    TABLE ACCESS BY INDEX ROWID|DEPT       |   1  |   13  |   1   (0)| 00:00:01 |
-----------------------------------------------------------------------------

Predicate Information (identified by operation id):
---------------------------------------------------

   5 - filter("A"."EMPNO"=7900)
   7 - access("A"."ENAME"="E"."ENAME")
   8 - access("D"."DEPTNO"="E"."DEPTNO")
```

筆者當時究竟是怎麼判斷可以將 view_xj_ct_fukuan ctv 裡面的檢視改成內連接的呢？

請大家注意觀察原始 view_xj_ct 部分程式碼。

```
select cth.ct_code,
            cth.pk_ct_manage,
            sum(ctb.oritaxsummny) ybjshj,
            sum(ctv.ljfk) fkhj,
            ctb.pk_corp
      from ct_manage_b ctb
      left join ct_manage cth
        on ctb.pk_ct_manage = cth.pk_ct_manage
      left join view_xj_ct_fukuan ctv
        on ctv.pk_ct_manage_b = ctb.pk_ct_manage_b
       and ctv.pk_ct_manage = cth.pk_ct_manage
     where activeflag = 0
       and cth.dr = 0
```

```
        and ctb.dr = 0
      group by cth.ct_code, cth.pk_ct_manage, ctb.pk_corp
```

仔細觀察加粗部分連接條件，檢視 ctv 中的連接欄也是來自 cth 和 ctb。

```
CREATE OR REPLACE FORCE VIEW "JXNC"."VIEW_XJ_CT_FUKUAN" ("DDHH", "PK_CORP",
"PK_CT_MANAGE_B", "PK_CT_MANAGE", "LJFK", "CT_CODE") AS
  select ddhh,
       a.pk_corp,
       a.pk_ct_manage_b,
       ctb.pk_ct_manage,
       sum(a.ljfk) ljfk,
       cth.ct_code
  from (select a.ddhh,
               a.dwbm pk_corp,
               a.zyx5 pk_ct_manage_b,
               a.jfybje ljfk
          from arap_djfb a
          left join arap_djzb b on a.vouchid = b.vouchid
         where a.dr = 0
           and b.dr = 0
           and a.djlxbm = 'D3'
           and a.jsfsbm in ('Z2', 'Z5','D1')
           and b.djzt not in ('-99', '1')) a
  left join ct_manage_b ctb on ctb.pk_ct_manage_b = a.pk_ct_manage_b
  left join ct_manage cth on cth.pk_ct_manage = ctb.pk_ct_manage
  group by ddhh, a.pk_corp, a.pk_ct_manage_b, ctb.pk_ct_manage, cth.ct_code
  order by a.pk_ct_manage_b;
```

同時檢視 ctv 中有對連接欄進行彙總，這其實相當於下面的 SQL。

```
select e.empno, sum(sum_sal)
  from emp e
  left join (select d.deptno, sum(sal) sum_sal
               from dept d
               left join emp e on d.deptno = e.deptno
               group by d.deptno) d on e.deptno = d.deptno
 group by empno;
```

上面 SQL 可以安全地將 left join 改寫為 inner join。

```
select e.empno, sum(sum_sal)
  from emp e
  left join (select d.deptno, sum(sal) sum_sal
               from dept d
               join emp e on d.deptno = e.deptno
               group by d.deptno) d on e.deptno = d.deptno
 group by empno;
```

同理，原始 SQL 中後面的子查詢也能改寫為 inner join。

想要最佳化本案例中的 SQL，必須具備較強的 SQL 最佳化能力以及較強的 SQL 改寫能力，這兩種能力缺一不可。透過本案例，我們也要反思，為什麼開發人員在 SQL 中一直寫 left join？我們甚至懷疑是不是開發人員只會 left join，或者不管寫什麼 SQL，一直 left join，這太可怕了，由此可見，在系統上線之前，SQL 審核是多麼重要！

9.26　謂詞推入最佳化案例

2011 年，一位 ITPUB 的網友請求最佳化下面的 SQL。

```
SELECT *
  FROM (SELECT  A.INVOICE_ID,
               A.VENDOR_ID,
               A.INVOICE_NUM,
               A.INVOICE_AMOUNT,
               A.GL_DATE,
               A.INVOICE_CURRENCY_CODE,
               SUM(NVL(B.PREPAY_AMOUNT_APPLIED, 0)) PAID_AMOUNT,
               A.INVOICE_AMOUNT - SUM(NVL(B.PREPAY_AMOUNT_APPLIED, 0)) REMAIN
          FROM ap.AP_INVOICES_ALL A, APPS.AP_UNAPPLY_PREPAYS_V B
         WHERE A.INVOICE_ID = B.INVOICE_ID(+)
           AND A.ORG_ID = 126 /*:B4*/
           AND A.SOURCE = 'OSM IMPORTED' /*:B3*/
           AND A.INVOICE_NUM BETWEEN NVL( /*:B2*/ null, A.INVOICE_NUM) AND
               NVL( /*:B1*/ null, A.INVOICE_NUM)
         GROUP BY A.INVOICE_ID,
                  A.INVOICE_NUM,
                  A.INVOICE_AMOUNT,
                  A.VENDOR_ID,
                  A.GL_DATE,
                  A.INVOICE_CURRENCY_CODE)
 WHERE REMAIN > 0 ;
```

該 SQL 要執行 1 個多小時，AP_UNAPPLY_PREPAYS_V 是一個檢視，程式碼如下。

```
CREATE OR REPLACE VIEW APPS.AP_UNAPPLY_PREPAYS_V AS
SELECT AID1.ROWID ROW_ID,
       AID1.INVOICE_ID INVOICE_ID,
       AID1.INVOICE_DISTRIBUTION_ID INVOICE_DISTRIBUTION_ID,
       AID1.PREPAY_DISTRIBUTION_ID PREPAY_DISTRIBUTION_ID,
       AID1.DISTRIBUTION_LINE_NUMBER PREPAY_DIST_NUMBER,
       (-1) * AID1.AMOUNT PREPAY_AMOUNT_APPLIED,
       nvl(AID2.PREPAY_AMOUNT_REMAINING, AID2.AMOUNT) PREPAY_AMOUNT_REMAINING,
       AID1.DIST_CODE_COMBINATION_ID DIST_CODE_COMBINATION_ID,
```

```
              AID1.ACCOUNTING_DATE ACCOUNTING_DATE,
              AID1.PERIOD_NAME PERIOD_NAME,
              AID1.SET_OF_BOOKS_ID SET_OF_BOOKS_ID,
              AID1.DESCRIPTION DESCRIPTION,
              AID1.PO_DISTRIBUTION_ID PO_DISTRIBUTION_ID,
              AID1.RCV_TRANSACTION_ID RCV_TRANSACTION_ID,
              AID1.ORG_ID ORG_ID,
              AI.INVOICE_NUM PREPAY_NUMBER,
              AI.VENDOR_ID VENDOR_ID,
              AI.VENDOR_SITE_ID VENDOR_SITE_ID,
              ATC.TAX_ID TAX_ID,
              ATC.NAME TAX_CODE,
              PH.SEGMENT1 PO_NUMBER,
              PV.VENDOR_NAME VENDOR_NAME,
              PV.SEGMENT1 VENDOR_NUMBER,
              PVS.VENDOR_SITE_CODE VENDOR_SITE_CODE,
              RSH.RECEIPT_NUM RECEIPT_NUMBER
       FROM AP_INVOICES               AI,
            AP_INVOICE_DISTRIBUTIONS AID1,
            AP_INVOICE_DISTRIBUTIONS AID2,
            AP_TAX_CODES             ATC,
            PO_VENDORS               PV,
            PO_VENDOR_SITES          PVS,
            PO_DISTRIBUTIONS         PD,
            PO_HEADERS               PH,
            PO_LINES                 PL,
            PO_LINE_LOCATIONS        PLL,
            RCV_TRANSACTIONS         RTXNS,
            RCV_SHIPMENT_HEADERS     RSH,
            RCV_SHIPMENT_LINES       RSL
  WHERE AID1.PREPAY_DISTRIBUTION_ID = AID2.INVOICE_DISTRIBUTION_ID
    AND AI.INVOICE_ID = AID2.INVOICE_ID
    AND AID1.AMOUNT < 0
    AND nvl(AID1.REVERSAL_FLAG, 'N') != 'Y'
    AND AID1.TAX_CODE_ID = ATC.TAX_ID(+)
    AND AID1.LINE_TYPE_LOOKUP_CODE = 'PREPAY'
    AND AI.VENDOR_ID = PV.VENDOR_ID
    AND AI.VENDOR_SITE_ID = PVS.VENDOR_SITE_ID
    AND AID1.PO_DISTRIBUTION_ID = PD.PO_DISTRIBUTION_ID(+)
    AND PD.PO_HEADER_ID = PH.PO_HEADER_ID(+)
    AND PD.LINE_LOCATION_ID = PLL.LINE_LOCATION_ID(+)
    AND PLL.PO_LINE_ID = PL.PO_LINE_ID(+)
    AND AID1.RCV_TRANSACTION_ID = RTXNS.TRANSACTION_ID(+)
    AND RTXNS.SHIPMENT_LINE_ID = RSL.SHIPMENT_LINE_ID(+)
    AND RSL.SHIPMENT_HEADER_ID = RSH.SHIPMENT_HEADER_ID(+);
```

執行計畫如下。

```
--------------------------------------------------------------------------------
| Id |Operation            | Name       |Rows |Bytes|Cost |
--------------------------------------------------------------------------------
|  0 |SELECT STATEMENT     |            |   1 |  69 | 722 |
|* 1 |  FILTER             |            |     |     |     |
|  2 |   SORT GROUP BY     |            |   1 |  69 | 722 |
|  3 |    NESTED LOOPS OUTER |          |   3 | 207 | 697 |
```

Id	Operation	Name			
|* 4 |	TABLE ACCESS FULL	AP_INVOICES_ALL	3|	153|	694|
| 5 |	**VIEW PUSHED PREDICATE**	AP_UNAPPLY_PREPAYS_V	1|	18|	1|
| 6 |	NESTED LOOPS		1|	372|	3|
| 7 |	NESTED LOOPS		1|	368|	3|
| 8 |	NESTED LOOPS		1|	361|	2|
| 9 |	NESTED LOOPS		1|	347|	1|
| 10 |	NESTED LOOPS OUTER		1|	334|	1|
| 11 |	NESTED LOOPS OUTER		1|	321|	1|
| 12 |	NESTED LOOPS OUTER		1|	295|	1|
| 13 |	NESTED LOOPS OUTER		1|	269|	1|
| 14 |	NESTED LOOPS OUTER		1|	243|	1|
| 15 |	NESTED LOOPS OUTER		1|	197|	1|
| 16 |	NESTED LOOPS OUTER		1|	157|	1|
| 17 |	NESTED LOOPS OUTER		1|	98|	1|
|*18 |	**TABLE ACCESS BY INDEX ROWID**	AP_INVOICE_DISTRIBUTIONS_ALL	1|	72|	1|
|*19 |	**INDEX FULL SCAN**	AP_INVOICE_DISTRIBUTIONS_N20	1|		
|*20 |	TABLE ACCESS BY INDEX ROWID	AP_TAX_CODES_ALL	1|	26|	
|*21 |	INDEX UNIQUE SCAN	AP_TAX_CODES_U1	1|		
|*22 |	TABLE ACCESS BY INDEX ROWID	PO_DISTRIBUTIONS_ALL	1|	59|	
|*23 |	INDEX UNIQUE SCAN	PO_DISTRIBUTIONS_U1	1|		
|*24 |	TABLE ACCESS BY INDEX ROWID	PO_HEADERS_ALL	1|	40|	
|*25 |	INDEX UNIQUE SCAN	PO_HEADERS_U1	1|		
|*26 |	TABLE ACCESS BY INDEX ROWID	PO_LINE_LOCATIONS_ALL	1|	46|	
|*27 |	INDEX UNIQUE SCAN	PO_LINE_LOCATIONS_U1	1|		
|*28 |	TABLE ACCESS BY INDEX ROWID	PO_LINES_ALL	1|	26|	
|*29 |	INDEX UNIQUE SCAN	PO_LINES_U1	1|		
| 30 |	TABLE ACCESS BY INDEX ROWID	RCV_TRANSACTIONS	1|	26|	
|*31 |	INDEX UNIQUE SCAN	RCV_TRANSACTIONS_U1	1|		
| 32 |	TABLE ACCESS BY INDEX ROWID	RCV_SHIPMENT_LINES	1|	26|	
|*33 |	INDEX UNIQUE SCAN	RCV_SHIPMENT_LINES_U1	1|		
|*34 |	INDEX UNIQUE SCAN	RCV_SHIPMENT_HEADERS_U1	1|	13|	
|*35 |	TABLE ACCESS BY INDEX ROWID	AP_INVOICE_DISTRIBUTIONS_ALL	1|	13|	
|*36 |	INDEX UNIQUE SCAN	AP_INVOICE_DISTRIBUTIONS_U2	1|		
|*37 |	TABLE ACCESS BY INDEX ROWID	AP_INVOICES_ALL	1|	14|	1|
|*38 |	INDEX UNIQUE SCAN	AP_INVOICES_U1	1|		
|*39 |	TABLE ACCESS BY INDEX ROWID	PO_VENDOR_SITES_ALL	1|	7|	1|
|*40 |	INDEX UNIQUE SCAN	PO_VENDOR_SITES_U1	1|		
|*41 |	INDEX UNIQUE SCAN	PO_VENDORS_U1	1|	4|	

```
Predicate Information (identified by operation id):
---------------------------------------------------

   1 - filter("A"."INVOICE_AMOUNT"-SUM(NVL("B"."PREPAY_AMOUNT_APPLIED",0))>0)
   4 - filter("A"."ORG_ID"=126 AND "A"."SOURCE"='OSM IMPORTED' AND
           "A"."INVOICE_NUM">=NVL(NULL,"A"."INVOICE_NUM") AND "A"."INVOICE_NUM"
           <=NVL(NULL,"A"."INVOICE_NUM"))
  18 - filter("A"."INVOICE_ID"="AP_INVOICE_DISTRIBUTIONS_ALL"."INVOICE_ID" AND
           "AP_INVOICE_DISTRIBUTIONS_ALL"."AMOUNT"<0 AND
           NVL("AP_INVOICE_DISTRIBUTIONS_ALL"."REVERSAL_FLAG",'N')<>'Y'
           AND "AP_INVOICE_DISTRIBUTIONS_ALL"."LINE_TYPE_LOOKUP_CODE"='PREPAY' AND
           NVL("AP_INVOICE_DISTRIBUTIONS_ALL"."ORG_ID",NVL(TO_NUMBER(
           DECODE(SUBSTRB(:B1,1,1),' ',NULL,SUBSTRB(:B2,1,10))),
           (-99)))=NVL(TO_NUMBER(DECODE(SUBSTRB(:B3,1,1),'
           ',NULL,SUBSTRB(:B4,1,10))),(-99)))
```

```
19 - filter("AP_INVOICE_DISTRIBUTIONS_ALL"."PREPAY_DISTRIBUTION_ID" IS NOT NULL)
20 - filter(NVL("AP_TAX_CODES_ALL"."ORG_ID"(+),NVL(TO_NUMBER(DECODE(
         SUBSTRB(:B1,1,1),' ',NULL,SUBSTRB(:B2,1,10))),(-99)))=NVL(
         TO_NUMBER(DECODE(SUBSTRB(:B3,1,1),' ',NULL,SUBSTRB(:B4,1,10))),(-99)))
21 - access("AP_INVOICE_DISTRIBUTIONS_ALL"."TAX_CODE_ID"="AP_TAX_CODES_ALL".
         "TAX_ID"(+))
22 - filter(NVL("PO_DISTRIBUTIONS_ALL"."ORG_ID"(+),NVL(TO_NUMBER(DECODE(
         SUBSTRB(:B1,1,1),' ',NULL,SUBSTRB(:B2,1,10))),(-99)))=NVL(TO_NUMBER(
         DECODE(SUBSTRB(:B3,1,1),' ',NULL,SUBSTRB(:B4,1,10))),(-99)))
23 - access("AP_INVOICE_DISTRIBUTIONS_ALL"."PO_DISTRIBUTION_ID"=
         "PO_DISTRIBUTIONS_ALL"."PO_DISTRIBUTION_ID" (+))
24 - filter(NVL("PO_HEADERS_ALL"."ORG_ID"(+),NVL(TO_NUMBER(DECODE(SUBSTRB(:B1,1,1),'
         ',NULL,SUBSTRB(:B2,1,10))),(-99)))=NVL(TO_NUMBER(DECODE(
         SUBSTRB(:B3,1,1),' ',NULL,SUBSTRB(:B4,1,10))),(-99)))
25 - access("PO_DISTRIBUTIONS_ALL"."PO_HEADER_ID"="PO_HEADERS_ALL"."PO_HEADER_ID"(+))
26 - filter(NVL("PO_LINE_LOCATIONS_ALL"."ORG_ID"(+),NVL(TO_NUMBER(DECODE(
         SUBSTRB(:B1,1,1),' ',NULL,SUBSTRB(:B2,1,10))),(-99)))=NVL(TO_NUMBER(
         DECODE(SUBSTRB(:B3,1,1),' ',NULL,SUBSTRB(:B4,1,10))),(-99)))
27 - access("PO_DISTRIBUTIONS_ALL"."LINE_LOCATION_ID"="PO_LINE_LOCATIONS_ALL".
         "LINE_LOCATION_ID"(+))
28 - filter(NVL("PO_LINES_ALL"."ORG_ID"(+),NVL(TO_NUMBER(DECODE(SUBSTRB(:B1,1,1),'
         ',NULL,SUBSTRB(:B2,1,10))),(-99)))=NVL(TO_NUMBER(DECODE(
         SUBSTRB(:B3,1,1),' ',NULL,SUBSTRB(:B4,1,10))),(-99)))
29 - access("PO_LINE_LOCATIONS_ALL"."PO_LINE_ID"="PO_LINES_ALL"."PO_LINE_ID"(+))
31 - access("AP_INVOICE_DISTRIBUTIONS_ALL"."RCV_TRANSACTION_ID"="RTXNS".
         "TRANSACTION_ID"(+))
33 - access("RTXNS"."SHIPMENT_LINE_ID"="RSL"."SHIPMENT_LINE_ID"(+))
34 - access("RSL"."SHIPMENT_HEADER_ID"="RSH"."SHIPMENT_HEADER_ID"(+))
35 - filter(NVL("AP_INVOICE_DISTRIBUTIONS_ALL"."ORG_ID",NVL(TO_NUMBER(DECODE(
         SUBSTRB(:B1,1,1),' ',NULL,SUBSTRB(:B2,1,10))),(-99)))=NVL(TO_NUMBER(
         DECODE(SUBSTRB(:B3,1,1),' ',NULL,SUBSTRB(:B4,1,10))),(-99)))
36 - access("AP_INVOICE_DISTRIBUTIONS_ALL"."PREPAY_DISTRIBUTION_ID"=
         "AP_INVOICE_DISTRIBUTIONS_ALL"."INVOICE_DISTRIBUTION_ID")
37 - filter(NVL("AP_INVOICES_ALL"."ORG_ID",NVL(TO_NUMBER(DECODE(SUBSTRB(:B1,1,1),'
         ',NULL,SUBSTRB(:B2,1,10))),(-99)))=NVL(TO_NUMBER(DECODE(
         SUBSTRB(:B3,1,1),' ',NULL,SUBSTRB(:B4,1,10))),(-99)))
38 - access("AP_INVOICES_ALL"."INVOICE_ID"="AP_INVOICE_DISTRIBUTIONS_ALL".
         "INVOICE_ID")
39 - filter(NVL("PO_VENDOR_SITES_ALL"."ORG_ID",NVL(TO_NUMBER(DECODE(
         SUBSTRB(:B1,1,1),' ',NULL,SUBSTRB(:B2,1,10))),(-99)))=NVL(TO_NUMBER(
         DECODE(SUBSTRB(:B3,1,1),' ',NULL,SUBSTRB(:B4,1,10))),(-99)))
40 - access("AP_INVOICES_ALL"."VENDOR_SITE_ID"="PO_VENDOR_SITES_ALL".
         "VENDOR_SITE_ID")
41 - access("AP_INVOICES_ALL"."VENDOR_ID"="PV"."VENDOR_ID")
Note: cpu costing is off
```

從執行計畫中 Id=5 看到，該 SQL 發生了連接欄謂詞推入，檢視 AP_UNAPPLY_
PREPAYS_V 被當作了巢狀嵌套迴圈的被驅動表。原始 SQL 中，兩表的關聯條
件如下。

```
WHERE A.INVOICE_ID = B.INVOICE_ID(+)
```

檢視中 B.INVOICE_ID 來自於 AID1.INVOICE_ID INVOICE_ID，因此，我們應該檢查執行計畫中 AID1.INVOICE_ID INVOICE_ID 是否跑了索引。我們從執行計畫中 Id=18 發現如下。

```
18 - filter("A"."INVOICE_ID"="AP_INVOICE_DISTRIBUTIONS_ALL"."INVOICE_ID"
```

這裡是將連接欄謂詞推入到執行計畫中 Id=18 進行的過濾操作，並不是將連接欄謂詞推入檢視讓表 AP_INVOICE_DISTRIBUTIONS 走 INVOICE_ID 的索引。這顯然大錯特錯了。

因為發生了謂詞推入，檢視 AP_UNAPPLY_PREPAYS_V 作為巢狀嵌套迴圈被驅動表會被多次掃描。這裡的謂詞推入的時候只發揮過濾的作用，並沒有走謂詞連接欄索引。因此，我們使用 HINT：USE_HASH(A,B)，讓兩表走 HASH 連接，從而避免檢視被多次反覆掃描。新增 HINT 之後，SQL 能在 1 秒返回結果。

我們也可以調整隱含參數，關閉連接欄謂詞推入。

```
ALTER SESSION SET "_push_join_predicate" = FALSE;
```

禁止連接欄謂詞推入，也能達到效果。

我們還可以檢查表 AP_INVOICE_DISTRIBUTIONS 的 INVOICE_ID 欄是否存在索引，如果沒有索引，可以建立一個索引，從而實作真正的連接欄謂詞推入。但是因為當時使用 USE_HASH 已經最佳化了 SQL，所以沒有繼續檢查。

最終的 SQL 如下。

```
SELECT *
  FROM (SELECT /*+ use_hash(a,b) */ A.INVOICE_ID,
               A.VENDOR_ID,
               A.INVOICE_NUM,
               A.INVOICE_AMOUNT,
               A.GL_DATE,
               A.INVOICE_CURRENCY_CODE,
               SUM(NVL(B.PREPAY_AMOUNT_APPLIED, 0)) PAID_AMOUNT,
               A.INVOICE_AMOUNT - SUM(NVL(B.PREPAY_AMOUNT_APPLIED, 0)) REMAIN
          FROM ap.AP_INVOICES_ALL A, APPS.AP_UNAPPLY_PREPAYS_V B
         WHERE A.INVOICE_ID = B.INVOICE_ID(+)
           AND A.ORG_ID = 126 /*:B4*/
           AND A.SOURCE = 'OSM IMPORTED' /*:B3*/
           AND A.INVOICE_NUM BETWEEN NVL( /*:B2*/ null, A.INVOICE_NUM) AND
               NVL( /*:B1*/ null, A.INVOICE_NUM)
         GROUP BY A.INVOICE_ID,
                  A.INVOICE_NUM,
                  A.INVOICE_AMOUNT,
```

```
                    A.VENDOR_ID,
                    A.GL_DATE,
                    A.INVOICE_CURRENCY_CODE)
 WHERE REMAIN > 0 ;
```

新增 HINT 後的執行計畫如下。

```
--------------------------------------------------------------------------------
| Id |Operation                             | Name                         |Rows|Bytes|Cost|
--------------------------------------------------------------------------------
|  0 |SELECT STATEMENT                      |                              |  1 |  69 | 723|
|* 1 | FILTER                               |                              |    |     |    |
|  2 |  SORT GROUP BY                       |                              |  1 |  69 | 723|
|* 3 |   HASH JOIN OUTER                    |                              |  3 | 207 | 698|
|* 4 |    TABLE ACCESS FULL                 |AP_INVOICES_ALL               |  3 | 153 | 694|
|  5 |    VIEW                              |AP_UNAPPLY_PREPAYS_V          |  1 |  18 |   3|
|  6 |     NESTED LOOPS                     |                              |  1 | 372 |   3|
|  7 |      NESTED LOOPS                    |                              |  1 | 368 |   3|
|  8 |       NESTED LOOPS                   |                              |  1 | 361 |   2|
|  9 |        NESTED LOOPS                  |                              |  1 | 347 |   1|
| 10 |         NESTED LOOPS OUTER           |                              |  1 | 334 |   1|
| 11 |          NESTED LOOPS OUTER          |                              |  1 | 321 |   1|
| 12 |           NESTED LOOPS OUTER         |                              |  1 | 295 |   1|
| 13 |            NESTED LOOPS OUTER        |                              |  1 | 269 |   1|
| 14 |             NESTED LOOPS OUTER       |                              |  1 | 243 |   1|
| 15 |              NESTED LOOPS OUTER      |                              |  1 | 197 |   1|
| 16 |               NESTED LOOPS OUTER     |                              |  1 | 157 |   1|
| 17 |                NESTED LOOPS OUTER    |                              |  1 |  98 |   1|
|*18 |                 TABLE ACCESS BY INDEX ROWID|AP_INVOICE_DISTRIBUTIONS_ALL|  1 |  72 |   1|
|*19 |                  INDEX FULL SCAN     |AP_INVOICE_DISTRIBUTIONS_N20  |  1 |     |    |
|*20 |                 TABLE ACCESS BY INDEX ROWID|AP_TAX_CODES_ALL        |  1 |  26 |    |
|*21 |                  INDEX UNIQUE SCAN   |AP_TAX_CODES_U1               |  1 |     |    |
|*22 |                 TABLE ACCESS BY INDEX ROWID|PO_DISTRIBUTIONS_ALL    |  1 |  59 |    |
|*23 |                  INDEX UNIQUE SCAN   |PO_DISTRIBUTIONS_U1           |  1 |     |    |
|*24 |                TABLE ACCESS BY INDEX ROWID |PO_HEADERS_ALL          |  1 |  40 |    |
|*25 |                 INDEX UNIQUE SCAN    |PO_HEADERS_U1                 |  1 |     |    |
|*26 |               TABLE ACCESS BY INDEX ROWID  |PO_LINE_LOCATIONS_ALL  |  1 |  46 |    |
|*27 |                INDEX UNIQUE SCAN     |PO_LINE_LOCATIONS_U1          |  1 |     |    |
|*28 |              TABLE ACCESS BY INDEX ROWID   |PO_LINES_ALL           |  1 |  26 |    |
|*29 |               INDEX UNIQUE SCAN     |PO_LINES_U1                   |  1 |     |    |
| 30 |             TABLE ACCESS BY INDEX ROWID    |RCV_TRANSACTIONS       |  1 |  26 |    |
|*31 |              INDEX UNIQUE SCAN      |RCV_TRANSACTIONS_U1           |  1 |     |    |
| 32 |            TABLE ACCESS BY INDEX ROWID     |RCV_SHIPMENT_LINES     |  1 |  26 |    |
|*33 |             INDEX UNIQUE SCAN       |RCV_SHIPMENT_LINES_U1         |  1 |     |    |
|*34 |            INDEX UNIQUE SCAN        |RCV_SHIPMENT_HEADERS_U1       |  1 |  13 |    |
|*35 |           TABLE ACCESS BY INDEX ROWID      |AP_INVOICE_DISTRIBUTIONS_ALL|  1 |  13 |    |
|*36 |            INDEX UNIQUE SCAN        |AP_INVOICE_DISTRIBUTIONS_U2   |  1 |     |    |
|*37 |          TABLE ACCESS BY INDEX ROWID       |AP_INVOICES_ALL        |  1 |  14 |   1|
|*38 |           INDEX UNIQUE SCAN         |AP_INVOICES_U1                |  1 |     |    |
|*39 |         TABLE ACCESS BY INDEX ROWID        |PO_VENDOR_SITES_ALL    |  1 |   7 |   1|
|*40 |          INDEX UNIQUE SCAN          |PO_VENDOR_SITES_U1            |  1 |     |    |
|*41 |        INDEX UNIQUE SCAN            |PO_VENDORS_U1                 |  1 |   4 |    |
--------------------------------------------------------------------------------

Predicate Information (identified by operation id):
```

```
--------------------------------------------------
 1 - filter("A"."INVOICE_AMOUNT"-SUM(NVL("B"."PREPAY_AMOUNT_APPLIED",0))>0)
 3 - access("A"."INVOICE_ID"="B"."INVOICE_ID"(+))
 4 - filter("A"."ORG_ID"=126 AND "A"."SOURCE"='OSM IMPORTED' AND
            "A"."INVOICE_NUM">=NVL(NULL,"A"."INVOICE_NUM") AND "A"."INVOICE_NUM"<=
            NVL(NULL,"A"."INVOICE_NUM"))
18 - filter("AP_INVOICE_DISTRIBUTIONS_ALL"."AMOUNT"<0 AND
            NVL("AP_INVOICE_DISTRIBUTIONS_ALL"."REVERSAL_FLAG",'N')<>'Y' AND
            "AP_INVOICE_DISTRIBUTIONS_ALL"."LINE_TYPE_LOOKUP_CODE"='PREPAY' AND
            NVL("AP_INVOICE_DISTRIBUTIONS_ALL"."ORG_ID",NVL(TO_NUMBER(DECODE(
            SUBSTRB(:B1,1,1),' ',NULL,SUBSTRB(:B2,1,10))),(-99)))=NVL(TO_NUMBER(
            DECODE(SUBSTRB(:B3,1,1),' ',NULL,SUBSTRB(:B4,1,10))),(-99)))
19 - filter("AP_INVOICE_DISTRIBUTIONS_ALL"."PREPAY_DISTRIBUTION_ID" IS NOT NULL)
20 - filter(NVL("AP_TAX_CODES_ALL"."ORG_ID"(+),NVL(TO_NUMBER(DECODE(
            SUBSTRB(:B1,1,1),' ',NULL,SUBSTRB(:B2,1,10))),(-99)))=NVL(TO_NUMBER(
            DECODE(SUBSTRB(:B3,1,1),' ',NULL,SUBSTRB(:B4,1,10))),(-99)))
21 - access("AP_INVOICE_DISTRIBUTIONS_ALL"."TAX_CODE_ID"="AP_TAX_CODES_ALL".
            "TAX_ID"(+))
22 - filter(NVL("PO_DISTRIBUTIONS_ALL"."ORG_ID"(+),NVL(TO_NUMBER(DECODE(
            SUBSTRB(:B1,1,1),' ',NULL,SUBSTRB(:B2,1,10))),(-99)))=NVL(TO_NUMBER(
            DECODE(SUBSTRB(:B3,1,1),' ',NULL,SUBSTRB(:B4,1,10))),(-99)))
23 - access("AP_INVOICE_DISTRIBUTIONS_ALL"."PO_DISTRIBUTION_ID"=
            "PO_DISTRIBUTIONS_ALL"."PO_DISTRIBUTION_ID" (+))
24 - filter(NVL("PO_HEADERS_ALL"."ORG_ID"(+),NVL(TO_NUMBER(DECODE(SUBSTRB(:B1,1,1),'
            ',NULL,SUBSTRB(:B2,1,10))),(-99)))=NVL(TO_NUMBER(DECODE(SUBSTRB(:B3,1,1),
            ' ',NULL,SUBSTRB(:B4,1,10))),(-99)))
25 - access("PO_DISTRIBUTIONS_ALL"."PO_HEADER_ID"="PO_HEADERS_ALL"."PO_HEADER_ID"(+))
26 - filter(NVL("PO_LINE_LOCATIONS_ALL"."ORG_ID"(+),NVL(TO_NUMBER(DECODE(
            SUBSTRB(:B1,1,1),' ',NULL,SUBSTRB(:B2,1,10))),(-99)))=NVL(TO_NUMBER(
            DECODE(SUBSTRB(:B3,1,1),' ',NULL,SUBSTRB(:B4,1,10))),(-99)))
27 - access("PO_DISTRIBUTIONS_ALL"."LINE_LOCATION_ID"="PO_LINE_LOCATIONS_ALL".
            "LINE_LOCATION_ID"(+))
28 - filter(NVL("PO_LINES_ALL"."ORG_ID"(+),NVL(TO_NUMBER(DECODE(SUBSTRB(:B1,1,1),'
            ',NULL,SUBSTRB(:B2,1,10))),(-99)))=NVL(TO_NUMBER(DECODE(
            SUBSTRB(:B3,1,1),' ',NULL,SUBSTRB(:B4,1,10))),(-99)))
29 - access("PO_LINE_LOCATIONS_ALL"."PO_LINE_ID"="PO_LINES_ALL"."PO_LINE_ID"(+))
31 - access("AP_INVOICE_DISTRIBUTIONS_ALL"."RCV_TRANSACTION_ID"="RTXNS".
            "TRANSACTION_ID"(+))
33 - access("RTXNS"."SHIPMENT_LINE_ID"="RSL"."SHIPMENT_LINE_ID"(+))
34 - access("RSL"."SHIPMENT_HEADER_ID"="RSH"."SHIPMENT_HEADER_ID"(+))
35 - filter(NVL("AP_INVOICE_DISTRIBUTIONS_ALL"."ORG_ID",NVL(TO_NUMBER(DECODE(
            SUBSTRB(:B1,1,1),' ',NULL,SUBSTRB(:B2,1,10))),(-99)))=NVL(TO_NUMBER(
            DECODE(SUBSTRB(:B3,1,1),' ',NULL,SUBSTRB(:B4,1,10))),(-99)))
36 - access("AP_INVOICE_DISTRIBUTIONS_ALL"."PREPAY_DISTRIBUTION_ID"=
            "AP_INVOICE_DISTRIBUTIONS_ALL"."INVOICE_DISTRIBUTION_ID")
37 - filter(NVL("AP_INVOICES_ALL"."ORG_ID",NVL(TO_NUMBER(DECODE(SUBSTRB(:B1,1,1),'
            ',NULL,SUBSTRB(:B2,1,10))),(-99)))=NVL(TO_NUMBER(DECODE(
            SUBSTRB(:B3,1,1),' ',NULL,SUBSTRB(:B4,1,10))),(-99)))
38 - access("AP_INVOICES_ALL"."INVOICE_ID"="AP_INVOICE_DISTRIBUTIONS_ALL".
            "INVOICE_ID")
39 - filter(NVL("PO_VENDOR_SITES_ALL"."ORG_ID",NVL(TO_NUMBER(DECODE(
            SUBSTRB(:B1,1,1),' ',NULL,SUBSTRB(:B2,1,10))),(-99)))=NVL(TO_NUMBER(
            DECODE(SUBSTRB(:B3,1,1),' ',NULL,SUBSTRB(:B4,1,10))),(-99)))
40 - access("AP_INVOICES_ALL"."VENDOR_SITE_ID"="PO_VENDOR_SITES_ALL".
```

```
                "VENDOR_SITE_ID")
  41 - access("AP_INVOICES_ALL"."VENDOR_ID"="PV"."VENDOR_ID")
```

更有經驗的讀者或許有疑問，執行計畫 Id=19 是 INDEX FULL SCAN，然後再回表過濾，這裡也有效能問題，全資料表掃描效率應該也比 INDEX FULL SCAN 再回表效率高！是的，我們也發現了這個地方有效能問題，但是既然 SQL 都執行到 1 秒了，也就沒繼續最佳化了，千萬別得了最佳化強迫症。

最後，我們再次強調，如果發生了連接欄謂詞推入，一定要檢查執行計畫中是否跑了謂詞被推入的表的連接欄索引。

9.27 使用 CARDINALITY 最佳化 SQL

2011 年，一位 ITPUB 的網友請求最佳化下面的 SQL，該 SQL 執行不出結果。

```
SQL>  explain plan for   select ((v.yvalue * 300) / (u.xvalue * 50)), u.xtime
  2    from (select x.index_value xvalue, substr(x.update_time, 1, 14) xtime
  3            from tb_indexs x
  4           where x.id in (select  min(a.id)
  5                            from tb_indexs a
  6                           where a.code = 'HSI'
  7                             and a.update_time > 20110701000000
  8                             and a.update_time < 20110722000000
  9                           group by a.update_time)) u,
 10         (select  y.index_value yvalue, substr(y.update_time, 1, 14) ytime
 11            from tb_indexs y
 12           where y.id in (select  min(b.id)
 13                            from tb_indexs b
 14                           where b.code = '000300'
 15                             and b.update_time > 20110701000000
 16                             and b.update_time < 20110722000000
 17                           group by b.update_time)) v
 18   where u.xtime = v.ytime
 19   order by u.xtime;

Explained.

SQL> select * from table(dbms_xplan.display);

PLAN_TABLE_OUTPUT
-----------------------------------------------------------------------------

Plan hash value: 573554298


-----------------------------------------------------------------------------
```

```
| Id  | Operation                       | Name           | Rows | Bytes |Cost(%CPU)|
--------------------------------------------------------------------------------------
|   0 | SELECT STATEMENT                |                |    1 |    54 |  13   (8)|
|   1 |  SORT ORDER BY                  |                |    1 |    54 |  13   (8)|
|   2 |   NESTED LOOPS                  |                |    1 |    54 |  12   (0)|
|   3 |    MERGE JOIN CARTESIAN         |                |    1 |    33 |  10   (0)|
|   4 |     NESTED LOOPS                |                |    1 |    27 |   6   (0)|
|   5 |      VIEW                       | VW_NSO_2       |    1 |     6 |   4   (0)|
|   6 |       HASH GROUP BY             |                |    1 |    41 |   4   (0)|
|   7 |        TABLE ACCESS BY INDEX ROWID| TB_INDEXS    |    1 |    41 |   4   (0)|
|*  8 |         INDEX RANGE SCAN        | IDX_UPDATE_TIME|    1 |       |   3   (0)|
|   9 |      TABLE ACCESS BY INDEX ROWID| TB_INDEXS      |    1 |    21 |   2   (0)|
|* 10 |       INDEX UNIQUE SCAN         | PK_INDEXS      |    1 |       |   1   (0)|
|  11 |     BUFFER SORT                 |                |    1 |     6 |   8   (0)|
|  12 |      VIEW                       | VW_NSO_1       |    1 |     6 |   4   (0)|
|  13 |       HASH GROUP BY             |                |    1 |    41 |   4   (0)|
|  14 |        TABLE ACCESS BY INDEX ROWID| TB_INDEXS    |    1 |    41 |   4   (0)|
|* 15 |         INDEX RANGE SCAN        | IDX_UPDATE_TIME|    1 |       |   3   (0)|
|* 16 |    TABLE ACCESS BY INDEX ROWID  | TB_INDEXS      |    1 |    21 |   2   (0)|
|* 17 |     INDEX UNIQUE SCAN           | PK_INDEXS      |    1 |       |   1   (0)|
--------------------------------------------------------------------------------------

Predicate Information (identified by operation id):
---------------------------------------------------

   8 - access("A"."UPDATE_TIME">20110701000000 AND "A"."CODE"='HSI' AND
              "A"."UPDATE_TIME"<20110722000000)
       filter("A"."CODE"='HSI')
  10 - access("X"."ID"="$nso_col_1")
  15 - access("B"."UPDATE_TIME">20110701000000 AND "B"."CODE"='000300' AND
              "B"."UPDATE_TIME"<20110722000000)
       filter("B"."CODE"='000300')
  16 - filter(SUBSTR(TO_CHAR("X"."UPDATE_TIME"),1,14)=SUBSTR(TO_CHAR(
              "Y"."UPDATE_TIME"),1,14))
  17 - access("Y"."ID"="$nso_col_1")

38 rows selected.
```

大家請仔細觀察 SQL 語句，該 SQL 存取的都是同一個表 TB_INDEXS，表在 SQL 語句中被存取了 4 次，我們可以對 SQL 進行等價改寫，讓 SQL 只存取一次，從而就達到了最佳化目的。

但是，網友希望在不改寫 SQL 的前提下最佳化該 SQL 語句，因此只能從執行計畫入手最佳化 SQL。執行計畫中，Id=3 是笛卡兒積，這就是為什麼該 SQL 執行不出結果。為什麼會產生笛卡兒積呢？因為執行計畫中所有的步驟 Rows 都估算返回為 1 列資料，所以最佳化程式選擇了笛卡兒積連接（在 5.4 節中我們講過，離笛卡兒積關鍵字最近的「表」被錯誤地估算為 1 列的時候，最佳化程式很容易選擇走笛卡兒積連接）。

執行計畫的入口是 Id=8，也就是 SQL 語句中的 in 子查詢，最佳化程式評估 Id=8 返回 1 列資料，但是實際上 Id=8 要返回 2 萬列資料。筆者曾經嘗試對表 TB_INDEXS 重新收集統計資訊，但是收集完統計資訊之後，最佳化程式還是評估 Id=8 返回 1 列資料。

為什麼最佳化程式會評估 Id=8 返回 1 列資料呢？這是因為欄位 UPDATE_TIME 被設計為了 NUMBER 型別，而實際上 UPDATE_TIME 應該是 DATE 型別，同時 where 條件中還有一個選擇性較低的過濾條件，最佳化程式估算返回的列數等於表的總列數與 UPDATE_TIME 的選擇性、CODE 的選擇性的乘積。UPDATE_TIME 因為欄位型別設計錯誤，本來應該估算返回 21 天的資料，但是因為 UPDATE_TIME 設計為了 NUMBER 型別，導致最佳化程式在估算返回列數的時候不是利用 DATE 型別估算返回列數，而是利用 NUMBER 型別估算返回列數。大家請注意觀察 UPDATE_TIME 的過濾條件，將年月日儲存為 NUMBER 型別是一個天文數字，然後 where 條件只是取出一個天文數字中極小一部分資料，因此估算返回的列數始終會被估算為 1 列，

因為執行計畫入口的 Rows 估算錯誤，所以後面的執行計畫不用看，全是錯誤的。因為 UPDATE_TIME 已經被設計為 NUMBER 型別了，想要透過修改 UPDATE_TIME 為 DATE 型別來糾正最佳化程式估算返回的 Rows 是不可行的，因為需要申請停機時間。

怎麼才可以讓最佳化程式知道真實 Rows 呢？我們可以使用 HINT：CARDINALITY。

/*+ cardinality(a 10000) */ 表示指定 a 表有 1 萬列資料。

/*+ cardinality(@a 10000) */ 表示指定 query block a 有 1 萬列資料。

新增完 HINT 後的執行計畫如下。

```
SQL> set autot trace
SQL> select /*+ cardinality(@a 20000) cardinality(@b 20000) */((v.yvalue *
300)/(u.xvalue * 50)), u.xtime
  2     from (select x.index_value xvalue, substr(x.update_time, 1, 14) xtime
  3              from tb_indexs x
  4             where x.id in (select /*+ QB_NAME(a) */ min(a.id)
  5                              from tb_indexs a
  6                             where a.code = 'HSI'
  7                               and a.update_time > 20110701000000
  8                               and a.update_time < 20110722000000
```

```
 9                         group by a.update_time)) u,
10        (select  y.index_value yvalue, substr(y.update_time, 1, 14) ytime
11           from tb_indexs y
12          where y.id in (select /*+ QB_NAME(b) */ min(b.id)
13                            from tb_indexs b
14                           where b.code = '000300'
15                             and b.update_time > 20110701000000
16                             and b.update_time < 20110722000000
17                           group by b.update_time)) v
18      where u.xtime = v.ytime
19      order by u.xtime;

3032 rows selected.

Elapsed: 00:00:15.07

Execution Plan
-----------------------------------------------------------
Plan hash value: 2679503093


-------------------------------------------------------------------------------
| Id  | Operation                        | Name          | Rows| Bytes |Cost(%CPU)|
-------------------------------------------------------------------------------
|   0 | SELECT STATEMENT                 |               |   935| 50490 | 1393   (7)|
|   1 |  SORT ORDER BY                   |               |   935| 50490 | 1393   (7)|
|*  2 |   HASH JOIN                      |               |   935| 50490 | 1392   (7)|
|   3 |    VIEW                          | VW_NSO_1      | 20000|  117K |    4   (0)|
|   4 |     HASH GROUP BY                |               | 20000|  800K |    4   (0)|
|   5 |      TABLE ACCESS BY INDEX ROWID | TB_INDEXS     |     1|    41 |    4   (0)|
|*  6 |       INDEX RANGE SCAN           | IDX_UPDATE_TIME|    1|       |    3   (0)|
|*  7 |    HASH JOIN                     |               | 31729| 1487K | 1386   (7)|
|*  8 |     HASH JOIN                    |               | 20000|  527K |  695   (7)|
|   9 |      VIEW                        | VW_NSO_2      | 20000|  117K |    4   (0)|
|  10 |       HASH GROUP BY              |               | 20000|  800K |    4   (0)|
|  11 |        TABLE ACCESS BY INDEX ROWID| TB_INDEXS    |     1|    41 |    4   (0)|
|* 12 |         INDEX RANGE SCAN         | IDX_UPDATE_TIME|    1|       |    3   (0)|
|  13 |     TABLE ACCESS FULL            | TB_INDEXS     |  678K|   13M |  678   (5)|
|  14 |    TABLE ACCESS FULL             | TB_INDEXS     |  678K|   13M |  678   (5)|
-------------------------------------------------------------------------------

Predicate Information (identified by operation id):
---------------------------------------------------

   2 - access("Y"."ID"="$nso_col_1")
   6 - access("B"."UPDATE_TIME">20110701000000 AND "B"."CODE"='000300' AND
              "B"."UPDATE_TIME"<20110722000000)
       filter("B"."CODE"='000300')
   7 - access(SUBSTR(TO_CHAR("X"."UPDATE_TIME"),1,14)=SUBSTR(TO_CHAR(
              "Y"."UPDATE_TIME"),1,14))
   8 - access("X"."ID"="$nso_col_1")
  12 - access("A"."UPDATE_TIME">20110701000000 AND "A"."CODE"='HSI' AND
              "A"."UPDATE_TIME"<20110722000000)
       filter("A"."CODE"='HSI')
```

```
Statistics
----------------------------------------------------------------
        29  recursive calls
         0  db block gets
      8351  consistent gets
      4977  physical reads
        72  redo size
    141975  bytes sent via SQL*Net to client
      2622  bytes received via SQL*Net from client
       204  SQL*Net roundtrips to/from client
         1  sorts (memory)
         0  sorts (disk)
      3032  rows processed
```

透過指定執行計畫入口（子查詢）返回 2 萬列資料，糾正了之前錯誤的執行計畫，SQL 最終執行了 15 秒就返回了所有的結果。

如果不知道有 CARDINALITY 這個 HINT，怎麼最佳化 SQL 呢？我們可以啟用動態採樣 Level 4 及以上（最好別超過 6），讓最佳化程式能較為準確地評估出子查詢返回的 Rows，這樣也能達到最佳化目的。如果不知道動態採樣怎麼最佳化 SQL 呢？我們可以直接使用 HINT，比如 USE_HASH 等，讓 SQL 走我們認為正確的執行計畫也能達到最佳化目的。當然了，最佳的最佳化方法應該是直接從業務上入手、從表設計上入手、從 SQL 寫法上入手，而不是退而求其次從執行計畫入手，但是很多時候我們往往只能從執行計畫上入手最佳化 SQL，這或許是絕大多數 DBA 的無奈。

本案例部落格地址：http://blog.csdn.net/robinson1988/article/details/6626384。

9.28 利用等待事件來最佳化 SQL

本案例發生在 2010 年，當時作者羅老師在惠普擔任開發 DBA，支撐寶潔公司的資料倉儲專案。ETL 開發人員需要幫助調查一個 long running 的 JOB，該 JOB 執行了 7 個小時還沒執行完。

資料庫環境為 11.1.0.7（RAC，4 節點）。

```
SQL> select * from v$version;

BANNER
--------------------------------------------------------------------------------
```

Oracle Database 11g Enterprise Edition Release 11.1.0.7.0 - 64bit Production

資料塊大小為 16k。

```
SQL> show parameter db_block_size

NAME                                  TYPE                            VALUE
------------------------------------- ------------------------------- ------
db_block_size                         integer                         16384
```

執行得慢的 JOB 是一個 insert into ...select ...語句。一般情況下，如果 select 語句
跑得快，那麼整個 JOB 也就跑得快，因此我們應該把主要精力放在 select 語句
上面。select 部分的 SQL 語句如下，這是一個接近 400 列的 SQL（因為 SQL 實
在太長，所以沒有對 SQL 格式化）。

```
SELECT  ACTVY_SKID,FUND_SKID,PRMTN_SKID,PROD_SKID,DATE_SKID,
ACCT_SKID,BUS_UNIT_SKID,FY_DATE_SKID,ESTMT_VAR_COST_AMT,ESTMT_FIXED_COST_AMT,
REVSD_ESTMT_VAR_COST_AMT,ACTL_VAR_COST_AMT,ACTL_FIXED_COST_AMT,COST_PLAN_AMT,
COST_CMMT_AMT,COST_BOOK_AMT,ESTMT_COST_OVRRD_AMT,LA_TOT_BOOK_AMT,
MANUL_COST_OVRRD_AMT,ACTL_COST_AMT
FROM  (SELECT ACTVY_SKID,FUND_SKID,PROD_SKID,PRMTN_SKID,DATE_SKID,ACCT_SKID,
BUS_UNIT_SKID,FY_DATE_SKID,ESTMT_VAR_COST_AMT,ESTMT_FIXED_COST_AMT,
REVSD_ESTMT_VAR_COST_AMT,0 as ACTL_COST_AMT,ACTL_VAR_COST_AMT,ACTL_FIXED_COST_AMT,
MANUL_COST_OVRRD_AMT,ESTMT_COST_OVRRD_AMT,COST_BOOK_AMT,
-- Updated by Luke for QC3369
-- If the committed amount on Activity level <0 then return 0
(CASE WHEN SUM(ESTMT_COST_OVRRD_AMT - ACTL_VAR_COST_AMT -
ACTL_FIXED_COST_AMT) OVER(PARTITION BY ACTVY_SKID) < 0 THEN 0
ELSE COST_CMMT_AMT END) AS COST_CMMT_AMT,
-- Updated by Luke for QC3369
(CASE WHEN SUM(ESTMT_COST_OVRRD_AMT - ACTL_VAR_COST_AMT -
ACTL_FIXED_COST_AMT) OVER(PARTITION BY ACTVY_SKID) < 0 THEN 0
ELSE COST_PLAN_AMT END) AS COST_PLAN_AMT,LA_TOT_BOOK_AMT
FROM (SELECT ACTVY_SKID,FUND_SKID,PROD_SKID,PRMTN_SKID,
DATE_SKID,ACCT_SKID,BUS_UNIT_SKID,FY_DATE_SKID,ESTMT_VAR_COST_AMT,
ESTMT_FIXED_COST_AMT,REVSD_ESTMT_VAR_COST_AMT,ACTL_VAR_COST_AMT,
ACTL_FIXED_COST_AMT,MANUL_COST_OVRRD_AMT,
(CASE WHEN SUBSTR(ESTMT_COST_IND, 1, 1) = 'E' THEN
ESTMT_FIXED_COST_AMT + ESTMT_VAR_COST_AMT WHEN SUBSTR(ESTMT_COST_IND, 1, 1) = 'R' THEN
ESTMT_FIXED_COST_AMT + DECODE(REVSD_BPT_COST_AMT,0,REVSD_ESTMT_VAR_COST_AMT,
--Ax Revised Estimated Variable Cost REVSD_BPT_COST_AMT) --BPT Revised Cost
WHEN SUBSTR(ESTMT_COST_IND, 1, 1) = 'M' THEN MANUL_COST_OVRRD_AMT
WHEN ESTMT_COST_IND IS NULL THEN DECODE(CORP_PRMTN_TYPE_CODE,
'Annual Agreement',ESTMT_FIXED_COST_AMT + DECODE(REVSD_BPT_COST_AMT,0,
REVSD_ESTMT_VAR_COST_AMT, --Ax Revised Estimated Variable Cost
REVSD_BPT_COST_AMT), --BPT Revised Cost
ESTMT_FIXED_COST_AMT + ESTMT_VAR_COST_AMT) END) AS ESTMT_COST_OVRRD_AMT,
(ACTL_VAR_COST_AMT + ACTL_FIXED_COST_AMT) AS COST_BOOK_AMT,
DECODE(PRMTN_STTUS_CODE,'Confirmed',
--Estimate Total Cost - Actual Cost
--Add the logic of Activity Stop date and Pyment allow IND
```

```
--For Defect 2913 Luke 2010-5-5
(CASE WHEN (ACTVY_STOP_DATE IS NULL OR ACTVY_STOP_DATE > SYSDATE OR
NVL(PYMT_ALLWD_STOP_IND, 'N') = 'Y') THEN (CASE WHEN SUBSTR(ESTMT_COST_IND, 1, 1) = 'E'
THEN ESTMT_FIXED_COST_AMT + ESTMT_VAR_COST_AMT WHEN SUBSTR(ESTMT_COST_IND, 1, 1) = 'R'
THEN ESTMT_FIXED_COST_AMT + DECODE(REVSD_BPT_COST_AMT,0,REVSD_ESTMT_VAR_COST_AMT,
--Ax Revised Estimated Variable Cost
REVSD_BPT_COST_AMT) --BPT Revised Cost
WHEN SUBSTR(ESTMT_COST_IND, 1, 1) = 'M' THEN MANUL_COST_OVRRD_AMT
WHEN ESTMT_COST_IND IS NULL THEN DECODE(CORP_PRMTN_TYPE_CODE,'Annual Agreement',
ESTMT_FIXED_COST_AMT + DECODE(REVSD_BPT_COST_AMT,0,REVSD_ESTMT_VAR_COST_AMT,
--Ax Revised Estimated Variable Cost
REVSD_BPT_COST_AMT), --BPT Revised Cost
ESTMT_FIXED_COST_AMT + ESTMT_VAR_COST_AMT) END) - (ACTL_VAR_COST_AMT +
ACTL_FIXED_COST_AMT)
ELSE 0 END), 0) AS COST_CMMT_AMT,(CASE WHEN (PRMTN_STTUS_CODE IN ('Planned', 'Revised')
AND NVL(APPRV_STTUS_CODE, 'Nothing') <> 'Rejected' AND
--Add the logic of Activity Stop date and Pyment allow IND
--For Defect 2913 Luke 2010-5-5
(ACTVY_STOP_DATE IS NULL OR ACTVY_STOP_DATE > SYSDATE OR NVL(PYMT_ALLWD_STOP_IND, 'N')
= 'Y'))
THEN (CASE WHEN SUBSTR(ESTMT_COST_IND, 1, 1) = 'E' THEN ESTMT_FIXED_COST_AMT +
ESTMT_VAR_COST_AMT
WHEN SUBSTR(ESTMT_COST_IND, 1, 1) = 'R' THEN ESTMT_FIXED_COST_AMT +
DECODE(REVSD_BPT_COST_AMT,0, REVSD_ESTMT_VAR_COST_AMT, --Ax Revised Estimated Variable
Cost REVSD_BPT_COST_AMT) --BPT Revised Cost
WHEN SUBSTR(ESTMT_COST_IND, 1, 1) = 'M' THEN MANUL_COST_OVRRD_AMT WHEN ESTMT_COST_IND
IS NULL THEN DECODE(CORP_PRMTN_TYPE_CODE,'Annual Agreement',ESTMT_FIXED_COST_AMT
+DECODE(REVSD_BPT_COST_AMT,0,
REVSD_ESTMT_VAR_COST_AMT, --Ax Revised Estimated Variable Cost
REVSD_BPT_COST_AMT), --BPT Revised Cost
ESTMT_FIXED_COST_AMT + ESTMT_VAR_COST_AMT) END) - (ACTL_VAR_COST_AMT +
ACTL_FIXED_COST_AMT) ELSE 0 END) AS COST_PLAN_AMT,(CASE WHEN MTH_START_DATE >
TRUNC(SYSDATE, 'MM') AND PRMTN_STTUS_CODE IN ('Planned', 'Confirmed', 'Revised') THEN
(CASE WHEN SUBSTR(ESTMT_COST_IND, 1, 1)= 'E' THEN ESTMT_FIXED_COST_AMT +
ESTMT_VAR_COST_AMT WHEN SUBSTR(ESTMT_COST_IND, 1, 1) = 'R' THEN ESTMT_FIXED_COST_AMT +
DECODE(REVSD_BPT_COST_AMT,0,REVSD_ESTMT_VAR_COST_AMT,
--Ax Revised Estimated Variable Cost
REVSD_BPT_COST_AMT) --BPT Revised Cost
WHEN SUBSTR(ESTMT_COST_IND, 1, 1) = 'M' THEN MANUL_COST_OVRRD_AMT WHEN ESTMT_COST_IND
IS NULL THEN DECODE(CORP_PRMTN_TYPE_CODE,'Annual Agreement',ESTMT_FIXED_COST_AMT
+DECODE(REVSD_BPT_COST_AMT,0,
REVSD_ESTMT_VAR_COST_AMT, --Ax Revised Estimated Variable Cost
REVSD_BPT_COST_AMT), --BPT Revised Cost
ESTMT_FIXED_COST_AMT + ESTMT_VAR_COST_AMT) END)
WHEN MTH_START_DATE <= TRUNC(SYSDATE, 'MM') THEN (ACTL_VAR_COST_AMT +
ACTL_FIXED_COST_AMT) ELSE 0 END) AS LA_TOT_BOOK_AMT FROM (SELECT
ACTVY_MTH_GTIN.ACTVY_SKID,ACTVY_MTH_GTIN.FUND_SKID,ACTVY_MTH_GTIN.PROD_SKID,
ACTVY_MTH_GTIN.PRMTN_SKID,ACTVY_MTH_GTIN.MTH_SKID AS
DATE_SKID,ACTVY_MTH_GTIN.ACCT_SKID,ACTVY_MTH_GTIN.BUS_UNIT_SKID,
ACTVY_MTH_GTIN.FY_DATE_SKID,PRMTN.PRMTN_STTUS_CODE,
PRMTN.APPRV_STTUS_CODE,ACTVY.ESTMT_COST_IND,ACTVY.CORP_PRMTN_TYPE_CODE,ACTVY.ACTVY_STOP
_DATE,
ACTVY.PYMT_ALLWD_STOP_IND,CAL.MTH_START_DATE,ROUND(NVL(DECODE(ACTVY.COST_TYPE_CODE,'%
Fund',(ACTVY_MTH_GTIN.ESTMT_VAR_COST * -- added by Rita for defect 3105 in R10
ACTVY_MTH_GTIN.ACTVY_GTIN_ESTMT_WGHT_RATE),DECODE(ACTVY.CORP_PRMTN_TYPE_CODE,
```

```
'AnnualAgreement',AA.ESTMT_VAR_COST_AMT,ESTMT_VAR_COST.ESTMT_VAR_COST_AMT)),0),7) AS
ESTMT_VAR_COST_AMT,
-- Modified by Simon For CR389 in R10 on 2010-3-18
ROUND(NVL(DECODE(ACTVY.COST_TYPE_CODE,
-- % Fund
'% Fund',ACTVY_MTH_GTIN.ESTMT_FIX_COST * ACTVY_MTH_GTIN.ACTVY_GTIN_ESTMT_WGHT_RATE,
-- Fixed
'Fixed',ACTVY_MTH_GTIN.ESTMT_FIX_COST * ACTVY_MTH_GTIN.ACTVY_GTIN_ESTMT_WGHT_RATE,
-- Not % Fund or Fixed
DECODE(DECODE(ACTVY.CORP_PRMTN_TYPE_CODE,'Annual Agreement',
SUM(NVL(AA.ESTMT_VAR_COST_AMT,0))OVER(PARTITION BY ACTVY_MTH_GTIN.ACTVY_SKID),
SUM(NVL(ESTMT_VAR_COST.ESTMT_VAR_COST_AMT,0))OVER(PARTITION BY
ACTVY_MTH_GTIN.ACTVY_SKID)),
0,ACTVY_MTH_GTIN.ESTMT_FIX_COST * BRAND_MTH_RATE,ACTVY_MTH_GTIN.ESTMT_FIX_COST *
NVL(DECODE(ACTVY.CORP_PRMTN_TYPE_CODE,'AnnualAgreement',AA.ESTMT_VAR_COST_AMT,ESTMT_VAR
_COST.ESTMT_VAR_COST_AMT),0) / DECODE(ACTVY.CORP_PRMTN_TYPE_CODE,'Annual
Agreement',SUM(NVL(AA.ESTMT_VAR_COST_AMT,0))
OVER(PARTITION BY
ACTVY_MTH_GTIN.ACTVY_SKID),SUM(NVL(ESTMT_VAR_COST.ESTMT_VAR_COST_AMT,0))
OVER(PARTITION BY ACTVY_MTH_GTIN.ACTVY_SKID)))),0),7) AS ESTMT_FIXED_COST_AMT,
-- Change in R10 for Revised Cost logic
ROUND(NVL(DECODE(ACTVY.CORP_PRMTN_TYPE_CODE,'Annual
Agreement',AA.REVSD_ESTMT_VAR_COST_AMT,
REVSD_VAR_COST.REVSD_ESTMT_VAR_COST_AMT),0),7) AS REVSD_ESTMT_VAR_COST_AMT,
ROUND(NVL(ESTMT_VAR_COST.REVSD_BPT_COST_AMT, 0), 7) AS REVSD_BPT_COST_AMT,
ROUND(NVL((ACTVY_MTH_GTIN.ACTL_VAR_COST *
ACTVY_MTH_GTIN.ACTVY_GTIN_ACTL_WGHT_RATE),0),7)
AS ACTL_VAR_COST_AMT,ROUND(NVL((ACTVY_MTH_GTIN.ACTL_FIX_COST *
ACTVY_MTH_GTIN.ACTVY_GTIN_ACTL_WGHT_RATE),0),7) AS
ACTL_FIXED_COST_AMT,ROUND(NVL(DECODE(ACTVY.COST_TYPE_CODE,'% Fund',
ACTVY_MTH_GTIN.MANUL_COST_OVRRD_AMT * ACTVY_MTH_GTIN.ACTVY_GTIN_ESTMT_WGHT_RATE,
'Fixed',ACTVY_MTH_GTIN.MANUL_COST_OVRRD_AMT *
ACTVY_MTH_GTIN.ACTVY_GTIN_ESTMT_WGHT_RATE,
DECODE(DECODE(ACTVY.CORP_PRMTN_TYPE_CODE,'Annual
Agreement',SUM(NVL(AA.ESTMT_VAR_COST_AMT,0))
OVER(PARTITION BY
ACTVY_MTH_GTIN.ACTVY_SKID),SUM(NVL(ESTMT_VAR_COST.ESTMT_VAR_COST_AMT,0))
OVER(PARTITION BY ACTVY_MTH_GTIN.ACTVY_SKID)),0,ACTVY_MTH_GTIN.MANUL_COST_OVRRD_AMT *
BRAND_MTH_RATE,ACTVY_MTH_GTIN.MANUL_COST_OVRRD_AMT *
NVL(DECODE(ACTVY.CORP_PRMTN_TYPE_CODE,'Annual Agreement',AA.ESTMT_VAR_COST_AMT,
ESTMT_VAR_COST.ESTMT_VAR_COST_AMT),0) /DECODE(ACTVY.CORP_PRMTN_TYPE_CODE,
'Annual Agreement',SUM(NVL(AA.ESTMT_VAR_COST_AMT,0))
OVER(PARTITION BY
ACTVY_MTH_GTIN.ACTVY_SKID),SUM(NVL(ESTMT_VAR_COST.ESTMT_VAR_COST_AMT,0))
OVER(PARTITION BY ACTVY_MTH_GTIN.ACTVY_SKID)))),0),7) AS MANUL_COST_OVRRD_AMT
FROM OPT_ACTVY_DIM ACTVY,OPT_PRMTN_DIM PRMTN,OPT_CAL_MASTR_DIM CAL,
(SELECT ACTVY.ACTVY_SKID,ACTVY_GTIN_BRAND.ACTVY_ID,ACTVY.FUND_SKID,
ACTVY.ACCT_PRMTN_SKID AS ACCT_SKID,ACTVY_GTIN_BRAND.PROD_SKID,ACTVY_GTIN_BRAND.PROD_ID,
ACTVY_GTIN_BRAND.PRMTN_SKID,ACTVY.BUS_UNIT_SKID,ACTVY_GTIN_BRAND.MTH_SKID,
ACTVY_GTIN_BRAND.FY_DATE_SKID,ACTVY.VAR_COST_ESTMT_AMT AS ESTMT_VAR_COST,
ACTVY.PRDCT_FIXED_COST_AMT AS ESTMT_FIX_COST,ACTVY.CALC_INDEX_NUM AS ACTL_FIX_COST,
ACTVY.ACTL_VAR_COST_NUM AS
ACTL_VAR_COST,ACTVY.ESTMT_COST_OVRRD_AMT,ACTVY.MANUL_COST_OVRRD_AMT,
ACTVY_GTIN_BRAND.ACTVY_GTIN_ACTL_WGHT_RATE,ACTVY_GTIN_BRAND.ACTVY_GTIN_ESTMT_WGHT_RATE,
ACTVY_GTIN_BRAND.BRAND_MTH_RATE FROM OPT_ACTVY_FCT ACTVY,
```

```
OPT_ACTVY_GTIN_BRAND_SFCT ACTVY_GTIN_BRAND, OPT_ACCT_DIM  ACCT
WHERE ACTVY.ACTVY_SKID = ACTVY_GTIN_BRAND.ACTVY_SKID AND ACCT.ACCT_SKID =
ACTVY.ACCT_PRMTN_SKID
-- Optima11, B018, 9-Oct-2010, Kingham, filter out TSP account
AND ACCT.FUND_FRCST_MODEL_DESC not like 'TSP%') ACTVY_MTH_GTIN,
--Estamate variable cost aggregated to brand level
(SELECT  ESTMT.ACTVY_ID AS ACTVY_ID,BRAND_HIER.BRAND_ID AS PROD_ID,
ESTMT.DATE_SKID AS DATE_SKID,ESTMT.BUS_UNIT_SKID AS BUS_UNIT_SKID,
SUM(ESTMT.ESTMT_VAR_COST_AMT) AS ESTMT_VAR_COST_AMT,
SUM(ESTMT.REVSD_BPT_COST_AMT) AS REVSD_BPT_COST_AMT
FROM OPT_ACTVY_GTIN_ESTMT_SFCT ESTMT, -- add by rita
OPT_PROD_BRAND_ASSOC_DIM  BRAND_HIER,CAL_MASTR_DIM   CAL
WHERE ESTMT.PROD_ID = BRAND_HIER.PROD_ID AND ESTMT.DATE_SKID = CAL.CAL_MASTR_SKID
AND CAL.FISC_YR_SKID = BRAND_HIER.FY_DATE_SKID GROUP BY ESTMT.ACTVY_ID,
BRAND_HIER.BRAND_ID,ESTMT.DATE_SKID,ESTMT.BUS_UNIT_SKID) ESTMT_VAR_COST,
--Revised variable cost aggregated to brand level
(SELECT REVSD.ACTVY_ID AS ACTVY_ID,BRAND_HIER.BRAND_ID AS PROD_ID,
REVSD.DATE_SKID AS DATE_SKID,REVSD.BUS_UNIT_SKID AS BUS_UNIT_SKID,
SUM(REVSD.REVSD_ESTMT_VAR_COST_AMT) AS REVSD_ESTMT_VAR_COST_AMT
FROM OPT_ACTVY_GTIN_REVSD_SFCT REVSD,OPT_PROD_BRAND_ASSOC_DIM  BRAND_HIER,
CAL_MASTR_DIM  CAL WHERE REVSD.PROD_ID = BRAND_HIER.PROD_ID
AND REVSD.DATE_SKID = CAL.CAL_MASTR_SKID AND CAL.FISC_YR_SKID = BRAND_HIER.FY_DATE_SKID
GROUP BY REVSD.ACTVY_ID,
BRAND_HIER.BRAND_ID,REVSD.DATE_SKID,REVSD.BUS_UNIT_SKID) REVSD_VAR_COST,
--AA Variable Cost aggregated to Brand Level
(SELECT  AA.ACTVY_ID AS ACTVY_ID,BRAND_HIER.BRAND_ID AS PROD_ID,AA.MTH_SKID AS
DATE_SKID,
AA.BUS_UNIT_SKID AS BUS_UNIT_SKID,SUM(AA.ESTMT_VAR_COST_AMT) AS ESTMT_VAR_COST_AMT,
SUM(AA.REVSD_VAR_ESTMT_COST_AMT) AS REVSD_ESTMT_VAR_COST_AMT FROM
OPT_ACTVY_BUOM_GTIN_COST_TFADS AA,
OPT_PROD_BRAND_ASSOC_DIM BRAND_HIER WHERE AA.BUOM_GTIN_PROD_SKID = BRAND_HIER.PROD_SKID
AND BRAND_HIER.FY_DATE_SKID = AA.FY_DATE_SKID GROUP BY AA.ACTVY_ID,
BRAND_HIER.BRAND_ID,AA.MTH_SKID,AA.BUS_UNIT_SKID) AA
WHERE ACTVY_MTH_GTIN.ACTVY_ID = ESTMT_VAR_COST.ACTVY_ID(+)
AND ACTVY_MTH_GTIN.MTH_SKID = ESTMT_VAR_COST.DATE_SKID(+)
AND ACTVY_MTH_GTIN.PROD_ID = ESTMT_VAR_COST.PROD_ID(+)
AND ACTVY_MTH_GTIN.ACTVY_ID = REVSD_VAR_COST.ACTVY_ID(+)
AND ACTVY_MTH_GTIN.MTH_SKID = REVSD_VAR_COST.DATE_SKID(+)
AND ACTVY_MTH_GTIN.PROD_ID = REVSD_VAR_COST.PROD_ID(+)
AND ACTVY_MTH_GTIN.ACTVY_ID = AA.ACTVY_ID(+)
AND ACTVY_MTH_GTIN.MTH_SKID = AA.DATE_SKID(+)
AND ACTVY_MTH_GTIN.PROD_ID = AA.PROD_ID(+)
AND ACTVY_MTH_GTIN.ACTVY_SKID = ACTVY.ACTVY_SKID
AND ACTVY_MTH_GTIN.PRMTN_SKID = PRMTN.PRMTN_SKID
AND ACTVY_MTH_GTIN.MTH_SKID = CAL.CAL_MASTR_SKID))
```

SQL 的執行計畫如下（為了方便排版，我們刪除了部分無關緊要的資訊）。

```
SQL> select * from table(dbms_xplan.display);

PLAN_TABLE_OUTPUT
--------------------------------------------------------------------------------
Plan hash value: 2005223222
```

```
---------------------------------------------------------------------------------
| Id |Operation                               |Name                          |Rows  |
---------------------------------------------------------------------------------
|  0 |SELECT STATEMENT                        |                              |    1 |
|  1 | VIEW                                   |                              |    1 |
|  2 |  WINDOW BUFFER                         |                              |    1 |
|  3 |   VIEW                                 |                              |    1 |
|  4 |    WINDOW SORT                         |                              |    1 |
|  5 |     NESTED LOOPS                       |                              |      |
|  6 |      NESTED LOOPS                      |                              |    1 |
|  7 |       NESTED LOOPS                     |                              |    1 |
|* 8 |        HASH JOIN OUTER                 |                              |    1 |
|* 9 |         HASH JOIN OUTER                |                              |    1 |
|*10 |          HASH JOIN OUTER               |                              |    1 |
|*11 |           HASH JOIN                    |                              |    1 |
| 12 |            NESTED LOOPS                |                              |      |
| 13 |             NESTED LOOPS               |                              |    1 |
|*14 |              HASH JOIN                 |                              |    1 |
| 15 |               PARTITION LIST ALL       |                              |    1 |
|*16 |                TABLE ACCESS FULL       |OPT_ACCT_DIM                  |    1 |
| 17 |               PARTITION LIST ALL       |                              | 114K |
| 18 |                TABLE ACCESS FULL       |OPT_ACTVY_FCT                 | 114K |
|*19 |              INDEX RANGE SCAN          |OPT_ACTVY_DIM_PK              |    1 |
| 20 |             TABLE ACCESS BY GLOBAL INDEX ROWID|OPT_ACTVY_DIM          |    1 |
| 21 |            PARTITION LIST ALL          |                              |  19M |
| 22 |             TABLE ACCESS FULL          |OPT_ACTVY_GTIN_BRAND_SFCT     |  19M |
| 23 |          VIEW                          |                              |    1 |
| 24 |           HASH GROUP BY                |                              |    1 |
| 25 |            NESTED LOOPS                |                              |      |
| 26 |             NESTED LOOPS               |                              |    1 |
| 27 |              TABLE ACCESS FULL         |OPT_ACTVY_BUOM_GTIN_COST_TFADS|    1 |
|*28 |              INDEX RANGE SCAN          |OPT_PROD_BRAND_ASSOC_DIM_PK   |    1 |
| 29 |             TABLE ACCESS BY GLOBAL INDEX ROWID|OPT_PROD_BRAND_ASSOC_DIM|    1 |
| 30 |         VIEW                           |                              |  718 |
| 31 |          HASH GROUP BY                 |                              |  718 |
|*32 |           HASH JOIN                    |                              |  718 |
|*33 |            HASH JOIN                   |                              |  872 |
| 34 |             PARTITION LIST ALL         |                              |  872 |
| 35 |              TABLE ACCESS FULL         |OPT_ACTVY_GTIN_REVSD_SFCT     |  872 |
| 36 |             TABLE ACCESS FULL          |OPT_CAL_MASTR_DIM             |36826 |
| 37 |            PARTITION LIST ALL          |                              | 671K |
| 38 |             TABLE ACCESS FULL          |OPT_PROD_BRAND_ASSOC_DIM      | 671K |
| 39 |        VIEW                            |                              | 6174 |
| 40 |         HASH GROUP BY                  |                              | 6174 |
|*41 |          HASH JOIN                     |                              | 6174 |
|*42 |           HASH JOIN                    |                              | 8998 |
| 43 |            PARTITION LIST ALL          |                              | 8998 |
| 44 |             TABLE ACCESS FULL          |OPT_ACTVY_GTIN_ESTMT_SFCT     | 8998 |
| 45 |            TABLE ACCESS FULL           |OPT_CAL_MASTR_DIM             |36826 |
| 46 |           PARTITION LIST ALL           |                              | 671K |
| 47 |            TABLE ACCESS FULL           |OPT_PROD_BRAND_ASSOC_DIM      | 671K |
| 48 |       TABLE ACCESS BY INDEX ROWID      |OPT_CAL_MASTR_DIM             |    1 |
|*49 |        INDEX UNIQUE SCAN               |OPT_CAL_MASTR_DIM_PK          |    1 |
|*50 |      INDEX RANGE SCAN                  |OPT_PRMTN_DIM_PK              |    1 |
| 51 |     TABLE ACCESS BY GLOBAL INDEX ROWID |OPT_PRMTN_DIM                 |    1 |
---------------------------------------------------------------------------------
```

```
--------------------------------------------------------------------------------
Predicate Information (identified by operation id):
--------------------------------------------------
   8 - access("ACTVY_GTIN_BRAND"."ACTVY_ID"="ESTMT_VAR_COST"."ACTVY_ID"(+) AND
           "ACTVY_GTIN_BRAND"."MTH_SKID"="ESTMT_VAR_COST"."DATE_SKID"(+) AND
           "ACTVY_GTIN_BRAND"."PROD_ID"="ESTMT_VAR_COST"."PROD_ID"(+))
   9 - access("ACTVY_GTIN_BRAND"."ACTVY_ID"="REVSD_VAR_COST"."ACTVY_ID"(+) AND
           "ACTVY_GTIN_BRAND"."MTH_SKID"="REVSD_VAR_COST"."DATE_SKID"(+) AND
           "ACTVY_GTIN_BRAND"."PROD_ID"="REVSD_VAR_COST"."PROD_ID"(+))
  10 - access("ACTVY_GTIN_BRAND"."ACTVY_ID"="AA"."ACTVY_ID"(+) AND
           "ACTVY_GTIN_BRAND"."MTH_SKID"="AA"."DATE_SKID"(+) AND
           "ACTVY_GTIN_BRAND"."PROD_ID"="AA"."PROD_ID"(+))
  11 - access("ACTVY"."ACTVY_SKID"="ACTVY_GTIN_BRAND"."ACTVY_SKID")
  14 - access("ACCT"."ACCT_SKID"="ACTVY"."ACCT_PRMTN_SKID")
  16 - filter("ACCT"."FUND_FRCST_MODEL_DESC" NOT LIKE 'TSP%')
  19 - access("ACTVY"."ACTVY_SKID"="ACTVY"."ACTVY_SKID")
  28 - access("AA"."BUOM_GTIN_PROD_SKID"="BRAND_HIER"."PROD_SKID" AND
           "BRAND_HIER"."FY_DATE_SKID"="AA"."FY_DATE_SKID")
  32 - access("REVSD"."PROD_ID"="BRAND_HIER"."PROD_ID" AND
           "CAL"."FISC_YR_SKID"="BRAND_HIER"."FY_DATE_SKID")
  33 - access("REVSD"."DATE_SKID"="CAL"."CAL_MASTR_SKID")
  41 - access("ESTMT"."PROD_ID"="BRAND_HIER"."PROD_ID" AND
           "CAL"."FISC_YR_SKID"="BRAND_HIER"."FY_DATE_SKID")
  42 - access("ESTMT"."DATE_SKID"="CAL"."CAL_MASTR_SKID")
  49 - access("ACTVY_GTIN_BRAND"."MTH_SKID"="CAL"."CAL_MASTR_SKID")
  50 - access("ACTVY_GTIN_BRAND"."PRMTN_SKID"="PRMTN"."PRMTN_SKID")
```

該 SQL 是用來做資料清洗的（ETL），需要處理大量資料。處理大量資料應該走 HASH 連接，因此該執行計畫是錯誤的，因為執行計畫中有大量的巢狀嵌套迴圈。

注意觀察執行計畫，執行計畫中 Id=16 和 Id=27 最佳化程式評估只返回 1 列資料，因此懷疑 OPT_ACCT_DIM 和 OPT_ACTVY_BUOM_GTIN_COST_TFADS 這兩個表統計資訊有問題。對這兩個表收集完統計資訊之後，我們再來看一下執行計畫。

```
SQL> select * from table(dbms_xplan.display);

PLAN_TABLE_OUTPUT
--------------------------------------------------------------------------------
Plan hash value: 183294992
--------------------------------------------------------------------------------
| Id |Operation                         |Name              |Rows |
--------------------------------------------------------------------------------
|  0 |SELECT STATEMENT                  |                  | 19M|
|  1 | VIEW                             |                  | 19M|
|  2 |  WINDOW BUFFER                   |                  | 19M|
|  3 |   VIEW                           |                  | 19M|
|  4 |    WINDOW SORT                   |                  | 19M|
```

```
|* 5 |      HASH JOIN                              |                              |  19M|
|  6 |       PARTITION LIST ALL                    |                              |37880|
|  7 |        TABLE ACCESS FULL                    |OPT_PRMTN_DIM                 |37880|
|* 8 |      HASH JOIN                              |                              |  19M|
|  9 |       TABLE ACCESS FULL                     |OPT_CAL_MASTR_DIM             |36826|
|*10 |       HASH JOIN RIGHT OUTER                 |                              |  19M|
| 11 |        VIEW                                 |                              | 6174|
| 12 |         HASH GROUP BY                       |                              | 6174|
|*13 |          HASH JOIN                          |                              | 6174|
|*14 |           HASH JOIN                         |                              | 8998|
| 15 |            PARTITION LIST ALL               |                              | 8998|
| 16 |             TABLE ACCESS FULL               |OPT_ACTVY_GTIN_ESTMT_SFCT     | 8998|
| 17 |            TABLE ACCESS FULL                |OPT_CAL_MASTR_DIM             |36826|
| 18 |           PARTITION LIST ALL                |                              | 671K|
| 19 |            TABLE ACCESS FULL                |OPT_PROD_BRAND_ASSOC_DIM      | 671K|
|*20 |        HASH JOIN RIGHT OUTER                |                              |  19M|
| 21 |         VIEW                                |                              |  718|
| 22 |          HASH GROUP BY                      |                              |  718|
|*23 |           HASH JOIN                         |                              |  718|
|*24 |            HASH JOIN                        |                              |  872|
| 25 |             PARTITION LIST ALL              |                              |  872|
| 26 |              TABLE ACCESS FULL              |OPT_ACTVY_GTIN_REVSD_SFCT     |  872|
| 27 |             TABLE ACCESS FULL               |OPT_CAL_MASTR_DIM             |36826|
| 28 |            PARTITION LIST ALL               |                              | 671K|
| 29 |             TABLE ACCESS FULL               |OPT_PROD_BRAND_ASSOC_DIM      | 671K|
|*30 |         HASH JOIN RIGHT OUTER               |                              |  19M|
| 31 |          VIEW                               |                              |    1|
| 32 |           HASH GROUP BY                     |                              |    1|
| 33 |            NESTED LOOPS                      |                              |     |
| 34 |             NESTED LOOPS                     |                              |    1|
| 35 |              TABLE ACCESS FULL              |OPT_ACTVY_BUOM_GTIN_COST_TFADS|    1|
|*36 |              INDEX RANGE SCAN               |OPT_PROD_BRAND_ASSOC_DIM_PK   |    1|
| 37 |             TABLE ACCESS BY GLOBAL INDEX ROWID|OPT_PROD_BRAND_ASSOC_DIM    |    1|
|*38 |         HASH JOIN                           |                              |  19M|
|*39 |          HASH JOIN                          |                              | 114K|
| 40 |           PARTITION LIST ALL                |                              | 115K|
| 41 |            TABLE ACCESS FULL                |OPT_ACTVY_DIM                 | 115K|
|*42 |           HASH JOIN                         |                              | 114K|
| 43 |            PARTITION LIST ALL               |                              |94478|
|*44 |             TABLE ACCESS FULL              |OPT_ACCT_DIM                  |94478|
| 45 |            PARTITION LIST ALL               |                              | 114K|
| 46 |             TABLE ACCESS FULL               |OPT_ACTVY_FCT                 | 114K|
| 47 |         PARTITION LIST ALL                  |                              |  19M|
| 48 |          TABLE ACCESS FULL                  |OPT_ACTVY_GTIN_BRAND_SFCT     |  19M|
---------------------------------------------------------------------------------------

Predicate Information (identified by operation id):
---------------------------------------------------

   5 - access("ACTVY_GTIN_BRAND"."PRMTN_SKID"="PRMTN"."PRMTN_SKID")
   8 - access("ACTVY_GTIN_BRAND"."MTH_SKID"="CAL"."CAL_MASTR_SKID")
  10 - access("ACTVY_GTIN_BRAND"."ACTVY_ID"="ESTMT_VAR_COST"."ACTVY_ID"(+)
            AND "ACTVY_GTIN_BRAND"."MTH_SKID"="ESTMT_VAR_COST"."DATE_SKID"(+) AND
            "ACTVY_GTIN_BRAND"."PROD_ID"="ESTMT_VAR_COST"."PROD_ID"(+))
  13 - access("ESTMT"."PROD_ID"="BRAND_HIER"."PROD_ID" AND
            "CAL"."FISC_YR_SKID"="BRAND_HIER"."FY_DATE_SKID")
```

```
14 - access("ESTMT"."DATE_SKID"="CAL"."CAL_MASTR_SKID")
20 - access("ACTVY_GTIN_BRAND"."ACTVY_ID"="REVSD_VAR_COST"."ACTVY_ID"(+)
            AND "ACTVY_GTIN_BRAND"."MTH_SKID"="REVSD_VAR_COST"."DATE_SKID"(+) AND
        "ACTVY_GTIN_BRAND"."PROD_ID"="REVSD_VAR_COST"."PROD_ID"(+))
23 - access("REVSD"."PROD_ID"="BRAND_HIER"."PROD_ID" AND
        "CAL"."FISC_YR_SKID"="BRAND_HIER"."FY_DATE_SKID")
24 - access("REVSD"."DATE_SKID"="CAL"."CAL_MASTR_SKID")
30 - access("ACTVY_GTIN_BRAND"."ACTVY_ID"="AA"."ACTVY_ID"(+) AND
        "ACTVY_GTIN_BRAND"."MTH_SKID"="AA"."DATE_SKID"(+) AND
        "ACTVY_GTIN_BRAND"."PROD_ID"="AA"."PROD_ID"(+))
36 - access("AA"."BUOM_GTIN_PROD_SKID"="BRAND_HIER"."PROD_SKID" AND
        "BRAND_HIER"."FY_DATE_SKID"="AA"."FY_DATE_SKID")
38 - access("ACTVY"."ACTVY_SKID"="ACTVY_GTIN_BRAND"."ACTVY_SKID")
39 - access("ACTVY"."ACTVY_SKID"="ACTVY"."ACTVY_SKID")
42 - access("ACCT"."ACCT_SKID"="ACTVY"."ACCT_PRMTN_SKID")
44 - filter("ACCT"."FUND_FRCST_MODEL_DESC" NOT LIKE 'TSP%')
```

執行計畫中，除了 Id=35 和 Id=37 兩個表沒有走 HASH 連接之外，其餘表都跑了 HASH 連接。Id=35 的表 OPT_ACTVY_BUOM_GTIN_COST_TFADS 之前已經收集過統計資訊，因此 Id=35 和 Id=37 的表走巢狀嵌套迴圈沒有問題，那麼整個 SQL 的執行計畫現在是正確的。糾正完執行計畫之後，筆者將 SQL 放在後端執行了大概兩小時，發現 SQL 還沒執行完畢。起初，筆者認為 SQL 執行 7 個小時還沒跑完是因為 SQL 執行計畫錯誤導致的，但是現在糾正了 SQL 的執行計畫，SQL 執行了兩小時還是沒有跑完，於是監控 SQL 的等待事件，看 SQL 究竟在等什麼。

```
SQL> select inst_id,sid,serial#,event,p1,p2,p3
  2  from gv$session where osuser='luobi';

  INST_ID       SID    SERIAL# EVENT                         P1         P2         P3
--------- --------- ---------- ------------------------ -------- ---------- ----------
        2      4754      10050 direct path write temp      20025     857328          7

SQL> /

  INST_ID       SID    SERIAL# EVENT                         P1         P2         P3
--------- --------- ---------- ------------------------ -------- ---------- ----------
        2      4754      10050 direct path write temp      20025     406768          7

SQL> /

  INST_ID       SID    SERIAL# EVENT                         P1         P2         P3
--------- --------- ---------- ------------------------ -------- ---------- ----------
        2      4754      10050 direct path write temp      20007    2849264          7

SQL> /

  INST_ID       SID    SERIAL# EVENT                         P1         P2         P3
--------- --------- ---------- ------------------------ -------- ---------- ----------
        2      4754      10050 direct path write temp      20007     115341          7
```

```
SQL> /

INST_ID        SID    SERIAL# EVENT                      P1        P2       P3
-------- ---------- ---------- ----------------------- ------ ---------- ---------
       2       4754      10050 direct path write temp   20007     81029         7
```

我們監控到該 SQL 的等待事件為 direct path write temp，該等待事件表示目前 SQL 正在進行排序或者正在進行 HASH 連接，但是因為 PGA 不夠大，不能完全容納需要排序或者需要 HASH 的資料，導致有部分資料被寫入 temp 表空間。

為了追查究竟是因為排序還是因為 HASH 而引發的 direct path write temp 等待，使用以下腳本查看臨時段資料型別。

```
SQL> select a.inst_id, a.sid, a.serial#, a.sql_id, b.tablespace, b.blocks*
  2  (select value from v$parameter where name='db_block_size')/1024/1024 "Size(M)",
b.segtype
  3  from gv$session a, gv$tempseg_usage b where a.inst_id=b.inst_id and a.saddr =
b.session_addr
  4  and a.inst_id=2 and a.sid=4754;

INST_ID        SID    SERIAL# SQL_ID        TABLESPACE      Size(M) SEGTYPE
-------- ---------- ---------- ------------- -------------- -------- --------
       2       4754      10050 6qsuc8mafy20m TEMP                  1 DATA
       2       4754      10050 6qsuc8mafy20m TEMP                  1 LOB_DATA
       2       4754      10050 6qsuc8mafy20m TEMP                  1 INDEX
       2       4754      10050 6qsuc8mafy20m TEMP                  1 LOB_DATA
       2       4754      10050 6qsuc8mafy20m TEMP               3304 HASH
```

從 SQL 查詢中我們看到，臨時段資料型別為 HASH，耗費了 3304MB 的 temp 表空間，這表示 SQL 是因為 HASH 連接引發的 direct path write temp 等待。

大家請仔細觀察等待事件 P3，它的值一直為 7，這表示 Oracle 一次只寫入 7 個塊到 temp 表空間，而且是一直只寫入 7 個塊到 temp 表空間。筆者在第 4 章中講到，絕大多數的作業系統，一次 I/O 最多只能讀取或者寫入 1MB 資料。這裡的資料塊大小為 16KB，正常情況下應該是每次 I/O 寫入 64 個塊到 temp 表空間，但是每次 I/O 只寫了 7 個塊。於是懷疑是 PGA 中 work area 不夠導致出現了該問題。

PGA 在自動管理的情況下，單個 PGA 處理程序的 work area 不能超過 1GB（想要超過 1GB 需要修改隱含參數，但是本書主題是 SQL 最佳化，因此不想太多涉及到 Oracle 內部原理），如果 PGA 是手動管理，單個 PGA 處理程序的 work area 可以接近 2GB，但是不能超過 2GB。

```
SQL> alter session set workarea_size_policy = manual;

Session altered.

SQL> alter session set hash_area_size = 2147483648; ---2GB
alter session set hash_area_size = 2147483648
                                             *
ERROR at line 1:
ORA-02017: integer value required

SQL> alter session set hash_area_size = 2147483647;

Session altered.
```

將 PGA 的 work area 設定為接近 2GB 之後，重新執行了 SQL 並且監控等待事件。

```
SQL> select inst_id,sid,serial#,event,p1,p2,p3
  2  from gv$session where osuser='luobi';

INST_ID        SID   SERIAL# EVENT                          P1         P2         P3
-------- ---------- ---------- ----------------------- -------- ---------- ----------
       2       4885     11759 direct path write temp      20012      71053         64
```

將 PGA 的 work area 設定為接近 2GB 之後，筆者發現 P3 可以達到 64，相比之前一次只能寫入 7 個塊速度提升了 9 倍。

有 direct path write temp 等待必然會出現 direct path read temp 等待，在沒修改 PGA 的 work area 之前，不僅僅是單次 I/O 只能寫入 7 個塊，單次 I/O 讀取也是只能讀取 7 個塊。因此，將 PGA 的 work area 設定為接近 2GB 之後，整個 SQL 的效能應該提升了 18 倍。

最後，經過對比測試，手動設定 work area 的 SQL 只需要 56 分鐘左右就能執行完畢。

```
6889440 rows selected.

Elapsed: 00:56:36.08
```

而自動 work area 管理的 SQL 還在一直等待 direct path write temp，估計該 SQL 如果不手動設定 work area，可能跑一天一夜都跑不完。

最佳化完上述 SQL 之後，我們發現當時整個平台已經癱瘓，整個平台都出現了 P3=7 的問題，最後經過與 Oracle 確認，發現該問題是 11.1.0.7 版本在 HPUX 平台下的一個 bug。Oracle 開發補丁需要一定的時間，在此期間，使用本書給出的方法臨時解決了專案中遇到的問題，確保專案不會因此延期。

第 10 章
全自動
SQL 審核

在本章中將為大家分享一些常用的全自動 SQL 審核腳本。在實際工作中，我們可以對腳本進行適當修改，以便適應自己的資料庫環境，從而提升工作效率。因為本書的主題是 SQL 優化，所以本章不會涉及常用的資料庫監控腳本和常用的 DBA 運行維護腳本。

10.1 抓出外鍵沒有新建索引的表

此腳本不依賴統計資訊。

建議在外鍵欄上新建索引，外鍵欄不新建索引容易導致鎖死。級聯刪除的時候，外鍵欄沒有索引會導致表被全資料表掃描。以下腳本抓出 Scott 帳戶下外鍵沒新建索引的表。

```
with cons as (select /*+ materialize */ owner, table_name, constraint_name
         from dba_constraints
         where owner = 'SCOTT'
           AND constraint_type = 'R'),
    idx as (
    select /*+ materialize */ table_owner,table_name, column_name
         from dba_ind_columns
         where table_owner = 'SCOTT')
select owner,table_name,constraint_name,column_name
  from dba_cons_columns
 where (owner,table_name, constraint_name) in
       (select * from cons)
   and (owner,table_name, column_name) not in
       (select * from idx);
```

在 Scott 帳戶中，EMP 表的 deptno 欄參照了 DEPT 表的 deptno 欄，但是沒有新建索引，因此我們透過腳本可以將其抓出。

```
SQL> with cons as (select /*+ materialize */ owner, table_name, constraint_name
  2             from dba_constraints
  3           where owner = 'SCOTT'
  4             AND constraint_type = 'R'),
  5      idx as (
  6      select /*+ materialize */ table_owner,table_name, column_name
  7           from dba_ind_columns
  8           where table_owner = 'SCOTT')
  9  select owner,table_name,constraint_name,column_name
 10    from dba_cons_columns
 11   where (owner,table_name, constraint_name) in
 12         (select * from cons)
 13     and (owner,table_name, column_name) not in
 14         (select * from idx);

OWNER      TABLE_NAME      CONSTRAINT_NAME        COLUMN_NAME
--------   ----------      -------------------    --------------------
SCOTT      EMP             FK_DEPTNO              DEPTNO
```

10.2　抓出需要收集直方圖的欄位

此腳本依賴統計資訊。

當一個表比較大，欄位選擇性低於 5%，而且欄位出現在 where 條件中，為了防止最佳化程式估算 Rows 出現較大偏差，我們需要對這種欄位收集直方圖。以下腳本抓出 Scott 帳戶下，表總列數大於 5 萬列、欄選擇性低於 5%，並且欄位出現在 where 條件中的表以及欄位資訊。

```
select a.owner,
       a.table_name,
       a.column_name,
       b.num_rows,
       a.num_distinct Cardinality,
       round(a.num_distinct / b.num_rows * 100, 2) selectivity
  from dba_tab_col_statistics a, dba_tables b
 where a.owner = b.owner
   and a.table_name = b.table_name
   and a.owner = 'SCOTT'
   and round(a.num_distinct / b.num_rows * 100, 2) < 5
   and num_rows > 50000
   and (a.table_name, a.column_name) in
       (select o.name, c.name
          from sys.col_usage$ u, sys.obj$ o, sys.col$ c, sys.user$ r
         where o.obj# = u.obj#
           and c.obj# = u.obj#
           and c.col# = u.intcol#
           and r.name = 'SCOTT');
```

在 Scott 帳戶中，test 表總列數大於 5 萬列，owner 欄選擇性小於 5%，而且出現在 where 條件中，透過以上腳本我們可以將其抓出。

```
SQL> select a.owner,
  2         a.table_name,
  3         a.column_name,
  4         b.num_rows,
  5         a.num_distinct Cardinality,
  6         round(a.num_distinct / b.num_rows * 100, 2) selectivity
  7    from dba_tab_col_statistics a, dba_tables b
  8   where a.owner = b.owner
  9     and a.table_name = b.table_name
 10     and a.owner = 'SCOTT'
 11     and round(a.num_distinct / b.num_rows * 100, 2) < 5
 12     and num_rows > 50000
 13     and (a.table_name, a.column_name) in
 14         (select o.name, c.name
 15            from sys.col_usage$ u, sys.obj$ o, sys.col$ c, sys.user$ r
 16           where o.obj# = u.obj#
 17             and c.obj# = u.obj#
```

```
   18              and c.col# = u.intcol#
   19              and r.name = 'SCOTT');

OWNER    TABLE_NAME       COLUMN_NAME        NUM_ROWS CARDINALITY SELECTIVITY
-------  ---------------  ---------------  ---------- ----------- -----------
SCOTT    TEST             OWNER                 73020          29         .04
```

10.3 抓出必須新建索引的欄位

此腳本依賴統計資訊。

當一個表比較大，欄位選擇性超過 20%，欄位出現在 where 條件中並且沒有新建索引，我們可以對該欄新建索引從而提升 SQL 查詢效能。以下腳本抓出 Scott 帳戶下表總列數大於 5 萬列、欄選擇性超過 20%、欄位出現在 where 條件中，並且沒有新建索引。

```
select owner,
       table_name,
       column_name,
       num_rows,
       Cardinality,
       selectivity
  from (select a.owner,
               a.table_name,
               a.column_name,
               b.num_rows,
               a.num_distinct Cardinality,
               round(a.num_distinct / b.num_rows * 100, 2) selectivity
          from dba_tab_col_statistics a, dba_tables b
         where a.owner = b.owner
           and a.table_name = b.table_name
           and a.owner = 'SCOTT')
 where selectivity >= 20
   and num_rows > 50000
   and (table_name, column_name) not in
       (select table_name, column_name
          from dba_ind_columns
         where table_owner = 'SCOTT' and column_position=1)
   and (table_name, column_name) in
       (select o.name, c.name
          from sys.col_usage$ u, sys.obj$ o, sys.col$ c, sys.user$ r
         where o.obj# = u.obj#
           and c.obj# = u.obj#
           and c.col# = u.intcol#
           and r.name = 'SCOTT');
```

在 Scott 帳戶中，test 表總列數大於 5 萬列，有兩個欄位出現在 where 條件中，選擇性大於 20%，而且沒有新建索引，我們透過以上腳本將其抓出。

```
SQL> select owner,
  2         table_name,
  3         column_name,
  4         num_rows,
  5         Cardinality,
  6         selectivity
  7    from (select a.owner,
  8                 a.table_name,
  9                 a.column_name,
 10                 b.num_rows,
 11                 a.num_distinct Cardinality,
 12                 round(a.num_distinct / b.num_rows * 100, 2) selectivity
 13            from dba_tab_col_statistics a, dba_tables b
 14           where a.owner = b.owner
 15             and a.table_name = b.table_name
 16             and a.owner = 'SCOTT')
 17   where selectivity >= 20
 18     and num_rows > 50000
 19     and (table_name, column_name) not in
 20         (select table_name, column_name
 21            from dba_ind_columns
 22           where table_owner = 'SCOTT' and column_position=1)
 23     and (table_name, column_name) in
 24         (select o.name, c.name
 25            from sys.col_usage$ u, sys.obj$ o, sys.col$ c, sys.user$ r
 26           where o.obj# = u.obj#
 27             and c.obj# = u.obj#
 28             and c.col# = u.intcol#
 29             and r.name = 'SCOTT');

OWNER    TABLE_NAME      COLUMN_NAME        NUM_ROWS CARDINALITY SELECTIVITY
-------- --------------- --------------- ---------- ----------- -----------
SCOTT    TEST            OBJECT_ID            73020       73020         100
SCOTT    TEST            OBJECT_NAME          73020       41002       56.15
```

10.4 抓出 SELECT * 的 SQL

此腳本不依賴統計資訊。

在開發過程中，我們應該儘量避免編寫 SELECT * 這種 SQL。SELECT * 這種 SQL，走索引無法避免回表，走 HASH 連接的時候會將驅動表所有的欄放入 PGA 中，浪費 PGA 記憶體。執行計畫中(V$SQL_PLAN/PLAN_TABLE)，projection 欄位表示存取了哪些欄位，如果 projection 欄位中欄位個數等於表的欄位總個數，那麼我們就可以判斷 SQL 語句使用了 SELECT *。以下腳本抓出 SELECT * 的 SQL。

```
select a.sql_id, a.sql_text, c.owner, d.table_name, d.column_cnt, c.size_mb
  from v$sql a,
       v$sql_plan b,
       (select owner, segment_name, sum(bytes / 1024 / 1024) size_mb
          from dba_segments
         group by owner, segment_name) c,
       (select owner, table_name, count(*) column_cnt
          from dba_tab_cols
         group by owner, table_name) d
 where a.sql_id = b.sql_id
   and a.child_number = b.child_number
   and b.object_owner = c.owner
   and b.object_name = c.segment_name
   and b.object_owner = d.owner
   and b.object_name = d.table_name
   and REGEXP_COUNT(b.projection, ']') = d.column_cnt
   and c.owner = 'SCOTT'
 order by 6 desc;
```

我們在 Scott 帳戶中執行如下 SQL。

```
select * from t where object_id<1000;
```

我們使用腳本將其抓出。

```
SQL> select a.sql_id, a.sql_text, c.owner, d.table_name, d.column_cnt, c.size_mb
  2    from v$sql a,
  3         v$sql_plan b,
  4         (select owner, segment_name, sum(bytes / 1024 / 1024) size_mb
  5            from dba_segments
  6           group by owner, segment_name) c,
  7         (select owner, table_name, count(*) column_cnt
  8            from dba_tab_cols
  9           group by owner, table_name) d
 10    where a.sql_id = b.sql_id
 11      and a.child_number = b.child_number
 12      and b.object_owner = c.owner
 13      and b.object_name = c.segment_name
 14      and b.object_owner = d.owner
 15      and b.object_name = d.table_name
 16      and REGEXP_COUNT(b.projection, ']') = d.column_cnt
 17      and c.owner = 'SCOTT'
 18    order by 6 desc;
```

```
SQL_ID       SQL_TEXT                                  OWNER  TABLE_NAME COLUMN_CNT  SIZE_MB
----------   ----------------------------------------  ------ ---------- ---------  ---------
ga64bhp5fxhtn select * from t where object_id<1000    SCOTT  T                15          9
```

10.5　抓出有純量子查詢的 SQL

此腳本不依賴統計資訊。

在開發過程中，我們應該儘量避免編寫純量子查詢。我們可以透過分析執行計畫，抓出純量子查詢語句。同一個 SQL 語句，執行計畫中如果有兩個或者兩個以上的 depth=1 的執行計畫就表示 SQL 中出現了純量子查詢。以下腳本抓出 Scott 帳戶下在 SQL*Plus 中執行過的純量子查詢語句。

```
select sql_id, sql_text, module
  from v$sql
 where parsing_schema_name = 'SCOTT'
   and module = 'SQL*Plus'
   AND sql_id in
       (select sql_id
          from (select sql_id,
                       count(*) over(partition by sql_id, child_number, depth) cnt
                  from V$SQL_PLAN
                 where depth = 1
                   and (object_owner = 'SCOTT' or object_owner is null))
         where cnt >= 2);
```

我們在 SQL*Plus 中執行如下純量子查詢語句。

```
SQL> select dname,
  2   (select max(sal) from emp where deptno = d.deptno) max_sal
  3   from dept d;

DNAME            MAX_SAL
-------------- ----------
ACCOUNTING         5000
RESEARCH           3000
SALES              2850
OPERATIONS
```

我們利用以上腳本將剛執行過的純量子查詢抓出。

```
SQL> select sql_id, sql_text, module
  2     from v$sql
  3    where parsing_schema_name = 'SCOTT'
  4      and module = 'SQL*Plus'
  5      AND sql_id in
  6          (select sql_id
  7             from (select sql_id,
  8                          count(*) over(partition by sql_id, child_number, depth) cnt
  9                     from V$SQL_PLAN
 10                    where depth = 1
 11                      and (object_owner = 'SCOTT' or object_owner is null))
 12           where cnt >= 2);
```

```
SQL_ID            SQL_TEXT                                                    MODULE
--------------    -----------------------------------------------------       --------------------
739fhcuOpbz28     select dname, (select max(sal) from emp where               SQL*Plus
                  deptno = d.deptno) max_sal from dept d
```

10.6 抓出帶有自訂函數的 SQL

此腳本不依賴統計資訊。

在開發過程中，我們應該避免在 SQL 語句中呼叫自訂函數。我們可以透過以下 SQL 語句抓出 SQL 語句中呼叫了自訂函數的 SQL。

```
select distinct sql_id, sql_text, module
  from V$SQL,
       (select object_name
          from DBA_OBJECTS O
         where owner = 'SCOTT'
           and object_type in ('FUNCTION', 'PACKAGE'))
 where (instr(upper(sql_text), object_name) > 0)
   and plsql_exec_time > 0
   and regexp_like(upper(sql_fulltext), '^[SELECT]')
   and parsing_schema_name = 'SCOTT';
```

我們在 Scott 帳戶中新建如下函數。

```
create or replace function f_getdname(v_deptno in number) return varchar2 as
  v_dname dept.dname%type;
begin
  select dname into v_dname from dept where deptno = v_deptno;
  return v_dname;
end f_getdname;
/
```

然後我們在 Scott 帳戶中執行如下 SQL。

```
SQL> select empno,sal,f_getdname(deptno) dname from emp;

     EMPNO        SAL DNAME
---------- ---------- -----------------------
      7369        800 RESEARCH
      7499       1600 SALES
      7521       1250 SALES
      7566       2975 RESEARCH
      7654       1250 SALES
      7698       2850 SALES
      7782       2450 ACCOUNTING
```

```
        7788      3000 RESEARCH
        7839      5000 ACCOUNTING
        7844      1500 SALES
        7876      1100 RESEARCH
        7900       950 SALES
        7902      3000 RESEARCH
        7934      1300 ACCOUNTING
```

我們透過腳本抓出剛執行過的 SQL 語句。

```
SQL> select distinct sql_id, sql_text, module
  2    from V$SQL,
  3         (select object_name
  4            from DBA_OBJECTS O
  5          where owner = 'SCOTT'
  6            and object_type in ('FUNCTION', 'PACKAGE'))
  7   where (instr(upper(sql_text), object_name) > 0)
  8     and plsql_exec_time > 0
  9     and regexp_like(upper(sql_fulltext), '^[SELECT]')
 10     and parsing_schema_name = 'SCOTT';

SQL_ID           SQL_TEXT                                               MODULE
---------------  -----------------------------------------------------  ---------
2ck71xc69j49u    select empno,sal,f_getdname(deptno) dname from emp     SQL*Plus
```

10.7　抓出表中被多次反覆呼叫的 SQL

此腳本不依賴統計資訊。

在開發過程中，我們應該避免在同一個 SQL 語句中對同一個表多次存取。我們可以透過下面 SQL 抓出同一個 SQL 語句中對某個表進行多次掃描的 SQL。

```
select a.parsing_schema_name schema,
       a.sql_id,
       a.sql_text,
       b.object_name,
       b.cnt
  from v$sql a,
       (select *
          from (select sql_id,
                       child_number,
                       object_owner,
                       object_name,
                       object_type,
                       count(*) cnt
                  from v$sql_plan
                 where object_owner = 'SCOTT'
```

```
                    group by sql_id,
                             child_number,
                             object_owner,
                             object_name,
                             object_type)
        where cnt >= 2) b
 where a.sql_id = b.sql_id
   and a.child_number = b.child_number;
```

我們在 Scott 帳戶中執行如下 SQL。

```
select ename,job,deptno from emp where sal>(select avg(sal) from emp);
```

以上 SQL 存取了 emp 表兩次，我們可以透過腳本將其抓出。

```
SQL> select a.parsing_schema_name schema,
  2         a.sql_id,
  3         a.sql_text,
  4         b.object_name,
  5         b.cnt
  6    from v$sql a,
  7         (select *
  8            from (select sql_id,
  9                         child_number,
 10                         object_owner,
 11                         object_name,
 12                         object_type,
 13                         count(*) cnt
 14                    from v$sql_plan
 15                   where object_owner = 'SCOTT'
 16                   group by sql_id,
 17                            child_number,
 18                            object_owner,
 19                            object_name,
 20                            object_type)
 21           where cnt >= 2) b
 22   where a.sql_id = b.sql_id
 23     and a.child_number = b.child_number;
```

```
SCHEMA          SQL_ID           SQL_TEXT                        OBJECT_NAME     CNT
--------------- ---------------- ------------------------------- ----------- ----------
SCOTT           fdt0z70z43vgv    select ename,job,deptno from    EMP               2
                                 emp where sal>(select avg(sal)
                                     from emp)
```

10.8　抓出跑了 FILTER 的 SQL

此腳本不依賴統計資訊。

當 where 子查詢沒能 unnest，執行計畫中就會出現 FILTER，對於此類 SQL，我們應該在上線之前對其進行改寫，避免執行計畫中出現 FILTER，以下腳本可以抓出 where 子查詢沒能 unnest 的 SQL。

```
select parsing_schema_name schema, sql_id, sql_text
  from v$sql
 where parsing_schema_name = 'SCOTT'
   and (sql_id, child_number) in
       (select sql_id, child_number
          from v$sql_plan
         where operation = 'FILTER'
           and filter_predicates like '%IS NOT NULL%'
        minus
        select sql_id, child_number
          from v$sql_plan
         where object_owner = 'SYS');
```

我們在 Scott 帳戶中執行如下 SQL，並且查看執行計畫。

```
SQL> select *
  2    from dept
  3   where exists (select null
  4                   from emp
  5                  where dept.deptno = emp.deptno
  6                  start with empno = 7698
  7                  connect by prior empno = mgr);

    DEPTNO DNAME      LOC
---------- ---------- ----------------------------------------
        30 SALES      CHICAGO

Elapsed: 00:00:00.00

Execution Plan
----------------------------------------------------------
Plan hash value: 4210865686

----------------------------------------------------------------------
| Id|Operation                              |Name|Rows|Bytes| Cost(%CPU)|Time     |
----------------------------------------------------------------------
|  0|SELECT STATEMENT                        |    |   1|   20|   9  (0)|00:00:01|
|* 1| FILTER                                 |    |    |     |         |        |
|  2|  TABLE ACCESS FULL                     |DEPT|   4|   80|   3  (0)|00:00:01|
|* 3|  FILTER                                |    |    |     |         |        |
|* 4|   CONNECT BY NO FILTERING WITH SW (UNIQUE)|  |    |     |         |        |
|  5|    TABLE ACCESS FULL                   |EMP |  14|  154|   3  (0)|00:00:01|
```

```
--------------------------------------------------------------------------------
Predicate Information (identified by operation id):
--------------------------------------------------
 
   1 - filter( EXISTS (SELECT 0 FROM "EMP" "EMP" WHERE "EMP"."DEPTNO"=:B1 START WITH
              "EMPNO"=7698 CONNECT BY "MGR"=PRIOR "EMPNO"))
   3 - filter("EMP"."DEPTNO"=:B1)
   4 - access("MGR"=PRIOR "EMPNO")
       filter("EMPNO"=7698)


Statistics
----------------------------------------------------------
          0  recursive calls
          0  db block gets
         36  consistent gets
          0  physical reads
          0  redo size
        550  bytes sent via SQL*Net to client
        419  bytes received via SQL*Net from client
          2  SQL*Net roundtrips to/from client
          8  sorts (memory)
          0  sorts (disk)
          1  rows processed
```

以上 SQL 執行計畫中出現了 FILTER，我們透過腳本抓出跑了 FILTER 的 SQL。

```
SQL> select parsing_schema_name schema, sql_id, sql_text
  2    from v$sql
  3   where parsing_schema_name = 'SCOTT'
  4     and (sql_id, child_number) in
  5         (select sql_id, child_number
  6            from v$sql_plan
  7           where operation = 'FILTER'
  8             and filter_predicates like '%IS NOT NULL%'
  9           minus
 10          select sql_id, child_number
 11            from v$sql_plan
 12           where object_owner = 'SYS');

SCHEMA     SQL_ID           SQL_TEXT
---------- ---------------- ---------------------------------------------------------
SCOTT      8rmn2fn149y2z    select * from dept   where exists (select null from emp
                            where dept.deptno = emp.deptno   start with em
                            pno = 7698   connect by prior empno = mgr)
```

10.9 抓出返回列數較多的巢狀迴圈 SQL

此腳本不依賴統計資訊。

兩表關聯返回少量資料應該走巢狀迴圈，如果返回大量資料，應該走 HASH 連接，或者是排序合併連接。如果一個 SQL 語句返回列數較多（大於 1 萬列），SQL 的執行計畫在最後幾步（Id<=5）跑了巢狀迴圈，我們可以判定該執行計畫中的巢狀迴圈是有問題的，應該走 HASH 連接。以下腳本抓出返回列數較多的巢狀迴圈 SQL。

```
select *
  from (select parsing_schema_name schema,
               sql_id,
               sql_text,
               rows_processed / executions rows_processed
          from v$sql
         where parsing_schema_name = 'SCOTT'
           and executions > 0
           and rows_processed / executions > 10000
         order by 4 desc) a
 where a.sql_id in (select sql_id
                      from v$sql_plan
                     where operation like '%NESTED LOOPS%'
                       and id <= 5);
```

在 scott 帳戶中分別新建 a 表和 b 表，以及一個索引。

```
SQL> create table a as select * from dba_objects;

Table created.

SQL> create table b as select * from dba_objects;

Table created.

SQL> create index idx_b on b(object_id);

Index created.
```

執行如下 SQL 並且查看執行計畫。

```
SQL> select /*+ use_nl(a,b) */ * from a,b where a.object_id=b.object_id;

72695 rows selected.

Execution Plan
----------------------------------------------------------
Plan hash value: 2104163270
```

```
--------------------------------------------------------------------------------
| Id | Operation                     | Name  | Rows  | Bytes | Cost (%CPU)| Time     |
--------------------------------------------------------------------------------
|  0 | SELECT STATEMENT              |       | 60140 |   23M | 120K  (1)| 00:24:07 |
|  1 |  NESTED LOOPS                 |       |       |       |          |          |
|  2 |   NESTED LOOPS                |       | 60140 |   23M | 120K  (1)| 00:24:07 |
|  3 |    TABLE ACCESS FULL          | A     | 60140 |   11M | 187   (2)| 00:00:03 |
|* 4 |    INDEX RANGE SCAN           | IDX_B |     1 |       |   1   (0)| 00:00:01 |
|  5 |   TABLE ACCESS BY INDEX ROWID | B     |     1 |   207 |   2   (0)| 00:00:01 |
--------------------------------------------------------------------------------

Predicate Information (identified by operation id):
---------------------------------------------------

   4 - access("A"."OBJECT_ID"="B"."OBJECT_ID")

Note
-----

   - dynamic sampling used for this statement (level=2)

Statistics
----------------------------------------------------------

        632  recursive calls
          0  db block gets
      22985  consistent gets
       1196  physical reads
          0  redo size
    6085032  bytes sent via SQL*Net to client
      53725  bytes received via SQL*Net from client
       4848  SQL*Net roundtrips to/from client
          0  sorts (memory)
          0  sorts (disk)
      72695  rows processed
```

我們可以使用腳本將錯誤的巢狀迴圈抓出。

```
SQL> select *
  2    from (select parsing_schema_name schema,
  3                 sql_id,
  4                 sql_text,
  5                 rows_processed / executions rows_processed
  6            from v$sql
  7           where parsing_schema_name = 'SCOTT'
  8             and executions > 0
  9             and rows_processed / executions > 10000
 10           order by 4 desc) a
 11   where a.sql_id in (select sql_id
 12                        from v$sql_plan
 13                       where operation like '%NESTED LOOPS%'
 14                         and id <= 5);

SCHEMA          SQL_ID           SQL_TEXT                        ROWS_PROCESSED
--------------- ---------------- ------------------------------- --------------
SCOTT           4dwp5u34yv7mj    select /*+ use_nl(a,b) */ *              72695
                                 from a,b where a.object_id=b.object_id
```

10.10 抓出 NL 被驅動表跑了全資料表掃描的 SQL

此腳本不依賴統計資訊。

巢狀迴圈的被驅動表應該走索引，以下腳本抓出巢狀迴圈被驅動表跑了全資料表掃描的 SQL，同時根據表大小降冪顯示。

```
select c.sql_text, a.sql_id, b.object_name, d.mb
  from v$sql_plan a,
       (select *
          from (select sql_id,
                       child_number,
                       object_owner,
                       object_name,
                       parent_id,
                       operation,
                       options,
                       row_number() over(partition by sql_id, child_number, parent_id
order by id) rn
                  from v$sql_plan)
         where rn = 2) b,
       v$sql c,
       (select owner, segment_name, sum(bytes / 1024 / 1024) mb
          from dba_segments
         group by owner, segment_name) d
 where b.sql_id = c.sql_id
   and b.child_number = c.child_number
   and b.object_owner = 'SCOTT'
   and a.sql_id = b.sql_id
   and a.child_number = b.child_number
   and a.operation like '%NESTED LOOPS%'
   and a.id = b.parent_id
   and b.operation = 'TABLE ACCESS'
   and b.options = 'FULL'
   and b.object_owner = d.owner
   and b.object_name = d.segment_name
 order by 4 desc;
```

我們在 Scott 帳戶中執行如下 SQL，強制兩表走巢狀迴圈，強制兩表走全資料表掃描。

```
select /*+ use_nl(a,b) full(a) full(b) */ *
  from a, b
 where a.object_id = b.object_id;
```

我們透過以上腳本將其抓出。

```
SQL> select c.sql_text, a.sql_id, b.object_name, d.mb
  2    from v$sql_plan a,
```

```
 3          (select *
 4            from (select sql_id,
 5                          child_number,
 6                          object_owner,
 7                          object_name,
 8                          parent_id,
 9                          operation,
10                          options,
11                          row_number() over(partition by sql_id, child_number,
parent_id order by id) rn
12                     from v$sql_plan)
13            where rn = 2) b,
14          v$sql c,
15          (select owner, segment_name, sum(bytes / 1024 / 1024) mb
16             from dba_segments
17            group by owner, segment_name) d
18    where b.sql_id = c.sql_id
19      and b.child_number = c.child_number
20      and b.object_owner = 'SCOTT'
21      and a.sql_id = b.sql_id
22      and a.child_number = b.child_number
23      and a.operation like '%NESTED LOOPS%'
24      and a.id = b.parent_id
25      and b.operation = 'TABLE ACCESS'
26      and b.options = 'FULL'
27      and b.object_owner = d.owner
28      and b.object_name = d.segment_name
29    order by 4 desc;
```

```
SQL_TEXT                                          SQL_ID            OBJECT_NAME      MB
------------------------------------------------- ----------------- ------------ ----------
select /*+ use_nl(a,b) full(a) full(b) */ *       6prgcr0qcj3qr     B                    9
  from a, b  where a.object_id = b.object_id
```

10.11 抓出跑了 TABLE ACCESS FULL 的 SQL

此腳本不依賴統計資訊。

如果一個大表跑了全資料表掃描，會嚴重影響 SQL 效能。這時我們可以查看大表與誰進行關聯。如果大表與小表（小結果集）關聯，我們可以考慮讓大表作為巢狀迴圈被驅動表，大表走連接欄索引。如果大表與大表（大結果集）關聯，我們可以檢查大表過濾條件是否可以走索引，也要檢查大表被存取了多少個欄位。假設大表有 50 個欄位，但是只存取了其中 5 個欄位，這時我們可以建立一個組合索引，將 where 過濾欄位、表連接欄位以及 select 存取的欄位組合在一起，這樣就可以直接從索引中獲取資料，避免大表全資料表掃描，從而提升效能。下面腳本抓出跑了全資料表掃描的 SQL，同時顯示存取了表多少個欄位，表一共有多少個欄位以及表段大小。

```
select a.sql_id,
       a.sql_text,
       d.table_name,
       REGEXP_COUNT(b.projection, ']') ||'/'|| d.column_cnt   column_cnt,
       c.size_mb,
       b.FILTER_PREDICATES filter
  from v$sql a,
       v$sql_plan b,
       (select owner, segment_name, sum(bytes / 1024 / 1024) size_mb
          from dba_segments
         group by owner, segment_name) c,
       (select owner, table_name, count(*) column_cnt
          from dba_tab_cols
         group by owner, table_name) d
 where a.sql_id = b.sql_id
   and a.child_number = b.child_number
   and b.object_owner = c.owner
   and b.object_name = c.segment_name
   and b.object_owner = d.owner
   and b.object_name = d.table_name
   and c.owner = 'SCOTT'
   and b.operation = 'TABLE ACCESS'
   and b.options = 'FULL'
 order by 5 desc;
```

在 Scott 帳戶中執行如下 SQL。

```
select owner,object_name from t where object_id>100;
```

使用腳本將其抓出。

```
SQL> select a.sql_id,
  2          a.sql_text,
  3          d.table_name,
  4          REGEXP_COUNT(b.projection, ']') || '/' || d.column_cnt column_cnt,
  5          c.size_mb,
  6          b.FILTER_PREDICATES filter
  7     from v$sql a,
  8          v$sql_plan b,
  9          (select owner, segment_name, sum(bytes / 1024 / 1024) size_mb
 10            from dba_segments
 11           group by owner, segment_name) c,
 12          (select owner, table_name, count(*) column_cnt
 13            from dba_tab_cols
 14           group by owner, table_name) d
 15    where a.sql_id = b.sql_id
 16      and a.child_number = b.child_number
 17      and b.object_owner = c.owner
 18      and b.object_name = c.segment_name
 19      and b.object_owner = d.owner
```

```
20      and b.object_name = d.table_name
21      and c.owner = 'SCOTT'
22      and b.operation = 'TABLE ACCESS'
23      and b.options = 'FULL'
24   order by 5 desc;
```

```
SQL_ID         SQL_TEXT                              TABLE_NAME COLUMN_CNT    SIZE_MB FILTER
-------------  ------------------------------------  ---------- ----------  ---------- ------
51mu5j3aydw94  select owner,object_name from t T                2/15                 9
```

在實際工作中，我們可以對腳本適當修改，比如過濾出大於 1GB 的表、過濾出表總欄位數大於 20 的表、過濾出存取了超過 10 個欄位的表等。

10.12 抓出跑了 INDEX FULL SCAN 的 SQL

此腳本不依賴統計資訊。

我們在第 4 章中提到，INDEX FULL SCAN 會掃描索引中所有的葉子塊，單塊讀取。如果索引很大，執行計畫中出現了 INDEX FULL SCAN，這時 SQL 會出現嚴重的效能問題，因此我們需要抓出跑了 INDEX FULL SCAN 的 SQL。以下腳本抓出跑了 INDEX FULL SCAN 的 SQL 並且根據索引段大小降冪顯示。

```
select c.sql_text, c.sql_id, b.object_name, d.mb
  from v$sql_plan b,
       v$sql c,
       (select owner, segment_name, sum(bytes / 1024 / 1024) mb
          from dba_segments
         group by owner, segment_name) d
 where b.sql_id = c.sql_id
   and b.child_number = c.child_number
   and b.object_owner = 'SCOTT'
   and b.operation = 'INDEX'
   and b.options = 'FULL SCAN'
   and b.object_owner = d.owner
   and b.object_name = d.segment_name
 order by 4 desc;
```

我們在 Scott 帳戶中執行如下 SQL。

```
select * from t where object_id is not null order by object_id;
```

在 object_id 欄新建索引之後，執行上面 SQL 會自動跑 INDEX FULL SCAN，使用腳本將其抓出。

```
SQL> select c.sql_text, c.sql_id, b.object_name, d.mb
  2    from v$sql_plan b,
  3         v$sql c,
  4         (select owner, segment_name, sum(bytes / 1024 / 1024) mb
  5            from dba_segments
  6           group by owner, segment_name) d
  7   where b.sql_id = c.sql_id
  8     and b.child_number = c.child_number
  9     and b.object_owner = 'SCOTT'
 10     and b.operation = 'INDEX'
 11     and b.options = 'FULL SCAN'
 12     and b.object_owner = d.owner
 13     and b.object_name = d.segment_name
 14   order by 4 desc;

SQL_TEXT                         SQL_ID          OBJECT_NAME        MB
-------------------------------- --------------- --------------- ----------
select * from t where object_id  fkan9h6frsn90   IDX_ID              2
is not null order by object_id
```

在實際工作中，我們可以對腳本作適當修改，例如過濾出大於 10GB 的索引。

10.13　抓出跑了 INDEX SKIP SCAN 的 SQL

此腳本不依賴統計資訊。

當執行計畫中出現了 INDEX SKIP SCAN，通常說明需要額外新增一個索引。以下腳本抓出跑了 INDEX SKIP SCAN 的 SQL。

```
select c.sql_text, c.sql_id, b.object_name, d.mb
  from v$sql_plan b,
       v$sql c,
       (select owner, segment_name, sum(bytes / 1024 / 1024) mb
          from dba_segments
         group by owner, segment_name) d
 where b.sql_id = c.sql_id
   and b.child_number = c.child_number
   and b.object_owner = 'SCOTT'
   and b.operation = 'INDEX'
   and b.options = 'SKIP SCAN'
   and b.object_owner = d.owner
   and b.object_name = d.segment_name
 order by 4 desc;
```

在 Scott 帳戶中新建如下測試表。

```
SQL> create table t_skip as select * from dba_objects;

Table created.
```

在 owner 欄位上新建一個索引。

```
SQL> create index idx_owner_id on t_skip(owner,object_id);

Index created.
```

對表收集統計資訊。

```
SQL> BEGIN
  2    DBMS_STATS.GATHER_TABLE_STATS(ownname          => 'SCOTT',
  3                                  tabname          => 'T_SKIP',
  4                                  estimate_percent => 100,
  5                      method_opt       => 'for all columns size skewonly',
  6                                  no_invalidate    => FALSE,
  7                                  degree           => 1,
  8                                  cascade          => TRUE);
  9  END;
 10  /

PL/SQL procedure successfully completed.
```

執行如下 SQL 並且查看執行計畫。

```
SQL> select * from t_skip where object_id < 100;

98 rows selected.


Execution Plan
----------------------------------------------------------
Plan hash value: 979686564


--------------------------------------------------------------------------------
| Id |Operation                    |Name        |Rows| Bytes | Cost (%CPU)| Time     |
--------------------------------------------------------------------------------
|  0 |SELECT STATEMENT             |            |  91| 8827  |   95  (0)| 00:00:02 |
|  1 | TABLE ACCESS BY INDEX ROWID|T_SKIP       |  91| 8827  |   95  (0)| 00:00:02 |
|* 2 |  INDEX SKIP SCAN            |IDX_OWNER_ID |  91|       |   92  (0)| 00:00:02 |
--------------------------------------------------------------------------------

Predicate Information (identified by operation id):
---------------------------------------------------

   2 - access("OBJECT_ID"<100)
       filter("OBJECT_ID"<100)
```

透過腳本抓出跑了 INDEX SKIP SCAN 的 SQL。

```
SQL> select c.sql_text, c.sql_id, b.object_name, d.mb
  2    from v$sql_plan b,
  3         v$sql c,
  4         (select owner, segment_name, sum(bytes / 1024 / 1024) mb
  5            from dba_segments
  6           group by owner, segment_name) d
  7   where b.sql_id = c.sql_id
  8     and b.child_number = c.child_number
  9     and b.object_owner = 'SCOTT'
 10     and b.operation = 'INDEX'
 11     and b.options = 'SKIP SCAN'
 12     and b.object_owner = d.owner
 13     and b.object_name = d.segment_name
 14   order by 4 desc;

SQL_TEXT                                       SQL_ID            OBJECT_NAME            MB
---------------------------------------------- ----------------  ---------------   ----------
select * from t_skip where object_id < 100 0837hu8zxha2y         IDX_OWNER_ID            2
```

10.14　抓出索引被哪些 SQL 參照

此腳本不依賴統計資訊。

有時開發人員可能會胡亂建立一些索引，但是這些索引在資料庫中可能並不會被任何一個 SQL 使用。這樣的索引會增加維護成本，我們可以將其刪掉。下面腳本查詢 SQL 使用哪些索引。

```
select a.sql_text, a.sql_id, b.object_owner, b.object_name, b.object_type
  from v$sql a, v$sql_plan b
 where a.sql_id = b.sql_id
   and a.child_number = b.child_number
   and object_owner = 'SCOTT'
   and object_type like '%INDEX%'
order by 3,4,5;
```

我們在 Scott 帳戶中執行下面 SQL 並且查看執行計畫。

```
SQL> select * from t where object_id<100;

98 rows selected.


Execution Plan
----------------------------------------------------------
Plan hash value: 827754323

----------------------------------------------------------------------------------
```

```
| Id | Operation                    | Name   | Rows | Bytes | Cost (%CPU)| Time     |
------------------------------------------------------------------------------------
|  0 | SELECT STATEMENT             |        |   91 |  8827 |    4  (0)| 00:00:01 |
|  1 |  TABLE ACCESS BY INDEX ROWID| T      |   91 |  8827 |    4  (0)| 00:00:01 |
|* 2 |   INDEX RANGE SCAN           | IDX_ID |   91 |       |    2  (0)| 00:00:01 |
------------------------------------------------------------------------------------

Predicate Information (identified by operation id):
---------------------------------------------------

  2 - access("OBJECT_ID"<100)
```

我們透過腳本將它抓出。

```
SQL> select a.sql_text, a.sql_id, b.object_owner, b.object_name, b.object_type
  2    from v$sql a, v$sql_plan b
  3   where a.sql_id = b.sql_id
  4     and a.child_number = b.child_number
  5     and object_owner = 'SCOTT'
  6     and object_type like '%INDEX%'
  7   order by 3,4,5;

SQL_TEXT                          SQL_ID        OBJECT_OWNER OBJECT_NAME     OBJECT_TYPE
--------------------------------  ------------  ------------ --------------  -----------
select * from t where object_id<100  0nvp2p03p06k4  SCOTT         IDX_ID          INDEX
```

10.15 抓出跑了笛卡兒積的 SQL

此腳本不依賴統計資訊。

我們在第 5 章中提到過笛卡兒積連接。當兩表沒有關聯條件的時候就會走笛卡兒積，當 Rows 被估算為 1 的時候，也可能走笛卡兒積連接。下面腳本抓出跑了笛卡兒積的 SQL。

```
select c.sql_text,
       a.sql_id,
       b.object_name,
       a.filter_predicates filter,
       a.access_predicates predicate,
       d.mb
  from v$sql_plan a,
       (select *
          from (select sql_id,
                       child_number,
                       object_owner,
                       object_name,
                       parent_id,
```

```
                          operation,
                          options,
                          row_number() over(partition by sql_id, child_number, parent_id
order by id) rn
                  from v$sql_plan)
          where rn = 1) b,
        v$sql c,
        (select owner, segment_name, sum(bytes / 1024 / 1024) mb
           from dba_segments
          group by owner, segment_name) d
 where b.sql_id = c.sql_id
   and b.child_number = c.child_number
   and b.object_owner = 'SCOTT'
   and a.sql_id = b.sql_id
   and a.child_number = b.child_number
   and a.operation = 'MERGE JOIN'
   and a.id = b.parent_id
   and a.options = 'CARTESIAN'
   and b.object_owner = d.owner
   and b.object_name = d.segment_name
 order by 4 desc;
```

在 Scott 帳戶中執行如下 SQL。

```
select * from a,b;
```

利用腳本將其抓出。

```
SQL> select c.sql_text,
  2         a.sql_id,
  3         b.object_name,
  4         a.filter_predicates filter,
  5         a.access_predicates predicate,
  6         d.mb
  7    from v$sql_plan a,
  8         (select *
  9            from (select sql_id,
 10                         child_number,
 11                         object_owner,
 12                         object_name,
 13                         parent_id,
 14                         operation,
 15                         options,
 16                  row_number() over(partition by sql_id, child_number, parent_id order
by id) rn
 17                    from v$sql_plan)
 18            where rn = 1) b,
 19         v$sql c,
 20         (select owner, segment_name, sum(bytes / 1024 / 1024) mb
 21            from dba_segments
 22           group by owner, segment_name) d
 23    where b.sql_id = c.sql_id
 24      and b.child_number = c.child_number
 25      and b.object_owner = 'SCOTT'
```

```
26      and a.sql_id = b.sql_id
27      and a.child_number = b.child_number
28      and a.operation = 'MERGE JOIN'
29      and a.id = b.parent_id
30      and a.options = 'CARTESIAN'
31      and b.object_owner = d.owner
32      and b.object_name = d.segment_name
33   order by 4 desc;

SQL_TEXT          SQL_ID           OBJECT_NAME  FILTER     PREDICATE      MB
----------------  ---------------  -----------  ---------  ---------  --------
select * from a,b  9kwdjbbs50kcu   A                                        9
```

10.16 抓出跑了錯誤排序合併連接的 SQL

此腳本不依賴統計資訊。

排序合併連接一般用於非等值關聯，如果兩表是等值關聯，我們建議使用 HASH 連接代替排序合併連接，因為 HASH 連接只需要將驅動表放入 PGA 中，而排序合併連接要麼是將兩個表放入 PGA 中，要麼就是將一個表放入 PGA 中、另外一個表走 INDEX FULL SCAN，然後回表。如果兩表是等值關聯並且兩表比較大，這時應該走 HASH 連接而不是排序合併連接。下面腳本抓出兩表等值關聯但是跑了排序合併連接的 SQL，同時顯示離 MERGE JOIN 關鍵字較遠的表的段大小（太大 PGA 放不下）。

```
select c.sql_id, c.sql_text, d.owner, d.segment_name, d.mb
  from v$sql_plan a,
       v$sql_plan b,
       v$sql c,
       (select owner, segment_name, sum(bytes / 1024 / 1024) mb
          from dba_segments
         group by owner, segment_name) d
 where a.sql_id = b.sql_id
   and a.child_number = b.child_number
   and b.operation = 'SORT'
   and b.options = 'JOIN'
   and b.access_predicates like '%"="%'
   and a.parent_id = b.id
   and a.object_owner = 'SCOTT'
   and b.sql_id = c.sql_id
   and b.child_number = c.child_number
   and a.object_owner = d.owner
   and a.object_name = d.segment_name
 order by 4 desc;
```

我們在 Scott 帳戶中執行下面 SQL 並且查看執行計畫。

```
SQL> select /*+ use_merge(e,d) */ *
  2    from emp e, dept d
  3   where e.deptno = d.deptno;

14 rows selected.

Execution Plan
----------------------------------------------------------
Plan hash value: 844388907


--------------------------------------------------------------------------------
| Id | Operation                    | Name    | Rows | Bytes | Cost (%CPU)|Time     |
--------------------------------------------------------------------------------
|  0 | SELECT STATEMENT             |         |  14  |  812  |    6  (17)|00:00:01|
|  1 |  MERGE JOIN                  |         |  14  |  812  |    6  (17)|00:00:01|
|  2 |   TABLE ACCESS BY INDEX ROWID| DEPT    |   4  |   80  |    2   (0)|00:00:01|
|  3 |    INDEX FULL SCAN           | PK_DEPT |   4  |       |    1   (0)|00:00:01|
|* 4 |   SORT JOIN                  |         |  14  |  532  |    4  (25)|00:00:01|
|  5 |    TABLE ACCESS FULL         | EMP     |  14  |  532  |    3   (0)|00:00:01|
--------------------------------------------------------------------------------

Predicate Information (identified by operation id):
---------------------------------------------------

   4 - access("E"."DEPTNO"="D"."DEPTNO")
       filter("E"."DEPTNO"="D"."DEPTNO")
```

我們使用腳本將跑了排序合併連接的 SQL 抓出，同時顯示離 MERGE JOIN 關
鍵字較遠的表的段大小。

```
SQL> select c.sql_id, c.sql_text, d.owner, d.segment_name, d.mb
  2    from v$sql_plan a,
  3         v$sql_plan b,
  4         v$sql c,
  5         (select owner, segment_name, sum(bytes / 1024 / 1024) mb
  6            from dba_segments
  7           group by owner, segment_name) d
  8   where a.sql_id = b.sql_id
  9     and a.child_number = b.child_number
 10     and b.operation = 'SORT'
 11     and b.options = 'JOIN'
 12     and b.access_predicates like '%"="%'
 13     and a.parent_id = b.id
 14     and a.object_owner = 'SCOTT'
 15     and b.sql_id = c.sql_id
 16     and b.child_number = c.child_number
 17     and a.object_owner = d.owner
 18     and a.object_name = d.segment_name
 19   order by 4 desc;
```

```
SQL_ID        SQL_TEXT                                    OWNER   SEGMENT_NAME  MB
------------  ------------------------------------------  ------- ------------  --------
c7gd7wnOgx4vq select /*+ use_merge(e,d) */ * from emp e, SCOTT   EMP              .0625
              dept d  where e.deptno = d.deptno
```

10.17 抓出 LOOP 中套了 LOOP 的 PSQL

此腳本不依賴統計資訊。

在編寫 PLSQL 的時候，我們應該儘量避免 LOOP 中套入 LOOP，因為雙層迴圈，最內層迴圈類似笛卡兒積。假設外層迴圈返回 1000 列資料，內層迴圈返回 1000 列資料，那麼內層迴圈裡面的程式碼就會執行 1000*1000 次。以下腳本可以抓出 LOOP 中套入 LOOP 的 PLSQL。

```
with x as
(select /*+ materialize */ owner,name,type,line,text,rownum rn from dba_source where
(upper(text) like '%END%LOOP%' or upper(text) like '%FOR%LOOP%'))
select a.owner,a.name,a.type from x a,x b
where ((upper(a.text) like '%END%LOOP%'
and upper(b.text) like '%END%LOOP%'
and a.rn+1=b.rn)
or (upper(a.text) like '%FOR%LOOP%'
and upper(b.text) like '%FOR%LOOP%'
and a.rn+1=b.rn))
and a.owner=b.owner
and a.name=b.name
and a.type=b.type
and a.owner='SCOTT';
```

我們在 Scott 帳戶中新建 LOOP 套 LOOP 的儲存過程。

```
create or replace procedure p_99 is
begin
  for i in 1 .. 9 loop
    dbms_output.put_line('');
    for x in 1 .. 9 loop
      if (i >= x) then
        dbms_output.put(' ' || i || ' x ' || x || ' = ' || i * x);
      end if;
    end loop;
    dbms_output.put_line('');
  end loop;
end;
```

我們透過腳本將以上的儲存過程抓出。

```
SQL> with x as
  2  (select /*+ materialize */ owner,name,type,line,text,rownum rn from   dba_source
  3  where (upper(text) like '%END%LOOP%' or upper(text) like '%FOR%LOOP%'))
  4  select distinct a.owner,a.name,a.type from x a,x b
  5  where ((upper(a.text) like '%END%LOOP%'
  6  and upper(b.text) like '%END%LOOP%'
  7  and a.rn+1=b.rn)
  8  or (upper(a.text) like '%FOR%LOOP%'
  9  and upper(b.text) like '%FOR%LOOP%'
 10  and a.rn+1=b.rn))
 11  and a.owner=b.owner
 12  and a.name=b.name
 13  and a.type=b.type
 14  and a.owner='SCOTT';

OWNER            NAME             TYPE
---------------  ---------------  ----------------
SCOTT            P_99             PROCEDURE
```

抓出跑了低選擇性索引的 SQL

此腳本依賴統計資訊。

如果一個索引選擇性很低，說明欄位資料分佈不均衡。當 SQL 跑了資料分佈不均衡欄的索引，很容易走錯執行計畫，此時我們應該檢查 SQL 語句中是否有其他過濾條件，如果有其他過濾條件，可以考慮建立組合索引，將選擇性高的欄位作為引導欄；如果沒有其他過濾條件，應該檢查欄位是否有收集直方圖。以下腳本抓出跑了低選擇性索引的 SQL。

```
select c.sql_id,
       c.sql_text,
       b.index_name,
       e.table_name,
       trunc(d.num_distinct / e.num_rows * 100, 2) selectivity,
       d.num_distinct,
       e.num_rows
  from v$sql_plan a,
       (select *
          from (select index_owner,
                       index_name,
                       table_owner,
                       table_name,
                       column_name,
                       count(*) over(partition by index_owner, index_name, table_owner,
table_name) cnt
                  from dba_ind_columns)
```

```
            where cnt = 1) b,
       v$sql c,
       dba_tab_col_statistics d,
       dba_tables e
 where a.object_owner = b.index_owner
   and a.object_name = b.index_name
   and b.index_owner = 'SCOTT'
   and a.access_predicates is not null
   and a.sql_id = c.sql_id
   and a.child_number = c.child_number
   and d.owner = e.owner
   and d.table_name = e.table_name
   and b.table_owner = e.owner
   and b.table_name = e.table_name
   and d.column_name = b.column_name
   and d.table_name = b.table_name
   and d.num_distinct / e.num_rows < 0.1;
```

我們在 Scott 帳戶中執行如下 SQL 並且查看執行計畫。

```
SQL> select * from t where owner='SYS';

23654 rows selected.

Execution Plan
----------------------------------------------------------
Plan hash value: 2480948561


--------------------------------------------------------------------------------
| Id | Operation                   | Name      | Rows | Bytes | Cost(%CPU)|Time     |
--------------------------------------------------------------------------------
|  0 | SELECT STATEMENT            |           | 2346 | 222K  |   68   (0)|00:00:01|
|  1 |  TABLE ACCESS BY INDEX ROWID| T         | 2346 | 222K  |   68   (0)|00:00:01|
|* 2 |   INDEX RANGE SCAN          | IDX_OWNER | 2346 |       |    6   (0)|00:00:01|
--------------------------------------------------------------------------------

Predicate Information (identified by operation id):
---------------------------------------------------

   2 - access("OWNER"='SYS')


Statistics
----------------------------------------------------------
          1  recursive calls
          0  db block gets
       3819  consistent gets
          0  physical reads
          0  redo size
    2680901  bytes sent via SQL*Net to client
      17756  bytes received via SQL*Net from client
       1578  SQL*Net roundtrips to/from client
          0  sorts (memory)
          0  sorts (disk)
      23654  rows processed
```

我們使用腳本將以上 SQL 抓出。

```
SQL> select c.sql_id,
  2         c.sql_text,
  3         b.index_name,
  4         e.table_name,
  5         trunc(d.num_distinct / e.num_rows * 100, 2) selectivity,
  6         d.num_distinct,
  7         e.num_rows
  8    from v$sql_plan a,
  9         (select *
 10            from (select index_owner,
 11                         index_name,
 12                         table_owner,
 13                         table_name,
 14                         column_name,
 15                         count(*) over(partition by index_owner, index_name,
table_owner, table_name) cnt
 16                    from dba_ind_columns)
 17           where cnt = 1) b,
 18         v$sql c,
 19         dba_tab_col_statistics d,
 20         dba_tables e
 21   where a.object_owner = b.index_owner
 22     and a.object_name = b.index_name
 23     and b.index_owner = 'SCOTT'
 24     and a.access_predicates is not null
 25     and a.sql_id = c.sql_id
 26     and a.child_number = c.child_number
 27     and d.owner = e.owner
 28     and d.table_name = e.table_name
 29     and b.table_owner = e.owner
 30     and b.table_name = e.table_name
 31     and d.column_name = b.column_name
 32     and d.table_name = b.table_name
 33     and d.num_distinct / e.num_rows < 0.1;
```

SQL_ID	SQL_TEXT	INDEX_NAME	TABLE_NAME	SELECTIVITY	NUM_DISTINCT	NUM_ROWS
6gzd8z5vm5k0t	select * from t where owner='SYS'	IDX_OWNER	T	.04	31	72734

10.19　抓出可新建組合索引的 SQL（回表再過濾選擇性高的欄位）

此腳本依賴統計資訊。

我們在第 1 章中講到，回表次數太多會嚴重影響 SQL 效能。當執行計畫中發生了回表再過濾並且過濾欄位的選擇性比較高，我們可以將過濾欄位包含在索引中避免回表再過濾，從而減少回表次數，提升查詢效能。以下腳本抓出回表再過濾選擇性較高的欄位。

```
select a.sql_id,
       a.sql_text,
       f.table_name,
       c.size_mb,
       e.column_name,
       round(e.num_distinct / f.num_rows * 100, 2) selectivity
  from v$sql a,
       v$sql_plan b,
       (select owner, segment_name, sum(bytes / 1024 / 1024) size_mb
          from dba_segments
         group by owner, segment_name) c,
       dba_tab_col_statistics e,
       dba_tables f
 where a.sql_id = b.sql_id
   and a.child_number = b.child_number
   and b.object_owner = c.owner
   and b.object_name = c.segment_name
   and e.owner = f.owner
   and e.table_name = f.table_name
   and b.object_owner = f.owner
   and b.object_name = f.table_name
   and instr(b.filter_predicates, e.column_name) > 0
   and (e.num_distinct / f.num_rows) > 0.1
   and c.owner = 'SCOTT'
   and b.operation = 'TABLE ACCESS'
   and b.options = 'BY INDEX ROWID'
   and e.owner = 'SCOTT'
 order by 4 desc;
```

我們在 Scott 帳戶中執行如下 SQL。

```
SQL> select * from t2 where object_id<1000 and object_name like 'T%';

26 rows selected.


Execution Plan
----------------------------------------------------------
Plan hash value: 921640168


---------------------------------------------------------------------------
| Id | Operation                   | Name     | Rows | Bytes | Cost(%CPU)|Time     |
---------------------------------------------------------------------------
|  0 | SELECT STATEMENT            |          |   12 | 1164  |   19  (0)|00:00:01|
|* 1 | TABLE ACCESS BY INDEX ROWID | T2       |   12 | 1164  |   19  (0)|00:00:01|
|* 2 |  INDEX RANGE SCAN           | IDX_T2_ID| 917  |       |    4  (0)|00:00:01|
---------------------------------------------------------------------------

Predicate Information (identified by operation id):
----------------------------------------------------
```

```
    1 - filter("OBJECT_NAME" LIKE 'T%')
    2 - access("OBJECT_ID"<1000)

Statistics
-----------------------------------------------------------
          1  recursive calls
          0  db block gets
         19  consistent gets
          0  physical reads
          0  redo size
       2479  bytes sent via SQL*Net to client
        430  bytes received via SQL*Net from client
          3  SQL*Net roundtrips to/from client
          0  sorts (memory)
          0  sorts (disk)
         26  rows processed
```

執行計畫中發生了回表再過濾，過濾欄位的選擇性較高，我們利用腳本將以上 SQL 抓出。

```
SQL> select a.sql_id,
  2         a.sql_text,
  3         f.table_name,
  4         c.size_mb,
  5         e.column_name,
  6         round(e.num_distinct / f.num_rows * 100, 2) selectivity
  7    from v$sql a,
  8         v$sql_plan b,
  9         (select owner, segment_name, sum(bytes / 1024 / 1024) size_mb
 10            from dba_segments
 11           group by owner, segment_name) c,
 12         dba_tab_col_statistics e,
 13         dba_tables f
 14   where a.sql_id = b.sql_id
 15     and a.child_number = b.child_number
 16     and b.object_owner = c.owner
 17     and b.object_name = c.segment_name
 18     and e.owner = f.owner
 19     and e.table_name = f.table_name
 20     and b.object_owner = f.owner
 21     and b.object_name = f.table_name
 22     and instr(b.filter_predicates, e.column_name) > 0
 23     and (e.num_distinct / f.num_rows) > 0.1
 24     and c.owner = 'SCOTT'
 25     and b.operation = 'TABLE ACCESS'
 26     and b.options = 'BY INDEX ROWID'
 27     and e.owner = 'SCOTT'
 28   order by 4 desc;


SQL_ID        SQL_TEXT                     TABLE_NAME SIZE_MB COLUMN_NAME SELECTIVITY
------------  ---------------------------  ---------- ------- ----------- -----------
faqathsuy5w3d select * from t2 where object_id T2           9     OBJECT_NAME    0.94
              <1000 and object_name like 'T%'
```

10.20 抓出可新建組合索引的 SQL（回表只存取少數欄位）

此腳本不依賴統計資訊。

我們在第 1 章中有討論到，回表次數太多會嚴重影響 SQL 效能。當 SQL 走索引回表只存取表中少部分欄位，我們可以將這些欄位與過濾條件組合起來建立為一個組合索引，這樣就能避免回表，從而提升查詢效能。下面腳本抓出回表只存取少數欄位的 SQL。

```sql
select a.sql_id,
       a.sql_text,
       d.table_name,
       REGEXP_COUNT(b.projection, ']') ||'/'|| d.column_cnt  column_cnt,
       c.size_mb,
       b.FILTER_PREDICATES filter
  from v$sql a,
       v$sql_plan b,
       (select owner, segment_name, sum(bytes / 1024 / 1024) size_mb
          from dba_segments
         group by owner, segment_name) c,
       (select owner, table_name, count(*) column_cnt
          from dba_tab_cols
         group by owner, table_name) d
 where a.sql_id = b.sql_id
   and a.child_number = b.child_number
   and b.object_owner = c.owner
   and b.object_name = c.segment_name
   and b.object_owner = d.owner
   and b.object_name = d.table_name
   and c.owner = 'SCOTT'
   and b.operation = 'TABLE ACCESS'
   and b.options = 'BY INDEX ROWID'
   and  REGEXP_COUNT(b.projection, ']')/d.column_cnt<0.25
 order by 5 desc;
```

我們在 Scott 帳戶中執行如下 SQL。

```
SQL> select object_name from t2 where object_id<1000;

942 rows selected.

Execution Plan
----------------------------------------------------------
Plan hash value: 921640168

--------------------------------------------------------------------------------
| Id | Operation          | Name | Rows | Bytes | Cost(%CPU)|Time     |
--------------------------------------------------------------------------------
|  0 | SELECT STATEMENT   |      |  917 | 27510 |   19  (0)|00:00:01|
```

```
|  1 |   TABLE ACCESS BY INDEX ROWID| T2          |   917 | 27510 |    19   (0)|00:00:01|
|* 2 |     INDEX RANGE SCAN          | IDX_T2_ID  |   917 |       |     4   (0)|00:00:01|
--------------------------------------------------------------------------------

Predicate Information (identified by operation id):
---------------------------------------------------

   2 - access("OBJECT_ID"<1000)


Statistics
-------------------------------------------------------------
          0  recursive calls
          0  db block gets
        141  consistent gets
          0  physical reads
          0  redo size
      24334  bytes sent via SQL*Net to client
       1102  bytes received via SQL*Net from client
         64  SQL*Net roundtrips to/from client
          0  sorts (memory)
          0  sorts (disk)
        942  rows processed
```

因為上面 SQL 回表只存取了 1 個欄位，我們可以利用腳本將上面 SQL 抓出。

```
SQL> select a.sql_id,
  2         a.sql_text,
  3         d.table_name,
  4         REGEXP_COUNT(b.projection, ']') ||'/'|| d.column_cnt  column_cnt,
  5         c.size_mb,
  6         b.FILTER_PREDICATES filter
  7    from v$sql a,
  8         v$sql_plan b,
  9         (select owner, segment_name, sum(bytes / 1024 / 1024) size_mb
 10            from dba_segments
 11           group by owner, segment_name) c,
 12         (select owner, table_name, count(*) column_cnt
 13            from dba_tab_cols
 14           group by owner, table_name) d
 15   where a.sql_id = b.sql_id
 16     and a.child_number = b.child_number
 17     and b.object_owner = c.owner
 18     and b.object_name = c.segment_name
 19     and b.object_owner = d.owner
 20     and b.object_name = d.table_name
 21     and c.owner = 'SCOTT'
 22     and b.operation = 'TABLE ACCESS'
 23     and b.options = 'BY INDEX ROWID'
 24     and  REGEXP_COUNT(b.projection, ']')/d.column_cnt<0.25
 25   order by 5 desc;

SQL_ID         SQL_TEXT              TABLE_NAME COLUMN_CNT SIZE_MB    FILTER
-------------- -------------------- ---------- ---------- ---------- ------
bzyprvnc41ak8 select object_name from t2 T2       1/15                  9
              where object_id<1000
```

優化 SQL｜語法與資料庫的最佳化應用

作　　者：羅炳森 / 黃超 / 鐘僥
譯　　者：H&C
企劃編輯：蔡彤孟
文字編輯：江雅鈴
設計裝幀：張寶莉
發 行 人：廖文良

發 行 所：碁峰資訊股份有限公司
地　　址：台北市南港區三重路 66 號 7 樓之 6
電　　話：(02)2788-2408
傳　　真：(02)8192-4433
網　　站：www.gotop.com.tw
書　　號：ACL056600
版　　次：2019 年 10 月初版
　　　　　2023 年 07 月初版七刷
建議售價：NT$450

國家圖書館出版品預行編目資料

優化 SQL：語法與資料庫的最佳化應用 / 羅炳森, 黃超, 鐘僥
原著；H&C 譯. -- 初版. -- 臺北市：碁峰資訊, 2019.10
　　面；　　公分
　ISBN 978-986-502-306-5(平裝)
　1.資料庫管理系統　2.資料探勘　3.SQL(電腦程式語言)
312.7565　　　　　　　　　　　　　　　　108016956

讀者服務

● 感謝您購買碁峰圖書，如果您對本書的內容或表達上有不清楚的地方或其他建議，請至碁峰網站：「聯絡我們」\「圖書問題」留下您所購買之書籍及問題。(請註明購買書籍之書號及書名，以及問題頁數，以便能儘快為您處理)
http://www.gotop.com.tw

● 售後服務僅限書籍本身內容，若是軟、硬體問題，請您直接與軟體廠商聯絡。

● 若於購買書籍後發現有破損、缺頁、裝訂錯誤之問題，請直接將書寄回更換，並註明您的姓名、連絡電話及地址，將有專人與您連絡補寄商品。